色谱技术丛书（第三版）

傅若农　主　编

汪正范　刘虎威　副主编

各分册主要执笔者：

《色谱分析概论》　　　　　　　　傅若农

《气相色谱方法及应用》　　　　　刘虎威

《毛细管电泳技术及应用》　　　　陈　义

《高效液相色谱方法及应用》　　　于世林

《离子色谱方法及应用》　　　　　牟世芬　朱　岩　刘克纳

《色谱柱技术》　　　　　　　　　赵　睿　刘国诠

《色谱联用技术》　　　　　　　　白　玉　汪正范　吴侔天

《样品制备方法及应用》　　　　　李攻科　汪正范　胡玉玲　肖小华

《色谱手性分离技术及应用》　　　袁黎明　刘虎威

《液相色谱检测方法》　　　　　　欧阳津　那　娜　秦卫东　云自厚

《色谱仪器维护与故障排除》　　　张庆合　李秀琴　吴方迪

《色谱在环境分析中的应用》　　　蔡亚岐　江桂斌　牟世芬

《色谱在食品安全分析中的应用》　吴永宁

《色谱在药物分析中的应用》　　　胡昌勤　马双成　田颂九

《色谱在生命科学中的应用》　　　宋德伟　董方霆　张养军

"十三五"国家重点出版物出版规划项目

高等院校本科生和研究生教材

色谱技术丛书

样品制备方法及应用

李攻科　汪正范　胡玉玲　肖小华　等编著

化学工业出版社

·北京·

内容简介

本书是"色谱技术丛书"的分册之一,结合样品制备技术的发展现状,全面梳理并系统介绍了各种样品制备技术及应用,具体内容包括样品制备方法与技术概况,样品采集与处理,相分配样品制备技术、相吸附样品制备技术、场辅助样品制备技术、衍生化样品制备技术及其应用,凝胶色谱净化技术及应用,气体样品和生物样品制备方法,样品制备-分析在线联用技术。对每种方法的原理、模式、特点、仪器、操作步骤、影响因素、联用技术以及方法在环境、食品、生物分析领域的应用做了系统阐述。本书力求做到系统性、科学性、实用性与前沿性的有机结合,从整体上反映国内外样品制备技术的新方法、新成就及发展趋势。

本书可作为高等院校分析化学及相关专业研究生及高年级本科生的教材,同时可供科研院所、大专院校、工矿企业、分析测试部门从事科学研究和分析测试的工作者参考阅读。

图书在版编目(CIP)数据

样品制备方法及应用/李攻科等编著. —北京:
化学工业出版社,2022.10
(色谱技术丛书)
ISBN 978-7-122-41884-5

Ⅰ.①样… Ⅱ.①李… Ⅲ.①色谱法-试样制备
Ⅳ.①O657.7

中国版本图书馆 CIP 数据核字(2022)第 134132 号

责任编辑:傅聪智 　　　　　　　　　　装帧设计:刘丽华
责任校对:宋　玮

出版发行:化学工业出版社(北京市东城区青年湖南街 13 号　邮政编码 100011)
印　　装:三河市延风印装有限公司
710mm×1000mm　1/16　印张 24½　字数 491 千字　2023 年 1 月北京第 1 版第 1 次印刷

购书咨询:010-64518888 　　　　　　　　售后服务:010-64518899
网　　址:http://www.cip.com.cn
凡购买本书,如有缺损质量问题,本社销售中心负责调换。

定　　价:98.00 元

序

　　"色谱技术丛书"从 2000 年出版以来，受到读者的普遍欢迎。主要原因是这套丛书较全面地介绍了当代色谱技术，而且注重实用、语言朴实、内容丰富，对广大色谱工作者有很好的指导作用和参考价值。2004年起丛书第二版各分册陆续出版，从第一版的 13 个分册发展到 23 个分册（实际发行 22 个分册），对提高我国色谱技术人员的业务水平以及色谱仪器制造和应用行业的发展起了积极的作用。现在，10 多年又过去了，色谱技术又有了长足的发展，在分析检测一线工作的技术人员迫切需要了解和应用新的技术，以提高分析测试水平，促进国民经济的发展。作为对这种社会需求的回应，化学工业出版社和丛书作者决定对第二版丛书的部分分册进行修订，这是完全必要的，也是非常有意义的。应出版社和丛书主编的邀请，我很乐意为丛书第三版作序。

　　根据色谱技术的发展现状和读者的实际需求，丛书第三版与第二版相比，作了较大的修订，增加了不少新的内容，反映了色谱的发展现状。第三版包含了 15 个分册，分别是：傅若农的《色谱分析概论》，刘虎威的《气相色谱方法及应用》，陈义的《毛细管电泳技术及应用》，于世林的《高效液相色谱方法及应用》，牟世芬等的《离子色谱方法及应用》，赵睿、刘国诠等的《色谱柱技术》，白玉、汪正范等的《色谱联用技术》，李攻科、汪正范等的《样品制备方法及应用》，袁黎明等的《色谱手性分离技术及应用》，欧阳津等的《液相色谱检测方法》，张庆合等的《色谱仪器维护与故障排除》，蔡亚岐、江桂斌等的《色谱在环境分析中的应用》，吴永宁等的《色谱在食品安全分析中的应用》，胡昌勤等的《色谱在药物分析中的应用》，宋德伟等的《色谱在生命科学中的应用》。这些分册涵盖了色谱的主要技术和主要应用领域。特别是第三版中《样品制备方法及应用》是重新组织编写的，这也反映了随着仪器自动化的日臻完善，色谱分析对样品制备的要求越来越高，而样品制备也越来越成为色谱分析乃至整个分析化学方法的关键步骤。此外，《色谱手性分离技术及应用》的出版也使得这套丛书更为全面。总之，这套丛书的新老作者都是长期耕耘在色谱分析领域的专家学者，书中融入了他们广博的知识和丰富的经验，相信对于读者，特别是色谱分析行业的年轻工作者以及研究生会有很好的参考价值。

感谢丛书作者们的出色工作，感谢出版社编辑们的辛勤劳动，感谢安捷伦科技有限公司的再次热情赞助！中国拥有世界上最大的色谱市场和人数最多的色谱工作者，我们正在由色谱大国变成色谱强国。希望第三版丛书继续受到读者的欢迎，也祝福中国的色谱事业不断发展。是为序。

2017 年 12 月于大连

前言

  随着生命、环境、材料、医药、食品等科学不断发展，以及国计民生和社会发展对快速精准、灵敏分析技术的迫切需求，分析化学所面临的样品多样性和复杂性前所未有，待测组分含量低且随时空变化，使样品制备成为整个分析过程中的关键环节。在过去几十年中，分析化学的发展集中在研究更准确灵敏的分析方法和分析仪器，样品制备技术及仪器的发展明显滞后，成为制约分析化学尤其是色谱技术发展的瓶颈。因此，样品制备技术的研究近二十年来受到了国内外研究者的高度关注，发展快速高效、高选择性、高通量、环境友好、自动化的样品制备技术已成为色谱分析乃至整个分析化学的前沿研究领域。

  样品制备是一个从无序到有序的熵减过程，其研究本质上是如何将热力学第二定律的自发过程，以相反方向进行到最大限度，即如何给体系增加能量和降低体系的熵值以增强分离富集效果。迄今为止，不仅传统的样品制备方法与技术得到了改进和完善，而且发展了很多新的样品制备技术。分析化学书籍和文献中都涉及一些样品前处理技术的介绍，但关于样品制备技术及应用方面的专著很少。"色谱技术丛书"中《色谱分析样品处理》（第二版），以及"分析仪器使用与维护丛书"中《样品前处理仪器与装置》是有关样品制备方面的专门书籍，自出版以来受到了分析工作者及高校师生的广泛好评与肯定。为了全面反映当今国际上样品制备技术的发展与应用，我们结合两本书的优点，全面梳理了样品制备技术的原理、方法及应用，重新编写了本书并纳入"色谱技术丛书"（第三版）中。本书力求做到系统性、科学性、先进性和实用性的有机统一。

  本书重新分类了目前主要的样品制备技术，着重介绍各种样品制备技术的原理、方法和应用，也简要介绍了各种样品前处理方法的使用及仪器装置维护要点等，力图反映样品制备技术的最新研究成果。全书共分十章，分别介绍了各种广泛应用或具有良好发展前景的样品制备技术，内容包括样品制备方法概况，样品采集与处理，相分配样品制备技术、相吸附样品制备技术、场辅助样品制备技术、衍生化样品制备技术及其应用，凝胶色谱净化技术及应用，气体样品和生物样品制备方法，样品制备-分析在线联用技术。

参加本书资料收集、撰写、校对的人员主要来自于中山大学化学学院复杂体系分离分析研究团队，参编者有李攻科（第一至第十章）、汪正范（第二、七、八、九章）、胡玉玲（第三、四、六章）、肖小华（第五、七、八章）、胡玉斐（第二、十章）、张卓旻（第一、四章）、夏凌（第九、十章）。此外，路振宇、张艳树、陈彦龙、李娜、董建伟、杨佳妮、谢增辉、梁瑞钰等研究生也参加了资料收集及文献校对工作。全书由李攻科、肖小华统稿。

本书参阅和引用了大量中外文参考书籍和文献资料，主要参考文献均列在每章的末尾，在此特向有关作者致以衷心的感谢。本书在写作过程中得到了北京大学刘虎威教授的大力支持与帮助。书中部分内容是作者及研究生长期从事的研究工作，相关研究成果得到了国家自然科学基金委员会、科技部、广东省科技厅、广州市科技局及中山大学等的资助，在此一并表示感谢。

由于编者水平有限，加上有些领域的研究刚刚起步，无论从理论上还是技术方面都有待于继续深入研究与完善，书中不妥、不足之处在所难免，恳请专家和读者批评指正。

编者

2022 年 6 月于广州

目录

第一章 绪论 <<<<<<<<<

第二章 样品采集与简单处理方法 <<<<<<<<<

第三章 相分配样品制备技术 <<<<<<<<<

第四章　相吸附样品前处理技术 　◄◄◄◄◄◄◄◄

第五章　场辅助样品前处理技术　　‹‹‹‹‹‹‹‹

第六章　凝胶色谱净化技术　　‹‹‹‹‹‹‹‹

第七章　样品衍生化技术　<<<<<<<<

第八章　气体及挥发性样品制备方法　<<<<<<<<

第九章　生物样品制备方法

CHAPTER 1

绪　论

　　随着生命、环境、材料、医药、食品等科学不断发展，分析化学所面临的样品性质的复杂程度是前所未有的，分析对象不仅包括了气、液、固相中所有物质并以多相形式存在；生物样品、环境样品、食品等复杂样品的分析因其基体的多样性和复杂性、待测组分含量低且随时空变化，而使样品制备成为整个分析过程中的关键环节。样品制备的主要目的包括：采集代表性样品；浓缩痕量待测组分，降低检出限；除去样品中基体与其他干扰物；通过衍生化等手段使被测物转化为检测灵敏度更高的物质或与样品中干扰组分能分离的物质，提高方法的灵敏度与选择性；缩减样品质量与体积，便于运输与保存，提高测试样品的稳定性；保护分析仪器及测试系统，以免影响仪器的性能与使用寿命。

　　样品制备原理主要是利用物质的物理、化学和生物学等方面性质的差异，将待测物从不同基质中分离富集出来，使它们更大程度地适用于分析检测。样品制备过程不是一个自发过程，物质性质差异是样品制备的基础。样品制备技术研究本质上是研究如何将热力学第二定律的自发过程，以相反方向进行到最大限度，即如何给体系增加能量和降低体系的熵值以增强分离富集效果。化学势控制组分在分离过程的相对迁移和平衡状态，化学势的分布对分离起着主导作用，通过引入适当的相、膜和场来改变化学势的分布，可提高样品分离富集的效率。每一种样品前处理目标物分离方式均是以下4个过程的单独、同时或依次进行的过程：化学转换；两相中的分配；相的物理分离；外场作用下的迁移速率差异。

　　相对于现代分析仪器的快速发展，样品制备技术及仪器的发展滞后，制约了分析化学的发展。在过去几十年中，分析化学的发展集中在研究分析方法的本身：如何提高灵敏度、选择性及分析速度；如何应用物理及化学中的理论来发展新颖的分析方法与技术，以满足高新技术对分析化学提出的新目标与高要求；如何采用高新技术的成果改进分析仪器的性能、速度及自动化的程度。但忽视了对样品制备技术的研究，使样品制备技术成为制约分析化学发展的瓶颈。现代分析方法中样品制备技术的发展趋势是快速高效、批量化、自动化、环境友好、准确可靠、成本低等，这也是评价样品制备技术的准则。样品制备约占整个分析时间的三分之二，分析过程中产生的误差至少三分之一来自样品制备过程，这使得样品制备成为分析化学的关键问题。因此，样品制备技术的研究引起了高度关注，发展快速高效、高选择性、高通量、环境友好、自动化的样品制备技术对于提高分析的选择性、灵敏度及分析速度具有十分重要的科学意义，成为分析化学的前沿研究方向。

第一节　样品制备技术简介

一、样品制备的定义与地位

样品制备是采用合适的方法、技术或策略，使原始样品转化为与后续分析检测过程匹配的测试样品的过程。一个完整的样品分析过程，从采样开始到给出分析报告，大致可以分为以下 4 个步骤[1]：①样品采集；②样品前处理；③分析测定；④数据处理与报告结果。统计结果表明，上述 4 个步骤中各步所需的时间相差很大，各步所需的时间占全部分析时间的百分率分别为：样品采集 6％，样品前处理 61％，分析测定 6％，数据处理与报告 27％。其中样品制备所需的时间最长，约占整个分析时间的三分之二[2]。花在样品制备上的时间，比样品本身的分析测试所需的时间，几乎多了一个数量级。通常分析一个样品只需几分钟至几十分钟，而分析前的样品制备却要几小时甚至几十小时。因此，样品制备技术的研究引起了分析化学家的关注，各种新技术与新方法的探索与研究已成为当代分析化学的重要课题与发展方向之一。快速、简便、自动化的样品制备技术不仅省时、省力，而且可以减少由于不同人员的操作及样品多次转移带来的误差，同时可避免使用大量的有机溶剂以减少对环境的污染。样品制备技术的深入研究必将对分析化学的发展起到积极的推动作用。

二、样品制备的目的

气体、液体或固体样品几乎都不能未经处理直接进行分析测定。特别是许多复杂样品以多相非均一态的形式存在，如大气中的气溶胶与飘尘，废水中的乳液、固体微粒与悬浮物，土壤中的水分、微生物、砂砾及石块等。所以，复杂样品必须经过样品制备后才能进行分析测定。

样品制备首先可以起到浓缩被测痕量组分的作用，从而提高方法的灵敏度、降低检出限。因为样品中待测组分的浓度往往很低，难以直接测定，经过前处理富集后，就很容易用各种仪器分析测定，从而降低了测定方法的检出限。其次可以消除基体对测定的干扰，提高方法的灵敏度。否则基体产生的信号可部分或完全掩盖痕量被测物的信号，不但对选择分析方法最佳操作条件的要求有所提高，而且增加了测定的难度，容易带来较大的测量误差。通过衍生化的前处理方法，可使一些在通常检测器上没有响应或响应值较低的化合物转化为响应值高的化合物。衍生化通常还用于改变被测物质的性质，提高被测物与基体或其他干扰物质的分离度，从而达到改善方法灵敏度与选择性的目的。此外，样品经制备后容易保存或运输，而且可以使被测组分保持相对稳定，不易发生变化。最后，通过样品制备可以除去对仪器或分析系统有害的物质，如强酸或强碱性物质、生物大分子等，从而保护并延长仪器的使用寿命，使分析测定能长期保持在稳定、可靠的状态下进行。

三、样品制备方法的评价标准

有人说"选择一个合适的样品制备方法，等于完成了分析工作的一半"，这恰如其分地道出了样品制备的重要性。对于一个具体样品，如何从众多的样品制备方法中去选择合适的呢？迄今为止，没有一种样品制备方法能适合所有样品或所有被测对象。即使同一种被测物，所处的样品与条件不同，可能所采用的制备方法也不同。所以对于不同样品中的分析对象要进行具体分析，找出最佳方案。

一般来说，评价样品制备方法选择是否合理，下列各项准则是必须考虑的：①是否能最大限度地除去影响测定的干扰物，这是衡量样品制备方法是否有效的重要指标，否则即使方法简单、快速也无济于事。②被测组分的回收率是否高。回收率不高通常伴随着测定结果的重复性差，不但影响到方法的灵敏度和准确度，最终使低浓度的样品无法测定，因为浓度越低，回收率往往也越差。③操作是否简便、省时。前处理方法的步骤越多，多次转移引起的样品损失也越大，最终的误差也越大。④成本是否低廉。尽量避免使用昂贵的仪器与试剂。当然，对于目前发展的一些新型高效、快速、简便、可靠且自动化程度高的样品制备技术，尽管有些仪器价格较高，但是与其所产生的效益相比，这种投资还是值得的。⑤是否影响人体及环境。应尽量少用或不用污染环境或影响人体健康的试剂，即使不可避免必须使用时也要回收循环使用，使其危害降至最低的程度。⑥应用范围广。适合各种分析测试方法，甚至联机操作，便于过程的自动化。⑦适用于野外或现场操作。

四、传统的样品制备方法及其缺点

传统的样品制备方法有液-液萃取、索氏提取、蒸馏、吸附、离心、过滤等几十种，用得较多的也有十几种。表 1-1 列出了几种传统样品制备方法的原理及适用的对象。

传统的样品制备方法的主要缺点是：①劳动强度大，许多操作需要反复多次进行，因而十分枯燥。②时间周期长。③手工操作居多，容易损失样品，重复性差，引进误差的机会多。④对复杂样品需要多种方法配合处理，操作步骤多，转移过程中也容易损失样品，造成重复性差、误差也较大。⑤多数的传统样品制备方法往往要用大量溶剂，如液-液萃取、索氏提取等。特别是含卤素的有机溶剂的使用，不但对操作人员健康有一定影响，而且会造成环境污染。这些问题的存在，使样品制备工作成为整个分析测定过程中最费时、费力，也最容易引进误差的环节。因此，研究快速高效、自动化的样品制备技术已成为当今分析化学中最活跃的前沿课题之一。特别是为了解决传统样品制备方法中有机溶剂带来的不良影响，各种溶剂用量少尤其是无溶剂的样品制备技术得到了迅速的发展。

表1-1 主要的传统样品制备方法

传统样品制备方法	原理	应用范围
分步吸附法	吸附能力的强弱	气体、液体及可溶性的固体
离心法	分子量或密度的不同	不同相态或分子量相差较大的物质
透析法	渗透压的不同	分子与离子或渗透压不同的物质
蒸馏法	沸点或蒸气压不同	各种液体
过滤法	颗粒或分子大小差别	液-固分离
液-液萃取法	物质在两种液体中分配系数不同	在两种液相中溶解度差别很大的物质
冷冻干燥法	蒸气压不同	在常温下易失去生物活性的各种物质
色谱法	与固定相作用力的不同	气体、液体及可溶解的物质
沉淀法	物质在不同溶剂中溶度积不同	各种不同溶剂中溶度积不同的物质
索氏提取法	不同溶剂中溶解度不同	从固体或黏稠态物质中提取目标物
真空升华法	蒸气压不同	从固体中分离挥发性物质
超声振荡法	不同溶剂中溶解度不同	从固体中分离可溶性物质
衍生化法	使被测物改变性质,提高灵敏度或选择性	能与衍生化试剂起反应的物质

五、样品制备技术的分类

根据样品制备分离方式的不同[3-7]，样品制备技术可分为相分离样品制备方法、场辅助样品制备方法、膜分离样品制备方法以及化学转换样品制备方法等。相分离样品制备方法又分为相吸附样品制备方法和相分配样品制备方法。快速、高效、环保的无溶剂萃取或少溶剂样品制备技术显示出强大的生命力（图1-1）。新材料的引入发展了各种新型分离富集介质；通过分离与分析一体化策略发展了各种在线联用仪器装置与技术；发展了适合不同场景的在线采样技术；针对科学研究与测试领域涉及的复杂样品分析发展了快速样品制备技术等。

按照样品形态来分，样品制备技术主要分为固体、液体及气体样品的制备技术。

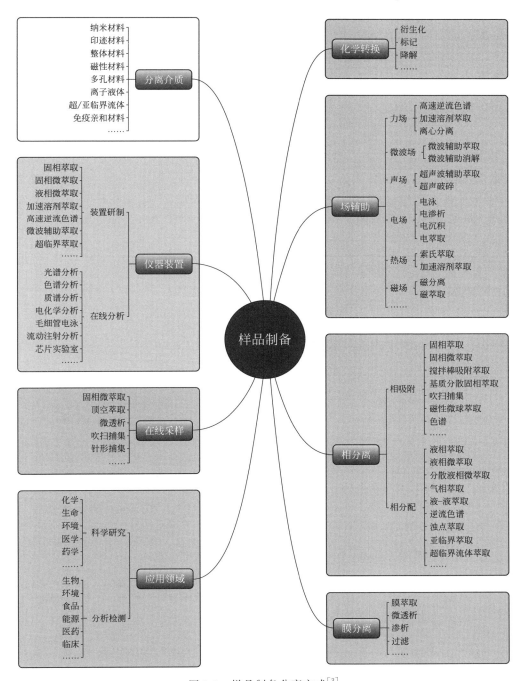

图 1-1 样品制备分离方式[3]

1. 固体样品制备技术

固体样品制备技术主要包括索氏提取（Soxhlet extraction）[6]、微波辅助萃取（Microwave-assisted extraction，MAE）[8-10]、超声波辅助萃取（Ultrasonic-assisted extraction，UAE）[11,12]、超临界流体萃取（Supercritical fluid extraction，SFE）[13,14]和加速溶剂萃取（Accelerated solvent extraction，ASE）[15,16]，各种技术的特点见表1-2。传统的索氏提取和超声波辅助萃取费时、耗试剂、效率低、重现性差，已不能满足发展的需要，因而先后发展了SFE、MAE和ASE等技术。SFE技术是利用在临界压力和临界温度附近具有特殊性能的超临界流体作为溶剂，从液体和固体中萃取出特定的组分，以达到分离目的。ASE是在温度场及压力场的相互作用下，采用有机溶剂萃取的自动化方法，但存在设备复杂、运行成本高、萃取效率低等问题，SFE和ASE技术的发展和应用受到了限制。1986年匈牙利学者Ganzler[17]提出的MAE技术则克服了以上缺点，具有设备简单、适用范围广、萃取效率高、重现性好、节省时间、节省试剂等特点，表现出良好的发展前景和应用潜力。

表1-2 固体样品制备技术

样品制备方法	基本原理	优点	缺点
索氏提取	利用溶剂回流及虹吸原理，使固体物质连续不断地被溶剂萃取	容易操作、仪器设备便宜、无需过滤、可处理大量样品	提取时间长，耗溶剂，热不稳定的成分因加热时间长而分解
微波辅助萃取（MAE）	利用微波场作用强化萃取过程提高萃取效率	速度快、溶剂用量少、加热较均匀、操作简单	萃取溶剂需为极性，可能存在微波辐射，需要过滤步骤
超声波辅助萃取（UAE）	利用超声场作用如空化作用、热效应等加速分析物的萃取	快速，操作简便，成本低，适用于处理大量样品	萃取效率取决于空化作用的强度、固体颗粒的大小和致密程度，溶剂的特性对萃取效率有显著的影响，需要过滤，手动操作
超临界流体萃取（SFE）	以超临界流体为萃取溶剂萃取分析物	快速，溶剂用量少，批量处理，浓缩倍数大，无需过滤，高选择性，萃取温度相对较低，适用于热敏化合物，可与色谱实现在线联用	样品可能流失，需要优化大量试验参数，高压，仪器设备成本高，水含量高会造成节气门堵塞
加速溶剂萃取（ASE）	温、压场相互作用下的高温高压固-液萃取	快速，溶剂用量少，浓缩倍数大，无需过滤，操作简单	仪器设备成本高，热不稳定性物质会在高温下（超过200℃）发生分解，基体物质的同时萃取会有封锁现象

2. 液体样品制备技术

液体样品制备技术主要包括：液-液萃取法（Liquid-liquid extraction，LLE）[18]、固相萃取法（Solid-phase extraction，SPE）[19-21]、液膜萃取法（Supported liquid membrane extraction，SLME）[22]、吹扫捕集法（Purge and trap，P&T）[23]、浊点萃取

(Cloud point extraction，CPE)[24,25]、固相微萃取（Solid-phase microextraction，SPME)[26-28]、液相微萃取（Liquid-phase microextrction，LPME)[29-31]等，各种技术的特点见表 1-3。传统的前处理技术如 LLE、SPE 等，这些方法虽然在分析化学发展史上起到了不可替代的作用，但是其自身的缺点限制了它们的应用。因此，发展操作简单、试剂用量少或无试剂、微型化、自动化的样品制备技术成为国内外分析工作者探索的热点。20 世纪 90 年代初出现的 SPME[1,27]是一种简单、快速、方便、无需使用有机溶剂的样品制备技术，它集萃取、浓缩、进样于一体，克服了传统样品前处理技术的很多弊端，在环境分析、食品分析、医学以及司法鉴定等领域得到了广泛应用，但是由于其固相微萃取纤维的使用寿命短且易碎，增加了它的使用成本，限制了其应用范围。1996 年 Jeannot 等[32]提出了 LPME 样品制备技术，它是微型化的 LLE，结合了 LLE 和 SPME 的优点，并可根据不同的分析仪器选择合适的萃取溶剂体积，极大地满足了色谱仪器检测的要求，弥补了 SPME 应用领域上的很多空白[33]。

表 1-3 液体样品制备技术

样品制备方法	基本原理	优点	缺点
液-液萃取（LLE）	利用样品中不同组分分配在两种不混溶的溶剂中溶解度和分配比的不同来达到分离、萃取或纯化的目的	应用范围广，技术成熟，处理样品量较大，萃取较完全	操作繁琐，耗时较长，不易自动化，有机溶剂消耗量大，在萃取较脏水样时会出现乳化或沉淀等现象
固相萃取（SPE）	通过颗粒较小的多孔固相吸附剂选择性地定量吸附样品中被测物质，用体积较小的另一种溶剂洗脱或用热解吸方法解吸被测物质，达到分离富集被测物质的目的	属于无相分离操作过程，易于收集分析物组分，可以处理小体积试样	含有胶体或固体小颗粒的复杂样品会堵塞固定相的微孔结构，引起柱容量和穿透体积的降低、萃取效率和回收率的降低。固定相的选择性不高
液膜萃取（SLME）	将有机相直接吸附于能将两种水相分开的微孔膜中，将萃取、反萃取和溶剂的再生结合为一体，使待分离的物质从一种水相转移到另一水相，从而达到分离的目的	选择性高，溶剂用量少，可实现自动化并易与分析仪器在线联用，准确度和精密度均较高	每次萃取时只适合于处理某些特定类型的物质，且经常需要优化很多实验条件，长期稳定性不够好，进行痕量物质富集时消耗时间相对较长
吹扫-捕集法（PT）	吹洗气体连续通过样品将其中的挥发组分萃取后在吸附剂或冷阱中捕集，再进行分析测定，因而是一种非平衡态连续萃取	取样量少，富集效率高，受基体干扰小，容易实现在线检测	需专用装置，技术要求高，目前在我国的使用受到限制
浊点萃取（CPE）	以表面活性剂的浊点现象为基础，通过改变外界条件，使表面活性剂溶液发生相分离，从而一步完成样品的萃取和富集	经济、安全、高效，操作简便、应用范围广	常用的表面活性剂在 UV 区域有很强的背景吸收，对于热敏分析物要注意操作温度对稳定性的影响，操作时间较长（从色谱柱上需用几个小时洗脱表面活性剂）

续表

样品制备方法	基本原理	优点	缺点
固相微萃取（SPME）	基于分析物在流动相以及固定在熔融二氧化硅纤维表面的高分子固定相之间两相分配的原理，实现对样品中有机物质的萃取和富集	不用或少用溶剂，操作简便，易于自动化及与其他技术在线联用	萃取容量有限、易达到饱和、价格昂贵、涂层种类有限、基体复杂时重现性不理想
液相微萃取（LPME）	利用样品中不同组分在两种不混溶的溶剂中溶解度和分配比的不同来达到分离、萃取或纯化的目的	集采样、萃取和富集于一体，灵敏度高，操作简单，消耗溶剂少，萃取效率高	长期稳定性不够好

3. 气体样品制备技术

传统的气体样品制备方法有固体吸附剂法[34]、全量空气法[35]、吹扫-捕集法[36]等，但大多设备昂贵，操作繁琐费时，限制了这些方法的推广和应用。固相微萃取作为一种非溶剂萃取技术，具有操作简单、不需溶剂、萃取效率高和适应性广等特点，是一种理想的气体样品采样前处理方法。固体吸附剂法、全量空气法、吹扫-捕集法及固相微萃取法在气体样品制备方面各有优缺点，表 1-4 归纳比较了这些方法的特点[5]。

表 1-4　气体样品制备方法

样品制备方法	基本原理	优点	缺点
固体吸附剂法	一般根据分析气体的极性差异，选择不同的吸附剂或混合吸附剂	可长时间采样，测得一段时间内的平均浓度值，富集率高，浓缩在吸附剂上的挥发性有机物稳定时间较长	分析成本高，吸附剂种类有限，会发生穿漏和解吸现象
全量空气法	采集气样前先将容器抽真空，在气泵的辅助作用下将容器内空气采集成正压，再用冷凝增浓法实现样品的富集浓缩	取样方便，不需要附加取样装置，可同时分析同一样品中的多种成分，可长时间保存	操作复杂，损失较大
吹扫-捕集法（PT）	吹洗气体连续通过样品，将其中的挥发组分萃取后在吸附剂或冷阱中捕集，再进行分析测定，因而是一种非平衡态连续萃取	快速、准确、灵敏度高、富集效率高，精确度高，不使用有机溶剂	甲醇和水会干扰测定，因样品残留而引发交叉污染，并损坏捕集管
固相微萃取法（SPME）	基于分析物在流动相以及固定在熔融二氧化硅纤维表面的高分子固定相之间两相分配的原理，实现对样品中的有机物质的萃取和富集	集萃取、浓缩、进样于一体，不用或少用溶剂，操作简便，易于自动化及与其他技术在线联用	价格昂贵，涂层种类有限，基体复杂时重现性不理想

固体吸附剂法是应用最广的气体样品制备方法。为提高效率，要求吸附剂吸附容量大、富集效率高、化学性质稳定。一般根据分析物的极性差异，选择不同吸附剂或混合吸附剂。

全量空气法包括聚合物袋、玻璃容器和不锈钢采样罐捕集法。聚合物袋价格便宜，使用方便，但容易因渗透造成样品污染和损失。玻璃容器的采样体积有限、易碎且清洗困难。经过电抛光处理的采样罐避免了吸附剂采样法的穿漏、分解及解吸现象，可同时分析样品中的多种组分，适合非极性物质的采样前处理，但采样设备价格昂贵，标样的制备和罐的清洗费时费力，还要保证罐内样品的稳定性。

吹扫-捕集法具有快速准确、灵敏度高、富集效率高、精确度高和无需有机溶剂的优点，能够与 GC、GC-MS、GC-FTIR 和 HPLC 等仪器联用，实现吹扫、捕集、色谱分离全过程的自动化，因此这种方法受到人们的重视。

固相微萃取采样时推动手柄使萃取头暴露于空气中，无需辅助动力。采样结束后，将萃取头直接插入气相色谱的进样口解吸涂层上的待测物进行分析。由于解吸时间短且没有溶剂注入，所以有利于提高分析速度、降低检出限。

第二节　样品制备技术的发展

样品制备能将待测物从复杂的基质中预先分离富集出来，帮助提高分析测试方法的灵敏度、选择性、准确性，乃至速度。但这是一个非自发的熵减过程，需要输入能量。处理不当，不仅耗时费力，还容易引入测量误差，成为当前分析方法发展无法回避的薄弱环节。因此，高效、快速、环境友好的样品制备技术的研究无疑是现代分析化学的一个重要方向。

为了解决传统分析中溶剂带来的不良影响，无溶剂或少溶剂样品制备方法发展较快。样品的无（少）溶剂制备是指那些在样品制备与处理过程中不用或少用有机溶剂的方法与技术，包括气相萃取、膜萃取、吸附萃取等技术[5]（如图 1-2 所示）。气相萃取法包括顶空萃取法、超临界流体萃取法，膜萃取法分低压和高压两种方式，吸附萃取法包括固相萃取法和固相微萃取法。

表 1-5 归纳了几种有代表性的无溶剂、少溶剂样品制备方法[5,7,33]的原理、对象、萃取相及特点等。SPME、MAE、SFE 等为代表的无（少）溶剂样品制备技术的推广使用，有效减轻了分析人员的劳动强度，减少了对人体的危害，实现了环境友好的样品制备过程。这些技术独特的优越性已显示出强大的生命力，对现代分析化学的发展及其广泛的应用起了积极的推动作用。因此，进一步提高与完善这些方法将有重要的学术意义与应用前景。

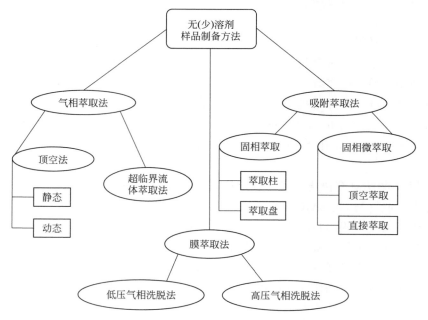

图 1-2　无（少）溶剂样品制备方法的种类[5]

表 1-5　几种主要的无（少）溶剂样品制备方法[7]

样品制备方法	原理	分析方法	分析对象	萃取相	缺点
顶空法（静态顶空，吹捕法）	利用待测物的挥发性	直接抽取样品顶空气体进行色谱分析；利用载气尽量吹出样品中待测物后用冷冻捕集或吸附捕集的方法收集被测物	挥发性有机物	气体	静态顶空法不能浓缩样品，定量需要校正。吹捕法易形成泡沫,仪器超载
超临界流体萃取	利用超临界流体密度高、黏度小、对压力变化敏感的特性	在超临界状态下萃取待测样品，通过减压、降温或吸附收集后分析	烃类、非极性化合物及部分中等极性化合物	CO_2、氨、乙烷、乙烯、丙烯、水等	萃取装置昂贵,不适于分析水样
膜萃取	膜对待测物质的吸附作用	由高分子膜萃取样品中的待测物,再用气体或液体萃取出膜中的待测物	挥发、半挥发性物质,支载液膜萃取不同pH值下能离子化的化合物	高分子膜、中空纤维	膜对待测物浓度变化有滞后性,待测物受膜限制大
固相萃取	固相吸附剂对待测物的吸附作用	先用吸附剂吸附,再用溶剂洗脱待测物	各种气体、液体及可溶固体	盘状膜、过滤片、固相萃取剂	回收率低、固体吸附剂容易被堵塞

续表

样品制备方法	原理	分析方法	分析对象	萃取相	缺点
固相微萃取	待测物在样品及萃取涂层之间的分配平衡	将萃取纤维暴露在样品或其顶空中萃取	挥发、半挥发性有机物	具有选择吸附性的涂层	萃取涂层易磨损,使用寿命有限
液相微萃取	待测物在两种不混溶溶剂中溶解度和分配比不同	悬挂的溶剂液滴暴露在样品或其顶空中萃取	挥发、半挥发性有机物,液体及可溶固体	有机溶剂、酸、碱	稳定性差导致精密度不好

为了减少样品制备时间,提高整个分析过程的效率,发展快速样品制备技术是样品制备的又一重要发展方向[33]。场辅助技术通过热、声、电、磁、力、微波等外场[37,38]强化样品制备过程中的传热和传质,加快样品制备速度、提高样品制备效率。新材料的合成与开发(如印迹材料[39]、适配体功能化材料[40]、超分子及其衍生材料[41]、微孔聚合物[42]等)为加速样品制备提供了物质基础。新型分离富集介质可以为相吸附和相分配样品制备技术提供快速、高效的媒介[43];高性能的衍生化试剂通过快速的化学反应,将目标物转化成更易检测的化学形态[44];先进多孔材料的应用赋予基于尺寸识别的膜分离技术新的生机[45];通过定向流、剧烈搅动、增大接触面积等加速传质手段进一步提高了材料在样品制备应用时的速度和效率[46]。待测样品的体积、质量直接影响制样所需的时间[47]。减少样品用量可缩短样品制备时间,但需综合考虑检测灵敏度、准确度及样品代表性等问题。通过装置仪器微型化、SPME[48]、LLME[49]、微流控萃取[50,51]等技术不仅实现了微量样品的制备,还能减少人为操作步骤。样品制备-分析检测联用技术也是实现快速高效样品分析的手段,通过多组并/串联实现高通量样品制备,通过多步骤协同、在线联用等策略加速样品制备,通过原位制样技术减少转移损失。新兴的快速样品制备技术大大缩短了样品处理时间,提高了分析效率,降低了分析成本,同时可以防止人工操作无法避免的由于个体差异所产生的误差,提高分析测试的灵敏度、准确度与重现性[33]。

应用智能机械和操作自动化是样品制备技术发展的必然趋势[52,53],只有这样才能使分析测定的全过程真正达到自动化,并最大限度降低人为因素对分析结果的影响,使不同国家和地区的不同实验室之间进行的分析方法和结果具有可比性。这对全球范围内的科技合作,尤其是在生命科学和生态环境研究领域十分重要。

随着科学技术的发展,需要分析的样品种类越来越多,分析物的含量越来越低,这就对分析样品制备与处理提出了新的挑战。传统样品分离浓缩方法已经得到了改进,新的样品制备技术也不断出现,国内外都有相关内容的专题学术会议及许多研究论文和专著发表[54-59]。值得一提的是,样品制备技术目前已不仅仅与色谱分析技术联用,而是与诸多前沿的分析技术如分子光谱分析[60,61]、传感分析^[62,63]、成像分析^[64,65]等相结合，有效提升了实际样品分析的可靠性及准确性，拓展了分析技术的实际应用范围。本书将系统介绍目前国际上各种先进的样品制备技术，着重介绍各种样品制备技术的原理、介质、装置及应用。

参考文献

[1] Psillakis E, Kalogerakis N. Trends Anal Chem, 2003, 22(10): 565.

[2] 黄骏雄. 环境化学, 1994, 13(1): 95.

[3] Xia L, Li Y, Liu Y, et al. J Sep Sci, 2020, 43(1): 189.

[4] 王立, 汪正范. 色谱分析样品处理: 2 版. 北京: 化学工业出版社, 2006.

[5] 刘震. 现代分离科学. 北京: 化学工业出版社, 2017.

[6] 袁珂, 简秀梅, 孟江. 中国现代应用药学杂志, 1999, 16(4): 20.

[7] 贾金平, 何翊, 黄骏雄. 化学进展, 1998, 10(1): 74.

[8] 李核, 李攻科, 张展霞. 分析化学, 2003, 31(10): 1261.

[9] Wang H, Ding J, Ren N. Trends Anal Chem, 2016, 75: 197.

[10] Ganzler K, Szinai I, Salgo A. J Chromatogr A, 1990, 520: 257.

[11] Lopez-Avila V, Young R, Beckert W F. Anal Chem, 1994, 66(7): 1097.

[12] 高立勤, 刘文英. 药学进展, 1997, 21(1): 8.

[13] King J W. J AOAC Int, 1998, 81(1): 9.

[14] Lang Q Y, Wai C M. Talanta, 2001, 53: 771.

[15] Conte E, Milani R, Morali G, et al. J Chromatogr A, 1997, 765: 121.

[16] Erland B, Tobias N. Trends Anal Chem, 2000, 19(7): 434.

[17] Ganzler K, Salgo A, Valko K. J Chromatogr A, 1986, 371: 299.

[18] Ternes T A, Andersen H, Gilberg D, et al. Anal Chem, 2002, 74(14): 3498.

[19] Pawliszyn J. Trends Anal Chem, 1995, 14(3): 113.

[20] de Barros Caetano V C L, da Costa Cunha G, Oliveira R V M, et al. Microchem J, 2019, 146: 1195.

[21] Li Z L, Wang S, Lee N A, et al. Anal Chim Acta, 2004, 503: 171.

[22] Jonsson J A. Mathiasson L. Trends Anal Chem, 1992, 11(3): 106.

[23] 赵月朝, 陈亚妍. 卫生研究, 1994(6): 348.

[24] Shariati S, Yamini Y. J Colloid Interf Sci, 2006, 298: 419.

[25] Zhu X S, Hu B, Jiang Z C, et al. Water Res, 2005, 39: 589.

[26] Arthur C L, Pawliszyn J. S. Anal Chem, 1990, 62: 2145.

[27] Souza-Silva E A, Jiang R, Rodriguez-Lafuente A, et al. Trends Anal Chem, 2015, 71: 224.

[28] Jalili V, Barkhordari A, Ghiasvand A. Microchem J, 2020, 152: 104319.

[29] Arpa Ç, Arıdaşır, I. Food Chem, 2019, 284: 16.

[30] Jha R R, Singh C, Pant A B, et al. Anal Chim Acta, 2018, 1005: 43.

[31] Liu X, Liu C, Qian H, et al. Microchem J, 2019, 146: 614.

[32] Jeannot M A, Cantwell F F. Anal Chem, 1996, 68(13): 2236.

[33] Xia L, Yang J, Su R, et al. Anal Chem, 2019, 92(1): 34.

[34] 李俊宁, 王丽娜, 齐涛, 等. 化学进展, 2008, 20(06): 851.

[35] 肖珊美, 何桂英, 陈章跃. 光谱实验室, 2006, 23(4): 671.

[36] 金钰. 分析化学, 2008, 36(11): 1567.

[37] Gil García M D, Martinez Galera M, Ucles S, et al. Anal Bioanal Chem, 2018, 410(21): 5195.[38] Wei T, Chen Z, Li G, et al. J Chromatogr A, 2018, 1548: 27.

[39] Cheubong C, Takano E, Kitayama Y, et al. Biosens Bioelectron, 2021, 72: 112775.

[40] Pero-Gascon R, Benavente F, Minic Z, et al. Anal Chem, 2019, 92(1): 1525.

[41] Williams G T, Haynes C J, Fares M, et al. Chem Soc Rev, 2021, 50(4): 2737.

[42] Yu F, Zhu Z, Wang S, et al. Chem Eng J, 2021, 412: 127558.

[43] Yang F, Zhang Y, Cui X, et al. Biotechnol J, 2019, 14(3): 1800181.

[44] Xie J, Jiang H, Shen J, et al. Anal Chem, 2017, 89(19): 10556.

[45] Borahan T, Unutkan T, Turan N B, et al. Food Chem, 2019, 299: 125065.

[46] Chen Y, Xia L, Liang R, et al. Trends Anal Chem, 2019, 120: 115652.

[47] 李攻科, 胡玉玲, 阮贵华. 样品前处理仪器与装置. 北京: 化学工业出版社, 2007.

[48] Gómez-Rios G A, Gionfriddo E, Poole J, et al. Anal Chem, 2017, 89: 7240.

[49] Pasupuleti R R, Tsai P C, Ponnusamy V K. Microchem J, 2019, 148: 355.

[50] Ramos-Payan M, Maspoch S, Llobera A. Anal Chim Acta, 2016, 946: 56.

[51] Wei X, Hao Y, Huang X, et al. Talanta, 2019, 198: 404.

[52] Patel D C, Gandarilla J, Doherty S. Anal Chim Acta, 2018, 1004, 32.

[53] Yuan H, Jiang B, Zhao B, et al. Anal Chem, 2019, 91: 264.

[54] 刘虎威, 陈洪渊. 分析化学学科前沿与展望. 北京: 科学出版社, 2012.

[55] Jeanttte M, Van Emon 编. 免疫分析和其他生物分析技术. 高志贤, 等译. 北京: 化学工业出版社, 2021.

[56] Ma W, Xu S, Nie H, et al. Chem Sci, 2019, 10(8): 2320.

[57] 丁明玉. 现代分离方法与技术. 北京: 化学工业出版社, 2020.

[58] 陈义. 毛细管电泳技术与应用(第 3 版). 北京: 化学工业出版社, 2019.

[59] Liu M X, Zhang H, Zhang X W, et al. Anal Chem, 2021, 93(25): 9002.

[60] Chen Z, Li G, Zhang, Z. Anal Chem, 2017, 89(17): 9593.

[61] Fu J, Lai H, Zhang Z, et al. Anal Chim Acta, 2021, 1161: 338464.

[62] Fan X, Xing L, Ge P, et al. Food Chem, 2020, 307: 125645.

[63] Gao B, Zhao X, Liang Z, et al. Anal Chem, 2020, 93(2): 820.

[64] Chen Y, Tang W, Gordon A, et al. J Am Soc Mass Spectr, 2020, 31(5): 1066.

[65] Unsihuay D, Su P, Hu H, et al. Angew Chem Int Ed, 2021, 60: 7559.

CHAPTER 2

样品采集与简单处理方法

色谱分析技术涉及的样品主要是气体和蒸汽、液体和多水样品、某些固体样品等，它们的采样方式主要有被动采样和有动力采样等。可以根据色谱分析的目的、样品的组成及其浓度水平、样品的物理化学性质，如样品的溶解性、蒸气压、化学反应活性、物理状态等，决定应当采用的样品采集程序。

样品采集程序通常包括制定样品采集计划、采集方法和样品容器、样品的保存和运输、样品标记和记录等内容。根据分析目的和现场状况制定具体的样品采集程序，填写样品采集表格，依次标记样品并防止样品混淆和交叉污染，确定采集后样品的运输和保存措施，保证采集到的样品具有完整性和代表性。

根据待分析测定的目标物质选择样品采集方法和技术。挥发性和半挥发性样品通常使用气密性的容器采集，如 Canister 罐、气体袋、棕色的玻璃采样瓶等容器；液体和固体中的难降解有机样品通常使用干净的玻璃瓶或不锈钢容器直接采集，而气体样品中的难降解有机物样品需要通过聚氨酯泡沫或者 XAD-2 树脂充填的采样管与石英玻璃滤膜串联采集。

根据采集样品的目标物浓度水平，选择直接采集方法或浓缩采集方法。如果样品浓度较高或者适合直接进行色谱分析，可采用直接采集方法；如果样品浓度较低，低于色谱测定检出限时，须采用适当的前处理方法进行富集浓缩。前处理过程可以在样品采集现场完成，也可以在实验室进行。

根据样品的物理状态和化学性质选择样品的采集方法及容器。如果样品是气体或蒸汽，通常直接采集即可，采用的样品容器有气密性的 Canister 罐、气体袋、玻璃或金属采样瓶等；如果样品是液体（包括黏稠的样品），如水体样品，通常采用可遮光的玻璃采样瓶、金属采样袋等密闭性容器；如果样品是固体，通常采用广口玻璃采样瓶和铝箔包装的方法[1]。

以 GC 或 GC-MS 为例，如果原始气体样品的浓度较高，可直接采集和色谱进样。气体进样体积可以适当调节。高浓度气体样品通常需要稀释到适当浓度，才能用气密性注射器或者气体进样阀进样。对浓度较高的气体样品的稀释方法包括常压稀释、负压稀释和正压稀释。为了安全，在进行毒性较高的有机物样品的稀释时，最好采用负压稀释的方法。对于浓度较低的气体样品，必须应用前处理技术将被测定组分从样品中分离并浓缩出来，然后进行色谱分析测定。

第一节　样品的采集

一、被动采样与有动力采样

1. 被动采样

被动采样（也称扩散采样）是将吸附材料直接暴露在环境中，通过吸附材料自身的特性和扩散过程控制的吸附采样方式。此方法的优点是操作简单、方便、费用低，不使用动力源（例如采样泵）。主要的缺点是不能获得或者控制采样过程中稳定的样品流速，且环境因素对采样器性能的影响较大。

被动采样器的应用范围不断拓展，最初仅适合空气采样，现已成功应用于液体、土壤和气溶胶的采样分析[2]。使用活性炭管通过直接扩散的方法采集空气样品，可以获得很好的采集效率。活性炭管采集的样品通过加热解吸的方式回收样品，可以得到较好的回收率。活性炭是一类具有很强吸附能力的吸附材料，有时多孔聚合物在吸附捕集这些化合物的作用不如活性炭，但是，活性炭常常需要溶剂解吸时才能获得比较高的回收率。美国和欧洲在 20 世纪 60 年代就建立了作业现场中有机溶剂测定的标准分析方法，主要是应用活性炭管（器）采样和二硫化碳溶剂解吸的方法和技术。工作场所空气有毒物质测定的国内标准方法中使用活性炭管进行采样，采用热解吸的方法脱附，测定空气中的脂肪族醚类化合物[3]。近年来，为评价商用被动采样应用于以潜艇为代表的密闭环境和大气环境监测的可行性，美国开展了一系列研究，使用负载有吸附材料涂层的玻璃纤维、硅胶等作为采样介质，有效富集空气中的微量污染物甲醛、挥发性有机物（VOCs）等并对其进行监测，该方法也广泛应用于常规建筑和工业卫生短期暴露监测领域。

被动采样主要应用于作业环境中污染物的监测和工业区中控制潜在的高污染水平。例如：充填了多种吸附材料如 Tenax TA、Chromosorb 102、Chromosorb 106 的采样管可被用来定量采集工厂操作间空气中的麻醉剂异氟烷，研究工作人员的个人暴露情况。多孔聚合物 Chromosorb 106 是此种作业中适合的吸附材料，因其可以保持比较稳定的扩散采样流速，采样时间、浓度水平和作业环境湿度对测定结果的影响很小。由于被动采样方式具有非常简便的操作和较低的运行费用，经常被用来进行大规模的空气污染状况调查。使用被动采样器采集和浓缩大气环境中痕量有机污染物时，由于扩散采样的吸附速率较慢，通常需要很长的采样周期（4～24h）。此外，在样品采集后的扩散采样器在贮存和运输期间由于措施不当也可能会有新物质形成。为了解决这些干扰问题和减少采样的时间，可使用高灵敏度的检测器测定扩散采样器所采集的样品。在 8h 的扩散采样周期，高灵敏度检测器（FID）可测定出空气中 $0.03～1\mu g\cdot kg^{-1}$ 的挥发性有机污染物。此外，通过性能参考物（Performance reference compound，PRC）的引入，能有效缩短采样时间，同时还可降低如温度、水流速度和生物淤积等环境因素对采样速率的影响。

被动采样过程涉及两种不同的物理和化学过程：扩散和渗透。扩散采样器主要由吸附层（如活性炭）、扩散气体通道、扩散气体空腔和保护外壳等部分组成，通过一定的扩散途径与周围的气体样品接触。在采样过程中，扩散采样器的外壳用以防止样品空气流动而产生干扰。渗透采样器通过渗透膜进行质量传递，样品通过渗透膜直接到达采集相或者进入采集相与膜之间的空气层。通过扩散定律可说明扩散采样器的扩散过程或者质量传递，并且由此计算出采样过程的样品量。扩散是一种质量传递过程，这可通过气体、液体和固体介质观察到。浓度、分压和温度的差异形成了质量传递过程中主要的驱动力。质量传递不会出现流量，这是扩散过程的特点。就是说，整个采样过程没有气体流动。通常，扩散意味着分子由于存在势能的差别而产生分子迁移[4]。

在扩散采样过程中，环境空气中污染物的浓度和吸附剂表面上污染物的浓度之间的梯度可提供足够的质量传递驱动力。为了计算在某一间隔时间内物质扩散的质量，应当考虑扩散途径的大小以及扩散断面的状况等参数。通过 Fick 扩散定律说明扩散过程和计算扩散的质量：

$$dn = -Dq\frac{dc}{dx}dt \tag{2-1}$$

式中，dn 为物质质量；D 为扩散系数；q 为扩散的截面积；$-dc/dx$ 为整个 dx 途径中浓度的变化（浓度梯度）；dt 为时间间隔。

假设在采集相上方污染物的浓度为零，吸附是完全的并且扩散采样器附近污染物的浓度与环境的浓度一样，式（2-1）可以简化。

扩散常数是指定物质的常数，它的标准单位是 $m^2\cdot s^{-1}$，取决于压力和温度以及其他的变化量，其数值可通过实验测得或者通过查表获得。由式（2-2）计算出实际温度和压力的校正：

$$D_T = D_{298}\times\left(\frac{T}{298}\right)^{1.5}\times\frac{1013}{p} \tag{2-2}$$

式中，D_T 为经温度和压力校正的扩散常数，$cm^2\cdot s^{-1}$，用于 T 和 P 的校正；D_{298} 为 25℃（即 298K）和 101.3kPa 条件下的扩散常数，$cm^2\cdot s^{-1}$；T 为实际温

度，K；p 为实际大气压，kPa。

单位时间质量传递和空气中的浓度可定义为吸附或者扩散速率。它可以通过 Fick 第一扩散定律表达：

$$\frac{n}{t}=\frac{Dq}{x}\times c \tag{2-3}$$

为了能与实际采样相比较，式（2-3）等号左右两边的单位使用 mL·s^{-1} 或者 mL·min^{-1}，也就是扩散后单位体积中污染物的质量。当然，应当清楚采集的样品体积是未知的。因为质量传递过程并没有发生实际的空气体积的运动（见扩散定义）。还有，根据上述方程式可以知道，除了物质特定的扩散常数之外，吸附速率只取决于扩散采样器的几何形状。在单位时间和一定的浓度下，具有较大的截面积和较短的扩散途径，可获得较大的吸附速率，而具有较小的截面积和较长的扩散途径，只允许较慢的传输。采样器的吸附速率决定了最大暴露时间和浓度的变化量等情况。

扩散采样的影响因素主要有：样品浓度、环境温度和压力、环境湿度、紊流、暴露时间和污染物浓度、物质种类及其特性等。

① 样品浓度　如果扩散采样器暴露在已知的污染物浓度环境中并达到平衡时，在此采样器的扩散区域中形成了吸附速率的线性浓度梯度。如果浓度改变，吸附速率很快进行调整。需要的调整时间被定义为响应时间。对于一个线性浓度梯度，响应时间也可以定义为吸附之前扩散区域中某些分子的平均滞留时间。短扩散途径的采样器和具有高吸附速率的采样器将具有较短的响应时间，适合于在浓度变化的情况下采集样品。通常，商品扩散采样器的响应时间是在 0.5s 到数分钟之间。

② 环境温度和压力　因为采集样品时的温度和压力影响扩散系数，所以会影响采样器吸附采集的样品量。

③ 环境湿度　扩散采样器中的吸附材料也会吸附样品中的水分，影响扩散采样的效率，必须注意来自采样环境中的湿度问题。特别是高湿度样品对活性炭扩散采样器的干扰很大。由于吸附材料本身的特性及几何形状差异很大，并没有通用的规律来描述水分对扩散吸附的干扰。有学者调查研究了活性炭在大气相对湿度为 40%～90% 时吸附己烷、乙酸乙酯和甲苯的特性。当相对湿度大于 40% 时，活性炭对己烷的吸附影响较大，而对乙酸乙酯和甲苯的吸附没有影响。还有许多学者认为，在环境湿度低于 50% 时不会对吸附传输产生影响。也有学者使用各种采样器在 10%～75% 的相对湿度范围对吸附甲苯、乙酸丁酯、2-丁酮、二氯甲烷进行实验，结果表明，活性炭量大（吸附容量大）的采样器吸附效果最好。由此可以说明：在每一次分析测定时，了解和测定水蒸气或者环境湿度对扩散采样的影响是非常重要的。

④ 紊流　在扩散采样过程中的紊流可能会影响扩散速率。Fick 第一扩散定律只能应用于某些条件下。就是说，采样器的大气环境中污染物的浓度是恒定的。在实际应用中，这种理想的条件还很少。扩散采样器附近的紊流、层流和静态空

气可能会影响吸附污染物的质量，通过 Fick 第一扩散定律会得出错误的结果。如果扩散采样器暴露在静态空气中，由于污染物扩散到吸附材料表面而减少了采样器附近的污染物浓度。此浓度梯度的存在一定引起进一步的质量传递，环境污染物会扩散到浓度低的区域中，结果导致在特别接近扩散采样器的区域污染物浓度低于环境中的浓度。如果通过合适的空气运动保证恒定的和足够的质量传递到采样器表面，可避免错误的结果。然而，为了达到这一目的，必须对扩散采样器结构进行设计以防止紊流穿透采样器，以便使紊流作用不会控制质量传递，使质量传递与空气流速成比例。如图 2-1 所示，曲线 B 是扩散采样器中紊流作用对质量传递产生影响的相关性曲线。

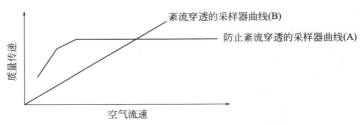

图 2-1　扩散采样器中紊流作用对质量传递的影响

为了设计理想的扩散采样器，采样器内部的吸附材料经常采用多孔阻尼层保护起来，通过线网状、薄的合成膜、可渗透膜以及有孔的塑料盖制成。这种普遍的结构测量方式减少了扩散过程的阻力，而对紊流产生了较大的阻力，结果是通过扩散而不是通过紊流的作用进行质量传递。紊流影响质量传递的另一个参数是采样器的几何形状，即采样器的长度与开孔截面的比率。采样器多孔外壳的扩散阻力限制着质量传递，采样器和采集相内部的阻力也限制着质量传递。对于具有较浅和较大截面扩散腔室的采样器，外壳的扩散阻力是决定性的因素。而对于具有较深（或较长）和较小截面腔室的采样器，采样器内部阻力是决定性的因素。有学者研究发现，当这两个扩散阻力接近相等时，实验研究测得的偏差和紊流的响应是最小的。所以，在设计扩散采样器时，必须确定扩散腔室截面和长度保持合适的尺寸，使多孔的外壳具有抗紊流的能力。在扩散采样器的实际应用中，要求空气流速尽量小以保证稳定的吸附速率（如图 2-1 曲线 A）。商品化的被动采样器根据结构不同可分为径向扩散采样器及轴向扩散采样器两种，径向扩散采样器的典型代表为 Radiello 采样器，轴向扩散采样器包括管型被动采样器（如 Drager ORSA 采样器）和徽章型被动采样器（如 SKC 采样器）。管型被动采样器扩散路径的长度最长、横截面积最小，吸附速率相对最低。徽章型采样器扩散路径的长度更短、横截面积更大，吸附速率大于管型采样器。径向采样器扩散路径的长度最短、横截面积最大，因此吸附速率最大[5]。大部分商品扩散采样器的空气流速是 $0.1 \sim 0.2 \mathrm{m \cdot s^{-1}}$。在低的空气流速时，采样器的功能不取决于空气的流动方向。

⑤ 暴露时间和污染物浓度　暴露时间和污染物浓度对扩散采样器的吸附速率具有很大的影响。只要污染物浓度和采样器中吸附剂表面之间的浓度梯度不改变，吸附速率就会保持不变。在环境大气中污染物浓度恒定的条件下，浓度梯度只取决于已经被吸附污染物的质量和采集相的能力。因此，较长的暴露时间会引起吸附速率降低，甚至出现吸附剂过载而产生污染物的解吸现象。较高的污染物浓度会使开始时的吸附速率变大并很快出现吸附剂过载，间接地减小了扩散速率。这两种因素作用的结果是：暴露时间和污染物浓度决定了吸附速率的恒定和采样的可靠性。所以，建立采样器的吸附速率与暴露时间和污染物浓度之间的相关性是非常有用的。在恒定吸附速率下，采用大质量的吸附材料和合理的采样器几何结构可有效地扩散采集样品。

⑥ 物质种类及其特性　物质的扩散系数和物质采集相的相似程度对采样结果非常重要。物质的特性，诸如分子大小、极性和沸点等决定了单位吸附剂质量的吸附量。如我国学者对珠江三角洲流域空气中持续性有机污染物多环芳烃（PAHs）采用 SPMD-PAS 被动采样器进行了监测，并计算了不同采样期 SPMD-PAS 对芴、菲、蒽、荧蒽和芘的采样速度，研究表明 SPMD-PAS 对 PAHs 的采样速度随化合物分子量增大有增大趋势。如果数种污染物同时出现，可能会产生竞争吸附。上述的物质特性可能会引起某些物质被其他具有更强吸附能力的物质所取代，即具有强键合能力的物质可以取代其他物质的吸附，结果使某些物质被解吸出来。因此，必须使用化合物标准样品实验考察扩散采样器的特性，决定可能的需要校对的物质参数。

2. 有动力采样

在实际应用中，最常使用的吸附采样技术是有动力采样方式。将各种吸附材料装填在一不锈钢或者石英玻璃管中制成采样管，通过气体采样泵的吸入口将气体样品依次通过吸附管和采样泵，达到吸附浓缩样品的目的。通常采用的有动力采样装置如图 2-2 所示。通用装置应用较为广泛，针对特殊的样品采集需要设计在线的采样装置[6]。

美国国家环保局（EPA）制订的空气中有毒有机物测定方法——TO-系列标准分析方法中采用的吸附采样管的尺寸和材料主要有三种：石英玻璃采样管，13.5mm OD×100mm，管内部填充大约 1.5g 的 Tenax 吸附材料；不锈钢采样管，12.7mm OD×100mm，内部填充约 1.5g 的 Tenax 吸附材料；组合式吸附剂管，在吸附管内分别依次填充 Carbotrap C、Carbotrap 和 Carbosieve S-III 等吸附材料。

在实际应用中，可根据实验室的状况和条件，自制吸附剂采样管。一个自制采样管的例子：称取 300mg 已制备好的 SG-2 固体吸附剂，装入玻璃采样管中，两端用不锈钢网固定。采样管两端用聚乙烯帽密封，用黑纸包装，放于干燥器中以备采集空气中的偏二甲肼。吸附剂采样管的制备通常需要如下的步骤：

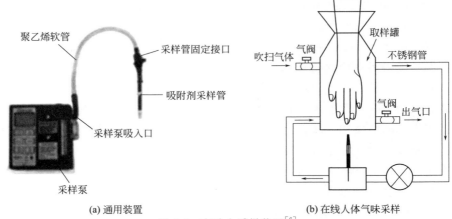

(a) 通用装置   (b) 在线人体气味采样

图 2-2　有动力采样装置[6]

① 将玻璃管或者不锈钢管放入盛有甲醇的烧杯中并超声清洗 10min 后，使用新鲜甲醇冲洗这些空心管，再使用己烷超声清洗 10min 后，使用新鲜己烷冲洗这些空心管。然后，在 100℃ 条件下于真空干燥箱（约 60mmHg，1mmHg＝133.32Pa）中干燥 5h 后，贮存在干燥器中备用。

② 仔细检查空心管的完整和清洁，特别是玻璃管，如果在空心管的端口出现损坏或者裂纹，应当将它们舍弃。

③ 使用干净的镊子夹取石英棉，将空心采样管的一端堵住并形成约 10～50mm 的石英棉塞，再应用漏斗从此空心管的另一端填充吸附材料（例如 Tenax TA 等），然后夹取石英棉将空心采样管的另一端堵住约 10～50mm。石英棉和吸附材料的充填紧度要适中，不要太紧密，通常保持吸附管的阻力小于 35mmHg。

④ 填充完毕的采样管使用之前，应当进行预处理。方法是在高纯氮气或者氦气的流动下（10～30mL·min⁻¹）于常温至少吹扫 20min，然后升温到 250℃ 保持 2～5h。随后，采样管在高纯氮气或者氦气的流动下慢慢降温到常温后，取下采样管并将管的两端密封好，置于干燥器中备用。

⑤ 使用吸附采样管采集样品之前，应当先做吸附采样管的空白实验。空白测定的本底值应小于 10％。然后，应用标准样品进行吸附管采集容量的测定实验，确定吸附管采集样品的回收率之后，将每一个采样管做好标记，说明此采样管的充填材料种类、处理日期、编号等。比如，建立固相采样管对 NO_2 的采样方法时，需进行固相采样管空白值的测量：称量 10 支涂布吸收液前后的固相采样管的质量来计算吸收液的质量，其范围为 (0.45±0.04)g。另取 8 支制备好的固相采样管，用 10mL 洗脱液洗脱，并以洗脱液为参比液测定流经固相采样管的洗脱液的吸光度，采样管空白吸光度均值为 0.0013±0.0004。

通常，在吸附采样管填充之前，所选用的吸附材料需要进行洗涤和纯化程序。以 Tenax GC 为例，首先，依次使用甲醇和己烷将 Tenax GC 材料进行索氏抽提

48h；然后，分别滤掉甲醇和己烷溶剂，将 TenaxGC 转入石英盘中并置于通风橱中，于常温下自然蒸发 30～60min；置于真空干燥器（约 60mmHg）中于 100℃ 干燥 3h 后降至常温，再经过筛后备用。

应用有动力的吸附管采样时，需注意如下几点：

① 吸附管采集样品的穿透体积　无论哪一种吸附材料，对每一个样品中的每一种组分都具有一个定量的穿透体积（V_b）。穿透体积与采样管的吸附剂床、样品采集流速、吸附过程的温度、被吸附物质的物理性质等因素密切相关。吸附剂穿透体积的数据可以从文献中查找或者通过实验测定出来。根据吸附剂穿透体积可估计吸附管采集样品的安全体积。在实际应用中，一种吸附剂能够保存某一种物质的最大体积量就是这种吸附剂的采样能力。如果样品中有机物蒸气浓度很高，样品会充满吸附剂捕集阱并将穿透吸附剂床。如果样品中有机物蒸气的浓度很低，样品流经吸附剂床的流量可能会超过吸附剂的捕集能力，样品中有机物可能会通过吸附剂床而没有被吸附。这种有机物蒸气的某一部分进入吸附管还没有到达出口之前，吸附管中保存这种有机物的体积就是穿透体积。因此，可看到文献中有许多同种物质对某一种吸附剂的不同穿透体积。穿透体积越大，可应用的采样体积越大，吸附剂吸附这种物质的浓缩系数越大。一种物质对一种吸附剂的穿透体积取决于它对这种吸附剂的亲和力，一般采用理论塔板数测量吸附剂在某一温度下捕集化合物的效率。在实验条件下，一种化合物的穿透体积与样品湿度的正常改变无关，与空气中 $100mg\cdot L^{-1}$ 以下化合物的浓度无关。在已知的温度条件下，一种物质在某一种吸附剂上的保留体积与这种物质的穿透体积基本一致。一种物质的穿透体积与柱温之间具有单对数的线性相关性（如图 2-3）。一种物质的穿透体积可通过在数个柱温条件下测量出来，在一定的温度条件下穿透体积的数值可通过插值方法计算出来。

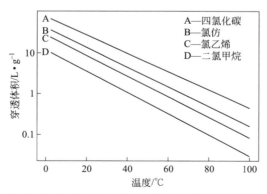

图 2-3　四氯化碳、氯仿、氯乙烯和二氯甲烷在 Tenax 上的穿透曲线

表 2-1 列出了一些常用吸附剂的典型穿透体积及安全采样体积。穿透体积数据仅提供一个粗略的指导，根据吸附采样管的结构、采样参数和大气环境状况等因

素，安全采样体积会有不同。变化的状况可通过串联两个吸附剂采样管的方式将它们测定出来。

表 2-1 Tenax GC 和 Tenax TA 对挥发性有机物的穿透体积和安全采样体积

化合物	穿透体积/L·g⁻¹			安全采样体积/L		
	Tenax GC	Tenax TA		Tenax GC	Tenax TA	
	38℃	20℃	35℃	38℃	20℃	35℃
乙醛	0.6	0.6	0	0.3	<1	<1
丙烯醛	4	5	2	1.7	2	<1
丙烯腈	—	8	3	—	3	1
3-氯丙烯	—	8	3	—	3	1
苯	19	36	15	8.2	14	6
苄基氯	300	440	200	130	175	80
溴苯	300			130		
四氯化碳	8	27	13	3.5	11	5
氯苯	150	184	75	6.5	5	2
氯仿	8	13	5	4	5	2
氯丁二烯	—	26	12	—	10	5
甲酚	440	570	240	191	230	95
p-二氯苯	510	820	330	221	290	130
1,4-二氧六环	—	58	24	87	23	10
二溴乙烯	60	77	35	26	30	14
二氯乙烯	—	29	12	—	12	5
环氧乙烷	—	0.5	0.3	—	<1	<1
甲醛	—	0.6	0.2	—	<1	<1
六氯环戊二烯	—	2000	900	—	800	360
甲基溴	0.8	0.8	0.4	0.4	<1	<1
甲基氯仿	—	9	4	—	3	2
二氯甲烷	3	5	2	1.5	2	<1
硝基苯	—	520	240	—	200	95
四氯乙烯	—	100	45	—	40	18
苯酚	—	300	140	—	120	55
环氧丙烷	3	3	1	1.5	1	<1
三氯乙烯	21	45	17	8.5	18	7
氯乙烯	0.6	0.06	0.03	0.03	<1	<1
1,1-二氯乙烯	—	4	2	—	2	<1
二甲苯	200	177	79	89	70	32

注：安全采样体积值＝（穿透体积值/1.5）×0.65；其他化合物的穿透体积可根据同类物质的沸点，通过插值方法计算出来。

通常，在实际应用中使用如下的公式计算需要采集空气样品的安全采样体积：

$$V_{\mathrm{MAX}} = (V_{\mathrm{b}} \times W)/1.5 \qquad (2\text{-}4)$$

式中，V_{MAX} 为计算的最大采样体积（安全采样体积），L；V_{b} 为被测定化合物（Tenax）的穿透体积，$L \cdot g^{-1}$；W 为采样管中填充 Tenax 的质量，g；1.5 是在可变化的采样环境条件中计算安全采样体积的一个安全系数，此系数在环境温度 25～30℃ 范围内经试验验证是合适的。如果环境温度升高，此系数应当增大，即最大采样体积（安全采样体积）减少。

在采集环境样品时，应当使用的最大采样流量的计算公式如下：

$$Q_{\mathrm{MAX}} = V_{\mathrm{MAX}}/t \qquad (2\text{-}5)$$

式中，Q_{MAX} 为计算的最大采样流量，$mL \cdot min^{-1}$；t 为采样时间，min。因为要求采样流速必须保持较高的稳定性，所以采样的最大周期不应大于 24h（1440min）。

最大采样流量在 35～300mL·min^{-1} 范围内具有线性，使用下式计算的线性流速与最大采样流量可保持一致：

$$B = Q_{\mathrm{MAX}}/(\pi r^2) \qquad (2\text{-}6)$$

式中，B 为线性流速，$cm \cdot min^{-1}$；r 为采样管的内径，cm。线性流速（B）应保持在 35～300cm·min^{-1} 范围内。如果 B 大于 300cm·min^{-1} 时，必须减少最大采样体积（V_{MAX}）或者通过增加采集时间以减少最大采样流量（Q_{MAX}）。如果 B 小于 35cm·min^{-1} 时，必须通过减少采样时间以增加 Q_{MAX}。由于样品可能会穿透采样管，不能增加 V_{MAX}。

通过式（2-5）和式（2-6）计算出采样流量和允许的流速，通常在实践中同时还要在较低的流速下和相同的采集时间内采集平行的样品，作为测量样品采集的质量控制。例如，表 2-2 列出了不同流速下丙酮与甲苯的安全采样体积，其安全采样体积随流速提高而减小，因此，有机组分样品采集时，应尽可能在较低的流速下操作，以获得较大的安全采样体积。通常使用最大流量 1/4～1/2 的流量平行采集同样的样品。必须保证在所有的条件下所有的采样管都能够获得稳定的流量，因为在样品采集的整个周期内被测定物质的准确浓缩取决于采样流量的恒定。

表 2-2 100℃柱温、不同流速下的穿透体积与安全采样体积

流速 F/mL·min^{-1}	V_{b}/mL		V_{max}/mL	
	丙酮	甲苯	丙酮	甲苯
10	602.8	1840.9	301.4	920.4
30	222.0	658.4	111.00	329.2
50	150.1	436.2	75.0	218.1

② 采样温度和样品湿度　吸附采样管的采样通常有低温浓缩法和常温浓缩法。在大气中低浓度（10^{-9}）的 $C_1 \sim C_4$ 的目标物主要采用在液氮或在干冰等冷阱中进行浓缩采样。降低温度可使穿透时间增加，吸附容量增加，从而达到浓缩效果。例如，活性炭吸附采样管在液氮形成的低温条件下对有机硫恶臭物质富集作用明显，低温浓缩饱和吸附容量为 $0.1 \sim 0.3 \mathrm{g \cdot g}^{-1}$（图 2-4）。

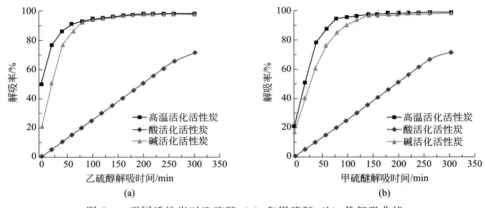

图 2-4　不同活性炭对乙硫醇（a）和甲硫醚（b）热解吸曲线

低温浓缩时的温度应参考被测组分的蒸气压进行选择，超过需要的低温，只能使浓缩的样品复杂化。因为低温阱的温度越低，在浓缩样品的同时其他杂质也被浓缩，特别是水分含量高时将会结冰而堵塞采样管，浓缩的杂质可能会在色谱测定时成为干扰。因此，在低温浓缩时，即使是使用高纯氮气也应让高纯氮气先通过液氧中的 5A 分子筛充填管以除去杂质。此外，在将采样管浸入到冷阱中时，应在通入氮气的情况下进行，以防止由于温度急剧下降，造成管内压力降低而使外边气体进入。采样瓶或者采气袋与采样管的连接最好不用针，因为用针流速慢，容易形成负压而吸进外部气体。一般地，常温吸附只能浓缩 C_4 以上的有机物组分，由于不使用制冷剂，可使吸附捕集管操作简化，适合在现场采样。又因为常温吸附不会浓缩大气中的水分和二氧化碳，所以干扰少，也不易受低沸点烃类的影响。

许多热解吸装置通过捕集阱从原始样品材料中采集挥发性组分，再由中间捕集阱转送到气相色谱仪。这些分析过程实际上有两个热解吸，即从现场样品基质中捕集被测定化合物的采样管的热解吸和在实验室中与色谱仪器在线测定中的二次捕集-热解吸。样品材料被升温到一定的温度，然后使用载气吹扫到二次捕集阱，在捕集阱中载气直接通过而要测定的有机物被捕集。这些阱可以充填 Tenax、活性炭、分子筛和其他的吸附材料或者几种材料的结合（多层）。中间捕集似乎是多余的，但是，实际上它具有两个作用：第一，它被设计成加热块，可以快速和有效地进行样品解吸以获得较好的分析结果。第二，通过选择吸附材料获得某种选择性用于某些挥发性组分的捕集，增加这些组分的回收率和简化色谱分离。例如，Tenax 对芳烃具有较好的捕集能力，而样品中的水分、少量的醇、低级烃等组分则可以通过捕集阱。使用中间捕集可以在低温下长时间（数小时）捕集大体积样品，并且可快速和有效地输送热解吸样品到气相色谱中。

样品中的水分可能会干扰样品中某些化合物的吸附浓缩，特别是那些极性较大的组分（如醇类、脂肪胺、硫醇等）。大气中被测定组分的浓度越低，需要采集的样品量越大，采样管吸附水的量越大，由此可能会引进的干扰越大，吸附采样的回收率越低。为了减少吸附采样时水分的干扰，常用的措施主要有：采用灵敏度高的检测器，以减少采样体积；选择水溶性小的吸附材料制备采样管；减少吸附采样管中的吸附材料的用量；热解吸之前使用干燥的高纯氮气或氦气进行吹扫，以除去采样管吸附的水分；在采样时，采样管入口处增加除水装置，如使用离子交换膜（Nafion）除水等。

使用干燥剂可以防止水分进入采样管。例如，采集空气样品测 VOCs 时，在采样管的进气端以聚四氟乙烯管连接一根装填有无水硫酸钠（Na_2SO_4）的玻璃管，无水硫酸钠（需先在 550℃ 灼烧 4h，冷却后放置在干燥器内保存备用）用来吸收采样气流中的水分。采样完毕，将采样管用聚四氟乙烯套管密封，铝箔包裹并用密封袋密封，带回实验室分析测定。

二、直接采集

样品的直接采集是最常用的方法之一，有时也是最简单和费用最低的方法。它只需要将样品直接引进到容器之中即完成了样品的采集过程。样品的直接采集方法主要由样品容器、样品采集的动力源和样品采集的过程控制等几个部分组成。

样品容器主要有刚性容器和塑性容器。刚性容器主要由玻璃或金属合金材料制成，可以是玻璃采样瓶、气密性玻璃注射器、不锈钢采样瓶（Canister）等，如图 2-5 所示。商品气体采样玻璃瓶体积有 125mL、250mL、500mL 和 500mL 等。玻璃材质通常经退火工艺以增强玻璃采样瓶的硬度和减少玻璃采样瓶的易碎性。玻璃采样瓶通常附带聚四氟乙烯材料的气密性瓶盖，保证采样瓶的化学惰性。气密性玻璃注射器也是常用于采集气体样品的容器之一，商品产品的体积有 2mL、50mL、100mL、500mL 等。商品的不锈钢采样瓶主要是 Canister 采样罐，通常 Canister 采样罐的内表面都经过了专门的抛光处理（Summa® Canister）或者经过熔融硅涂层处理（Silonite coated Canister），对许多极性的和不稳定的物质保存具有很好的化学惰性，这样的采样罐也易于清洗，以备重复使用。经电抛光处理的 SUMMA 不锈钢罐取样技术为美国 EPA 采用的标准方法。中国气象局规定的卤代温室气体采集方法也是使用不锈钢采样罐方法[7]。商品 Canister 采样罐体积有 400mL、1000mL、3000mL、6000mL 等。美国 EPA-TO-14/TO-15 标准方法中规

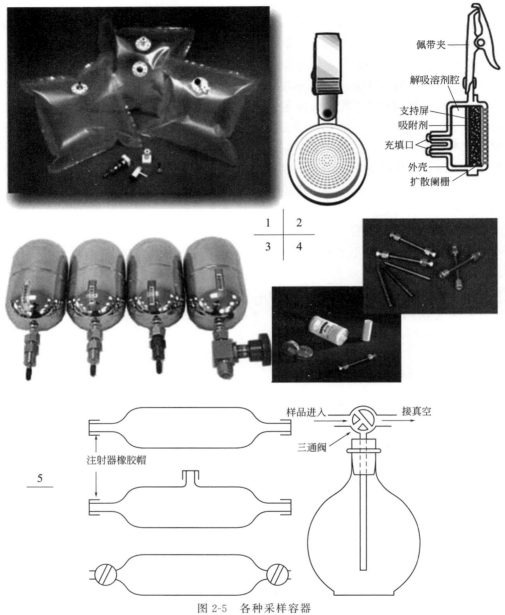

图 2-5　各种采样容器

1—气体采样袋；2—扩散采样袋；3—金属采样罐；4—吸附剂采样管；5—玻璃采样瓶

定使用 6000mL 的 Canister 采样罐被改进为 400mL（MiniCan^{TM}）的小型 Canister 采样罐，已应用于环境空气、室内空气、作业现场呼吸带空气、个体呼吸气体等样品的采集和保存。罐取样技术优点在于避免了采用吸附剂时的穿漏、分解及解吸，并且可以同时分析多组分，是国内外较先进的空气中有机污染物采集技术。

但采样设备价格昂贵，标样的制备和罐的清洗费时费力。

塑性容器是主要由高分子合成材料制成的气体袋，诸如聚酯袋、聚四氟乙烯袋和铝箔加固的塑性气体袋等。塑性气体采样袋的体积一般为 1～100L。Tedlar 气体采样袋是美国 EPA 标准分析方法中要求的一种气体样品采集容器。Tedlar 气体采样袋的容积主要有 1L、2L、5L、10L、25L 等。Tedlar 气体采样袋的材质有聚丙烯、聚酯和聚四氟乙烯等。此外，还有一种刚性和塑性组合而成的气体采样装置，通常的组成结构如图 2-6 所示，装置由内部固定的塑性气体袋、外部的刚性密封保护外壳及几个针型调节阀和抽气泵等组成。此组合装置与上述的刚性容器和塑性容器不同，它具有可自动、灵活地控制样品采集速度和采集样品持续时间的功能。

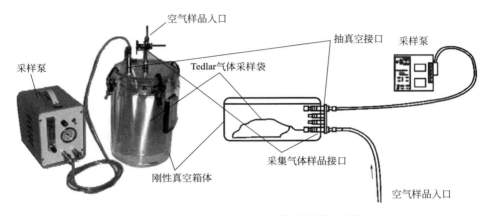

图 2-6 刚性和塑性组合而成的气体采样装置结构组成

样品采集过程使用的动力源主要包括气体采样泵、预先将样品容器抽真空、手动泵注入等方式。刚性容器一般都采用预先抽真空的方法进行现场的样品采集。即在样品采集之前将刚性容器抽成真空（容器内部绝对压力约为 1～5mmHg），在样品采集地点或空间位置打开容器开关即可将气体样品自动地引进到容器之中。例如，国外常用的刚性容器 Canister 系列产品，容器体积为 0.4～15.0L，Canister 采样容器上安装有真空-压力表、采集气体的流量调节阀（或各种可控制采样流量的接口）和开关阀等，可控制 Canister 采集气体样品的流量和采集时间的周期。在样品采集完成后，通过向容器内充入高纯氮气（或"零"空气）的方法使容器形成正压至 3.0kgf·cm^{-2}（$1\text{kgf·cm}^{-2}=98.0665\text{kPa}$）。这样可将容器中的样品自动地和准确地释放出来以进行进一步的样品处理。也可采用加压采样模式，加压采样需要额外的泵提供正压。刚性容器也可通过置换方法（诸如玻璃采样瓶和气密性注射器）或通过气体采样泵将气体样品直接引进到样品容器内。塑性容器一般都采用采样泵注入的方式采集样品，使用手动泵或隔膜泵将气体样品直接送入塑性容器中。

刚性和塑性组合而成的气体采样装置（如图 2-6 所示）可自动完成采样过程，

也可在现场通过采样泵采集样品。气体采样泵的主要技术参数和性能特征包括：没有负载时的最大吸引压力、负载特性曲线、有负载时的流量稳定性、时钟和计时器等。还有采样泵的电源、质量、尺寸、可编程、可自动纠错等性能也是非常重要并需要考虑的。因为使用采样泵直接推动气体样品并将气体样品引进采样容器中，采样泵在运行期间的阻力大小及其变化差异可能较大。所以，应当及时考察和校正气体采样泵的流量稳定性，特别是长周期采样时，在采样前、采样中和采样后都需要及时地校正采样的实际流量。根据 JJG 956—2013《大气采样器检定规程》要求，采用皂膜式流量计作为标准器，采用负压法连接（即抽气式）校准流量参数。有商品气体采样泵产品可供选择，恒定流量可控制范围为 $5\sim30L\cdot min^{-1}$，采样泵质量范围为 $140g\sim6.0kg$，具有可编程和自动纠错显示功能（如电源电压过低、采样系统阻力过大等）。手动泵是一种单向驱动的人工泵，主要用于气体袋的采样。

样品采集过程控制因素主要包括采集时间控制、采集样品的流量控制和样品采集的体积控制等。通过样品容器上开关阀、针型阀、可调节的狭缝或气体采样泵的流量控制单元等调节气体样品的采集时间和流量。通过使用的容器体积大小和容器内的压力来控制样品采集的体积。一般地，采集气体和蒸气样品都是瞬间完成的，可以不考虑或计算采样的流量。有些样品的采集要求在合适的时机、瞬间或在某一时间间隔内完成，这需要采样的容器具有可以控制采集时间、采集流量和采集体积的功能。诸如环境恶臭污染物的样品采集，需要在恶臭排放浓度最大的区域中瞬间采集以获得恶臭排放浓度最高时的样品。

根据样品的采集时间，通常有三种采集方式：

① 短时间采样（包括瞬间采样），通常采样时间不超过 15min。

② 长时间采样，通常采样时间大于 15min，主要有 8h 采样、24h 采样或者更长的采样时间；常应用于作业场所对空气的采样，如在采集地点，将被动式有机气体采样器佩戴于采样工厂的工人身上，8h 后取回，待分析，同时做空白对照。

③ 连续采样，通常是自动连续地采样并在线测定样品，每个样品的间隔时间可设定并将样品测定结果直接记录和表示出来。短时间采样可测定出样品浓度的最大值（峰值）；长时间采样主要测定的是样品浓度的平均值；连续采样既可以测定出样品的最大值，又可以测定出样品浓度的平均值。连续采样需要注意采样器流量稳定性，现有固体吸附管大气采样器在采集室内空气污染物时，检定合格的采样器往往流量误差超过 30%。

环境水体样品的采集要求使用棕色的玻璃采样瓶，每次采集水体样品一定要完全充满采样瓶，然后使用聚四氟乙烯膜保护的瓶塞密封好采样瓶，并且在 4℃ 左右的低温箱中保存以备色谱分析。样品的保存时间一般不超过 5～7 天。

固体样品，诸如合成树脂材料、各种食品、土壤等，一般使用玻璃样品瓶采集并密闭保存。如果能使用铝箔将上述样品瓶进行包装后贮存更好。无论是气体样品，还是液体或固体样品，采集之后均需要尽可能快地进行色谱分析，防止样品因保存时间过长而发生变化、损失或被玷污。如果不能尽快分析测定采集的样品，则需要制订保存样品和运输样品的具体程序，确保样品的完整性。保存样品和运输样品的程序主要包括：保存和运输样品的环境条件（温度、压力和防止损坏等），样品说明文件（包括运输执行人、样品接收人、样品标记说明、采样点位置、时间和编号、样品次序和数目等信息），样品的隔离、恒温保存、冷却剂和稳定剂的使用等状况说明。

使用气体采样袋（例如美国 SKC 的 Tedlar/Teflon 采样袋）采集样品，具有操作方法简单、样品利用率高和使用成本低等特点，可应用于各种常规样品的采集，诸如，烟道气体采样、室内空气采样、土壤气体采样、泄漏气体采样等。但是，使用气体采样袋应特别注意如下问题：

① 气体采样袋不适于采集不稳定和高活性的物质。

② 气体采样袋中样品充填量不超过气袋体积的 80%。

③ 气体采样袋中不能保存危险物质，如怀疑气体采样袋内有危险物质并且它们的浓度超过标准规定的安全水平，应参照对应的法规进行存储和运输。

④ 含有样品的气体采样袋不能航空运输，否则必须在加压舱内保存。

⑤ 采集光敏物质时，应使用黑色（遮光）多层加固的采样袋。

⑥ 气体采样袋一般在常温和常压下使用，不应重复使用，不适合长周期采集样品。

⑦ 采样之后的气袋样品不能长期保存，通常必须在几个小时之内分析测定完毕。

⑧ 气体采样袋使用之前，必须用高纯氮气或纯空气冲洗并经检查合格后方能使用。

气体采样袋性能要求：a.当采气袋充满空气后，浸没在水中，不应冒气泡；b.具有使用方便的采气和取气装置，而且能反复多次使用；c.采气袋的死体积不应大于其总体积的 5%。

美国的 Tedlar 气体采样袋可应用于大部分挥发性物质的采集，Teflon 采样袋化学惰性好，使用温度范围宽（$-200\sim200℃$），可用于采集某些极性的含硫、含卤素的和复杂的物质。美国 EPA 标准采样方法（M-0040）对 Tedlar 气体采样袋采集挥发性有机物的评价要求是：0℃以上，保存 72h 的损失小于 20%。我国生产的聚酯和铝箔加固的气体采样袋也可以采集大部分的挥发性物质，但样品保存时间的稳定性需要经过实验研究确定。一般地，苯、甲苯和二甲苯的保存时间在 $2\sim4h$ 内，样品浓度变化的相对标准偏差在 10%～20% 之内。

采集气体和蒸汽、水和多水样品、固体样品等的容器最好使用新的和未使用过的。但有些样品容器价格昂贵，通常需要重复使用。在每次采集样品之前，需要对样品容器进行清洗、检漏和查污染等项程序。特别是 Canister 容器的清洗，美国 EPA 方法中有专门的章节说明它们的清洗标准程序。通常的清洗方法是：反复地对 Canister 采样容器进行抽真空和充入高纯氮气或"零"空气成正压的操作数次，然后使用经加湿的高纯空气清洗，再充填"零"空气并平衡至少 10～12h。通过压力变化检查容器的密闭情况，抽取容器中部分空气样品进行色谱分析以检查容器的清洗结果。采集固体样品的容器一般都是一次性的。采集水体样品的容器一般需要多次进行酸和碱溶液清洗，然后使用自来水和蒸馏水依次冲洗，最后在烘箱中烘干备用。如果玻璃采样瓶比较脏，可先使用洗液清洗，除去容器内的脏物质后，再使用自来水和蒸馏水依次冲洗，并在烘箱中烘干备用。

使用刚性或塑性容器直接采集空气和蒸气样品时，由于样品在容器中被吸附和发生渗透作用，从而出现样品组成发生变化或其浓度出现损失的问题。与塑性容器相比，刚性容器具有较好的保存样品完整的特性，特别是不锈钢容器是比较理想的采样工具。商品 Canister 采样容器的内表面经抛光或者熔融硅涂层的惰性处理后可以较长时间贮存极性较大的样品组分，诸如甲硫醇、三甲胺、乙烯、乙炔、丁二烯等小分子物质。例如，苏码（Summa）罐在采样过程中不存在吸附剂可能穿透的问题，前处理过程不需使用大量的解吸溶剂，且检出限低、灵敏度高，所测有机污染物种类多，并可重复进样。但刚性容器的制造成本较高，使用时需要严格的清洗程序和质量检查程序，采集后的样品需要高纯惰性气体的加压操作后才能获得更大的样品利用率。美国 EPA TO-14/TO-15 方法采用已抽成真空的 Canister 采样罐在现场直接采集空气样品，无需任何动力（诸如采样泵）。

使用刚性容器直接采样具有如下优点：可直接采集空气样品，无穿透，无捕集材料的降解发生，湿度对采样无影响等。但刚性容器直接采样要求复杂的采样装置，严格的清洗程序，使用成本和运输费用较高。为了获得较高的测定灵敏度，通常需要进行样品的分离和浓缩步骤，诸如冷阱捕集、吸附浓缩、二次冷聚焦等。例如，美国 EPA IP-1 方法是美国测定室内 VOCs 的标准分析方法，IP-1B 使用填装 1～2g Tenax 吸附剂的小柱采集气样，于 275℃加热吸附柱，用氦气流将被捕集的有机物采集到液氮冷阱中，然后加热冷阱，将样品转移到被液氮冷却的毛细管气相色谱柱头，进行气相色谱-质谱（GC-MS）分析。可检测含苯在内的 54 种化合物。塑性容器对样品的保存通常不如刚性容器，诸如塑料采样袋（Tedlar 气体袋等）的材料对某些样品组分会产生吸附或渗透作用，保存样品的时间不宜过长。塑性容器成本较低，操作灵活方便，采集的样品可利用率高。但是，塑性容器由于采样时需要泵，也可能会引起潜在的样品被污染的问题。

三、浓缩采集

浓缩采集方法在色谱分析中应用非常普遍。如果原始样品浓度低于色谱仪器的检出限，色谱仪器测定的灵敏度不够时，需要对原始样品进行分离和浓缩之后才能进行色谱分析。浓缩过程应消除样品基体干扰和样品中共存物质的干扰，以提高色谱分析测定目标物的分辨率和灵敏度，因此，采用浓缩方法可能会比直接测定原始样品更可靠和更有效。常用如下几种主要的方法选择浓缩原始样品中某些目标组分：

① 使用固体吸附[8]、溶剂萃取（吸收）[9]或气体萃取目标物质[10]；

② 通过化学反应选择采集目标物质[11]；

③ 低温浓缩（冰冻析出）目标物质；

④ 过滤膜分离和浓缩目标物质[12]。

前两种方法主要应用于气体和液体（主要是多水的）样品，目标物质主要是挥发性和半挥发性物质。通过化学反应方法浓缩的主要例子之一是衍生化方法，包括烷基化、硅烷基化和酯化等方法，主要用于极性大、不稳定或用色谱不能直接测定的物质。低温浓缩通常用于色谱柱分析前的冷聚焦，以进一步提高分析测定的分辨率。过滤膜主要用于气溶胶样品中半挥发性物质的分离和浓缩，例如多环芳烃、多氯联苯等。在实际应用中，也常常采用其中两种方法结合的方式浓缩采集各种类的样品，例如：固体吸附和低温捕集、气体萃取和低温捕集的联用方法。总之，与直接采集的采样方法相比，浓缩采集法可采集更大体积的气体或液体样品，样品的利用率和色谱测定的灵敏度更高。

固体吸附方法通常是将吸附材料填充在一个不锈钢管（或石英玻璃管）中制成吸附采样管，也有将吸附材料制成薄片状后附着在支架上的采样器。使用的吸附材料主要有多孔聚合物、活性炭、石墨化炭黑、碳分子筛等，其中多孔聚合物是较好的选择材料。固体吸附的采样方法分成两种方式：被动采样和有动力采样。不论是哪一种方式，都可以采用热解吸或溶剂解吸的方法将浓缩在吸附材料上的样品脱附出来。固体吸附常常需要在气相色谱的分析柱之前进行冷聚焦以保证样品能够形成一窄带进入毛细管柱，获得更好的测定分辨率。不论是吸附管还是吸附薄片（扩散）采样器均可在应用现场中直接浓缩采集气体或液体的样品，这两种采样方法具有很好的重复性。

1. 固体吸附采样

环境空气中挥发性有机污染物的浓缩采集的主要方法和技术就是使用固体吸附捕集[13]，例如美国 EPA TO-系列方法中，从 TO-01/02 方法到 TO-14/15 和 TO-17 等方法都是采用吸附剂管采集并浓缩环境空气中的挥发性有机物，GBZ/T 160.52—2007 中也是使用活性炭富集浓缩。迄今为止，有许多固体吸附材料可用于捕集空气中的各种挥发性有机污染物[14]，诸如活性炭、碳分子筛、各种多孔高分子聚合物（Tenax 系列、Chromosorb 系列、Porapak 系列、XAD 系列）等，它们具有良好的吸附捕集效率。分析化学家常常将这些吸附材料充填到不锈钢管

（或玻璃管）内制成吸附采样管，使用采样泵将空气样品以一已知的恒定流量通过此吸附采样管，空气样品中挥发性有机污染物就被吸附管捕集并浓缩，然后通过加热吸附管将这些被浓缩的挥发性有机污染物解吸出来，或者通过溶剂（如二硫化碳、二氯甲烷等溶剂）解吸的方式将其解吸出来，通过载气将它们送入色谱分析系统中[14]。还有一种方法和技术是将吸附材料制成带状的固体吸附采样器，通过扩散和渗透的方式将空气中挥发性有机污染物吸附浓缩（不是通过采样泵的动态采集方式），然后经热解吸或溶剂解吸将浓缩的挥发性有机污染物提取出来，然后再送入到色谱中进行分析测定。该方法有其独特的优点：简单的操作步骤和快速的采集过程简化了样品前处理程序，降低了成本；采集过的样品易于储存和运输，便于实验室间进行质控；可选择不同类型的吸附剂和有机溶剂用以处理各种不同性质的样品；不出现乳化现象，提高了富集效率；易于与其他仪器联用，实现自动化在线检测[15]。

　　固体吸附方法的核心材料是吸附剂，通常使用的吸附剂主要有活性白土、活性氧化铝、活性炭、多孔石墨、碳纳米管、碳分子筛合成沸石、合成树脂、多孔硅球、多孔聚合物（Tenax 系列、Chromsorb 系列等），以及各种新型高效吸附分离材料如 MOFs、COFs、吸附分离功能纤维等，其中活性炭和多孔聚合物在色谱分析样品制备中最常用。在吸附分析物前，吸附剂必须经过适当的处理。经过处理，一方面可以去除吸附剂中可能存在的杂质，减少污染；另一方面可使吸附剂溶剂化，从而与样品溶液相匹配，这样在加样吸附时，样品溶液可与吸附剂表面紧密接触，以保证获得高的萃取效率及大的穿透体积。吸附剂的物理特性参数主要有比表面积、孔径分布、极性、颗粒度、相对密度、使用温度范围和组成结构等。表 2-3 列出了常用的活性炭、石墨化炭黑和碳分子筛等吸附材料的物理特性参数。

表 2-3　活性炭、石墨化炭黑和碳分子筛的物理特性参数

吸附剂	表面积 /$m^2 \cdot g^{-1}$	最高使用温度/℃	吸附剂	表面积 /$m^2 \cdot g^{-1}$	最高使用温度/℃
活性炭			碳分子筛		
椰壳活性炭	1070	220	Carbosieve G	910	225
石墨化炭黑			Carbosieve S-III	820	400
Carbotrap	100	400	Carboxen 563	510	400
Carbotrap C	10	400	Carboxen 564	400	400
Carbopack B	100	大于 400	Carboxen 569	485	400
Carbopack C	10	大于 400	Carboxen 1000	1200	400
Carbopack F	5		Carboxen 1004	1100	225
			TDX-01	800	400
			TDX-02	800	300

（1）活性炭

活性炭一般由植物枝干和果核通过低温氧化而制得，活性炭具有较大的比表面积（300~2000m²·g⁻¹）、较宽范围的孔径分布和较好的热稳定性（可达700℃），其不均匀的表面含有许多的活性基团，例如羟基、醌、内酯等。活性炭是最早应用于空气样品中挥发性有机物的采集和浓缩的吸附剂，用活性炭作吸附剂已成为美国国家职业安全和健康研究所（NIOSH）、欧盟及中国作业环境空气中有机蒸气采集的标准方法。

表2-4是采用标准活性炭（100mg）采样管在25℃和80%相对湿度的条件下，以50mL·min⁻¹样品流量采集6h后再经二硫化碳溶剂解吸后，平行6次的测定结果评价。表2-5是采用标准活性炭（100mg）采样管采集标准混合样品，经二硫化碳解吸后的测定结果评价。虽然活性炭对大多数的有机物分子具有很好的吸附捕集特性，但是气体样品中的水分含量对活性炭的吸附干扰比较大，这一缺点已在实际应用中得到验证。同时，空气样品中的水分子被活性炭吸附可能使活性炭采集的某些有机物成为不可逆吸附，由此引起某些物质的降解，即使应用较高的热解吸温度也很难解吸出来。特别是使用活性炭采集和浓缩痕量物质时问题更加突出，导致样品的回收率低，也可能会伴随一些新物质的产生，使样品分析测定复杂化。因此，长期以来活性炭采样的溶剂解吸一直是普遍采用的有效方法。

表2-4 美国NIOSH标准活性炭管采集湿空气中有机物的性能评价

有机物种类/化合物	NIOSH的最大容量/mg	测定浓度/mg·L⁻¹	测定结果			回收率/%
			计算值/mg	测定值/mg	相对误差/%	
醇						
乙醇	5.2	45	1.62	1.82	+11.0	112
		106	3.85	4.42	+14.8	115
异丙醇	11.3	52	2.31	2.75	+18.9	119
		174	7.70	5.43	−29.5	70.5
丁醇	9.9	18	0.97	0.94	−3.1	96.9
		41	2.06	2.00	−2.9	97.1
		64	3.29	2.98	−9.4	90.6
		72	3.70	3.31	−10.5	89.5
烃						
戊烷	18.0	28	1.57	1.85	+17.8	118
		64	3.58	3.48	−2.8	97.2
		134	7.49	7.21	−3.7	96.3
环己烷	12.5	46	2.66	2.69	−1.1	101
		87	5.40	6.23	+15.4	115
		271	16.80	17.70	+5.4	105

续表

有机物种类/化合物	NIOSH的最大容量/mg	测定浓度/mg·L^{-1}	测定结果			回收率/%
			计算值/mg	测定值/mg	相对误差/%	
己烷	21.7	16	1.05	1.04	−1.0	99.0
		46	2.98	2.77	−7.5	93.0
		184	11.90	11.80	−0.6	99.2
庚烷	21.0	72	5.41	6.31	+9.9	117
		103	8.16	9.04	+10.8	111
		266	18.21	20.1	+10.3	110
辛烷	30	41	3.48	3.26	−6.3	93.7
		87	7.38	6.70	−9.2	90.8
		113	9.58	9.68	+1.0	101
		353	29.92	27.80	−7.1	92.9
芳香烃						
苯	7.2	3.1	0.162	0.156	−3.7	96.3
		7.5	0.352	0.362	+2.8	103
		15.2	0.795	0.872	+9.7	110
		19.6	0.990	1.190	+20.2	120
		23.1	1.450	1.090	−24.8	75.2
		24.0	1.080	1.150	+6.4	106
		24.0	1.300	1.090	−16.2	83.8
甲苯	27.3	44	3.06	2.85	−6.9	93.1
		53	3.61	3.92	+8.6	109
		56	3.79	3.75	−1.1	98.9
		57	3.84	3.95	+2.9	103
石脑油	29.7	22	2.19	2.30	+5.0	105
		51	5.46	5.76	+5.5	105
		97	8.04	7.79	−3.1	96.9
		252	18.8	20.3	+8.0	108
乙苯	32.4	31	2.54	2.77	+9.1	109
		65	5.33	5.50	+3.2	103
		124	10.15	11.50	+13.3	113
异丙苯	22	16.8	1.48	1.46	−1.4	98.6
		34.5	3.05	3.05	0.0	100
		116.0	10.23	10.60	+3.6	104
醚						
甲基纤维素	20.3	6.5	0.380	0.281	−26.1	73.9
		12.5	0.731	0.581	−20.5	79.5
		24.5	1.430	1.270	−11.2	88.8

续表

有机物种类/化合物	NIOSH的最大容量/mg	测定浓度/mg·L⁻¹	测定结果			回收率/%
			计算值/mg	测定值/mg	相对误差/%	
二氧六环	26	36	2.40	2.12	−11.7	88.3
		81	5.39	4.52	−16.1	83.9
		179	11.90	9.41	−20.9	79.1
酯						
乙酸异丙酯	26	97	6.84	8.25	+20.6	121
		229	16.14	19.28	+19.5	119
		508	35.90	24.70	−31.2	68.8
乙酸异丁酯	27.6	53	4.51	5.10	+13.1	113
		105	8.94	10.65	+19.1	119
		218	18.56	21.66	+16.7	117
卤代烃						
二氯甲烷	23.3	51.3	3.20	3.05	−4.7	95.3
		110.0	6.83	6.74	−1.3	98.7
三氯乙烷	36.2	31.0	3.08	3.27	+6.2	106
		63.9	6.36	6.84	+7.5	108
		132.0	13.10	15.60	+19.1	119
酮						
甲乙酮	17.5	42.6	2.27	1.52	−33.0	67.0
		77.0	4.14	3.11	−24.9	75.1
		156.0	8.30	6.92	−16.6	83.4
异亚丙基丙酮	9.6	9.0	0.69	0.56	−18.2	81.2
		19.0	1.45	0.96	−37.8	66.2
		37.0	2.82	1.89	−33.0	67.0
甲基异丁基酮	35	26	1.96	0.89	−54.6	45.4
		57	4.29	2.24	−47.8	52.2
		119	8.95	5.48	−38.8	61.2

表 2-5　二硫化碳解吸活性炭管中采集的有机物的性能评价

化合物	采集标准样品量		解吸效率/%	相对标准偏差/%
	混合标准总量/mg	化合物含量/mg		
二氯甲烷	7.6	0.70	100	9.5
	15.1	1.40	103	7.1
	30.2	2.80	101	2.8

化合物	采集标准样品量		解吸效率	相对标准偏差
	混合标准总量/mg	化合物含量/mg	/%	/%
丙酮	7.6	2.40	87.5	8.5
	15.1	4.80	89.6	5.8
	30.2	9.60	99.2	3.2
三氯乙烷	7.6	1.9	105	7.2
	15.1	3.8	105	8.7
	30.2	7.6	103	5.1
苯	7.6	0.03	100	6.8
	15.1	0.06	108	9.0
	30.2	0.12	100	3.5
己烷	7.6	0.36	103	5.5
	15.1	0.72	100	6.4
	30.2	1.44	104	3.4
甲苯	7.6	0.37	105	9.2
	15.1	0.75	105	12
	30.2	1.50	99.0	3.6
Stoddard 溶剂	7.6	1.35	151	44
	15.1	2.70	120	21
	30.2	5.40	101	11
二甲苯	7.6	0.44	101	6.1
	15.1	0.87	101	5.2
	30.2	1.74	98.3	3.7

（2）活性炭纤维（ACF）

活性炭纤维是有机纤维经高温碳化活化制备而成的一种多孔性纤维状吸附材料。活性炭纤维与普通炭纤维的区别之处在于前者的比表面积高，约为后者的几十至几百倍；碳化温度较低（通常低于 1000℃），抗拉强度小于 500MPa。活性炭纤维具有优良的吸附性能：第一，吸附容量大，由于活性炭纤维具有巨大的比表面和合适的微孔结构，对有机蒸气的吸附量比粒状活性炭大几倍甚至几十倍，对无机气体如 SO_2、H_2S、NO_x、CO 等也有很强的吸附能力，对水溶液中有机物如酚类、染料、稠环芳烃类物质的吸附也比活性炭好得多。第二，吸附脱附速度快，再生容易，不易粉化。活性炭纤维对气体吸附数十秒至数分钟可达平衡，对液相吸附几分钟至几十分钟可达平衡。在一些情况下，比活性炭的吸附速度高 2～3 个数量级。活性炭纤维之所以具有快的吸附速度，一方面是由于其与吸附质强的作用力，另一方面是由于其微孔直接与吸附质接触，减少了扩散的路程。另外，活性炭纤维的外表面积为 $0.5m^2 \cdot g^{-1}$，比粒状活性炭的 $0.01m^2 \cdot g^{-1}$ 大得多，与吸附质的接触面积也相应大得多。因此活性炭纤维的吸脱附速度很快，这有利于再生及有用物质的回收。同时由于活性炭纤维具有强的耐酸、耐碱及耐溶剂性能，且具有一定的机械强度，故再生时不易粉化，不会造成二次污染。第三，具有氧化还原吸附能力。活性炭纤维可催化还原如 NO_x、CO 等无机气体。

（3）石墨化炭黑

石墨化炭黑是非极性的吸附材料，具有很好的表面均匀性和疏水特性。因此，与活性炭相比，石墨化炭黑不但消除了活性的吸附点，而且阻碍了氢键的形成。结果极性大的和小分子的物质（如水分子）基本上不会被石墨化炭黑吸附。石墨化炭黑的比表面积与材料的石墨化程度有较大相关性，石墨化程度越大，比表面积越小，比表面积范围通常为：$6\sim100m^2 \cdot g^{-1}$。石墨化炭黑对有机物分子的吸附能力主要是色散力。在色谱分析的样品采集过程中，石墨化炭黑 Carbotrap、Carbotrap B、Carbotrap C、Carbotrap F 是比较理想的吸附材料，可吸附和浓缩空气样品中许多种有机化合物，诸如 $C_4\sim C_5$ 的烃类、多氯联苯、多环芳烃和其他较大分子的有机物质。由于石墨化炭黑具有疏水特性，即使是在高湿度的空气样品采集中，也可捕集到样品中的许多种目标化合物。由于 Carbotrap 石墨化炭黑具有较大的比表面积（$100m^2 \cdot g^{-1}$），可以采集到许多种 $C_4\sim C_8$ 的有机化合物。而 Carbotrap C（比表面积为 $10m^2 \cdot g^{-1}$）可以采集到更大分子的有机化合物。Carbopack B 和 C 分别与吸附材料 Carbotrap 和 Carbotrap C 的性能类似，只是在颗粒度上有所差别，60～80 目取代了 20～40 目。在色谱样品分析中，石墨化炭黑常常被用来采集 $C_4\sim C_{10}$ 的有机化合物，包括醇、游离酸、胺、酮、酚和烃类等化合物。此外，与大部分的石墨化炭黑不同，Carbopack X 是多孔的吸附材料，比表面积为 $240m^2 \cdot g^{-1}$，比大部分的石墨化炭黑具有更好的吸附强度，是介于石墨化炭黑和碳分子筛之间的吸附材料。Carbopack Y 的比表面积为 $24m^2 \cdot g^{-1}$，是介于 Carbopack B 和 Carbopack C 之间的吸附材料。

上述石墨化炭黑吸附材料都具有很好的热稳定性，可保证热解吸时的最小流失量。它们的疏水特性可保证在高湿度样品采集过程中同样可获得目标物质良好的浓缩，亦可使用溶剂解吸或热解吸，并获得高达 100% 的回收率。石墨化炭黑吸附材料常用于细口径吸附管（内径 1～2mm），采集样品流量通常小于 $20mL \cdot min^{-1}$ 或用于色谱柱前的"冷聚焦"。

（4）碳分子筛

碳分子筛主要应用于吸附和浓缩永久气体和较小的碳氢化合物，例如氯甲烷、氯乙烯和氟甲烷等。碳分子筛颗粒的孔径形状和尺寸与被吸附物质分子的尺寸和形状相似的程度越好，被吸附和解吸的效果越高。碳分子筛热稳定性好，热稳定温度至少为 400℃。碳分子筛 Carbosieve S-III 的比表面积为 $820m^2 \cdot g^{-1}$，孔径

1.5～4.0nm，适合于采集 C_2 的烃类气体。碳分子筛 Carboxen 系列具有较好的疏水特性，可采集高湿度的样品。碳分子筛 Carboxen 563 和 564 适合于采集 C_2～C_5 的挥发性有机物，Carboxen564 的吸附能力优于 Carboxen 563，主要应用于水体质量分析和气体样品中挥发性有机物测定。碳分子筛 Carboxen 569 具有最大的捕集有机物的能力和较低的水干扰的特性。Carbosieve S-III 虽然具有较好的疏水性，但是没有 Carboxen 569 疏水性好。碳分子筛 Carboxen 1000 用于吸附易挥发性物质，例如氯乙烯。Carboxen 1000 具有较大的比表面积和最佳的孔径，可有效地吸附和解吸分子量较小的物质，应用小口径吸附管可直接与色谱的毛细管柱匹配使用，无需"冷聚焦"处理过程。碳分子筛 Carboxen 1001 常应用于多吸附床采样管中，充填层在吸附管的出口端以减少样品的穿透。Carboxen 1001 的强度和疏水性与 Carboxen 569 类似，可提供有效的吸附和解吸效率。

（5）金属有机框架材料（Metal-organic frameworks，MOFs）

MOFs 是一类具有稳定结构的新型的多孔材料，又称配位聚合物。它是利用有机配体作为桥联分子，与金属离子或者金属团簇通过配位键、分子间的相互作用力，或氢键自组装而成的具有规则的一维、二维或三维的有序网络结构的晶体材料。与活性炭、碳纳米管、沸石分子等传统多孔材料相比，MOFs 具有高孔隙率、孔洞结构及尺寸可调、孔径尺寸大小均一、热稳定性良好，可根据目标要求作相应的化学修饰等优点，在药物、载体、催化剂、光学材料、磁性材料及气体吸附与存储等领域具有潜在的应用前景。研究者利用金属有机框架的富集效应和能量转移效应实现了高灵敏度的金属离子检测[16]。他们将空配位的 4,4′-联吡啶设计到 2 个金属有机框架的孔道中用于 Cu^{2+} 的预富集。还利用共聚焦显微镜成像方法，证实了被检测金属离子可扩散到框架的最内层。Li 等[17]将铜基金属有机骨架（MOF-199）和氧化石墨（GO）的混合材料用作固相微萃取（SPME）涂层，分离富集环境和食品中有机氯农药（OCP），该复合材料结合 MOF 高孔隙率的优异性能和 GO 的独特分层特性，大大增强了对 OCP 的吸附能力。MOF-199 复合材料也对挥发性有机化合物具有良好的吸附富集功能。如 Li 等[18]在 MOF-199 复合了多壁纳米管材料（图 2-7），该复合材料具有更高的富集能力，结构中的疏水性"屏蔽层"，可防止 MOF-199 的开放金属位点被水分子占据，从而有效地改善了涂层对水的稳定性，成功用于非侵入性富集相对湿度较高的水果样品中痕量乙烯、甲醇和乙醇。该团队还使用原位溶剂热生长的方法将金属有机骨架 MOF-5 固定在多孔泡沫铜载体上富集植物中挥发性硫化物[19]。原位生长的 MOF-5 薄膜在多孔金属棒上具有良好的黏附性和高稳定性，可重复使用至少 200 次。应用该材料，采用顶空吸附法结合热解吸-气相色谱-质谱联用技术检测了韭菜和蒜苗中挥发性有机硫化合物，该方法具有高灵敏度和高选择性，是植物挥发物非侵入取样的一种有效富集方法。Li 等[20]还通过化学键的方式对 MOF-5 进行磁化，制备了一种磁性的高效吸附剂。氨基功能化的 Fe_3O_4 纳米颗粒与金属有机骨架表面之间建立的共价键改善了杂化微晶的化学稳定性和结构均匀性，对食品和植物样品中的多环芳烃和赤霉素这两类分析物均表现出优异的富集能力，实现了痕量分析物的高效富集，该方法显示出良好的精密度，进一步表明金属有机骨架复合材料在分离富集方面具有良好的潜力。

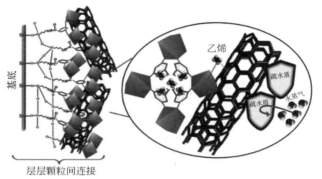

本图彩图

图 2-7 MOF-199/CNTs 防水性涂层富集乙烯示意图[18]

（6）微孔有机聚合物（Microporous organic polymers，MOPs）

MOPs 是一类具有高比表面积，含有丰富微孔结构的聚合物多孔材料[21]。MOPs 的聚合物分子链主要由密度较轻的元素 C、N、O、H 组成；相比无机多孔材料及 MOFs 而言，MOPs 在碳链中引入各种官能团比较容易，且热稳定性好，因而成为一种新型的、具发展潜力的分离富集材料[22]。主要包括四大类型：自具微孔聚合物（Polymers of intrinsic microporosity，PIMs），超交联聚合物（Hyper-cross-linked polymers，HCPs），共价有机框架（Covalent organic frameworks，COFs）和共轭微孔聚合物（Conjugated microporous polymers，CMPs），其中最具代表性的材料是 COFs。COFs 是一类结晶性的有机多孔材料，基于可逆化学反应将功能单元以共价键的形式连接成高度有序的二维层叠层结构或特定的三维拓扑结构。2005 年美国加利福尼亚大学[23]利用硼酸的可逆缩聚反应，首次合成了COFs 材料。部分 2D COFs 及 3D COFs 的拓扑结构如图 2-8 所示。COFs 的出现为解决无机沸石耐水解性差、氢键缔合骨架材料反应时骨架易坍塌，以及大部分MOFs 耐酸、耐碱、热稳定性较差等问题提供了更好的选择。Li 等[24]采用适配体金纳米颗粒掺杂共价有机骨架（IBAs-AuNPs/COF），从人血清样品中选择性富集和检测胰岛素。在聚多巴胺涂层通过原位还原反应将 Au 纳米颗粒固定在亚氨基COFs 上，后将含巯基的适体通过 Au—S 键键合到 AuNPs 的表面。由于 COFs 的优异吸附性能及胰岛素和 IBA 之间的特异性识别，可选择性地提取血清样品中的胰岛素，功能化 COFs 材料在分离富集方面具有良好的应用潜力。

多孔聚合物材料采集和浓缩的有机物常使用热解吸的方法。根据多孔聚合物材料的最高使用温度和被吸附物质的沸点温度确定热解吸温度，挥发性有机物的

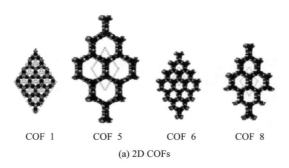

(a) 2D COFs

本图彩图

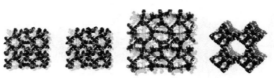

(b) 3D COFs

图 2-8　部分 2D COFs 及 3D COFs 的拓扑结构示意图[23]

黑色：C　红色：O　粉色：B　黄色：Si　绿色：H

热解吸温度范围通常为 180～230℃。而碳分子筛和石墨化炭黑的热稳定性较好，为了获得较好的解吸效率，可使用较高的热解吸温度（230～350℃）。表 2-6 给出了多孔聚合物吸附材料的特性参数[25]。目前，在色谱分析中最常用的多孔聚合物有 Tenax、Chromosorb、Porapak、HayeSep、Amberlite resins、GDX、TDX 系列等。

表 2-6　常用多孔聚合物材料富集痕量挥发性有机物的特性参数

吸附材料	结构组成	比表面积 /m²·g⁻¹	孔径 /Å	最高使用温度 /℃
Tenax 系列				
Tenax GC	聚 2,6-二苯基-*p*-甲苯醚	19～30	720	450
Tenax TA	聚 2,6-二苯基-*p*-甲苯醚	35		300
Tenax GB	聚 2,6-二苯基-*p*-甲苯醚＋23％石墨化炭黑			350
Chromosorb 系列				
Chromosorb 101	苯乙烯-二乙烯基苯共聚物	350	3500	275
Chromosorb 102	苯乙烯-二乙烯基苯共聚物	350	90	250
Chromosorb 103	交联聚苯乙烯	350	3500	275
Chromosorb 104	丙烯腈-二乙烯基苯共聚物	100～200	700	250
Chromosorb 105	聚芳香烃	600～700	500	250
Chromosorb 106	聚苯乙烯	700～800	50	225
Chromosorb 107	聚丙烯腈酯/交联聚丙烯腈酯	400～500	80	225
Chromosorb 108		100～200	250	225

续表

吸附材料	结构组成	比表面积 /m²·g⁻¹	孔径 /Å	最高使用温度 /℃
Porapak 系列				
Porapak N	聚乙烯吡咯烷酮	220～350		190
Porapak P	苯乙烯-二乙烯基苯共聚物	100～200		250
Porapak Q	乙基乙烯基苯-二乙烯基苯共聚物	500～600	25	250
Porapak R	聚乙烯吡咯烷酮	450～600	75	250
Porapak S	聚乙烯吡啶	300～450	76	250
Porapak T	聚乙烯乙二醇二甲基己二酸酯	250～350	91	190
HayeSep 系列				
HayeSep A	二乙烯基苯-二乙二醇二甲基丙烯酸酯共聚物	526		165
HayeSep D	二乙烯基苯聚合物	795		290
HayeSep N	二乙烯基苯-二乙二醇二甲基丙烯酸酯共聚物	405		165
HayeSep P	苯乙烯-二乙烯基苯共聚物	165		250
HayeSep Q	二乙烯基苯聚合物	582		275
HayeSep R	二乙烯基苯-N-乙烯基-吡啶共聚物	344		250
HayeSep S	二乙烯基苯-4-乙烯基-吡啶共聚物	583		250
Amberlite 树脂				
XAD-2	苯乙烯-二乙烯基苯共聚物	300	85～90	200
XAD-4	苯乙烯-二乙烯基苯共聚物	750	50	150
XAD-7	苯乙烯-二乙烯基苯共聚物	450	80	150
XAD-8	苯乙烯-二乙烯基苯共聚物	140	250	150
XAD-1	聚甲基-甲基丙烯酸酯	100	200	150
GDX 系列				
GDX-101	二乙烯基苯交联共聚物	482.2		270
GDX-102	二乙烯基苯交联共聚物	540.5		270
GDX-203	二乙烯基苯交联共聚物	384.7		270
GDX-301	二乙烯基苯交联共聚物	486.9		250
GDX-401	二乙烯基苯交联共聚物	323.7		250
GDX-501	二乙烯基苯交联共聚物	175		270

注：1Å=0.1nm。

　　Tenax GC 是 2,6-二苯基对甲苯醚聚合物，早期 Tenax GC 应用广泛，虽然它的比表面积较小（19～30m²·g⁻¹），但是它具有较高的热稳定性（450℃）。在常温下可吸附和浓缩 $C_6 \sim C_{14}$ 的烃类有机物和某些蒎烯，而且样品中水含量对 Tenax

GC 吸附的干扰比活性炭采样的要小。但当样品中含有 O_3 或 NO_2 时，可能会在吸附采样过程中形成很强的氧化气氛，易产生苯甲醛和其他的氧化产物从而影响色谱测定。除此之外，在采样过程中某些活性组分也可能会发生降解。

Tenax TA 的结构与 Tenax GC 相同，是早期使用 Tenax GC 的改良产品，在使用性能上已进行了改进，诸如降低了吸水性能、增强了热稳定性、减少了本底干扰等。Tenax TA 替代 Tenax GC 普遍应用于分析化学中，从气体、液体及固体样品中捕集和浓缩各种挥发性和半挥发性有机物质。Tenax TA 比表面积为 $35m^2 \cdot g^{-1}$，孔体积为 $2.4mL \cdot g^{-1}$，平均孔径是 $200nm$，密度是 $0.25g \cdot mL^{-1}$，常用颗粒度是 $60 \sim 80$ 目。Tenax TA 是一种低流失、低水平本底含量、对水亲和力更低的高分子微球吸附材料。特别适用于水样品和多水样品中经气体吹扫出来的挥发性和半挥发性有机物的吸附浓缩。但它对于非挥发性物质（例如氯乙烯）的吸附能力不够，不适合捕集极性有机物（例如醇类物质）。其热稳定性不够高，加热分解产物可能有苯、甲苯和其他的芳烃物质。通常 Tenax TA 的合适热解吸温度是 230℃，如果温度高于此温度时最好使用稳定性更好的替代吸附材料。Tenax TA 与 Tenax GC 相比，本身的流失减少，潜在的干扰也减少，适合于采集和浓缩较高挥发性物质，如 $C_2 \sim C_4$ 的卤代烃类和 $C_6 \sim C_9$ 的烃类有机物，Tenax TA 还可以采集和浓缩某些杀虫剂。

Tenax GR 是由 70% Tenax TA 和 30% 石墨化炭黑组成的复合材料，可用于捕集小分子化合物。Tenax GR 不但对大部分挥发性有机物质具有较大的穿透体积，而且对样品中水分含量具有较低的亲和力。除此之外，Tenax GR 的热稳定性更高，可达 350℃，Tenax GR 成为捕集和浓缩空气、水和固体样品中挥发性物质的理想吸附材料。可直接应用于高水含量样品中挥发性有机物质的吸附浓缩。研究表明，Tenax GR 采集小分子化合物的最大采样体积（穿透体积）比 Tenax TA 和 Tenax GC 都大。

在 Porapak 系列中，Porapak Q 具有最大比表面积，可用于采集 $C_2 \sim C_4$ 的烃类化合物。

HayeSep 系列有 HayeSep N、P、Q、R、S、T 等几种类型，分别与 Porapak 系列产品对应。HayeSep A 可采集空气中永久气体，例如 H_2、N_2、O_2、Ar、CO、NO_x 等。在较高温度时，可采集 C_2 的烃类和 H_2S、H_2O 等。HayeSep D 是较新的聚合物，具有很高的纯度，比表面积也比较大（$795m^2 \cdot g^{-1}$），并具有较好的热稳定性（290℃）。

Amberlite XAD 树脂是非离子型微网树脂，它们吸附和释放分子的性能取决于它们的疏水和亲水表面，与其他多孔聚合物一样，吸附作用发生在树脂表面。Amberlite XAD-2 和 Amberlite XAD-4 具有吸附芳香烃类物质的特性，疏水性良好且具有非离子交换能力。XAD-4 也可吸附疏水性小分子有机物。Amberlite XAD-7 和 Amberlite XAD-8 是丙烯酸酯树脂，具有很低的离子交换能力。与前面的树脂相比较，它们具有更高的亲水性，可吸附样品中的极性物质。但是，Amberlite XAD树脂热稳定性不好，应用时通常采用液体（溶剂）解吸技术。

在固体吸附浓缩材料中，聚氨酯泡沫（Polyurethane foam）适合于大流量采集非挥发性物质，例如被用来采集空气微粒中多氯联苯（PCBs）和多环芳烃等。聚氨酯泡沫容易处理，成本较低，但是样品中挥发性和半挥发性化合物特别容易穿透。

吸附采样管的穿透体积是评价和计算所用吸附材料的用量和采样时的最大气体样品体积。通常会选择具有较大负载特性的吸附材料充填吸附管，可采集较大体积的空气样品。

根据被采集样品的组分组成和它们的理化性质，选择合适的吸附材料并不容易。研究表明，虽然吸附剂对非挥发性物质具有很强的吸附，但是它们的回收率仍然有限；样品中挥发性物质有时还会通过吸附剂床而没有被吸附浓缩。此外，测定结果不重复和吸附样品被污染等情况也常有发生。

活性炭虽具有很强的吸附能力，但由此产生的干扰成为需要解决的问题。Tenax系列吸附材料和某些其他的多孔聚合物在近年来取得了广泛的应用，虽然减少了样品中水分的影响，但是，还需要避免在氧化氛围中进行样品吸附浓缩过程。在处理非挥发性样品时，碳分子筛具有很好的吸附特性，与此同时，样品中水分干扰也会比较大。

如上所述，无论哪一种吸附材料均有它自己的优劣势。例如，活性炭对许多有机溶剂具有良好的吸附作用，但是活性炭的热解吸过程不太容易做好，通常都采用溶剂解吸的方式。多孔聚合物材料虽然种类很多，但是没有哪一种材料可吸附所有的有机物质，并获得好的回收率。因此，分析化学家们研究使用多种吸附材料组合的方式解决并扩展各类有机物的吸附浓缩问题。研究结果表明，几种吸附材料的组合或结合可达到优势互补，采集到所有的目标化合物。例如：HayeSep D、Carboxen 1000和Carbosieve S-II结合组成的吸附管，在25℃条件下采集5L空气样品，在200℃热解吸可测定出所有目标化合物。多种吸附材料充填的采样管具有适用性，可采集更宽范围的挥发性有机物。前段吸附能力适中的吸附材料可保持低挥发性物质，样品中挥发性较大物质穿透之后被捕集在后段的较强吸附材料上。此系统避免了低挥发性物质在后段吸附材料上的不可逆吸附。Tenax TA和Carbosphere S（石墨化炭黑）结合可采集空气中$C_2 \sim C_8$碳氢化合物和卤代烃化合物，低挥发性物质被吸附在Tenax TA上，挥发性较大物质被吸附在Carbosphere S上。当只采集$C_2 \sim C_8$碳氢化合物时，可采用Tenax TA、Carbotrap、Carbosieve S-III三种材料结合的采样管。此系统可捕集城区空气中汽车尾气污染物和室内空气中的香烟雾。采用具有不同表面积的碳基吸附材料（Carbotrap C、Carbotrap和Carbosieve S-III）可采集空气样品中非极性$C_4 \sim C_{14}$的烃类化合物。具有较小表面积的Carbotrap C放在前段吸附样品中高沸点组分，使它们在较高温度下解吸出来。另外，样品湿度大于 50％时可能会发生吸附管堵塞现象，因为 Carbosieve S-III 浓缩了较大量的水分。Carbotrap C 和 Carbotrap 结合、石墨化炭黑和碳分子筛结合可采集空气样品中各种挥发性有机物质。在聚氨酯泡沫中间夹进 Tenax TA 的吸附管可采集氯酚类化合物。此外，采用冷阱冷冻方法采集样品，使挥发性物质冷凝也能实现定量采集。充填 Porapak Q 的吸附管可在 -100℃ 冷阱中采集空气中碳氢有机物质。

2. 溶剂采集

溶剂采集方法通常是使用水、水溶液或有机溶剂等吸收液选择性采集气体或蒸气中某些目标组分的方法。当气体样品通过吸收液时，样品气泡与吸收液界面上的被测目标物质分子由于溶解作用或化学反应很快进入吸收液中。气泡中间的气体分子由于存在浓度梯度和很快的运动速度，迅速地扩散到气-液界面上，整个气泡中被测物质分子很快被溶液吸收，达到浓缩采集样品中某些目标组分的目的，为此已出现多种商用鼓泡采样瓶。为了避免溶剂蒸气进入采样泵，通常在采样泵的吸入口前串联连接甲醇-干冰捕集阱，以捕集样品中的溶剂蒸气，保护采样泵的正常运行。溶剂采集方法的装置结构非常简单，可采集大体积的空气样品。为了避免样品损失，一般采用具有较高沸点的溶剂。此外，采用两个鼓泡采样瓶串联采集样品，可获得较高的测定灵敏度。例如，应用溶剂采集作业现场的空气样品，用气相色谱方法可测定出 $0.05g \cdot mL^{-1}$ 的环氧氯丙烷。如果在溶剂中加入专用反应试剂，通过发生化学反应吸收目标物质分子。如 2,4-二硝基苯肼（2,4-DNPH）和酸性催化剂组成的吸收液可直接采集汽车尾气中低分子量醛。采集空气样品中醛于采样瓶中，经衍生化处理后可直接注入液相色谱进行测定，2,4-DNPH 及其衍生物可通过紫外检测器或质量检测器鉴定。

溶剂浸渍表面膜采集方法是在玻璃管内壁涂浸吸附试剂以保持一层液体薄膜，采样前将此玻璃管垂直放置，吸收液体膜连续地向下流到玻璃管内壁，当气体反向通过时，在管底部获得浓缩的样品，样品可直接进行仪器测定。例如一个 50cm 长玻璃管，用纯水作吸收液体，采用空气流速为 $0.5L \cdot min^{-1}$ 即可用于监测 2,4,5-三氯苯酚，达到 99％以上的采集效率。同样，以 $0.6 \sim 0.7L \cdot min^{-1}$ 的流速采集空气中的可卡因和海洛因，采集效率可达 40％～60％。溶剂浸渍表面膜可连续更新采集表面，快速地获得溶液浓度，提供了直接分析样品的可能性。此方法特别适合测定极性和活性大的化合物，而常规预浓缩方法不能测定和定量这些物质。

3. 冷阱采集

冷阱直接采集（也称低温浓缩）是选择浓缩空气样品中某些目标组分的技术之一。一般地，在冷阱中不使用吸附剂，可在冷阱捕集管内填充一些玻璃微珠以增加接触表面，冷阱温度可根据采集的目标物质确定，解吸温度一般为 40～70℃，也可避免由于温度高使溶剂降解而产生的干扰。通常，冷阱技术应用于 GC 柱前，对浓缩的样品再进行一次"冷聚焦"，以保证待分析测定的样品够形成一窄带进入毛细管柱，提高分析测定分辨率和灵敏度。

冷阱直接采集通常是由一个 U 形的硼硅酸盐玻璃管直接浸入液氩（−186℃）中，在 U 形玻璃管内底部充填石英棉以增加接触表面，通过便携采样泵将空气样品采集在冷阱中。一般采用 $0.15 \sim 0.30 L \cdot min^{-1}$ 的流量采集空气样品 $1 \sim 10 L$。例如，应用冷阱技术直接采集和浓缩气体样品中挥发性有机硫化物，在 $60 \sim 70℃$ 热解吸后再在 GC 柱上二次冷聚焦（液氩阱），可测定出空气样品中小于和等于 $10 pg \cdot L^{-1}$ 的有机硫化物。也可以采用 U 形不锈钢管，内部充填 $60 \sim 80$ 目未处理的玻璃微珠，管两端用石英棉固定玻璃微珠。U 形不锈钢管浸入液氩（−186℃）中，采集空气样品后，在 $100℃$ 温度下解吸被冷冻和浓缩的样品，由氦气将解吸的样品吹扫到 GC 柱上进行二次"冷聚焦"后分析测定。此冷阱采集系统可采集和浓缩城区空气中 $C_2 \sim C_{10}$ 的烃类化合物，测定出空气中 $1 ng \cdot L^{-1} \sim 100 \mu g \cdot L^{-1}$ 浓度范围的烃类物质。但是，当采集湿度较高的空气样品时，常会由于结冰而引起冷阱采集管堵塞。除此之外，加热解吸时冷阱中采集的水分也被输送进入 GC 柱中，干扰了目标化合物的分离和测定。可在分析系统中串联干燥管以消除空气中水分的干扰。

卷烟主流烟气气相成分捕集方法有 4 种：①在线捕集法；②采样袋捕集法；③吸附剂捕集法；④冷阱捕集法。在线捕集法主要用于监测逐口抽吸过程中烟气挥发性成分释放量的变化，可及时分析新鲜烟气，但方法灵敏度低且难以引入内标物质。采样袋捕集法是在卷烟抽吸过程中采用各种塑料制品采集烟气，采集到的烟气通过气体进样方式引入分析仪器进行检测，或再通过其他吸附装置进行二次捕集，但是采集在气体采样袋中的烟气并非新鲜烟气，部分不稳定物质会发生分解或化学反应。固体吸附剂捕集法是采用固体吸附剂捕集烟气气相成分，再用溶剂萃取或热脱附进样方式将烟气成分解吸并引入 GC 等仪器进行分析，但是采用该方法无法捕集常温下呈气态的低沸点成分，且不同吸附剂对不同类型化合物具有一定歧视效应。冷阱捕集法是当卷烟烟气通过低温冷阱时，通过减慢分子布朗运动并结合管壁或冷阱填料的碰撞拦截作用达到捕集，可有效避免各种副反应的发生。

刘剑等[26]建立了选择性测定卷烟主流烟气气相物中苯系物的干冰冷阱溶剂捕集 GC-MS 法，旨在快速、准确测定卷烟主流烟气气相物中 7 种苯系物。按 GB/T 5606.1—2004《卷烟第 1 部分：抽样》和 GB/T 19609—2004《卷烟用常规分析用吸烟机测定总粒相物和焦油》挑选卷烟烟支，并于温度（22±1）℃ 和相对湿度（60±3）%条件下平衡 48h；使用 RM20H 型 20 孔道转盘吸烟机抽吸卷烟。在吸烟机捕集器后串联两只装有 15mL 甲醇的 100mL 吸收瓶并分别加入 $150 \mu L$ 内标溶液，吸收瓶置于异丙醇-干冰混合物组成的冷阱（温度≤−70℃）中。

用于采集主流烟气最普遍的冷阱是由 Elmenhorst[27] 设计的，已成为采集大量烟气冷凝物及生物实验或某些化学分析用的标准冷阱。然而 Elmenhorst 冷阱容量过大，导致管路死体积大，影响卷烟抽吸状态。2006 年菲莫公司 Plata 等设计了一种回旋管路冷阱，解决了抽吸容量难以控制的问题，可用于捕集单支卷烟的全烟气成分，但由于仅用一级冷阱且抽吸单支卷烟，只测定出参比卷烟烟气中 13 种挥发性有机化合物（Volatile organic compounds，VOCs）。

4. 滤膜采集

与传统分离技术相比，膜分离具有无相变、设备简单、操作容易、能耗低、无污染、可与任何 GC 仪器联用的优势。膜分离采集方法是应用不同膜材料对样品中某些（类）化合物具有吸附渗透作用的一种平衡采样方法，典型的例子是固相微萃取方法。固相微萃取装置由一类似注射器和涂浸聚合有机纤维膜的针头组成。纤维膜的针头被暴露在样品现场，通过顶空或浸入样品中方式采集样品中目标物质，然后直接注入到 GC 进样口内并保存数分钟，带有（萃取）样品的纤维膜针头在 GC 进样口中被加热解吸出来并进入毛细色谱柱进行分离和测定。应用表明，采集空气样品 35～45min 后，可由 GC 测定挥发性卤代烃类有机物。膜与固体吸附结合（MESI）可被用来分离和浓缩样品中挥发性有机物也是常用的方法之一。与已有采样方法不同，膜与固体吸附结合不需要吸附剂夹、有机溶剂和干燥过程等处理步骤。

使用滤膜采集样品时，所使用的仪器及其玻璃器皿应充分冲洗干净，防止样品污染和交叉污染。玻璃器皿充分冲洗干净后，在马弗炉中 400℃ 干燥 4h。使用玻璃纤维（石英纤维）膜之前，应在马弗炉中 600℃ 烘烤 5h，为保证滤膜干净，使用之前用二氯甲烷索氏抽提数小时。玻璃纤维（石英纤维）膜可采集空气粒子和气溶胶粒子及其附着的有机物质，其中有机物质可通过索氏抽提、微波辅助萃取、超声波辅助萃取和超临界流体萃取等技术回收。聚四氟乙烯滤膜可采集大气中气溶胶样品，使用 X 射线衍射测定样品中化学组成和使用离子色谱测定化合物。此外，涂浸薄膜（Coated filters）也是以化学过程来选择采集样品中某些化合物，采用涂浸 2,4-二硝基苯肼的滤膜可采集甲醛。采用涂浸 1-萘异硫氰酸酯（1-Naphthylisothio cyanate-impregnated）滤膜可以采集空气中甲胺、异丙胺、丁胺、烷基胺、二甲胺、二乙胺等。在 30min 的采样周期内，滤膜采样可监测出 $1g \cdot L^{-1}$ 的大气样品。同时，滤膜采集样品过程的样品湿度、浓度和采集时间等因素对样品采集效率的干扰很小。工作场所空气中逸散的一些有毒物质（如甲苯二异氰酸酯）是同时以气体、蒸气和气溶胶 3 种形式的状态存在。由于气溶胶是 1～10μm 的小颗粒，用微孔滤膜采样效率高，阻力适中。

利用场发射扫描电子显微镜结合能谱方法研究不同空白滤膜在孔径、纤维直径、纤维密度与组成等方面差异的数据显示：空白玻璃纤维滤膜除较高的 Si 含量外、C、Na、K、Ca、Mg、Al、Ba 和 Zn 等元素的背景值也较高，不适于 C 元素和无机元素的测定；石英滤膜除基本硅氧组成外，几乎不含其他杂质，适用于碳含量和金属元素分析，但不能用于 Si 元素分析；PTFE 滤膜无机元素的本底值低，适于无机元素、微量重金属等组分的研究，但由于其碳基材质而不能应用于元素碳、有机碳分析。

5. 样品采集质量控制

在样品采集过程中，应用合适的质量控制程序是非常重要和必要的。因为对所采集样品的每一项研究或者测试的情况都是唯一的，必须对分析测试的所有过程进行质量控制，即质量控制应体现在现场采样过程之前、现场采样过程、运输过程（到现场和从现场出来）、分析过程，最后的计算和结果报告等。

（1）现场之前的质量控制　由于存在着潜在的样品采集介质污染，包括玻璃器皿、吸附材料和回收装置等，必须对它们进行仔细的清洗和保护。严格的清洗和预处理方法步骤可以在相关的标准方法或者文献中获得，应用这些标准和操作可以达到获得目标样品的目的。清洗、冲洗、烘烤、干净和惰性的密封材料、添加合适的填充物用于贮存和运输等都是需要考虑的内容。

（2）现场过程质量控制　在现场条件下样品潜在损失和污染的可能性非常高。所以，采取足够措施以减少这些可能，成功地完成采样工作是必须的。采集平行样品、使用现场空白样品、加标控制样品、样品标记/处理和贮存等都是现场质量控制的内容。

（3）运输中质量控制　为了保证样品容器到测试现场或返回实验室过程中安全运输，在样品采集的前后，所有样品容器必须进行全面的、全过程的监管。使用监管的运输方式必须是明确无误地写明监管、位置、运输方法、运输时间和日期、运输简述（包括日期数目、尺寸、类型、是否需要温度控制等）。为了保证样品不会与其他的样品或空白混淆，应使用一种明显的样品标记系统。还包括对样品容器的装卸泄漏问题的监管，保证运输的样品具有与原始样品一样足够的数量。另一个质量控制测定是使用运输过程的空白样品。这样可对潜在污染进行进一步的检查，如可能发生样品的处理、装填和运输等情况。

（4）实验室质量控制　实验室质量控制包括三个方面：样品的处理和贮存、样品制备、样品分析等。与现场质量控制一样，应使用实验室或方法空白评价污染，它们可能是由于玻璃器皿、试剂、样品处理引进的。为了保证样品制备中合适的质量控制，应使用二次方法空白，还应使用替代物质标准评价样品的回收率。对于分析质量控制、替代物质标准应提供使用的仪器方法检出能力的检查。其他质量控制检查包括：在样品分析的前后进行实验室之间验证或平行样品（在样品数量允许的条件下）测定、内标使用、分析仪器的校正等。

第二节　简单样品前处理方法

无论是气体、液体或固体样品，几乎都不能未经处理直接进行分析测定。多数复杂样品以多相非均一态形式存在，如大气中所含的气溶胶与飘尘，废水中含的乳液、固体微粒与悬浮物，土壤中含有的水分、微生物、砂砾及石块等。故复杂样品必须经过前处理后才能进行分析测定[28]。样品通过简单的前处理以达到如下目的：①浓缩痕量的被测组分；②除去样品中基体与其他干扰物；③缩减样品的质量与体积，便于运输与保存，提高样品的稳定性，不受时空的影响；④保护分析仪器及测试系统，以免影响仪器的性能与使用寿命。

传统的样品前处理方法有液-液萃取[29]、索氏抽提[30]、层析[31]、蒸馏、吸附、离心[32]、过滤[33]等几十种，用得较多的也有十几种。

一、离心

离心技术（Centrifugal technique）是利用旋转运动的离心力以及物质的沉降系数或浮力密度的差异进行分离、浓缩和提纯的一种方法。这项技术应用很广，诸如分离出化学反应后的沉淀物，天然的生物大分子、无机物、有机物，在生物化学以及其他的生物学领域常用来采集细胞、细胞器及生物大分子物质。

1. 描述离心过程的基本概念

用于描述离心过程的基本概念主要包括离心力、沉降系数、沉降速度、沉降时间和 K 系数。

① 离心力（Centrifugal force，F_c）　离心作用是根据在一定角速度下作圆周运动的任何物体都受到一个向外离心力进行的。F_c 的大小等于离心加速度与颗粒质量 m 的乘积，即：$F_c = m\omega^2 X$。式中，ω 是旋转角速度，弧度·s^{-1}；X 是颗粒离开旋转中心的距离，cm；m 是质量，g。由于各种离心机转子的半径或者离心管至旋转轴中心的距离不同，离心力因而变化，因此在文献中常用"相对离心力"（Relative centrifugal force，RCF）或"数字×g"表示离心力，只要 RCF 值不变，一个样品可以在不同的离心机上获得相同的结果。RCF 就是实际离心场转化为重力加速度的倍数。RCF $= m\omega^2 X/mg = 1.118 \times 10^{-5} n^2 X$。式中，$X$ 为离心转子的半径距离，以 cm 为单位；g 为地球重力加速度，980cm·s^{-2}；n 为转子每分钟的转数，r/min。

② 沉降系数（Sedimentation coefficient，s）　根据 1924 年 Svedberg 对沉降系数下的定义：颗粒在单位离心力中移动的速度。

③ 沉降速度（Sedimentation velocity）　沉降速度是指在强大离心力作用下，单位时间内物质运动的距离。

④ 沉降时间（Sedimentation time，T_s）　沉降时间是指在实际工作中，在已

有的离心机上把某一种溶质从溶液中全部沉降分离出来所需要的时间，如果转速已知，则可用沉降时间来确定分离某粒子所需的时间。

⑤ K 系数（K factor）　K 系数是用来描述在一个转子中，将粒子沉降下来的效率。也就是溶液恢复成澄清程度的一个指数，所以也称"cleaning factor"。原则上，K 系数愈小的愈容易，也愈快将粒子沉降。

2. 离心方法分类

根据离心原理，大致可分为以下三类。①平衡离心法：根据粒子大小、形状不同进行分离，主要指差速离心法（Differential velocity centrifugation）。②密度梯度离心法（Density gradient centrifugation）：包括依粒子密度差进行分离的等密度离心法（Isodensity centrifugation，又称等比重离心法）和速率区带离心法（Rate zonal centrifugation）。③经典式沉降平衡离心法：用于对生物大分子分子量的测定、纯度估计、构象变化等。

差速离心法是利用不同粒子在离心力场中沉降的差别，在同一离心条件下，沉降速度不同，通过不断增加相对离心力，使一个非均匀混合液内的大小、形状不同的粒子分步沉淀。差速离心法通常不用于精细分离。仅用于 s 值相差 1 个数量级及以上的 2 种颗粒的分离。且沉淀不能实现完全回收。

密度梯度离心法是指样品在一定惰性梯度介质中进行离心沉淀或沉降平衡，在一定离心力下把颗粒分配到梯度中某些特定位置上，形成不同区带的分离方法。密度梯度离心法的优点包括：分离效果好，可一次获得较纯颗粒；适应范围广，既能分离具有沉淀系数差的颗粒，又能分离有一定浮力密度的颗粒；颗粒不会积压变形，能保持颗粒活性，并防止已形成的区带由于对流而引起混合；样品处理量大，可同时处理多个样品；对温度变化及加减速引起的扰动不敏感。缺点主要包括：离心时间较长；需要制备密度梯度介质溶液；操作严格，不宜掌握。根据梯度介质的浓度及颗粒在其中沉降的行为，密度梯度离心法又分为速率区带离心法和等密度离心法。速率区带离心法在分离密度相差不大、重量和大小区别较大的样品（如核糖体等）时非常有效。但对于大小相近而密度不同的颗粒（如线粒体、溶酶体等）则不能用此法分离。此法梯度介质常用蔗糖、甘油及 Fic0ll（聚蔗糖）等，其中蔗糖最大浓度可达 60%，密度可达 $1.28\mathrm{g\cdot mL^{-1}}$，能够满足绝大部分生物样品的分离需求。等密度离心法根据不同样品的需求，梯度介质可选用碱金属盐类（如 CsCl）、蔗糖、甘油及 Percoll（胶体硅）等。其中 CsCl 最大密度可达 $1.7\mathrm{g\cdot mL^{-1}}$，但由于具有较高的渗透压，通常用于核酸等大分子的纯化。然而，Percoll 具有渗透压低、黏度小、密度大等特点，适合分离活细胞。等密度离心通常用于分离纯化核酸、病毒、蛋白复合体、亚细胞器等，并能从组织、血液及其他体液标本中分离纯化出不同类型的细胞。

经典式沉降平衡离心法是从悬浊液或乳浊液中分离样品最常用的一种方法，

主要用于去除溶液中悬浮的杂质，或通过离心沉淀采集悬浮于溶液中的颗粒物质。该法可用于质粒体、蛋白质等的提取。

3. 离心机

离心机根据转速的大小可分为：①低速离心机，转速<$1.0×10^4$ r/min，主要用于血液或细胞制备、蛋白质和酶沉淀物的分离，由于不能产生足够大的离心力场，不能分离超小粒子（如病毒、DNA 分子和大分子）或进行密度梯度离心。②高速离心机，转速 $1.0×10^4$～$2.5×10^4$ r/min，能分离病毒、细菌、细胞核、细胞膜、线粒体及进行 DNA 制备等。③超速离心机（转速 $3.0×10^4$～$8.0×10^4$ r/min）和超高速离心机（转速>$8.0×10^4$ r/min），配合光学仪器，可作分子量测定、蛋白质结构及聚集状态分析和化合物纯度检定。根据离心机的功能，可分为制备型离心机和分析型离心机两大类。制备型离心机根据处理样品的温度需要又分为常温离心机和冰冻离心机。按容量可分为微量离心机、大容量离心机和超大容量离心机。按外形可分为台式离心机和落地式离心机。不同类型离心机如图 2-9所示。

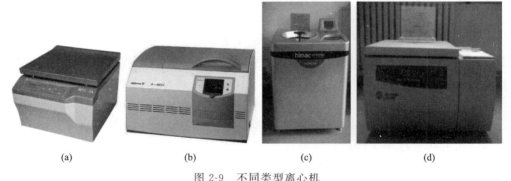

（a）　　　　　　（b）　　　　　　（c）　　　　　　（d）

图 2-9　不同类型离心机

（a）普通台式离心机；（b）高速冰冻离心机；（c）（d）地面式冰冻超速离心机

低速离心机的主要部件是电机和转轴。而高速、超速离心机则主要包括以下部分：驱动电机、制冷系统、真空系统（超速离心机有）、显示系统、自动保护系统、控制系统。其配件主要包括离心转子和离心管。由于超速、高速离心机工作时的转速很高，相应的离心力场则很大，离心转子均用高强度的铝合金、钛合金及超硬铝、锻铝制成。离心转子的分类主要包括角转子、水平转头、垂直转头和区带转子四类，如图 2-10 所示。离心管作为离心机的耗材，材质主要包括：聚乙烯（PE）、纤维素（CAB）、聚碳酸酯（PC）和丙二醇酯（PGME）。按容量分，从 1.5mL 到 1000mL 不等。离心管的选择需要考虑以下因素：①容量，由样品体积决定。注意在有些应用中（如高速离心）离心管必须装满。②形状，做沉淀采集时，用圆锥形管底的离心管较好；而进行密度梯度离心时圆底离心管更有用。

③最大离心力,详细信息由厂家提供。④耐腐蚀性,玻璃管是惰性物质,但绝对不能在高、超速离心机上使用。聚碳酸酯管对有机溶剂如乙醇、丙酮敏感,而聚丙烯管具有更好的耐腐蚀性。详细信息可参考厂家的说明书。⑤灭菌,一次性塑料离心管出厂时通常是消过毒的。玻璃管及聚丙烯管可重复灭菌使用,但多次高压灭菌可能会导致聚碳酸酯崩裂或变形。⑥透明度,玻璃管和聚碳酸酯是透明的,而聚丙烯管为半透明。⑦能否刺穿,若想用刺穿管壁的方法采集样品,纤维素乙酸管和聚丙烯管易于用注射管针头刺穿。⑧管帽,大多数角式及垂直管式转子要求离心管有管帽,用以防止使用过程中样品漏出并在离心过程中支撑离心管,防止其离心时变形。对于放射性样品,即使是低速离心也一定要盖管帽,并且要使用与所用离心管配套的管帽。普通离心机在实验室最为通用,主要完成普通离心的实验操作。普通离心是指在分离、浓缩、提纯样品中,不必制备密度梯度的一次完成的离心操作。实验室用低、高速离心机可完成此操作。

(a) 角转子　　　　　　　　　　　(b) 水平转头

(c) 垂直转头　　　　　　　　　　(d) 区带转子

图 2-10　不同类型的转头

二、过滤

过滤指在重力、压强、离心力等推动力作用下,利用液固颗粒的密度或颗粒尺度的差异,使得悬浮液通过某种多孔性过滤介质流出,从而实现固液分离的过程。过滤原理本质上属于筛分,它是利用过滤介质将固体和液体分离的单元操作,可分为澄清过滤(Clarification filter)和滤饼过滤(Cake filter)两大类[34]。不同颗粒尺寸所对应的过滤分离方式如图 2-11 所示。

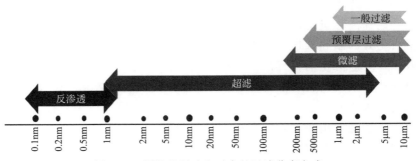

图 2-11　颗粒的尺寸和对应的过滤分离方式

　　色谱分析中应用较多的是膜过滤。膜种类繁多，一般根据所采集样品中的待分析物质选择合适的滤膜孔径。滤膜的种类主要有：①混合纤维树脂材料制成的滤膜（MCE），主要应用于焊接烟雾、金属、石棉等物质的采集；②聚氯乙烯膜（PVC），主要应用于硅、铬、可吸入颗粒物等物质的采样；③聚四氟乙烯膜（PTFE），主要应用于 PM_{10}、农药、酸性气溶胶等物质的采样；④银膜，主要应用于溴、氯气、杀螨剂的采样；⑤玻璃纤维膜，主要应用于农药、异氰酸盐、空气污染物等的采样；⑥石英膜，使用前经加热除去其中痕量有机物，主要应用于采集痕量有机污染物质。

　　也可按照以下几种分类方法进行分类：①根据膜的材质，从相态上可分为固体膜和液体膜；②从材料来源上，可分为天然膜和合成膜，合成膜又分为无机材料膜和有机材料膜；③根据膜的结构，可分为多孔膜和致密膜；④根据断面的物理形态，可分为对称膜、不对称膜和复合膜；⑤根据膜的功能，可分为离子交换膜、渗析膜、微滤膜、超滤膜、反渗透膜、渗透气化膜、气体分离膜等；⑥根据膜的形状，分为平板膜、管式膜、中空纤维膜等[35]。图 2-12 是板式膜和中空纤维膜。

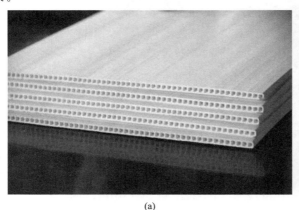
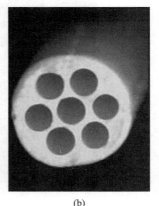

(a)　　　　　　　　　　　　　　　　(b)

图 2-12　板式膜（a）和中空纤维膜（b）

表 2-7 是膜过滤与一般过滤所能分离粒子粒径（或分子量）的差别。

表 2-7　一般过滤与膜过滤的分离粒径（或分子量）

名称	过滤介质、膜	分离粒径或分子量	操作压力/MPa
一般过滤	滤布、滤纸等	$1\mu m$ 以上	真空至 0.2 或更高
预敷层过滤	硅藻土等	$0.5\mu m$ 以上	真空或加压 0.3～0.8
微滤	微滤膜	$0.01～1\mu m$	真空至 0.2
超滤	超滤膜	分子量为 $1\times10^3～3\times10^5$（胶质、高分子溶液）	真空至 1
反渗透	反渗透膜	无机盐等,分子量为 350	1～10

膜分离技术采用具有特定性质的半透膜,它能选择性地透过一种物质,而阻碍另一种物质透过。早在 19 世纪中叶,人工制备的半透膜业已问世,其结构与方向无关,称为对称膜。但出于其透过速度低、选择性差、易于阻塞等原因,未能应用于工业生产。1960 年 Loeb 和 Sourirajan 制备了一种具有不对称结构而透过速度较大的膜,称为非对称膜（Asymmetric membrane）。非对称膜表面为活性层,孔隙直径在 10^{-9} m 左右,厚为 $2\times10^{-7}～5\times10^{-7}$ m,起过滤作用;下面是支持层,厚 $0.5\times10^{-4}～1\times10^{-4}$ m,孔隙直径为 $0.1\times10^{-6}～1\times10^{-6}$ m,起支持活性层作用。活性层很薄,流体阻力小,不易被阻塞,颗粒被截留在膜的表面。

膜分离技术与传统的分离过程相比,具有无相变、设备简单、操作容易、能耗低和对所处理物料无污染等优点,其中的微滤（Micro filtration,MF）、超滤（Ultra filtration,UF）[36]、反渗透（Reverse omosis,RO）[37] 与纳滤（Nano filtration,NF）[38] 等过程的应用最为广泛,它们都是以选择性透过膜为分离介质,通过在膜两侧施加某种推动力,如压力差、浓度差、电位差等,使样品一侧中待分离组分选择性地透过膜,从而达到分离、提纯的效果。

截留物质的粒径在某些范围内会重叠。几种膜过滤过程特性比较见表 2-8。

表 2-8　几种膜过滤过程特性比较

脱分离过程	驱动力 /MPa	传递机理	透过膜的物质	被膜截留的物质	膜的类型
微滤 （MF）	0.01～0.2	颗粒大小形状	水、溶剂和溶解物	悬浮物、细菌类和微粒子($0.1～10\mu m$)	多孔膜
超滤 （UF）	0.1～0.5	分子特性、大小形状	溶剂、离子和小分子(分子量<1000)	生物制品、胶体和大分子（分子量 1000～300000）	非对称膜
反渗透 （RO）	1.0～10	溶剂扩散传递	水、溶剂	全部的颗粒物、溶质和盐	非对称膜和复合膜
纳滤 （NF）	0.5～1.0	离子大小及电荷	水、溶剂和小分子 (分子量<200)	溶质、二价盐、糖和染料(分子量200～1000)	复合膜

以下分别简单介绍这 4 种膜分离技术。

1. 微滤

微滤是以静压差为推动力，利用膜的"筛分"作用进行分离的过程。微滤的介质为均质多孔结构的滤膜，在静压差的作用下，小于膜孔的粒子通过滤膜，比膜孔大的粒子则被截留在滤膜的表面，且不会因压力差升高而导致大于孔径的微粒穿过滤膜，从而使大小不同的组分得以分离。微滤多用于滤除细菌和细小的悬浮颗粒，截留粒径范围大约为 $0.05 \sim 10 \mu m$。从粒子的大小看，基于微孔膜发展起来的微滤技术是常规过滤操作的延伸，是一种精密过滤技术。微孔膜的规格目前有十多种，孔径 $0.025 \sim 14 \mu m$，膜厚 $120 \sim 150 \mu m$。微滤膜所用材料可以是有机的（聚合物）或无机的（陶瓷、金属、玻璃）。合成聚合物膜可分成两大类，即疏水类和亲水类。陶瓷膜主要有两种材料，氧化铝（Al_2O_3）和氧化锆（ZrO_2）。原则上也可使用如氧化钛（TiO_2）等其他材料，它们都具有特别良好的力学性能、热稳定性和化学稳定性。常用的有机及无机材料包括：①疏水聚合物膜，如聚四氟乙烯（PTFE、特氟龙）、聚偏二氟乙烯（PVDF）、聚丙烯（PP）；②亲水聚合物膜，如纤维素酯、聚碳酸酯（PC）、聚砜/聚醚砜（PSF/PFS）、聚酰亚胺/聚醚酰亚胺（PI/PEI）、聚酰胺（PA）、聚醚酮；③陶瓷膜，如氧化铝（Al_2O_3）、氧化锆（ZrO_2）、氧化钛（TiO_2）、碳化硅（SiC）；④玻璃（SiO_2）、碳及各种金属（不锈钢、钯、钨、银等）材料。适当的清洗方法可使膜发生污染后仍能恢复膜通量。膜的清洗方法主要有物理方法和化学方法两种：①物理清洗，在微滤膜表层形成的滤饼层可通过反冲的方法来消除，滤液是理想的反冲介质，也可用气体；②化学清洗，滤膜污染比较严重，采用物理方法清洗效果不佳时，需采用化学清洗剂清洗。常用的清洗剂有酸液（如 H_3PO_4 或乳酸等）、碱液（如 NaOH）、表面活性剂（离子或非离子型）、酶（蛋白酶、淀粉酶、葡萄糖酶）、消毒剂（H_2O_2、NaClO）、螯合剂（EDTA、聚丙烯酸酯、六偏磷酸钠）等。上述清洗剂既可单独使用，也可组合使用。微滤技术在制药工业中的应用，主要体现在药用水（包括纯净水、注射用水）的过滤，大输液、小针剂及眼药液的精滤及终端除菌过滤，血液的过滤，中草药液、后发酵液的澄清过滤，一次性输液器的配套，空气、蒸气的过滤等。实验用水经微孔滤膜过滤技术处理后，能截留住水中的细菌、大肠杆菌等，进一步纯化实验用水。生物化学中的实验操作和研究工作需要把一种物质和另一些物质分开，如电泳色层法。由于微滤技术方法简单、使用方便、快速且重现性好，因此在分子生物学中应用广泛。自从有了不同孔径的微滤膜后，过滤技术进入了亚细胞水平和分子水平，因此微滤成为分子生物学工作者所采用的一种简单又十分重要的过滤技术。

2. 超滤

超滤是以压力为驱动力，利用超滤膜的高精度截留性能进行固液分离或使不同分子量物质分级的膜分离技术。超滤是介于微滤和纳滤之间的一种膜过程，膜孔径在 1nm～5μm 之间，实际应用中一般不以孔径表征超滤膜，而是以截留分子量（MWCO，又称切割分子量）来表征。MWCO 是指 90% 能被膜截留的物质分子量。例如，膜的截留分子量为 10000，意味着分子量大于 10000 的所有溶质有 90% 以上能被这种膜截留。膜制作好后，要用实验手段测定其截留分子量和纯水通量，以反映膜的分离能力和透水能力。超滤截留的是分子量为 500～300000 的各种蛋白质分子或相当粒径的胶体微粒，所以超滤膜主要用于溶液中的大分子、胶体、蛋白质、微粒等与溶剂的分离。超滤技术的特点是能同时进行浓缩和分离大分子或胶体物质。与反渗透相比，超滤操作压力低，设备投资费用和运行费用低，无相变、能耗低、膜选择性高。使用离心超滤作为预处理手段处理血清免疫球蛋白 A(lgA)，可显著增加定量的准确性，进一步优化后可对血清中 HMW 蛋白进行更精确的定量。

3. 纳滤和反渗透

纳滤又称为低压反渗透，是膜分离技术的一个新兴领域，它是一种介于反渗透和超滤之间的压力驱动膜分离过程，兼有反渗透和超滤的工作原理。纳滤膜对单价离子和分子量低于 200 的有机物截留较差，而对二价或多价离子及分子量介于 200～500 之间的有机物有较高脱除率，因此广泛用于溶液脱色和去除有机物，去除饮用水加氯前三卤代烷前驱物，硬水软化和海水脱硫酸盐等。

反渗透是将溶液中的溶剂在压力下用一种对溶剂有选择透过性的半透膜使其进入膜的低压侧，而溶液中的其他成分被阻留在膜的高压侧以得到浓缩的过程。反渗透系统由反渗透装置及预处理和后处理三部分组成。反渗透技术特点有：无相变、能耗低、膜选择性高、装置结构紧凑、操作简便、易维修和不污染环境等。反渗透所使用的压力为 1～10MPa，纳滤为 0.5～1.0MPa，比超滤要高得多。纳滤（NF）和反渗透（RO）用于将无机盐或葡萄糖、蔗糖等小分子有机物从溶剂中分离出来。

超滤与纳滤和反渗透的差别在于分离溶质的大小，反渗透需要使用对流体阻力大的致密膜，以便截留小分子，而这些小分子溶质可自由地通过超滤膜。事实上，纳滤和反渗透膜可视为介于多孔膜（微滤/超滤）与致密无孔膜（全蒸发/气体分离）之间的过程。因为膜阻力较大，为使同样量的溶剂通过膜，需使用较高的压力，且需克服渗透压（海水的渗透压大约是 2.5MPa）。与反渗透相比，纳滤技术的操作压力较低，节能效果显著。纳滤膜与反渗透膜几乎相同，纳滤膜具有松散的表面层结构，存在氨基和羧基两种正负基团，具有离子选择性。这意味着纳滤对 Na^+ 和 Cl^- 等单价离子的截留率很低，但对 Ca^{2+} 和 CO_3^{2-} 等二价离子的截留率很高，可去除约 80% 的总硬度、90% 的色度和几乎全部浊度及微生物。纳滤膜和反渗透膜的应用领域不同，当需要对浓度较高的 NaCl 进行高强度截留时，最好选择反渗透过滤；当需要对低浓度、二价离子和分子量在 500 到几千的微溶质进行截留时，最好选择纳滤。

20 世纪 80 年代开始，美国 Filmtec 公司相继开发出 NF-40、N17-50、NF-70 等型号的纳滤膜。许多公司如美国的 Osmonics 公司、Fluid systems 公司，日本的东丽和日东等公司都组织力量投入到开发纳滤技术的领域中。纳滤膜的品种不断增加，性能也不断提高。膜材料有醋酸纤维素系列、芳香聚酰胺、磺化聚醚砜等。膜的品种已经系列化。膜的分离性能从对 Na 侧脱除率 5％～10％ 一直发展到 85％。我国从 20 世纪 80 年代后期就开始研制纳滤膜，中国科学院大连化学物理研究所、中国科学院北京生态环境研究中心、上海应用物理研究所、天津工业大学、北京工业大学、北京化工大学、南京工业大学等单位都相继进行了研究开发。

三、超声波辅助萃取

超声波是指频率为 20kHz～1MHz 左右的电磁波，它是一种机械波，需要通过介质进行传播。超声波在传递过程中存在正负压强交变周期，在正相位时，对介质分子产生挤压，介质密度增大；负相位时，介质分子稀疏、离散，介质密度减小。在此过程中，溶剂和样品间产生超声空化作用，导致溶液内形成气泡、增长和爆破压缩，从而使固体样品分散，增大样品与萃取溶剂间的接触面积，提高目标物从固相转移到液相的传质速率[39]。

超声波辅助提取（Ultrasound-assisted leaching）亦称超声波辅助萃取（Ultrasound-assisted extraction）、超声波萃取（Ultrasonic wave extraction），是利用超声波辐射压强产生的强烈空化效应、机械振动、扰动效应和搅拌作用等多级效应，增大物质分子运动频率和速度，增加溶剂穿透力，从而加速目标成分进入溶剂，促进提取的进行[40,41]。与传统萃取方法相比，超声波辅助萃取具有如下特点：①萃取在常温下进行，无需高温，适合于热不稳定性化合物的萃取。②萃取在常压下进行，安全性好，操作简单易行，维护保养方便。③萃取效率高。与传统的回流萃取、索氏抽提相比，超声波辅助萃取时间大大缩短，且萃取效率更高，纯度更好。④萃取的适用性广。超声波辅助萃取对溶剂和目标萃取物的性质关系不大，不受分子大小、溶剂极性的影响。因此，可供选择的萃取溶剂种类多、目标萃取物范围广泛，适用于大多数固体样品的萃取。超声波辅助萃取在植物有效成分提取与分离分析中应用广泛，它有良好的选择性，能在不破坏产物的基础上高效地提取出目标组分，如提取大豆异黄酮[42]、多酚[43]、多糖[44]等。

超声波辅助萃取的装置有两种，即浴槽式和探针式。超声波浴槽应用较广，但存在 2 个主要缺点，即超声波能量分布不均匀（只有紧靠超声波源附近的一小部分液体有空穴作用发生），以及随时间变化超声波能量衰减。这实质上降低了实验的重现性和再现性。而超声波探针可将能量集中在样品某一范围，因而在液体中能提供有效的空穴作用。超声波辅助萃取与其他方法耦合使用，或用其他技术或方法改进已成为了现阶段超声波辅助萃取的新趋势，常见的联用方式有如下几种：

1. 超声波-微波耦合辅助萃取[45]

超声波与微波耦合萃取是利用微波与超声波协同作用，对样品进行处理。两种高频振动作用于样品上，实现快速、高效的萃取。目前这种方法已有专门的仪器用于实践中。

2. 真空耦合超声波辅助萃取

真空耦合超声波辅助萃取也是减压提取的一种，减压提取法通过抽真空降低了热敏性活性物质的氧化和降解，且使体系更活跃，从而加快提取速率。因此，将超声波与减压两种方法耦合，以提高天然活性物质的提取率且保护活性物质不受破坏。目前，关于减压耦合超声波提取法，有应用于茶多酚、枣皮多酚、高乌甲素等的研究。

3. 响应面法优化超声波辅助萃取[46]

响应面法是数学与统计学的结合，具有快速建模、缩短优化时间和提高工程应用可信度等优点。通过合理地选取试验点和迭代策略，响应面法可保证多项式函数能在失效概率上收敛于真实隐式极限状态函数的失效概率。而传统的超声波辅助萃取在确定各项萃取条件时往往是采用传统单因素和正交考察试验，结果可能出现较大误差。因此响应面法优化超声波辅助萃取可弥补这一缺陷，精准确定超声波辅助萃取的条件，优化萃取过程中的参数，是近年来所提倡的基础超声波辅助萃取模式。

4. 超声波辅助微萃取[47]

超声波辅助微萃取是一种基于超声波辅助萃取的改良萃取方法，主要有超声波乳液微萃取、超声波液-液萃取、超声波固-液萃取三类。微萃取即是用很少的溶剂，在超声波振动的帮助下让待提取物进入溶剂之中。这种方法可以加速在相与相接触面上的物质交换速度，从而高效地完成相与相之间物质转移，在相同的时间里得到更加浓缩的产物。超声波辅助微萃取对萃取要求高、溶剂要求严格，因此需要很精确的分析才能够完成。但是同时也具有很好的萃取效果。除此之外，因为超声波辅助萃取的产物纯度高，因此还可很好地与其他色谱分析相结合，比如与高效液相色谱法、气相色谱-质谱联用法结合等[48,49]。

四、脱盐

脱盐就是将"化学盐"脱除的方法或过程，简而言之就是去除水中的阴阳离子。常见脱盐的方法有电渗析、反渗透及正渗透等。衡量反渗透膜性能的指标是脱盐率和透盐率。脱盐率指通过反渗透膜从系统进水中去除可溶性杂质浓度的百分比，透盐率为进水中可溶性杂质透过膜的百分比。

$$脱盐率＝(1－产水含盐量/进水含盐量)×100\%$$
$$透盐率＝100\%－脱盐率$$

脱盐技术较多应用于食品安全领域，用于除去因工艺流程而残留的有害盐类；除此之外，在水利领域、水净化淡化领域也有很好的应用前景。在分析化学领域，更多是在前处理中，除去待测样品中存在的含有干扰因素的盐类，方法主要包括：膜分离、石灰/石灰-纯碱软化法以及蒸馏脱盐。

1. 膜分离

用于脱盐的膜分离技术主要有电渗析（ED）和反渗透（RO）。电渗析技术是以电位差作为推动力的一类膜分离过程。在外加直流电场作用下，利用荷电离子膜的反离子迁移使水中阴阳离子做定向迁移，从水溶液及其他不带电组分中分离带电离子组分。用于脱盐的电渗析技术在 20 世纪 70～90 年代得到广泛应用，但由于电渗析只能部分除盐，不能满足许多工业领域深度除盐的技术需求且能耗高。反渗透技术的最大优点是节能，其能耗仅为电渗析的 1/2、蒸馏技术的 1/40，而且能达到深度除盐目的。近年来，随着膜分离技术的快速发展，工程造价和运行成本持续降低，反渗透膜技术已逐渐取代传统的离子交换、电渗析除盐技术，成为工业水系统中首选除盐技术。如今反渗透膜技术已发展了双层膜技术与反渗透膜改性技术，增强了膜的强度与过滤性。比如在电厂循环冷却水脱盐回用领域，集成膜工艺已成为主要发展方向，其中"超滤＋反渗透"双膜工艺已成为电厂深度除盐的主导技术；在海水淡化领域，利用静电纺丝技术制备的复合 RO 膜也有着很好的应用前景。此外，在海水淡化领域，利用纳米多孔多层石墨膜来进行海水的脱盐处理，这种反渗透膜具有很高的韧性，可反复使用，且其孔径达到了纳米级别，有良好的脱盐效率。

2. 石灰/石灰-纯碱软化法

石灰软化是应用最广泛的水软化技术之一，能有效降低水中结垢成分与悬浮物浓度，并且可使部分水处理剂经软化工艺后再回流系统中继续循环使用，石灰乳与水中的碳酸盐硬度成分反应，生成难溶的 $CaCO_3$ 或 $Mg(OH)_2$ 后沉淀析出。单纯的石灰软化法只能去除碳酸盐硬度，而石灰-纯碱软化法能有效去除水中结垢的主要成分如钙、镁、磷酸盐和二氧化硅等，并将水中的悬浮物、腐蚀产物和微生物黏泥等在沉淀和过滤过程中去除，且产生泥渣易脱水，可作为非毒性废弃物掩埋处置。而石灰价格低廉、来源广泛，运行成本低，可与絮凝过程同时进行，既可降低水的硬度，又可除浊。因此，石灰-纯碱软化法已广泛用于工业纯水系统补充水的预处理。

3. 蒸馏脱盐

蒸馏法是一种最古老、最常用的脱盐方法。工业废水的蒸馏法脱盐技术基本上都是从海水脱盐淡化技术基础上发展而成。蒸馏法是将含盐水加热使之沸腾蒸发再将蒸汽冷凝成淡水的过程。蒸馏法是最早采用的淡化法，其优点是结构简单、操作容易、所得淡水水质好等。蒸馏法有很多种，如多效蒸发、多级闪蒸、压气蒸馏、膜蒸馏等。

① 多效蒸发（MED）　让加热后的盐水在多个串联的蒸发器中蒸发，前一个蒸发器蒸发出来的蒸汽作为下一蒸发器的热源，并冷凝成为淡水，其中低温多效蒸馏是蒸馏法中最节能的方法之一。低温多效蒸馏技术由于节能，近年发展迅速，装置的规模日益扩大，成本日益降低，其主要发展趋势为提高装置单机造水能力，采用廉价材料降低工程造价，提高操作温度，提高传热效率等。

② 多级闪蒸（MSF）　以海水淡化为例，将原料海水加热到一定温度后引入闪蒸室，由于闪蒸室中压力控制在低于热盐水温度所对应的饱和蒸气压条件下，故热盐水进入闪蒸室后即成为过热水而急速地部分汽化，使热盐水自身的温度降低，所产生的蒸汽冷凝后即为所需的淡水。多级闪蒸是以此原理为基础，使热盐水依次流经若干个压力逐渐降低的闪蒸室，逐级蒸发降温，同时盐水也逐级增浓，直到其温度接近（但高于）天然海水温度。多级闪蒸是海水淡化工业中较成熟的技术之一，是针对多效蒸发结垢较严重的缺点而发展起来的。MSF 一经问世就得到应用和发展，具有设备简单可靠、运行安全性高、防垢性能好、操作弹性大及可利用低位热能和废热等优点，适合于大型和超大型淡化装置，主要在海湾国家使用。

③ 蒸气压缩冷凝（VC）　蒸气压缩冷凝脱盐技术是将盐水预热后，进入蒸发器并在蒸发器内部分蒸发。所产生的二次蒸气经压缩机压缩提高压力后引入到蒸发器的加热侧。蒸气冷凝后作为产品水引出，如此实现热能的循环利用。当其作为循环冷却水脱盐回收工艺时，可使冷却水中的有害成分得到浓缩排放，并使 95% 以上的排污水以冷凝液的形式得到回收，作为循环水和锅炉补充水返回系统。这种工艺对设备材质要求高，运行中需消耗大量的热量，存在一次性投入和运行费用高的缺点，只在特别缺水的地区发电厂中采用。

④ 其他脱盐技术　包括垂直电场电泳技术、离子交换技术和电去离子（EDI）技术。垂直电场电泳技术是通过垂直电场，使不同电性的带电粒子在电场作用下向电极方向发生迁移。由于不同粒子的质荷比不同，其迁移速度不同，经电泳处理后可获得脱盐后的水溶液。电泳装置比较小，无法应用于工业大量脱盐。但是在实验室分析样品时，电泳方法因高脱盐效率、操作简单而被应用。离子交换技术是借助于固体离子交换剂中的离子与稀溶液中离子进行交换，以达到提取或去除溶液中某些离子的目的，是属于传质分离过程的单元操作。离子交换是可逆的交换反应，交换树脂（纤维）中的阴阳离子官能团可与水中的阴阳离子发生交换

吸附，从而达到水样脱盐的目的。传统的离子交换技术经过发展，新型离子交换树脂（纤维）已经被广泛应用，其具有交换容量大、洗脱再生容易的特点。电去离子（EDI）技术，又称填充床电渗析（CDI），是在电渗析器隔膜之间装填阴阳离子交换树脂，将电渗析与离子交换有机结合起来的一种水处理技术。与普通电渗析相比，EDI 由于淡室中填充了离子交换树脂，大大提高了膜间导电性，显著增强了由溶液到膜面的离子迁移，破坏了膜面浓度滞留层中离子贫乏现象，提高了极限电流密度。与普通离子交换相比，由于膜间的高电势梯度，迫使水解离为 H^+ 和 OH^-，H^+ 和 OH^- 一方面参与负载电流，另一方面又对树脂起到就地再生的作用，因此 EDI 不需要再生树脂，可省掉离子交换所必需的酸碱贮罐，减少了环境污染。

五、浓缩

浓缩是从溶液中除去部分溶剂的单元操作，是溶质和溶剂均匀混合液的部分分离过程，实质是浓缩溶液（或回收溶剂）的传热操作过程。通常浓缩的目的是使待测样品达到仪器能够检测的浓度，或进行溶剂转换。在浓缩过程中，必须注意待测物即分析对象损失和样品污染两个问题。对于提取液体积大至几十到几百毫升的样品，需要浓缩到几毫升，容易引起待测物的损失，特别对于蒸气压高或亨利常数高、稳定性差的检测对象，更应注意不能蒸干。对于这些待测物，在样品制备好以后，应存放在密闭和低温条件下。常见的浓缩方法包括：①减压旋转蒸发法；②K-D 浓缩法；③气流吹蒸法（空气或氮气）；④真空离心浓缩法。

1. 减压旋转蒸发法（Vacuum rotary evaporation）

利用旋转蒸发器，在较低温度下使大体积（50～500mL）提取液得到快速浓缩，操作方便，但待测物容易损失，且样品还需转移、定容。旋转蒸发器是为提高浓缩效率而设计的，它利用旋转浓缩瓶对浓缩液起搅拌作用，并在瓶壁上形成液膜，扩大蒸发面积，同时又通过减压使溶剂的沸点降低，从而达到高效率浓缩目的[50]。其装置如图 2-13 所示。

2. K-D 浓缩法（Kuderna-Danish evaporative concentration）

K-D 浓缩法是利用 K-D 浓缩器直接浓缩到刻度试管中，适合于中等体积（10～50mL）提取液的浓缩。K-D 浓缩器是为浓缩易挥发性溶剂而设计的，其特点是浓缩瓶与施耐德分馏柱连接，下接有刻度的采集管，可有效地减少浓缩过程中分析物的损失，且其样品采集管能在浓缩后直接定容测定，无需转移样品。

K-D 浓缩器可以在常压下进行，也可以在减压下进行（一般丙酮、二氯甲烷等溶剂宜在常压下浓缩，而苯等溶剂可适当减压进行），但真空度不宜太低，否则沸点太低，提取液浓缩过快，容易使样品带出造成损失。装置的结构如图 2-14 所示。K-D 浓缩器广泛应用于各国标准农药残留量分析、化妆品中香气成分的分析。

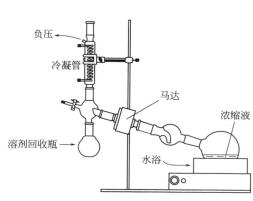

图 2-13　旋转蒸发器结构示意图

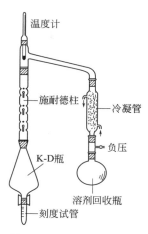

图 2-14　K-D 浓缩器结构

　　K-D 浓缩器的水浴温度不宜过高，一般以不超过 80℃ 为好。为了提高浓缩速度，K-D 瓶也可以用金属套空气浴加热，但温度不能超过沸点。使用时，上样量为浓缩瓶体积的 40%～60%。为减少待测物的损失，应在使用前用 1mL 有机溶剂将柱子预湿。然后，刻度采集管放入水浴中加热，注意不要将水浸过刻度试管接口，而 K-D 浓缩瓶的圆底部分正好处于水浴的蒸气上。加热沸腾后，溶剂蒸出，施耐德柱可防止部分溶剂冲出，同时一部分冷却下来的溶剂又能回流洗净器壁上的农药，使农药随溶剂回到蒸馏瓶中。实验证明，施耐德柱在浓缩过程中可使农药损失降低到最小程度。浓缩后的溶液留在底部的刻度试管中，溶液不必进行转移，K-D 瓶也不需洗涤，定容后进行净化或检测。为防止溶剂暴沸，可在提取液瓶中加入几粒预先用正己烷回流洗净的 20～40 目金刚砂，也可用沸石。在浓缩过程中，提取液要作高度浓缩时（一般指浓缩到 500μL 以下），则用 2 球的小型施耐德柱为好，以保证待测物损失最少。

3. 气流吹蒸法

　　气流吹蒸法是将空气或氮气吹入盛有净化液的容器中，不断降低液体表面蒸气压，使溶剂不断蒸发而达到浓缩目的。此法操作简单，但效率低，主要用于体积较小、溶剂沸点较低的溶液浓缩，但蒸气压较高的组分易损失。对于残留分析，由于多数待测组分不太稳定，所以一般是用氮气作为吹扫气体。如需在热水浴中加热促使溶剂挥发，应控制水浴温度，防止被测物氧化分解或挥发，对于蒸气压高的农药，必须在 50℃ 以下操作，最后残留的溶液只能在室温下缓和氮气流中除去。图 2-15 为常见的氮吹

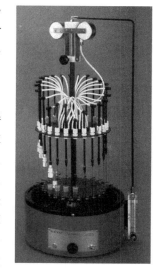

图 2-15　氮吹仪实物图

仪实物图。该装置的使用需要注意以下几点：①不能用于燃点低于 100℃ 的物质；②氮气、氧气纯度高于 99%；③不能用于酸、碱物质的浓缩，酸性用碳酸氢钠溶解中和；④需经常更换水浴池中的水。

4. 真空离心浓缩法

真空离心浓缩是基于离心浓缩技术发展起来的新型浓缩技术。该技术综合利用离心力、加热和外接真空泵提供的真空作用来进行溶剂蒸发，可同时处理多个样品而不会导致交叉污染。冷阱能有效捕捉大部分对真空泵有损害的溶剂蒸气，对高真空油泵提供有效的保护。真空泵使系统处于真空状态，降低溶剂的沸点，加快溶剂的蒸发速率。真空离心浓缩技术广泛应用于 DNA/RNA、核苷、蛋白质、药物、代谢物、酶或类似样品浓缩合成物的溶剂去除，具有浓缩效率高，样品活性留存高的特点。其原理在于降低溶剂的气压提高真空度才能有效降低溶剂的沸点。同时将未浓缩的气体从腔体中吸走，从而减少蒸气流向冷阱时遇到干扰和阻力。通过快速蒸发溶剂，保持样品的低温状态。一个完整的真空离心浓缩系统由真空离心浓缩仪、浓缩仪转子、冷阱、真空泵、冷凝瓶等部分组成。

六、蒸馏

蒸馏是一种广泛使用的分离方法，根据液体混合物中液体和蒸气之间混合组分的分配差别进行分离。蒸馏技术是挥发性和半挥发性有机物样品精制的第一选择。蒸馏技术可用于色谱分析前样品的精制、清洗或混合样品的预分离。

蒸馏的主要目的是从混合液体样品中分离出挥发性和半挥发性的组分。材料在不同温度下的饱和蒸气压变化是蒸馏分离的基础。如果液体混合物中两种组分的蒸气压具有较大差别，就可以富集蒸气相中更多的挥发性和半挥发性组分。两相（液相和蒸气相）可分别被回收，挥发性和半挥发性的组分富集在气相中，而不挥发性组分被富集在液相中。实际样品中，各组分间由于组成、温度和结构不同，使它们的挥发性差别很大。在整体回流条件下，蒸馏烧瓶中某一组分的蒸气相与液相达到平衡，这一组分的富集参数或相对挥发性可通过蒸馏测定。通过宽范围地改变样品的挥发性可应用蒸馏方法制备或精制大量的混合物。

在常规蒸馏中，分离程度既取决于液相混合物中这些组分的物理特性，也取决于所使用蒸馏器的类型和结构、蒸馏方法等。蒸馏的另一个重要实验参数是蒸馏物质产率。蒸馏物质产率也是样品制备的重要参数，在复杂混合物纯化或样品制备时很少使用简单蒸馏，常常需要使用分馏、水蒸气蒸馏、真空蒸馏、抽提蒸馏与液-液萃取或升华等技术或几种技术的联用。

1. 简单蒸馏

简单蒸馏使用低价格的简单装置。当一个液体样品被加热并转变成蒸气时，其中有一部分被冷凝而回到原来的蒸馏烧瓶中，而其余的被冷凝并转入采集容器中，前者叫回流液，后者叫馏出液。由于蒸馏是连续进行的，逸出的和保存在液体中的组成在慢慢地改变。作为一种分离和样品制备技术，简单蒸馏只能分离具有较大沸点差别的化合物，如沸点差别大于50℃的两种化合物。在常压条件下进行简单蒸馏时，获得的分离常常是不完全的。通常不使用蒸馏分离不挥发性和挥发性组分的混合样品，例如从固体中分离出溶剂，而使用旋转蒸发器或类似的装置蒸发出这些样品中的溶剂。

简单常压蒸馏装置主要由带有侧管的蒸馏烧瓶、温度计、冷凝器、采集器和加热装置等组成。安装时，温度计的水银球应插到较侧管稍低的位置，蒸馏烧瓶的侧管与冷凝器连接成卧式，冷凝器的下口与采集器连接。使用蒸馏装置时，根据被蒸馏液体的沸点选择加热装置：液体沸点在80℃以下时，用热水浴加热；液体沸点在100℃以上时，在石棉网上用直火或用油浴加热；液体沸点在200℃以上时，用金属浴加热。蒸馏沸点在150℃以上的液体时，可使用空气冷凝器。为了使蒸馏顺利进行，在液体装入蒸馏烧瓶后和加热之前，必须在蒸馏烧瓶内加入沸石。因为蒸馏烧瓶内表面很光滑，容易发生过热而突然沸腾，致使蒸馏不能顺利进行。当添加新的沸石时，必须等蒸馏烧瓶内的液体冷却到室温以后才可加入，否则有发生急剧沸腾的危险。沸石只能使用一次，当液体冷却后，原来加入的沸石即失去效果，所以继续蒸馏时，需加入新的沸石。在常压蒸馏中，具有多孔、不易碎、与蒸馏物质不发生化学反应的物质，均可代替沸石。常用的沸石是粒径1~2mm的素烧陶土。

蒸馏装置安装完毕就可以开始加热了。当蒸馏烧瓶中的物质开始沸腾时，温度急剧上升。当温度上升到被蒸馏物质沸点上下1℃时，用一新的采集器换下装置中的采集器，并将加热器的强度调节到每秒钟流出一滴的程度。此时，加热浴的温度应当保持在比蒸馏烧瓶中物质的沸点高20℃左右。蒸馏沸点较高的物质时，当蒸气未达到侧管之前即被外界冷却而回流，致使无法蒸馏出来。此时可使用微小火焰均匀加热侧管的下面，但要避免加热过度，致使温度计不能表示正确的沸点，也可对蒸馏烧瓶不加热部分进行适当的保温。当温度上升并超过沸点1~2℃范围时，迅速更换采集器以便采集后馏分。在蒸馏操作中，应当注意以下几点：

① 控制加热温度。如果采用加热浴，加热浴的温度应当比蒸馏液体的沸点高出若干度，否则难以将被蒸馏物蒸馏出来。加热浴温度比蒸馏液体沸点高出得越多，蒸馏速度越快。但是，加热浴的温度也不能过高，否则会导致蒸馏烧瓶和冷凝器上部的蒸气压超过大气压，有可能产生事故，特别是在蒸馏低沸点物质时尤其要注意。一般地，加热浴的温度不能比蒸馏物质的沸点高出30℃以上。

② 蒸馏高沸点物质时，由于易被冷凝，往往蒸气未到达蒸馏烧瓶的侧管处即已经被冷凝而滴回蒸馏烧瓶中。因此，应选用短颈蒸馏烧瓶或采取保温措施，保证蒸馏顺利进行。

③ 蒸馏之前，必须了解被蒸馏物质的物理性质，蒸馏烧瓶应当采用圆底烧瓶。

2. 分馏

在分馏过程中，被蒸馏的混合液体在蒸馏烧瓶中沸腾后，蒸气从圆底烧瓶蒸发进入分馏柱，在分馏柱中部分冷凝成液体。此液体中由于低沸点成分的含量较多，因此其沸点也比蒸馏烧瓶中的液体温度低。当蒸馏烧瓶中的另一部分蒸气上升至分馏柱中时，便和这些已冷凝的液体进行热交换，使它重新沸腾，而上升的蒸气本身则部分地被冷凝，因此，又产生了一次新的液体-蒸气平衡，结果蒸气中的低沸点成分又有所增加。这一新的蒸气在分馏柱内上升时，又被冷凝成液体，然后再与另一部分上升的蒸气进行热交换而沸腾。由于上升的蒸气不断地在分馏柱内冷凝和蒸发，而每一次的冷凝和蒸发都使蒸气中低沸点的成分含量不断提高。因此，蒸气在分馏柱内的上升过程，类似于经过反复多次的简单蒸馏，使蒸气中低沸点的成分含量逐步提高。由此可见，在分馏过程中分馏柱是关键的装置，如果分馏柱选择适当，就可以使分馏柱顶部出来的蒸气经冷凝后所得到的液体是纯的低沸点成分或主要是低沸点成分的馏出物。多级回流可进行混合物中挥发性大的组分分级，分馏柱顶部的蒸气被冷凝并且其中的某些作为产物被排出。调节回流液体和蒸气的流速，在平衡时分馏柱内的每一处，挥发性大的组分便从液体转化成蒸气通过，而挥发性小的组分向相反的方向运动。挥发性大的组分流动到柱子上部到达冷凝管被冷凝并渐渐地被富集，而挥发性小的组分向分馏柱下方流动进入蒸馏烧瓶，液体中挥发性小的组分的浓度也越来越高。

为了提高分馏的效率，已经设计了维格罗（Vigreux）、单环、线网隔层、螺旋形等结构的分馏柱，由此增加回流液体与蒸气间的接触。例如，维格罗分馏柱可提高最小返回压力下的气液接触。填充蒸馏柱具有较大的表面积并且提高了气液接触。在填充蒸馏柱中，蒸馏头是一个开管，内部填充玻璃珠、Helices 或其他特定形状的材料（如环、具孔的金属丝等）。依靠填充床的长度和填充材料的尺寸，足以分离中等程度的复杂样品。分馏柱中的填料是为了增大表面积，虽然填料装得越紧密，达到的效率会越高，但是，分馏柱中的压力也越来越大，结果馏出率也越低。因此，压力降和效率间需要调节到最佳状况。在进行分馏操作时，主要根据被蒸馏的液体混合物中组分的沸点差别及其沸点的高低范围选择分馏柱。如果液体化合物中两组分的沸点差在 100℃ 以上，可以不使用分馏柱；如果沸点差在 25℃ 左右，可选择普通的分馏柱；如果沸点差在 10℃ 左右，需要使用精细的分馏柱，例如维格罗分馏柱等。分馏过程使用的加热源必须稳定，以保证加热温度稳定。只有严格控制和恒定地加热，才能保持所需要的回流比。如果加热过快，会产生液泛现象，分馏效率也差；如果加热太慢，分馏柱只能起到回流冷凝的作用，根本蒸馏不出来任何物质。此外，在分馏时，回流物和馏出物需要一个适当的比例，即回流比要适当，其值大体上与分馏柱的理论塔板数相当，才能使分馏过程正常进行，以利于将不同沸点的液体尽可能分馏完全。

具有高效率的分馏装置是比较复杂的，它的一个重要作用是可以分馏液体中沸点差别只有 0～5℃的组分。它既可分离大体积样品，也可分离小体积样品。其中旋转带分馏可以获得较好的分馏和分离。在旋转带分馏中，蒸馏柱中固定着紧密装填的旋转带。旋转带与高速电机相连且以 3000r/min 在开管柱中运动，对上升蒸气的旋转螺旋作用使其和下降的冷凝液更好地接触，可获得相当好的分馏。通常旋转带旋转越快，理论塔板数越高。构成旋转带的材料可承受沸腾样品的温度。常用的旋转带材料是聚四氟乙烯，但需要注意的是，在高于 225℃以上时聚四氟乙烯会软化。在这种情况下，应当选择锰镍合金材料的旋转带用于较高温度样品的蒸馏。在旋转带分馏中，使用低压下降的方式可改进样品的蒸馏效率。这种装置的特点是具有非常低的堵塞体积。通常，蒸馏后遗留在柱中的样品量是 0.5mL 或更少。对于贵重样品或样品量很少的情况，这一点特别重要。

3. 减压蒸馏

液体的沸点是指它的蒸气压等于外界大气压时的温度，所以液体沸腾的温度是随外界压力降低而降低的。因此，如果使用真空泵连接盛有液体的容器，使液体表面上的压力降低，即可降低液体的沸点。这种在较低压力下进行蒸馏的操作称为减压蒸馏。高沸点和热敏感的化合物不能在常压下被蒸馏，因为将蒸馏装置加热到很高温度是困难的，且这些化合物可能是热不稳定的，其蒸馏必须使用 0.13～26.7kPa 条件下的减压蒸馏或分馏。

减压蒸馏系统由克氏（Claisen）蒸馏烧瓶、冷凝管、采集器、抽气（减压）装置、接口、安全保护和压力计等部分组成。安装减压蒸馏装置时，应当注意装置是否密封，瓶塞必须选用品质良好的、比烧瓶口径稍大的塞子。瓶塞的材料选择应根据液体样品蒸气的性质来决定。如果蒸气对橡皮塞不会造成侵蚀，使用橡皮塞容易保持密封。使用品质良好的磨砂器具时，也易于保持密封。装置安装完毕后，在开始蒸馏之前，必须对减压蒸馏装置进行密封性检查。检查方法是通过系统压力测量值的变化确认装置的密封性，如果压力值没有变化，说明装置不漏气，然后才能进行减压蒸馏操作。

在减压蒸馏时，可在蒸馏烧瓶内插入毛细管，以防止暴沸现象的发生。毛细管的上端是密封的，下端是开口的。检查并确定蒸馏装置密闭不漏气后，将蒸馏物质加入蒸馏烧瓶中，加入量为蒸馏烧瓶容量的一半，然后将体系抽成减压状态，并开始加热。蒸馏烧瓶浸入加热浴的深度，务必使瓶内被蒸馏物质的液面低于加热浴的液面。特别是在蒸馏高沸点物质时，蒸馏烧瓶应浸深些。减压蒸馏时，由于存在低沸点溶剂而产生泡沫，需在开始蒸馏时在低真空度条件下将这些低沸点溶剂蒸馏除去，然后再徐徐提高真空度。真空度的高低取决于装置内液体样品的蒸气压。馏出之前的冷却效果必须良好，否则难以提高系统的真空度。当蒸馏成分在希望的沸点被蒸馏完毕时，或蒸馏过程需要中断时，应当停止加热，移开加热浴，冷却后缓缓解除系统真空，让空气进入装置内以恢复常压后关闭真空泵。

根据蒸出液体的沸点不同，选择合适的加热浴和冷凝管。如果蒸馏的液体量不多而且沸点较高，或是低沸点的固体，也可不用冷凝管，将克氏蒸馏烧瓶的支管直接插入采集器中。蒸馏沸点较高的物质时，最好用保温绳或保温布包裹蒸馏烧瓶的两颈，以减少散热。控制加热浴的温度比液体的沸点高 20～30℃。抽气减压装置通常用水泵或油泵。水泵是由玻璃或金属材料制成，它的效能与其构造、水压及水温有关。水泵能够达到的最低压力为当时温度下的水蒸气压。

分子蒸馏是一种改进的真空蒸馏，主要用于难挥发性样品。分子蒸馏在低于 1Pa 真空压力下，冷凝表面与正在汽化的液体非常接近（只有几厘米）。冷凝表面常常是冷的指状的结构，且使用冷却剂充填，如干冰、丙酮、液氮。在分子蒸馏中使用的低真空，高分子量分子的平均自由程变得非常大。这样蒸馏的分子被捕集（冷冻）在冷却的指状结构材料表面，不会返回到沸腾的蒸馏烧瓶中，获得满意的蒸馏效率。因为分子蒸馏过程类似于简单蒸馏，所以也不能分离分子量相近的化合物。

真空升华是另一种专用的减压蒸馏技术，可用于热不稳定的固体样品。在此方法中，样品开始时为固态并在固态下采集，没有直接转化为液相的过程。有时，采用惰性气体吹扫有助于升华过程。冷冻干燥过程，其中水通过真空从冷冻固态样品中被除去，这也是一种升华过程，在样品容器中产物被保留，而通过蒸发将水除去。

4. 水蒸气蒸馏

水蒸气蒸馏是分离和纯化样品中有机物的常用方法，特别是在样品中存在大量的树脂状杂质时。被处理的样品组成应具备以下条件：不溶或几乎不溶于水、在沸腾期间与水长时间共存不会发生化学变化、在 100℃ 左右条件下必须具有大于 13kPa 的蒸气压。

水蒸气蒸馏亦是一种热不稳定样品的制备和纯化的技术。它也可用于热传递不良的液体样品，这类样品局部过热会直接引起样品分解。水蒸气蒸馏是通过使水蒸气连续地流过容器中的样品混合物来进行蒸馏的，有时也可直接加水到装有样品的烧瓶中进行同样目的的操作。水蒸气携带着挥发性大的组分馏出，在蒸气混合物中挥发性组分的浓缩与它们在蒸气混合物中的蒸气压相关。水蒸气蒸馏过程中被蒸馏的材料根本不会加热到比蒸气温度还高的温度。在过程结束时，蒸气和挥发性组分被冷凝。通常它们是不混溶的，且可形成两相而被分离。分离过程中使用其他样品制备技术，如液-液萃取，以完全分离水层和有机层。

蒸馏部分通常使用 500mL 以上的长颈圆底烧瓶。为了防止瓶中液体因跳溅而冲入冷凝管内，故将烧瓶的位置向发生器的方向倾斜 45°，瓶内液体样品不宜超过其容积的 1/3。水蒸气导入管的末端应弯曲，使它垂直地正对瓶底中央并且伸到接近瓶底。蒸气导出管（弯角约 30°）内径最好比水蒸气导入管大一些，一端插入双孔木塞，露出约 5mm，另一端与冷凝管连接。馏出液通过接液管进入接受器。接受器外围可用冷水浴冷却。在水蒸气发生器与长颈圆底烧瓶之间装上一个 T 形管，在 T 形管下端连一个弹簧夹，以便及时除去冷凝下来的堵塞水滴。

5. 实验室蒸馏的自动化

实验室蒸馏的基本模式较为常用，生产厂家已经对玻璃器皿结构和接口边缘、柱子尺寸、加热罩和沸腾滴定容器、冷凝器设计、结构材料等做了精细的改善。现在，整个蒸馏单元使用聚四氟乙烯制成的液体可湿润的结构，用户可蒸馏高腐蚀性液体样品，如酸等样品，而无需担心溢出污染或损害容器。

近年来，实验室蒸馏方面的工作主要是改善实验自动化蒸馏仪的性能和重复性。微处理机控制流路、自动化分馏采集器、用于蒸馏的真空表等使得自动化成为可能。与其他分离装置一样，这种带有自动化性能的装置比简单蒸馏仪的价格高得多。微处理器制成的蒸馏系统控制器，使分析人员能够控制加热速度、蒸馏容器和蒸馏头的温度、系统中的冷凝器和回流阀门等。在旋转带蒸馏瓶中，微处理器可控制旋转带的电机速度、多种样品的采集和继续蒸馏（可自动控制并选择每一个样品），进行程序编辑并管理蒸馏条件和运行情况。当蒸馏故障发生时，其中的安全装置可进行声音报警且自动关闭蒸馏系统。自动馏分采集器通过温度或估计体积采集各种馏分，某些自动馏分采集器可在常压或减压条件下采集多种馏分。例如，一种配备自动旋转带的蒸馏系统，其馏分采集器可自动采集 8 种馏分。数字真空控制系统可使操作人员控制减压蒸馏中各个单元。当使用自动真空控制时，操作人员设定好压力值，此系统可自动地调节真空水平直至达到设定值。

近年来的另一个改进是微蒸馏装置的发展，用于简单蒸馏和旋转带蒸馏（常压或减压均可）。微蒸馏可蒸馏毫升量级的样品，这在处理量少样品和昂贵样品时特别有意义。微蒸馏器通过程序控制某些物质的蒸馏，可完成 6 个加热和冷却位置。使用顶空瓶蒸馏样品，顶空瓶的最大体积为 20mL，只能进行较小样品的蒸馏。硼硅酸盐玻璃料被放进每一个样品瓶以防止蒸馏过程中的突沸。系统使用恒温的 10mL 采集瓶。样品蒸馏瓶和采集瓶使用弹性石英管连接。将水或低沸点溶剂加进样品瓶中，以便将组分分离并带入采集管，此单元可完成水蒸气蒸馏。微旋转带蒸馏系统可制备、纯化和分离微量的样品。此系统最大理论塔板数达到 30，可分馏复杂样品。除了旋转带配制的低压下降方式之外，此系统也提供一个分馏柱，其容积达 $100\mu L$。这个绝热蒸馏柱具有 7mm 的孔径和 20cm 的长度。瓶体积有 10mL、15mL、25mL 等，用于宽范围的样品体积。系统使用 1 个 1mL 的旋转聚四氟乙烯烧瓶用于馏分采集。此系统也可进行减压操作。

参考文献

[1]　王立, 汪正范. 色谱分析样品前处理(第二版). 北京: 化学工业出版社, 2006.

[2]　Vrana B, Allan I J, Greenwood R et al. TrAC Trends Anal Chem, 2005, 24(10): 845.

[3]   GBZ/T 160. 52—2006.

[4]   Seethapathy S, Gorecki T, Li X. J Chromatogr A, 2008, 1184(1-2): 234.

[5]   Kot-Wasik A, Zabiegała B, Urbanowicz M, et al. Anal Chim Acta, 2007, 602(2): 141.

[6]   Zhang Z M, Cai J J, Ruan G H, et al. J Chromatogr B, 2015, 822(1): 244.

[7]   QX/T 214—2013.

[8]   Andrade-Eiroa A, Canle M, Leroy-Cancellieri V, et al. TrAC Trends Anal Chem, 2016, 80: 641.

[9]   Mustafa A, Turner C. Anal Chim Acta, 2011, 703(1): 8.

[10]   Zougagh M, Valcárcel M, Rıos A. TrAC Trends Anal Chem, 2004, 23(5): 399.

[11]   Lawrence J F, Frei R W. Chemical Derivatization in Analytica Chemistry. NewYork: Elsevier, 2000.

[12]   Bernardo P, Drioli E, Golemme G. Ind Eng Chem Res, 2009, 48(10): 4638.

[13]   Koziel J, Jia M, Pawliszyn J. Anal Chem, 2000, 72(21): 5178.

[14]   Dettmer K, Engewald W. Anal Bioanal Chem, 2002, 373(6): 490.

[15]   Augusto F, Koziel J, Pawliszyn J. Anal Chem, 2001, 73(3): 481.

[16]   Lin X, Hong Y, Zhang C, et al. Chem Commun, 2015, 51(9): 16996.

[17]   Zhang S L, Du Z, Li G K. Talanta, 2013, 115: 32.

[18]   Zhang Z M, Huang Y C, Ding W W, et al. Anal Chem, 2014, 86: 3533.

[19]   Hu Y L, Lian H X, Zhou L J, et al. Anal Chem, 2015, 87: 406.

[20]   Hu Y L, Huang Z L, Liao J, et al. Anal Chem, 2013, 85: 6885.

[21]   McKeown N B, Budd P M, Msayib K J, et al. Chem Eur J, 2005, 11(9): 2610.

[22]   Wood C D, Tan B, Trewin A, et al. Chem Mater, 2007, 19(8): 2034.

[23]   Cote A P, Benin A I, Ockwig N W, et al. Science, 2005, 310(5751): 1166.

[24]   Ge K, Peng Y, Lu Z C, et al. J Chromatogr A, 2020, 1615: 460741

[25]   Hewitt C N. Environ Technol, 1991, 12(11): 1055.

[26]   刘剑, 姬厚伟, 韩伟, 等. 烟草科技, 2014(4): 74.

[27]   Elmenhorst H. Contributions to Tobacco Research, 1965, 3(2): 101.

[28]   Hyötyläinen T. Anal Bioanal Chem, 2009, 394(3): 743.

[29]   Anthemidis A N, Ioannou K I G. Talanta, 2009, 80(2): 413.

[30]   De Castro M L, Priego-Capote F. J Chromatogr A, 2010, 1217(16): 2383.

[31]   Mangold H K, Bandi Z L, Sep Sci Technol, 1969, 4(1): 83. .

[32]   Majekodunmi S O. Am J Biomed Eng, 2015, 5(2): 67.

[33]   Laurent T C, Killander J. J Chromatogr A, 1964, 14: 317.

[34]   丁启圣, 王唯一. 新型实用过滤技术(第四版). 北京: 冶金工业出版社, 2017.

[35]   李攻科, 胡玉玲, 阮贵华, 等. 样品前处理仪器与装置. 北京: 化学工业出版社, 2007.

[36]   Zeman L J, Zydney A. Microfiltration and Ultrafiltration: Principles and Applications. NewYork: CRC Press, 2017.

[37]   Greenlee L F, Lawler D F, Freeman B D, et al. Water Res, 2009, 43(9): 2317.

[38]   Schaefer A, Fane A G, Waite T D. Nanofiltration: Principles and Applications. NewYork: Elsevier, 2005.

[39]   Pico, Y. TrAC Trends Anal Chem, 2013, 43: 84.

[40]   Vilkhu K, Mawson R, Simons L, et al. Innov Food Sci Emerg, 2008, 9(2): 161.

[41]   Chemat F, Rombaut N, Sicaire A G, et al. Ultrason Sonochem, 2017, 34: 540.

[42]   Rostagno M A, Palma M, Barroso C G. J Chromatogr A, 2003, 1012(2): 119.

[43]   Khan M K, Abert-Vian M, Fabiano-Tixier A S, et al. Food Chem, 2010, 119(2): 851.

[44]   Ying Z, Han X, Li J. Food Chem, 2011, 127(3): 1273.

[45]   Lianfu Z, Zelong L. Ultrason Sonochem, 2008, 15(5): 731.

[46]　Zhang Q A, Zhang Z Q, Yue X F, et al. Food Chem, 2009, 116(2): 513.

[47]　Andruch V, Burdel M, Kocurova L, et al. TrAC Trends Anal Chem, 2013, 49: 1.

[48]　Liu B, Yan H, Qiao F, et al. J Chromatogr B, 2011, 879(1): 90.

[49]　Christensen A, Östman C, Westerholm R. Anal Bioanal Chem, 2005, 381(6): 1206.

[50]　Genser H G. US 4738295. 1988.

CHAPTER 3

相分配样品制备技术

　　液体样品的制备可使用溶剂将目标物溶解出来，目标物在萃取溶剂和样品溶液间根据分配系数的不同进行液-液分配，属于液-液两相间的传质过程，即物质从一种液相转入另一种液相的过程。最常用的液-液萃取技术就是利用互不相溶的两相溶剂将目标物进行转移、分离和浓缩，通常一种为水相，另一种是与水不互溶的有机相。为了减少有机相溶剂的使用，增加生物相容性，可采用双水相萃取技术。液相微萃取技术包括单滴液相微萃取、中空纤维液相微萃取和分散液相微萃取，是将液-液萃取技术微型化，从而极大减少有机溶剂使用的绿色样品前处理技术，近年来发展迅速。

第一节　液-液萃取

　　液-液萃取是最常用的萃取技术之一，其历史可追溯到 1842 年，最早采用乙醚从硝酸溶液中萃取硝酸铀酰。因其在分离、定量上有许多优点，至今仍然被广泛应用于样品前处理中。液-液萃取常包括互不相溶的两相溶剂，在大部分情况下，一种溶剂是水，另一种是有机溶剂。近年来发展的双水相萃取技术采用高分子聚合物水溶液作为萃取相，使液-液萃取具备了生物兼容性和环境友好性。

　　液-液萃取是利用物质在两种互不相溶（或微溶）的溶剂中溶解度或分配系数的不同，使物质从一种溶剂转移到另外一种溶剂的过程。经过反复多次萃取，将绝大部分的化合物提取出来，其过程由萃取、洗涤和反萃取组成。一般用有机相提取水相中溶质的过程称为萃取（Extraction），用水相去除负载有机相中其他溶质或包含物的过程称为洗涤（Scrubbing），水相解吸有机相中溶质的过程称为反萃取（Stripping）。

液-液萃取方法理论的主要依据是分配定律，物质对不同溶剂有不同的溶解度。同时，在两种互不相溶的溶剂中，加入某种可溶性物质时，它能分别溶解于两种溶剂中。实验证明，在一定温度下，当该化合物与这两种溶剂不发生分解、电解、缔合和溶剂化等作用时，该化合物在两相液层中的浓度之比是一个定值，用公式（3-1）表示。

$$K_D = \frac{c_A}{c_B} \tag{3-1}$$

式中，c_A、c_B 分别表示一种物质在两种互不相溶的溶剂中的浓度；K_D 是一个常数，称为分配系数，分配系数越大，水相中的有机物可被有机溶剂萃取的效率越高。许多情况下，为了提高萃取回收率，需要进行多次萃取，每次采用新鲜的萃取溶剂。

一、常规液-液萃取

常规的液-液萃取方法使用分液漏斗，需要 10～1000mL 的液体相。对于一步萃取，为了获得较大的回收率（在某一相中达 90% 以上），分配系数 K_D 必须大于 10，因此相比（V_o/V_{aq}）必须保持在 0.1～10 之间。在大部分使用分液漏斗的液-液萃取方法中，定量回收需要两次或更多次的萃取，如式（3-2）所示：

$$E = 1 - \left(\frac{1}{1+K_D\beta}\right)^n \tag{3-2}$$

式中，E 是回收率；β 是两相体积比；n 是萃取次数。

如果某一种物质的分配系数 $K_D = 5$，两相的体积相等时（$\beta=1$），必须进行 3 次萃取（$n=3$）才能获得大于 99% 的回收率，每一次萃取都使用新鲜的溶剂。一般来说，多次萃取比一次萃取具有更高的萃取效率。

在色谱分析前处理中使用较多的是用与水不相溶的有机溶剂从水相中萃取有机物。操作时应当选择容积较液体样品体积大 1 倍以上的分液漏斗，将分液漏斗的活塞擦干，薄薄地涂上一层润滑脂，塞好后再将活塞旋转数圈，使润滑脂均匀分布，然后放在漏斗架上。关好活塞，将含有有机物的水样品溶液和萃取溶剂依次自上口倒入分液漏斗中，塞好塞子。一般情况下，溶剂体积约为样品溶液的 30%～35%。为了增加两相间的接触并提高萃取效率，应取下分液漏斗进行振荡。开始时摇晃要慢，每摇晃几次之后就要将漏斗下口向上倾斜（朝向无人处），打开活塞，使分液漏斗中过量的蒸气逸出（也称放气），然后将活塞关闭再进行振荡。如此重复数次直至放气时只有很小的压力，再剧烈地摇晃 3～5min 后，将分液漏斗放回漏斗架上静置。待漏斗中两层液相完全分开后，打开上面的瓶塞，再将活塞慢慢地旋开，将下层液体自活塞放出。分液时一定要尽可能分离干净，有时在两相间可能出现的一些絮状物也应同时放出。然后将上层液体从分液漏斗的上口倒出，切不可也从活塞放出，以免被残留在漏斗颈上的下层液体所玷污。将水相倒回分液漏斗中，再用新鲜的溶剂萃取。萃取次数取决于在两相中的分配系数，一般为 3～5 次。将所有的萃取液合并，加入合适的干燥剂干燥后即可用于色谱测定。如果浓缩倍数不够，可将萃取液进行蒸发浓缩。

随着液-液萃取技术的发展，其操作简单、萃取能力大且易于实现工业化等优势，不断促进了其在各个领域的拓展应用。手性液-液萃取拆分法是基于传统液-液萃取技术，往液-液两相其中一相或两相中加入具有立体选择性的手性试剂，完成手性识别的过程，从而实现对映异构体的分离。Ren 等[1]采用液-液萃取法，对布洛芬进行手性萃取，萃取剂选用 L-酒石酸酯，并考察了 L-酒石酸酯的种类、萃取剂浓度、有机相种类、水相 pH 值等因素对分离萃取效率的影响，布洛芬的对映体选择性系数最大可达 1.2。陈冬璇[2]研究了氧氟沙星的双向手性识别萃取拆分，水相添加 1-乙基-3-甲基咪唑-L-酒石酸，正癸醇有机相里添加 L-二苯甲酰酒石酸，结果显示其对氧氟沙星对映体选择系数可达 3.6。手性液-液萃取拆分技术的发展促进了液-液萃取技术在医药领域的应用。

二、连续液-液萃取

在液-液萃取中，萃取次数过多，一方面需要消耗大量有机溶剂，另一方面萃取合并液的总体积过大，实验步骤增多。连续液-液萃取技术在一定程度上解决了上述问题。图 3-1 为连续液-液萃取装置的结构。采用比水重的有机溶剂萃取，萃取溶剂不断被加热蒸馏，在冷凝管中冷凝，经过待萃取的水相，富集水相中待萃取物后回流至烧瓶中。除此之外，图中所示的装置也可使用比水轻的有机溶剂进行连续萃取，可撤去溶剂返回管，由两个塞子堵住接口，并将一端有玻璃筛板的漏斗管放进萃取器中，在萃取器中放入样品和溶剂。冷凝的溶剂掉入漏斗并由于冷凝液的静压高差通过玻璃筛板。较轻的溶剂通过液体上升并且由于在萃取管中溢出而返回到烧瓶中。萃取过程中有机溶剂可反复利用，多次萃取，提高富集因子。与经典液-液萃取相比，连续液-液萃取具有无需人工操作、溶剂用量少、效率高等优点，但在蒸馏过程中高挥发性化合物可能损失，热不稳定化合物也可能降解[3]。

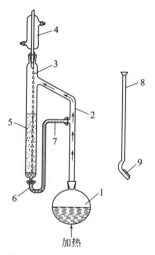

图 3-1 连续液-液萃取装置
结构示意图[3]

1—萃取溶剂收集器；
2—气态溶剂；3—萃取溶剂；
4—冷凝器；5—萃取液；
6—溶剂返回管；7—萃取
溶剂返回到采集器；
8—漏斗管；9—玻璃筛板

三、双水相液-液萃取

经典液-液萃取采用水相和互不相溶的有机相，但有机相易使蛋白质等生物活性物质变性。双水相液-液萃取技术是指把两种聚合物或一种聚合物与一种盐的水溶液混合在一起，由于聚合物与聚合物之间或聚合物与盐之间的不相溶性形成两相。双水相体系萃取技术是一种高效而温和的生物分离新技术。由于在两相中水都占有较大的比例（70%～95%），活性蛋白质或细胞不易失活。另外，双水相萃取分离过程条件温和、可调节因素多、易于放大和操作、环境友好，特别适用于生物物质的分离[4]。

　　双水相液-液萃取的原理是：将两种不同的水溶性聚合物溶液或高聚物与无机盐混合，据热力学第二定律可知，混合是熵增过程，因而可自发进行。但另一方面，分子间存在相互作用力，并且这种分子间相互作用力随分子量的增大而增大，因此当两种高分子聚合物之间存在相互排斥作用时，由于分子量较大，分子间的相互排斥作用大于混合过程的熵增而占主导地位。一种聚合物分子的周围将聚集同种分子而排斥异种分子，当达到平衡时，即形成分别富含不同聚合物的两相。双水相液-液萃取与一般的水-有机物萃取的原理相似，均是依据物质在两相间的选择性分配。当萃取体系的性质不同，物质进入双水相体系后，由于分子间的范德华力、疏水作用、分子间的氢键、分子与分子之间电荷的作用，目标物质在两相中的浓度不同，从而达到分离的目的。两相间的性质差别越大，溶质在两相的分配系数越大[4]。

　　可形成双水相的体系很多，如聚乙二醇/葡聚糖、聚丙二醇/聚乙二醇、甲基纤维素/葡聚糖等双聚合物体系。Salgado 等[5]曾用聚乙二醇/葡聚糖双聚合物体系有效分离、富集和提取蛋白质。双聚合物体系虽然不会改变生物物质的活性，有时甚至还会起到稳定保护的效果，但是却存在成本高、黏度大等缺点，限制了其发展和应用。除此之外，聚合物与无机盐的混合溶液也可以形成双水相，例如，聚乙二醇/磷酸钾、聚乙二醇/磷酸铵、聚乙二醇/硫酸钠等常用于双水相液-液萃取。Muendges 等[6]就曾利用聚乙二醇/磷酸盐体系实现从仓鼠卵巢细胞中提取单克隆抗体免疫球蛋白 G1。聚合物和无机盐体系虽然成本相对较低，体系黏度也小，但是该体系不适用于高盐浓度下易失活的生物活性物质的分离提取，因此在实际应用中会受到诸多限制。生物分子的分配系数取决于溶质与双水相系统间的各种相互作用，其中主要有静电作用、疏水作用和生物亲和作用。新型廉价双水相萃取体系的开发、萃取过程的乳化现象等是双水相液-液萃取亟待解决的问题。新的研究进展包括离子液体双水相萃取体系、双水相萃取与膜分离相结合以及与细胞破碎过程相结合等。离子液体双水相萃取体系最早由 Rogers 小组[7]提出，其与传统的双水相体系优势互补，缩短了分相所需的时间，降低了体系乳化的概率，提高了产物的分离效率，在分析化学、生物工程等行业都有广阔的应用前景。离子液体双水相萃取体系还成功用于环境和食品中乙酰螺旋霉素[8]、氯霉素[9]、磺胺类抗生素[10]、四环素[11]等抗生素残留成分的分离分析中。

第二节　液相微萃取

为了改进液-液萃取法消耗有机溶剂多、环境污染严重的缺点，一个行之有效的方法是减小接受相与料液的体积比。顺应样品前处理技术发展趋势的要求，液相微萃取（Liquid -phase microexaction，LPME）作为一种新的样品前处理技术由此诞生。该技术集萃取、净化、浓缩、预分离于一体，具有萃取效率高、消耗有机溶剂少、快速灵敏等优点，是一种环境友好的萃取方法[3]。

1996 年 Jeannot 和 Cantwell[12] 首次提出液相微萃取方法，用顶端中空的 Teflon 探头或微量进样器针头悬挂 1～2μL 有机溶剂液滴，萃取样品中的分析物。由于有机液滴能够直接进样到气相色谱系统，因此该技术被成功地应用于生物体液中低浓度药物和环境水样中微量持久性有机污染物的分析检测。但是 LPME 在与高效液相色谱（HPLC）和毛细管电泳（CE）联用时存在有机液滴和流动相兼容性的问题，使它的应用受到了限制。基于三相液相微萃取的原理，Ma 和 Cantwell[13] 提出了液-液-液微萃取技术，解决了兼容性问题，实现了液相微萃取与 HPLC 的联用。随后，Pedersen-Bjergaard 和 Rasmussen[14] 提出了基于多孔渗水性中空纤维的液-液-液微萃取（Hollow fiber-based liquid-phase microextraction，HF-LPME）技术。与此同时，动态液相微萃取也有了很大的发展，1997 年 He 和 Lee[15] 介绍了动态的两相液相微萃取，与静态液相微萃取相比，动态萃取效率高、时间短，但是全过程无法自动化只能手动操作，重现性不好。于是在 2002 年，Hou 和 Lee[16] 采用微量注射泵，实现了动态萃取的自动化，解决了重现性不好的问题，使该技术很快地发展起来。后来 Lee 小组[17-19] 进一步提出了动态液-液-液微萃取技术和顶空动态液相微萃取技术，使动态液相微萃取技术日趋完善。

一、液相微萃取模式

1. 静态液相微萃取技术

静态液相微萃取技术包括直接液相微萃取、液-液-液微萃取、顶空液相微萃取和载体转运模式液相微萃取，以下分别介绍这 4 种技术。

（1）直接液相微萃取技术

1996 年 Cantwell 和 Jeannot[12] 介绍了用顶端中空的 Teflon 探头装置来萃取目标物的直接液相微萃取（Direct liquid phase microextraction，Direct-LPME）技术。小滴有机溶剂在 Teflon 棒顶端，将 Teflon 棒放入料液中，搅拌料液，取出探头，从 Teflon 顶端抽取有机溶剂进样分析［见图 3-2(a)］，在该方法中，萃取和进样需用两种不同装置进行。1997 年 Lee 小组[15] 和 Cantwell 小组[20] 提出更为简单的方法，即悬滴萃取（Single drop microextraction，SDME）。它是将有机液滴悬挂在气相色谱（GC）微量进样器针头上对分析物进行萃取［见图 3-2（b）］。在此装置中，微量进样器既用作 GC 进样器又用作微量萃取器，这种方法一般比较适合于萃取较为洁净的液体样品。

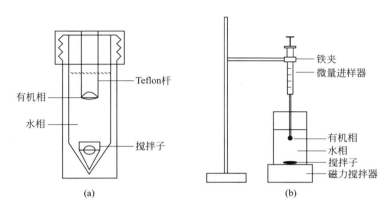

图 3-2　直接液相微萃取装置示意图[12]

　　由于悬在微量进样器针头上的有机液滴在搅拌时容易脱落，1999 年 Pedersen-Bjergaard 等[14]提出了一种以中空纤维为载体的液相微萃取技术（HF-LPME），即以多孔的中空纤维为微萃取溶剂（受体溶液）的载体，它集采样、萃取和浓缩于一体，装置简单，易与 GC、HPLC、CE 等技术联用（如图 3-3）。

　　HF-LPME 技术有如下优点：（a）纤维的多孔性增加了溶剂与料液的接触表面积，提高了萃取效率。（b）由于萃取是在多孔中空纤维腔中进行，并不与样品溶液直接接触，避免了悬滴萃取中接受相容易损失的缺点，而且由于大分子、杂质等不能进入纤维孔，因此还具有固相微萃取、悬滴萃取不具备的样品净化功能，适用于复杂基质样品的直接分析。（c）纤维是一次性使用的，避免了固相微萃取中可能存在的交叉污染问题。（d）HF-LPME 可在多种模式下操作，适用底物范围广。（e）HP-LPME 所需要的有机溶剂很少（几至几十微升），是一种环境友好的样品前处理新技术，在痕量分析领域有广泛的应用前景[3]。

　　HF-LPME 的实验步骤为：先将多孔纤维浸入有机溶剂中，使纤维孔饱和，形成有机溶剂膜，再将适量有机溶剂注入一定长度的多孔中空纤维空腔中，然后将萃取纤维放入样品溶液（一般为 1～4mL），充分搅拌后，样品中的分析物经纤维孔中有机溶剂膜进入纤维腔内的接受相中，分析物在两相中进行分配。HF-LPME 有两种形式，一种形式是将中空纤维两端开口，接受相由进样针从一端注入，萃取一段时间后，从另一端回收并进样分析［见图 3-3（a）］；另一种形式是将中空纤维一端开口，另一端火封后，固定在进样针头或样品瓶中央，接受相经进样针注入纤维腔中，萃取后再回收到进样针内进行进样分析［见图 3-3（b）］。这两种中空纤维形式在两相 LPME 和三相 LPME 中均有报道[21]。

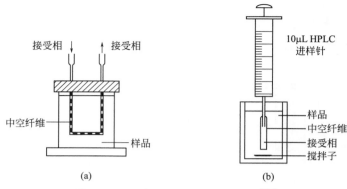

图 3-3　基于中空纤维的液相微萃取[21]

严秀平等[21]设计了一种管内液相微萃取装置，将聚四氟乙烯（PTFE）管内塞满卷曲的 PTFE 纤维，形成网状结构；将塞有纤维的萃取管在有机相中浸没几秒钟，然后放入样品溶液中萃取一段时间，用微量进样器从管内吸取适量的接受相并采用 GC-FID 分析（图 3-4）。

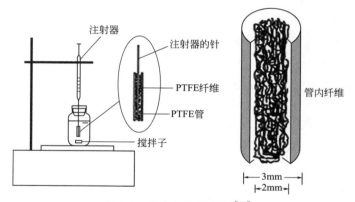

图 3-4　管内 LPME 装置[21]

Müller[22]将纤维的一端连接于 GC 自动进样系统的漏斗状不锈钢导入器上，用于微量进样器注入或回收接受相；纤维的另一端连接在导入器上的一个凹槽内，与空气相通，消除了接受相中形成气泡的可能。萃取完成后整个装置转移至 GC-MS 的自动进样系统，直接进样分析，纤维另一端可以是开口的，也可以是封闭的（见图 3-5）。

（2）液-液-液微萃取技术

Ma 和 Cantwell[13]进一步提出了三相微萃取技术，即液-液-液微萃取（Liquid-liquid-liquid microextraction，LLLME）技术，其萃取过程为：料液（Donor phase）中待分析物首先被萃取到有机溶剂中，然后再萃取进入接受相中（Acceptor phase）。

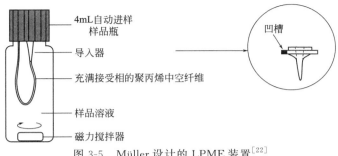

图 3-5　Müller 设计的 LPME 装置[22]

LLLME 技术一般适合萃取在水样中溶解度小、含有酸性或碱性官能团的痕量分析物，这类分析物在有机溶剂中富集因子不是很高，需要通过反萃取进一步提高富集因子。如萃取酚类化合物时，通过调节接受相的 pH 值使酚类化合物以分子形式存在，减小分析物在接受相中的溶解度，使酚类化合物更易被萃取到有机溶剂中，再通过调节接受相的 pH 值至强碱性，使酚类化合物从有机溶剂中进一步萃取至富集能力更强的接受相中[3]。

以中空纤维为载体的三相液相微萃取技术，当纤维腔中的接受相与纤维孔中的有机溶剂不同时，就形成了 HF-LLLME 体系（见图 3-6）。分析物从料液中萃取出来，经过纤维孔中的有机溶剂薄膜进入水溶性的接受相，这种模式仅限于能离子化的酸、碱性分析物。萃取后的接受相可直接用于反相 HPLC 或 CE 分析。

在萃取时，用图 3-6 中的 U 形中空纤维能够获得好的萃取效率，但是回收接受相难于自动化。因此，Andersen 等[24]设计了杆型的中空纤维，微量进样器可以插到纤维的底部，易于注入及回收接受相，见图 3-7。

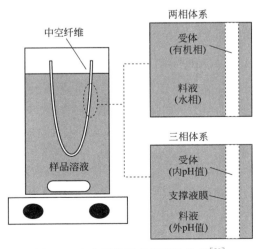

图 3-6　中空纤维液相微萃取装置[23]

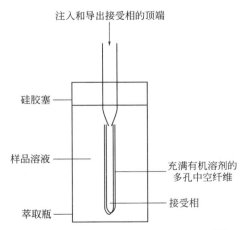

图 3-7　Andersen 设计的 LPME 装置[24]

除了采用水相作为接受相，Ghambarian 等[25]报道了采用与气相色谱兼容的甲醇或乙腈作为接受相，与其不混溶的十二烷作为支撑液膜，实现中空纤维液-液-液萃取技术与气相色谱技术联用。该方法隔绝了接受相与水相的接触，能与气相色谱很好地兼容且在无需衍生化的条件下实现了氯酚类化合物的检测，富集因子高达 208～895，检出限为 0.006～0.2ng·mL^{-1}。

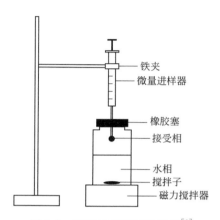

铁夹
微量进样器
橡胶塞
接受相
水相
搅拌子
磁力搅拌器

图 3-8　顶空液相微萃取装置[3]

（3）顶空液相微萃取技术

顶空液相微萃取 （Headspace liquid-phase microextraction，HS-LPME）是将有机液滴悬挂于微量进样针头或置于一小段中空纤维内部，并置于待测溶液上方，分离富集分析物（见图 3-8）。这种方法适用于分析容易进入样品上方空间的挥发性或半挥发性有机化合物。

在顶空液相微萃取中包含有机溶剂、液上空间、料液三相，分析物在三相中的化学势是推动分析物从料液进入有机液滴的驱动力，可通过不断搅拌料液产生连续的新表面来增强这种驱动力。挥发性化合物在液上空间的传质速度非常快，因为分析物在气相中具有较大的扩散系数，且挥发性化合物从水中到液上空间再到有机溶剂中比从水中直接进入有机溶剂中的传质速度快得多，所以对于水中的挥发性有机物，顶空液相微萃取法比直接液相微萃取法更快捷。此外，直接液相微萃取法在萃取样品时，不可避免地会在有机液滴外围形成一层稳定的扩散层，这会阻碍分析物向有机溶剂液滴的扩散迁移，而顶空萃取法克服了这一局限。由于分析物在气相的扩散系数是其在凝聚相的 10^4 倍[26]，对于扩散系数较大的挥发性物质，顶空液相微萃取大大缩短了到达平衡所需的时间，同时还可消除样品基体的干扰。

江桂斌等[27-29]用室温离子液体进行顶空液相微萃取。室温离子液体是一种由有机阳离子和无机阴离子相互结合而成的一种室温下呈液态的物质，作为接受相，它有很多其他有机溶剂无法比拟的优点，如较低的蒸气压、相当大的黏度、可回收利用、可以通过改变阴阳离子而调节其在水中的溶解度。如采用 $[C_8MIM][PF_6]$ 离子液体为接受相时，多环芳烃（PAHs）的富集因子可达 42～166，远高于普通的 LPME[29]。此外，Lee 等[30]也直接用水溶液来代替高沸点的有机溶剂作为接受相萃取挥发性和半挥发性有机物，通过调节样品液与接受相的 pH 值提高萃取效率。Deng 等[31]用加速溶剂萃取-顶空液相微萃取-气相色谱-质谱联用的方法测定了中药中人参醇的含量。

（4）载体转运模式液相微萃取技术

液-液两相微萃取和液-液-液三相微萃取技术均是依据扩散原理，萃取效率的高低取决于分配系数。对于分配系数低又难以离子化的分析物,很难被有效萃取,而基于载体转运中空纤维液相微萃取(Carrier-mediated LPME)可解决这一问题[32,33]。

在样品溶液中加入一种相对疏水的离子对试剂(如辛酸盐)并使其与分析物形成离子对,随后该离子对被萃取进入纤维孔中的有机相。当有机相与接受相接触时,分析物被释放进入接受相,接受相中的反离子(如 H^+)与载体形成新的离子对,又被反萃取进入样品溶液;载体释放出运输的反离子,再与新的分析物分子形成新的离子对,如此循环往复(见图3-9)。对于极性很强的化合物,也可用该模式萃取。

Ho 等[32]报道了基于载体转运的三相微萃取模式萃取血样、尿样中亲脂性药物苯丙胺、吗啡和心得宁。在 pH 7.0 的样品溶液中加入离子对试剂辛酸钠,辛酸钠与药物形成的亲脂性配合物被萃取到纤维孔中的有机相正辛醇中,在与纤维腔中 0.05mol·L^{-1} HCl 接触时,分析物被释放,并直接用于毛细管电泳分析。

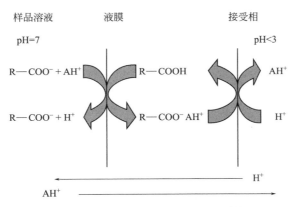

图 3-9 载体转运模式液相微萃取[3]

A=分析物;R—COO⁻ Na⁺=辛酸钠

2. 动态液相微萃取技术

LPME 可在动态模式下进行。Hou 和 Lee[16]采用微量注射泵,实现了动态萃取的自动化,使该技术很快地发展起来(图3-10)。

随后该团队[17]报道了一种三相动态液相微萃取(Dynamic LLLME)技术,将多孔中空纤维浸入有机溶剂中,使纤维孔饱和,微量进样器中吸入 $5\mu L$ 接受相、$2\mu L$ 有机溶剂与一定体积的水。将水推出清洗中空纤维,以去掉剩余的有机溶剂。利用程序控制的往复泵操纵微量进样器推杆来回运动(见图3-11)。与静态的 LPME 比较,有机相的可更替性使萃取效率与重现性大大提高。

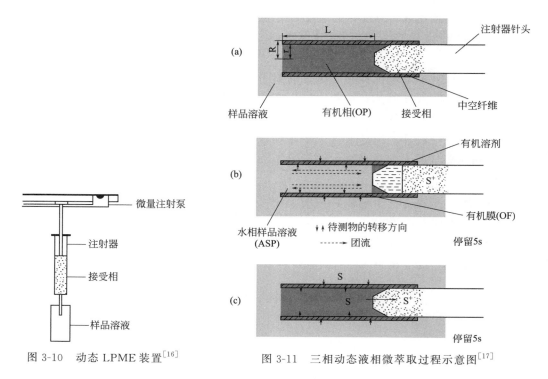

图 3-10 动态 LPME 装置[16]

图 3-11 三相动态液相微萃取过程示意图[17]

　　在三相动态液相微萃取技术的基础上，Lee 的团队[18]又提出了一种新的三相动态液相微萃取方法，即接受相自动运动的动态液-液-液微萃取（LLLME/AMAP）。在相同的实验条件下萃取 4 种硝基酚，静态 LLLME 法富集因子为 93～227，而动态 LLLME/AMAP 法的富集因子为 194～347。与三相动态液相微萃取方法比较，萃取效率也有一定的提高。其原因是：①界面接触面积增大；②动态液-液-液微萃取模式，接受相与有机相没有相对运动；③动态液-液-液微萃取模式中接受相是固定在微量进样器中的，而 LLLME/AMAP 模式中，接受相有较大的活动空间（见图 3-12）。

　　在动态液相微萃取的基础上，Lee 的团队[19]继而提出了动态顶空式液相微萃取技术，其主要过程是：①吸取一定量的有机溶剂至微量进样器；②将微量进样器针端穿过试剂瓶塞固定，使针尖位于水样上空；③移动微量进样器拉杆以一定速度吸取一定量的气态试样到微量进样器内；④迅速按下微量进样器塞至原来的位置（即排出微量进样器里的气态试样）并保持一定的时间；⑤重复③和④一定次数后，拔出微量进样器将富集了分析物的有机萃取溶剂注入色谱仪器进行分析。过程③中，随着萃取溶剂的上移，可在微量进样器内壁形成一有机溶剂薄膜，它可萃取被吸入到微量进样器里的气态试样中的目标分析物。这种萃取形式通过改变溶剂微滴为溶剂薄膜，大大增加了气液接触的面积，使萃取效率得到了进一步的提高（见图 3-13）。

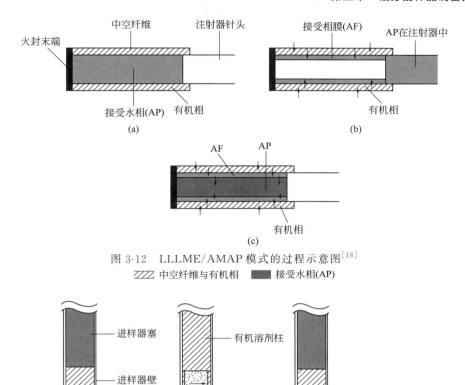

图 3-12　LLLME/AMAP 模式的过程示意图[18]

　　▨ 中空纤维与有机相　　■ 接受水相(AP)

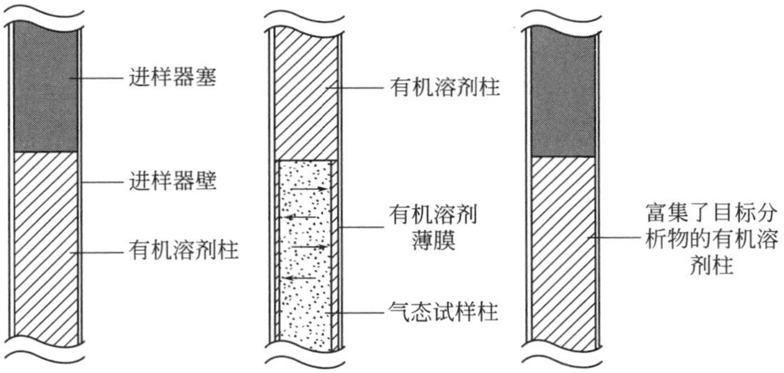

图 3-13　动态顶空式液相微萃取[19]

　　Lee 的团队[34]在深入研究动态微萃取技术时，发现了一种操作更为简便的动态微萃取方法，即溶剂棒微萃取（Solvent bar microextraction，SBME）。该方法是将装有接受相的一小段中空纤维两端密封，置于快速搅拌的样品溶液中，中空纤维像搅拌子一样在样品溶液中高速旋转运动进行萃取，由于纤维两端是密封的，所以用于泥浆等较脏的样品效果也很好（图 3-14）。与直接 LPME 和静态 HF-LPME 相比，该方法具有更高的富集因子，且具有重现性好、效率高的优点。

二、液相微萃取技术理论基础

1. 两相 LPME 的理论基础

　　在直接液相微萃取中，分析物被萃取到作为接受相的有机溶剂内，其过程如式（3-3）。分析物在接受相和料液中存在分配平衡[35]：分配系数 K 是分析物在接受相和料液中平衡时的浓度比，见式（3-4）。K 越大，理论富集因子越高，萃取

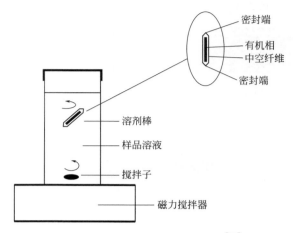

图 3-14 溶剂棒微萃取的装置图[34]

效果越好。通常调节料液的 pH 值，使分析物以分子状态存在，易于进入接受相，提高萃取效率。对两相 LPME，分配系数 $K_{a/d}$ 的大小是决定回收率高低的关键因素。研究表明，两相 LPME 只适用于亲脂性高或中等的分析物（$K_{a/d} > 500$），对于高度亲水的中性分析物，是不适用的；而对于有酸、碱性的分析物，可通过控制样品溶液的 pH 值使分析物以非离子化状态存在，来提高分配系数。对亲水性较强的带电荷成分，可利用基于载体转运的三相模式进行[33]。

$$A_{样品} \Longleftrightarrow A_{有机接受相} \tag{3-3}$$

$$K_{a/d} = c_{eq,a} / c_{eq,d} \tag{3-4}$$

式中，A 为分析物；$c_{eq,a}$ 是平衡时分析物在接受相中的浓度；$c_{eq,d}$ 是平衡时分析物在料液中的浓度。

萃取回收率（Recovery，R）和富集因子（Enrichment factor，EF）通过式（3-5）、式（3-6）计算：

$$R = K_{a/d} V_a / (K_{a/d} V_a + V_d) \times 100\% \tag{3-5}$$

$$EF = c_a / c_i = V_d R / V_a \times 100\% \tag{3-6}$$

式中，V_a 是接受相的体积；V_d 是料液的体积；c_a 是分析物在接受相中最终的浓度；c_i 是分析物在料液中最初的浓度。

当体系达到平衡时，接受相中分析物的萃取量 n 由式（3-7）计算：

$$n = K_{a/d} V_a c_i V_d / (K_{a/d} V_a + V_d) \tag{3-7}$$

2. 三相 LPME 的理论基础

在 LLLME 中，分析物先被萃取到有机萃取剂中，然后进入接受相，如式

(3-8)。当达到平衡时[35]：分配系数 K 被定义为 $K_{org/d}$ 与 $K_{a/org}$ 的乘积。平衡过程由 $K_{org/d}$ 与 $K_{a/org}$ 决定，当 $K_{a/org}$ 非常大时，$K_{org/d}$ 可以相对较小，对于那些在接受相中溶解度不高的分析物也有很好的萃取效果，即可以扩大其应用范围[14]。

$$A_{样品} \rightleftharpoons A_{有机样} \rightleftharpoons A_{水相} \tag{3-8}$$

$$K_{org/d} = c_{eq,org} / c_{eq,d} \tag{3-9}$$

$$K_{a/org} = c_{eq,a} / c_{eq,org} \tag{3-10}$$

式中，$K_{a/org}$ 为分析物在接受相与有机相之间的分配系数；$K_{org/d}$ 为分析物在有机相和样品溶液之间的分配系数；$c_{eq,a}$ 是平衡时分析物在接受相中的浓度；$c_{eq,d}$ 是平衡时分析物在样品溶液中浓度；$c_{eq,org}$ 是平衡时分析物在有机相中的浓度。

$$K_{a/d} = c_{eq,a} / c_{eq,d} = K_{a/org} K_{org/d} \tag{3-11}$$

萃取的回收率和富集因子通过式（3-12）、式（3-13）计算：

$$R = \frac{n_{eq,a}}{c_i V_d} \times 100\% = \frac{K_{a/d} V_a}{K_{a/d} V_a + K_{org/d} V_{org} + V_d} \times 100\% \tag{3-12}$$

$$EF = \frac{c_a}{c_i} = \frac{V_d R}{V_a} \times 100\% \tag{3-13}$$

当体系达到平衡后，接受相中分析物的萃取量 n 可按式（3-14）计算：

$$n = K_{a/d} V_a c_i V_d / (K_{a/d} V_a + K_{org/d} V_{org} + V_d) \tag{3-14}$$

式中，V_d、V_a 和 V_{org} 分别为料液、接受相和有机溶剂的体积；c_a 是分析物在接受相中最终的浓度；c_i 是分析物在料液中最初的浓度。

3. 顶空 LPME 的理论基础

在 HS-LPME 中，萃取过程为分析物（挥发性有机物，VOCs）被萃取到接受相内。分析物在接受相和水样中存在分配平衡[26]：分配系数 K 被定义为分析物在接受相和水样中平衡时的浓度比，见式（3-17）。

$$K_{hd} = c_{eq,h} / c_{eq,d} \tag{3-15}$$

$$K_{ah} = c_{eq,a} / c_{eq,h} \tag{3-16}$$

$$K_{ad} = c_{eq,a} / c_{eq,d} = K_{ah} K_{hd} \tag{3-17}$$

式中，K_{hd} 为分析物在顶空与样品之间的分配系数；K_{ah} 为分析物在接受相与顶空之间的分配系数；K_{ad} 为分析物在接受相与样品之间的分配系数；$c_{eq,a}$ 是平衡时分析物在接受相中的浓度；$c_{eq,d}$ 是平衡时分析物在料液中的浓度；$c_{eq,h}$ 是平衡时分析物在顶空的浓度。

萃取的回收率和富集因子通过式（3-18）、式（3-19）计算：

$$R = \frac{n_{eq,a}}{c_i V_d} \times 100\% = \frac{K_{ad} V_a}{K_{ad} V_a + K_{hd} V_h + V_d} \times 100\% \tag{3-18}$$

$$EF = \frac{c_a}{c_i} = \frac{V_d R}{V_a} \tag{3-19}$$

当体系达到平衡后液滴中分析物的萃取量 n 按式（3-20）计算[36]：

$$n = K_{ad} V_a c_i V_d / (K_{ad} V_a + K_{hd} V_h + V_d) \tag{3-20}$$

式中，V_d、V_a 和 V_h 分别为料液、接受相和样品顶空的体积；c_a 是分析物在接受相中最终的浓度；c_i 是分析物在料液中最初的浓度。

从式（3-7）、式（3-14）和式（3-20）中可以看出，平衡时接受相中所萃取到的分析物的量与样品的初始浓度呈线性关系。

三、萃取效率的影响因素

在 LPME 的萃取过程中，分析物的萃取效率受有机溶剂种类、液滴大小、搅拌速度、盐效应、料液与接受相体积、pH 值、温度、萃取时间、柱塞运动速度与停留时间等因素的影响。

1. 有机溶剂种类

有机溶剂的选择是 LPME 技术的关键问题，它决定了分析物的富集效率，其选择的原理是"相似相溶原理"。对于两相的 LPME，溶剂在水中的溶解度应小，避免其在水样中的溶解；溶剂的挥发性小，在萃取操作过程中的挥发量尽量少，对分析物有高选择性。对于 LLLME，除了上述原则外，分析物在有机溶剂中的溶解度必须高于其在料液中的而低于其在接受相中的。另外，对于 HF-LPME，溶剂应与纤维材料极性相似，使其容易固定在纤维孔中；溶剂必须在较短的时间内固定在纤维上[35]。

2. 液滴大小

液滴大小对分析的灵敏度影响也很大。一般来说，液滴体积大，分析物的萃取量大，有利于提高方法的灵敏度。但由于分析物进入液滴是扩散过程，液滴体积大，萃取速率小，达到平衡所需时间也长。另外，对于非中空纤维的 LPME，液滴体积越大，稳定性越差[3]。

3. 搅拌速度

在萃取过程中，搅拌料液可改善传质过程，加快分析物进入接受相的速度，缩短萃取时间，增大萃取效率，提高萃取重现性。

理论上，搅拌速度快，萃取效率高。但在实际分析中存在两个问题：对于

SDME，搅拌速度过快可能会影响液滴的稳定性，降低萃取效率；对于 HF-LPME，搅拌速度过快会使中空纤维上形成气泡，加速溶剂的挥发，从而影响实验结果的准确度与精密度[37]。

4. 盐效应

由于分析物在有机溶剂和料液之间的分配系数受样品基体的影响，当样品基体发生变化时，分配系数也会随之发生变化。通过向料液中加入一些无机盐类（如 NaCl、Na_2SO_4 等），增加溶液的离子强度，增大分配系数，提高它们在有机相中的分配，这也是提高分析灵敏度的有效途径。在萃取前加入无机盐，在两相 LPME 与 LLLME 中都有应用。在料液中加入盐对不同分析物萃取效率的影响不同，有的提高，有的无变化，有的甚至降低[38]。

5. 料液与接受相体积

一般来说，不论是两相还是三相 LPME，都能通过减小接受相与料液的体积比来提高灵敏度。然而，接受相体积的改变依赖于与 LPME 联用的分析技术。

6. pH 值

在适宜的范围内调节料液和接受相的 pH 值，有利于提高分析物的萃取效率。其原因主要有两点：①可去除料液中杂质的干扰，如处理生物样品时，分析物很容易吸附在蛋白质、脂肪等杂质上，影响萃取效果。通过改变 pH 值，可使分析物与杂质分离，避免干扰。②改变料液的 pH 值，使分析物保持分子状态，容易进入有机相。对于 LLLME，改变接受相的 pH 值，可使分析物进入接受相时呈离子态，提高分析物的萃取率。当分析物为酸性物质时，应将料液的 pH 值调节为酸性，使分析物以分子的形式被萃取，以减小其在料液中的溶解度；同时接受相的 pH 值应相应地调节为碱性，由于电离作用，分析物在接受相中的溶解度比其在有机相中大[39-42]。同样，当分析物为碱性物质时，料液的 pH 值应调节为碱性，接受相的 pH 值应调节为酸性[14,43]。

7. 温度

一般来说，温度对液相微萃取有两方面的影响：一方面，升高温度，分析物向有机相的扩散系数增大，扩散速度随之增大，同时加强了对流过程，升温有利于缩短达到平衡的时间；另一方面，升温会使分析物的分配系数减小，导致其在溶剂中的萃取量减少。所以，实验时应兼顾萃取时间和萃取效果，寻找最佳的萃取温度[3]。

8. 萃取时间

萃取是分析物从料液中迁移到接受相的动态过程。分析物迁移到接受相中达到分配平衡需要一定的时间，萃取时间增加，有利于分析物进入接受相，但过长的萃取时间不适合实际操作。另外，萃取时间也会对有机液滴体积产生影响。虽然有机相在水中有较小的溶解度，但随着萃取时间的增加，体积不大的有机液滴会出现较明显的损失。为矫正这种变化，常在萃取溶剂中加入内标[27]。

9. 柱塞运动速度和停留时间

对于动态的 LPME，推杆在微量进样器内做往复运动，包括 4 个步骤：收回接受相，停留，推出接受相，再停留。推杆运动速度与停留时间都将对萃取效率产生影响。结果表明[18]：在一定的时间内，推杆运动得越快，处理样品的量就越多，而停留时间对萃取效率影响不大。这可能是因为每次推杆收回接受相后，中空纤维内壁上形成了接受相的薄膜，所以接受相与有机相很快能达到平衡[44]。

四、液相微萃取技术的应用

1. LPME 技术在生物样品前处理中的应用

由于生物样品组成复杂或受到样品基体的强烈干扰，生物物质或生物体内物质的前处理往往存在操作多、步骤繁琐等缺点。近年来，LPME 技术已广泛应用于血样、尿样、唾液、头发等生物样品的分析，检出限可达 $\mu g \cdot L^{-1}$ 水平。而多数药物在有机相和样品溶液中的分配系数（$K_{org/d}$）较低，其萃取模式多采用 LLLME。表 3-1 列出了采用 LPME 进行样品前处理测定生物样品的例子。Vakh 等[45]提出了一种新颖的全自动气泡辅助溶剂转换液相微萃取方法，他们将中链饱和脂肪酸作为可转换的亲水性溶剂，在碳酸钠的存在下将脂肪酸转为亲水形式；然后向溶液中注入硫酸改变溶液的 pH 值，产生脂肪酸微滴进行萃取。原位生成的二氧化碳气泡，促进了萃取过程和最终的相分离。他们采用这个方法结合高效液相色谱测定了人尿样品中的氧氟沙星，检出限低至 $1 \times 10^{-8} \, mol \cdot L^{-1}$。Hashemi 等[46]开发出一种强制涡旋辅助液相微萃取方法（FVA-LPME），并结合分光光度法测定生物样品中的甲芬那酸。FVA-LPME 基于水相内有机相形成的旋转涡流促进分析物在两相之间的分配，从而提高萃取效率。Nazaripour 等[47]比较了基于两种不混溶有机溶剂在两相中空纤维液相微萃取和三相中空纤维液相微萃取中对去甲羟基安定和氯羟去甲安定的萃取效率。在最佳条件下，基于两种不混溶有机溶剂在三相中空纤维液相微萃取中具有更好的萃取效率。其中，三相 HF-LPME 中去甲羟基安定和氯羟去甲安定的检出限分别为 $0.2 \mu g \cdot L^{-1}$ 和 $0.3 \mu g \cdot L^{-1}$，而两相 HF-LPME 的检出限分别为 $0.3 \mu g \cdot L^{-1}$ 和 $0.5 \mu g \cdot L^{-1}$。Kanberoglu 等[48]以深共熔溶剂（DESs）为消解和萃取溶剂，建立了肝脏样品中铜的超声波辅助乳化液相微萃取方法（UA-ELPME）。他们用乳酸和氯化胆碱组成的 DESs 作为消解液，氯化四丁铵和癸酸组成的 DESs 作为萃取液。当肝脏样品消解后，将水相中的 Cu(Ⅱ) 离子与二甲基二硫代氨基甲酸钠络合，将获得的疏水性络合物萃取到氯化四丁铵-癸酸 DESs 相，经微量进样系统引入火焰原子吸收光谱测定铜。方法检出限和检测限分别为 $4.00 \mu g \cdot L^{-1}$ 和 $13.2 \mu g \cdot L^{-1}$，满足实际样品分析需求。

表 3-1　液相微萃取技术在生物样品前处理中的应用

分析物	样品	有机相	接受相	富集因子	线性范围 /μg·L⁻¹	检出限 /μg·L⁻¹	文献
2-羟基-4-甲氧基二苯甲酮	尿液	[C$_6$MIM]PF$_6$	—	23	0～100	1.3	[49]
己烷雌酚和己烯雌酚	牛尿	氯仿/甲苯混合物（3：1）	—	—	0.05～10	0.01～0.103	[50]
局麻药	尿液	邻苯二甲酸酯	—	86～184	100～10000	50	[51]
米氮平	血浆	甲苯	—	—	6.25～625	—	[52]
舒芬太尼和阿芬太尼	尿液	正辛醇	—	103～153	50～1000	5～6	[53]
碘	尿液	十六烷	—	—	4～100	0.36	[54]
碱性药物	尿液、血浆	植物油	0.01mol·L⁻¹ HCOOH	45～85	—	—	[55]
麻黄碱和伪麻黄碱	鼠尿液	正己醇	0.01mol·L⁻¹ H$_2$SO$_4$	17～20	100～5×10⁴	30～42	[56]
抗抑郁药	尿液、血浆	正十二烷	pH 2.1 的 H$_3$PO$_4$ 水溶液	298～315	5～500	0.5～0.7	[57]
罗格列酮	大鼠肝微粒体	正辛醇	0.01mol·L⁻¹ HCl	—	50～6000	—	[58]
曲马多	尿液、血浆	正十二烷	乙腈	546	0.1～400	0.08	[59]
他汀类药物	血清	甲苯	0.01mol·L⁻¹ 氨水	350～1712	0.0001～1	0.00002～0.00212	[60]

注："—"：表示文献未提及。

2. LPME 技术在环境水样前处理中的应用

环境样品组分复杂、被测物浓度低、干扰大，需要经过高效样品前处理后才能进行准确分析测定。LPME 方法在环境样品中有机污染物如酚类化合物[61,62]、多环芳烃[29]、苯甲酸酯类[63]、苯系物[64]、有机磷农药[65]、氨基甲酸酯类农药[66]、酸性除草剂[67]等检测方面应用广泛。表 3-2 列出了 LPME 在环境水样中不同污染物的分析应用。

表 3-2　液相微萃取技术在环境水样前处理中的应用

分析物	萃取方式	有机相	接受相	富集因子	线性范围 /μg·L⁻¹	检出限 /μg·L⁻¹	文献
多环芳烃	Direct-LPME	[C$_8$MIM][PF$_6$]	—	42～166	0.5～10	—	[29]

续表

分析物	萃取方式	有机相	接受相	富集因子	线性范围/$\mu g\cdot L^{-1}$	检出限/$\mu g\cdot L^{-1}$	文献
苯甲酸酯类	Direct-LPME	超分子溶剂	—	98~156	0.5~200	0.5~0.7	[2]
苯系物	SDME	$[C_4MIM][PF_6]$	—	—	25~400	5.6~15.6	[64]
有机磷农药	SDME	四氯化碳	—	540~830	0.01~100	0.001~0.005	[65]
氨基甲酸酯类农药	SDME	苯甲腈	—	33~126	0.01~5	0.003~0.035	[66]
酸性除草剂	SDME	乙酸乙酯	—	83~157	0.01~0.24	0.0012~0.007	[67]
化武制剂	SDME	二氯甲烷/四氯化碳(3:1)	—	—	100~10000	10~75	[68]
高碘酸盐	SDME	甲苯	—	—	50~50000	3.42~4.46	[69]
酚类干扰素	SDME	正癸醇	—	44~227	15~125	4~9	[70]
药物活性成分	SBME	正辛醇	—	—	0.1~50	0.006~0.022	[71]
杀虫剂	LLME	$[C_6MIM][(CF_3SO_2)_2N]$	—	33~125	5~1000	1.8~8.6	[72]
非甾体抗炎药	LLLME	正辛醇	$0.01mol\cdot L^{-1}$ NaOH	>15000	0.03~500	0.015~0.1	[73]
麻黄碱和伪麻黄碱	HF-LPME	正己醇	$0.01mol\cdot L^{-1}$ H_2SO_4	38~61	5~100	1.2~1.9	[56]
酚类化合物	HF-LPME	正辛醇	$0.09mol\cdot L^{-1}$ NaOH	71.0~175.6	0.5~500	0.4~1.2	[74]
	IL-LLL-SBME	$[BMIM][PF_6]$	$0.1mol\cdot L^{-1}$ NaOH	81~158	0.05~50	0.01~0.1	[62]
杀虫剂	HF-LPME	正辛醇	甲醇	—	5~100	0.01~5.61	[75]

注："—"表示文献未提及。

Shi 等[76]开发了一种基于铁磁流体的液相微萃取新模式，它由包覆二氧化硅的磁性颗粒和1-辛醇的铁磁流体作为萃取溶剂，通过外置马达带动磁铁绕萃取瓶转动，从而在萃取溶剂中形成磁流体用于萃取。萃取结束后，通过磁铁将铁磁流体置于萃取瓶底部，清洗后用乙腈解吸，并采用气相色谱-质谱分析。环境水样中16种多环芳烃（PAHs）的线性范围介于$0.5\sim100ng\cdot mL^{-1}$和$1\sim100ng\cdot mL^{-1}$之间，富集因子在102~173之间，检出限和检测限分别在$16.8\sim56.7pg\cdot mL^{-1}$以及

$0.06 \sim 0.19 ng \cdot mL^{-1}$ 范围内。该方法可轻松实现从复杂基质样品中快速分离与富集痕量环境污染物。

超分子溶剂（SUPRAS）是与水不混溶的纳米结构液体，由两亲性水溶液或亲水有机溶液通过自组装产生三维两亲性聚集体组成。Feizi 等[77]引入了一种新型基于 gemini 的 SUPRAS 方法，用于液相微萃取自来水和废水中对羟基苯甲酸酯。Gemini 表面活性剂是通过两种普通表面活性剂共价连接形成的，在降低表面张力和促进胶束形成方面比传统离子表面活性剂更有效。此外，还获得了良好的富集因子和相对较好的回收率。SUPRAS 也可使用分散在四氢呋喃/水中的 1-癸醇反胶团，结合 HPLC 方法准确测定地下水和地表水样品中常见的甘蔗除草剂（敌草隆、六嗪酮、胺草胺和丁硫脲）。这种方法可在无需蒸发步骤下，通过萃取 30s 和离心 10min 达到良好的富集效果，除草剂的检出限为 $0.13 \sim 1.45 \mu g \cdot L^{-1}$ [78]。Zohrabi 等[79]提出了一种用超分子溶剂作为铁磁流体载体的 LPME 方法。铁磁流体是由油酸包覆的磁性颗粒和超分子溶剂作为萃取溶剂，这些颗粒可以被磁铁吸引，因此相分离不需要离心步骤。该方法已成功应用于水和果汁样品中杀螟松、伏杀磷和毒死蜱 3 种有机磷农药的萃取和测定，检出限为 $0.1 \sim 0.35 \mu g \cdot L^{-1}$。

DESs 等"绿色"萃取溶剂在环境样品分析中的应用也越来越多。如 Pirsaheb 等[80]用 1-辛基-3-甲基咪唑氯化物和 1-十一醇组成的 DESs 作为 LPME 萃取溶剂，结合 HPLC 建立了环境水样中莠去津类农药的分析方法。3 种农药的富集因子在 $150 \sim 180$ 之间，检出限为 $0.05 \sim 0.50 \mu g \cdot L^{-1}$。Aydin 等[81]也用 DESs 作为超声波辅助乳化液相微萃取方法的萃取溶剂，结合紫外-可见光谱法分析了养殖和观赏性水族馆鱼水样品中孔雀石绿，方法的检出限为 $3.6 \mu g \cdot L^{-1}$，相对标准偏差（RSD）为 2.7%。

3. LPME 技术在其他领域中的应用

LPME 技术在生物、医药、食品等领域也有广泛的应用。当单萜类化合物溶解在长烃链伯胺各向同性溶液中时，观察到自发形成的 SUPRAS 相，据此建立了 LPME 方法并用于生物液体中极性磺胺甲噁唑、磺胺二甲嘧啶和磺胺吡啶磺胺类抗生素的样品制备[82]，消除基质干扰并提高了方法灵敏度。Yu 等[83]开发了基于微流控液滴的 LPME 作为微型平台，并与电热汽化（ETV）电感耦合等离子体质谱（ICP-MS）联用于分析细胞中痕量 Cd、Hg、Pb 和 Bi。新颖且容易的相分离区域设计，使得相分离非常容易与随后的 ETV-ICP-MS 联用。基于微流控液滴的 LPME-ETV-ICP-MS 方法测 Cd、Hg、Pb 和 Bi 的检出限分别为 $2.5 ng \cdot L^{-1}$、$3.9 ng \cdot L^{-1}$、$5.5 ng \cdot L^{-1}$ 和 $3.4 ng \cdot L^{-1}$，成功应用于 HeLa 和 HepG2 细胞中目标金属元素的分析。Chen 等[84]发展了一种双重盐析作用辅助的热缩管液相微萃取方法，并结合 HPLC 分析了人血浆中类黄酮类物质。他们使用一种价格低廉且方便使用的热缩管作为提取溶剂和盐膜的载体，将其放置在含有一定浓度的盐样品溶液中，通过在不同区域的双重盐析作用，浓缩和富集人血浆中的类黄酮，方法检出限低至 $2.5 \sim 159 \text{ng} \cdot \text{mL}^{-1}$。中空纤维液相微萃取结合 HPLC-FLD，可用于同时分离分析废水、牛奶和生物样品中超痕量萘普生和萘丁美酮，方法检出限分别为 $1.3 \text{ng} \cdot \text{L}^{-1}$ 和 $2.9 \text{ng} \cdot \text{L}^{-1}$ [85]；HF-LPME 与 GC-ECD 结合，用于母乳中 7 种多氯联苯的灵敏分析[86]。此外，基于多孔聚丙烯的 HF-LPME 与 HPLC-MS^n 联用时[87]，污水处理厂的废水和地表水样中 27 种新兴污染物的富集因子为 $6 \sim 4177$，方法检出限和检测限分别为 $1.09 \sim 98.15 \text{ng} \cdot \text{L}^{-1}$ 和 $2.13 \sim 126.50 \text{ng} \cdot \text{L}^{-1}$，可用于实际样品分析中。

第三节　分散液-液微萃取

一、分散液-液微萃取基本过程

分散液-液微萃取（Dispersive liquid-liquid microextraction，DLLME）技术是 2006 年由 Assadi 小组[88]提出的，其原理与传统的液-液萃取相同，也是基于目标分析物在样品溶液和小体积萃取剂之间的两相分配，来实现目标分析物的分离富集。一般情况下，DLLME 是将分散剂和萃取剂快速注入到样品溶液内部，通过振荡形成含有许多萃取剂小液滴的乳状液，使目标分析物从样品溶液萃取到萃取相中；待萃取结束后，采集萃取相进行分析测定。DLLME 技术有效增大了两相传质的接触面积，使目标物在样品溶液和萃取剂间快速转移，操作简便、成本低，富集因子高且环境友好，因此在分析化学领域具有广阔的应用前景。

DLLME 中使用的样品溶液和萃取相的体积比很大，需要有效的相分离方法以保证萃取相和水相的快速、完全分离，通常情况下可采用高速离心、去乳化、降低乳化液温度等方法。DLLME 的萃取剂主要分为两种，一种是比水密度大且不溶于水的有机溶剂（有机相），萃取结束后萃取剂聚集在容器的底部，可用注射器进行快速采集并完成后续的分析测定。然而，密度较大的有机相通常是含氯的有机物，其毒性较大且挥发性强，在操作过程中会对操作人员和环境造成较大毒害。另一种是密度比水小且不溶于水的有机溶剂（有机相）。这种基于低密度有机相的 DLLME，不仅扩大了有机相的选择范围，也拓宽了 DLLME 技术的适用范围。然而这种低密度有机相 DLLME 方法在萃取结束后，有机相萃取液会漂浮在样品上方而容易挥发损失，一般需要设计新型的萃取装置。

经典 DLLME 技术主要采用密度比水大且不溶于水的有机溶剂作为萃取剂，这些萃取剂多是含氯的有机化合物，如 C_6H_5Cl、C_2Cl_4、$CHCl_3$、$C_2H_2Cl_4$、C_2HCl_3 等[88-90]；样品溶液为水相本体溶液；分散剂多为甲醇、乙腈和丙酮等两相中有较好溶解度的试剂，萃取过程通常在锥形离心管中进行。萃取时，萃取剂和分散剂被快速注入到样品溶液内部，形成均匀微小的乳状液滴，从而可增大分析物与萃取剂之间的接触面积，并加快萃取过程。待萃取结束后，通过离心或去乳化等工艺使萃取剂和样品溶液两相分离，富集分析物的萃取剂会沉积在离心管的底部，通过注射器或微量进样器可轻易地吸取并直接进行后续分析测定（见图 3-15）。

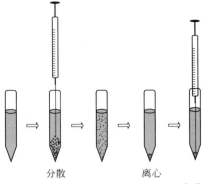

分散　　　　离心

图 3-15　经典 DLLME 的萃取过程[91]

二、分散液-液微萃取的影响因素

在一个完整 DLLME 方法建立过程中，需要对影响因素进行优化，得出一个最优的方案，这些影响因素主要有：萃取剂的种类和用量、分散剂的种类和用量、溶液 pH 值、萃取时间、离子强度等。

1. 萃取剂种类

萃取剂的种类通常是 DLLME 方法优化的首要因素。根据"相似相溶原理"，萃取剂必须与目标分析物的性质相匹配，且对目标物分析不形成干扰，能有效地从样品溶液中分离富集目标物，得到的萃取相一般还需与后续分析仪器有较好的相容性。同时，作为 DLLME 的萃取剂，应不易挥发、与水不互溶，在分散剂的存在下可形成小而均匀的液滴。传统 DLLME 通常选用 C_6H_5Cl、C_2Cl_4、$CHCl_3$、$C_2H_2Cl_4$、C_2HCl_3 等密度比水大的试剂。随着基于低密度溶剂的分散液-液微萃取技术（Low density solvent-based dispersive liquid-liquid microextraction，LDS-DLLME）的发展，一些密度比水小的有机溶剂或绿色环保的离子液体作为萃取剂，如甲苯、正己烷、十二烷醇和 1-丁基-3-甲基咪唑六氟磷酸盐、1-己基-3-甲基咪唑六氟磷酸盐、1-辛基-3-甲基咪唑六氟磷酸盐、1,3-二丁基咪唑六氟磷酸盐等也可作为萃取剂使用[92]。

2. 萃取剂用量

萃取剂用量对目标分析物的富集效率有直接影响。当萃取剂的用量过少时，萃取效率相对较低，回收率也相对下降。随着用量的增长会观察到回收率明显增长，当萃取剂用量增长到一定程度时，回收率趋于稳定，此时再增加萃取剂的用量，只会稀释目标分析物，从而降低萃取相中目标物的浓度，导致富集因子下降，进而会检出限升高，使方法的灵敏度降低。因此在选择萃取剂的用量时，需衡量回收率和富集因子的关系[93]。

3. 分散剂种类

在 DLLME 中，分散剂的选择对萃取回收率的影响至关重要。分散剂需要对样品溶液和萃取相均有较好的溶解性，能使萃取剂在样品溶液中分散成小而均匀的液滴，增大目标分析物在样品溶液和萃取剂中的传质面积，提高传质速率和萃取效率。此外，分散剂需要具有较好的色谱行为，且对目标分析物的亲和性要小于萃取剂，避免影响萃取剂对目标物的萃取。常用的分散剂主要有丙酮、乙腈和甲醇等。

4. 分散剂用量

分散剂的用量将直接影响"水-分散剂-萃取剂"乳浊液体系的形成，从而影响萃取效率。分散剂用量需随萃取剂用量、样品容量和两者的比例变化而变化。当分散剂用量较小时，萃取剂不能均匀地分散在水相中，无法形成良好的乳浊液体系，使萃取效率降低；当分散剂用量较大时，会损耗萃取剂，使萃取效率降低。因此选用分散剂的用量时需要衡量多方面的因素。

5. 溶液 pH 值

萃取体系的 pH 值对很多萃取过程都是很重要的因素，通过调节萃取体系的酸碱性，可提高目标分析物的萃取效率。因为控制萃取体系的 pH 值可改变一些分析物在水中的存在形态，降低分析物在水相中的溶解能力，进而增加其在有机相中的分配。但是在实际操作中，可调节的 pH 值范围不宽，通常选择加入缓冲剂来增加萃取的重现性。

6. 萃取时间

在 DLLME 中，由于萃取剂被分散成许多细小而均匀的液滴，目标物的传质速度较快，萃取所需的时间较短。这里的萃取时间一般指的是在水相溶液注入分散剂之后到离心分散之前的这段时间。DLLME 萃取所需时间短是其突出的优点，但是为了实现较好的回收率，萃取时间需要与液滴大小的分散程度相配合，在液滴太大或分散不好的情况下，传质相对较慢，则需要增加萃取时间以获得较好的萃取效率[4]。

7. 离子强度

在萃取过程中，通常会向溶液中加入溶于水但本身不会被萃取的无机盐（如 NaCl、KCl 等）来增强溶液中的离子强度。离子强度的增加增大了目标分析物在有机相中的分配系数，同时也降低了萃取剂在水溶液中的溶解度，引起萃取相体积增加、富集因子的降低。离子强度对萃取效率的影响比较复杂，随着离子强度的增加，萃取效率可能增加、减少或者不变，因此在 DLLME 过程中是否加盐，应视具体情况而定。

三、分散液-液微萃取技术的发展

传统的 DLLME 技术多采用含氯的有机化合物作为萃取剂，不仅限制了萃取剂类型的选择，也不利于极性化合物的有效富集。近年来，各种基于低密度有机溶剂或离子液体作为萃取剂的 DLLME 技术和萃取装置不断推出，极大地拓展了该技术的研究和应用范围。

1. 基于低密度溶剂的分散液-液微萃取

研究者通过自行设计萃取器、溶剂去乳化及悬浮萃取剂固化等策略，发展了基于低密度溶剂的分散液-液微萃取（LDS-DLLME）方法，拓展了 DLLME 技术的应用范围。

（1）应用自制萃取器

利用低密度萃取剂进行 DLLME 萃取时，低密度萃取相会漂浮在上层，液体的平面覆盖面积较大且常有乳化现象伴存，不利于准确吸取萃取相及其后续分析测试，需设计合适的萃取器以便于适应这种低密度萃取相的应用。

Farajzadeh 等[94]设计了一种顶部为细长瓶颈，下方带橡胶隔膜的特殊容器来进行轻密度溶剂的 DLLME，分别用丙酮和环己烷作为分散剂和萃取剂，萃取水中有机磷农药 [图 3-16(a)]。萃取过程同样是先将分散剂和萃取剂的混合液快速注入到样品溶液中形成乳状液，然后离心，从容器下方经橡胶隔膜注入水，使萃取相上升到较细的瓶颈处，从而减小液体的平面覆盖面积，有利于进样针吸取萃取相进入后续仪器分析。3 种有机磷农药的检出限为 $3 \sim 4 \mu g \cdot L^{-1}$（GC-FID 方法）和 $0.003 \mu g \cdot L^{-1}$（GC-MS 方法）。Hashemi 等[95]设计了类似的装置来萃取甘草根中甘草酸 [图 3-16(b)]。该装置不需要从下方注入水，而是直接从顶部开口处滴入水，使萃取相上升到细颈处便于吸取。Saleh 等[96]设计了一个侧面带细管的离心管，通过向细管中注入水，可使密度比水小的萃取相上升到细颈处，从而便于后续取样 [图 3-16(c)]。该装置无需使用分散剂，可结合超声波辅助乳化技术萃取水中多环芳烃类物质。类似地，在普通圆底烧瓶的颈部附近加开一个毛细管通道[97]，以正辛醇为萃取剂也可萃取水中酚类化合物 [图 3-16(d)]。萃取完成后，静置使两相分离，然后倾斜该萃取装置，使毛细管通道竖直向上，并从烧瓶口加入一定量的水，抬高液面使萃取相集中在毛细管通道处，即可采集萃取相进行后续分析测定。

前面介绍的这几种装置都需要额外加入水来抬升萃取相的液面，既增加了实验步骤，也容易形成新的乳化界面而影响目标物的回收率。Hu 等[98]设计了新的 DLLME 萃取装置，利用聚乙烯吸管的长颈来回收萃取相而不用额外加水。该方法使用路易斯碱磷酸三丁酯（TBP）代替传统有机溶剂作为萃取剂，基于萃取剂和极性目标物之间的氢键作用萃取环境水样中 4 种酚类化合物 [图 3-16(e)]。5mL 的注射器也可作为 DLLME 的萃取装置，Su 等[99]将样品溶液吸入 5mL 注射器，然后将注射器倒置并取出针头；用微量进样器将萃取剂注入样品溶液中，采用超声波辅助乳化萃取；萃取完成后，将 5mL 注射器的柱塞缓慢推进，便可使萃取相转移到针头中。农业用水和工业用水中 9 种有机磷农药的富集因子可达 $330 \sim 699$，结合气相色谱-电子捕获检测器时，方法检出限为 $1\sim2ng\cdot L^{-1}$ ［图 3-16(f)］。这两种方法都不需要额外加入水来抬升液面，设备简便且易于清洗，具有良好的应用前景。

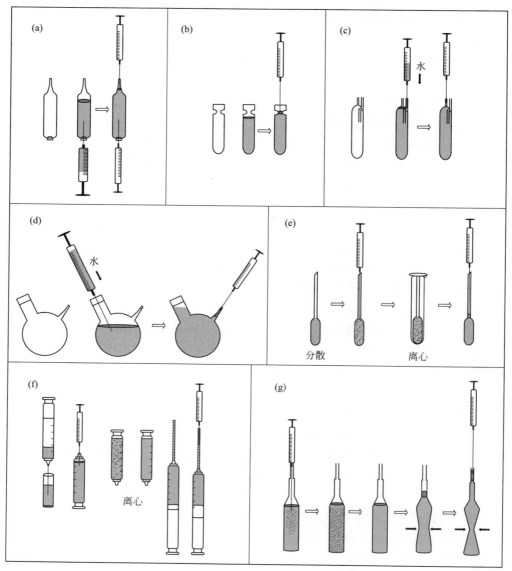

图 3-16　使用低密度有机相作为萃取剂的设计装置[91]
（a）特别萃取容器（DLLME）；（b）窄颈玻璃管（DLLME）；（c）自行设计的离心玻璃管（USAEME）；
（d）带窄开口端的特殊烧瓶（DLLME）；（e）5mL 聚乙烯吸管（DLLME）；
（f）5mL 注射器萃取器（DLLME）；（g）一次性聚乙烯吸管（LDS-SD-DLLME）

（2）溶剂去乳化

传统 DLLME 是通过离心、超声、磁力搅拌或涡轮搅拌等使萃取相和样品溶液分离，操作繁琐且需要特定的萃取设备。2010 年出现了基于低密度溶剂作为萃取剂的溶剂去乳化分散液-液微萃取技术（LDS-SD-DLLME）[100]，它是通过将少量的另一种分散剂加入到乳化液中，使浑浊的乳状液快速澄清，从而实现萃取相和样品溶液两相分离的过程。随后，Lee 小组[101]发展了一种利用一次性聚乙烯吸管的 LSD-SD-DLLME 技术，用来富集环境样品中的痕量多环芳烃类化合物，得到较好的富集效率 [图 3-16(g)]。该技术加速了萃取相分离出来的过程，省略了离心分离等复杂工艺，简化了 DLLME 操作步骤，从而大大缩短了萃取时间。值得注意的是，加入大量的分散剂作为去乳剂可能会导致目标物在样品溶液中的溶解度上升，回收率降低，因此需要在萃取时间和回收率上进行合理取舍。

（3）悬浮萃取剂固化

悬浮萃取剂固化分散液-液微萃取技术（DLLME based on solidification of floating organic droplet，DLLME-SFO）是 2007 年 Yamini 小组[102]基于低密度分散液-液萃取提出的新技术，它采用熔点较低（10～30℃）的有机试剂作为萃取剂，常用的有十二烷醇和十一烷醇等。DLLME-SFO 与传统 DLLME 法相类似，将萃取剂和分散剂混合后快速注入样品溶液；待萃取完成后，富集了待测目标分析物的萃取相漂浮在溶液表面。将溶液放置于冰水浴中使萃取相固化，然后采集萃取相室温融化后进行分析测定（如图 3-17）。DLLME-SFO 操作简便，省去了离心分离等繁琐的步骤，且富集因子高，特别适用于亲脂性的目标分析物，有利于解决萃取相不易分离和转移等问题。

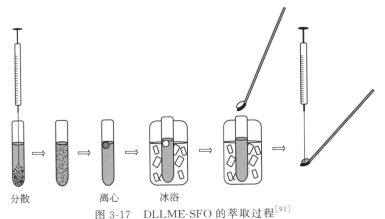

分散　　　　离心　　冰浴

图 3-17　DLLME-SFO 的萃取过程[91]

2. 基于离子液体的分散液-液微萃取

离子液体（ILs）是一种近室温下呈现液态、完全由阴阳离子组成的盐，亦称为低温熔融盐。离子液体作为绿色溶剂，具有毒性小、蒸气压低、热稳定性高、可循环利用等优点，针对不同分析物，可以根据其理化性质合成一定结构的 ILs，提高分析物的选择性和富集因子。主要研究的离子液体由不对称的阳离子，如咪唑类、吡咯类、季铵盐类及季鏻盐类，以及无机或有机阴离子构成，如［BF_4］$^-$、［PF_6］$^-$、Cl^-、Br^-、［CF_3SO_3］$^-$ 等。常用的离子液体有 1-丁基-3-甲基咪唑六氟磷酸盐（［C_4MIM］［PF_6］）、1-己基-3-甲基咪唑六氟磷酸盐（［C_6MIM］［PF_6］）和 1-辛基-3-甲基咪唑六氟磷酸盐（［C_8MIM］［PF_6］）等。

在基于离子液体分散液-液微萃取（ILs-DLLME）过程中，离子液体在分散剂的作用下扩散并有序排列，形成"离子液体-样品溶液-分散剂"的三元溶剂萃取体系。以咪唑类离子液体为例：亲水性的咪唑阳离子指向外部水溶液体系，疏水性的烷基链聚集构成疏水内核，不同极性的目标分析物分布于烷基链的不同部位或进入疏水内核而被离子液体萃取富集。一般情况下，可将 ILs-DLLME 分成三种模式：第一种是传统 ILs-DLLME，通过简单搅拌和振荡使 ILs 从水相中分离。第二种是辅助型 ILs-DLLME，主要通过温控辅助（Temperature-controlled-assisted DLLME，TCA-DLLME）、超声波辅助（Ultrasound-assisted DLLME，UA-DLLME）、涡旋辅助（Vortex-assisted DLLME，VA-DLLME）或微波辅助（Microwave-assisted DLLME，MA-DLLME）等方式来实现离子液体与水溶液的分离。第三种是原位 ILs-DLLME，它采用亲水性离子液体作为萃取剂，使用离子交换剂与其发生置换反应生成新的疏水性离子液体，集萃取、置换反应和形成离子液体沉淀相于一体。Li 等[103] 基于原位 ILs-DLLME 法，将亲水离子液体（［C_6MIM］Cl）作为萃取剂，萃取环境水样中的杀虫剂。萃取过程中，用 $LiNTf_2$（0.03g·mL^{-1}）作为离子交换剂，使之与亲水离子液体发生原位卤素的交换反应，生成疏水性的离子液体（［C_6MIM］［NTf_2］）；与此同时杀虫剂快速转移到疏水相中，交换反应和分析物萃取同步进行，缩短了萃取时间，富集因子达 260～326。

3. 其他分散液-液微萃取模式

由于实际样品基质较复杂，采用传统 DLLME 方法处理得到的分析物往往含有许多杂质，干扰测定。此外，检测仪器对有机基质也有所限制，因此有研究者提出了反萃取分散液-液微萃取技术（DLLME-back extraction solvent，DLLME-BES），即先将目标分析物萃取富集在有机萃取相，再反萃取到水溶液中，最后进行分析检测，从而减少样品基质的干扰，提高分析灵敏度。

除此之外，还有表面活性剂辅助分散液-液萃取法（Surfactant-assisted dispersive liquid-liquid microextraction，SA-DLLME），该方法用两亲性表面活性剂取代分散剂，降低了水溶液的表面张力并提高了有机物的可溶性，而且表面活性剂毒性小、价格低廉，逐渐受到了研究者的关注。

四、分散液-液微萃取的应用

1. 分散液-液微萃取在有机污染物前处理中的应用

DLLME 广泛应用于环境水样和土壤样品有机污染物的检测中，包括有机磷、有机氯、拟除虫菊酯、氨基甲酸酯等农药检测。表 3-3 列出了 DLLME 在有机污染物样品前处理中的应用。多溴联苯类化合物（PBB）是一种持久性有机污染物，主要用作阻燃剂。常用的有多溴二苯醚、多溴联苯、四溴双酚 A 和六溴环十二烷等。Wang 等[104]结合超声波辅助 DLLME 与 HPLC 联用快速测定环境水样品中的 4 种 PBB，方法的富集因子可达 $211\sim245$，而方法检出限低至 $0.11\sim0.12\mu g\cdot L^{-1}$。Song 等[105]将分散液-液微萃取结合 GC-MS 用于定量分析美国环保署方法 8270 中列出的主要有机污染物和焦化废水中 15 种欧洲优先考虑的多环芳烃。与现有方法相比，该方法灵敏高效、溶剂消耗低，适用于焦化废水中主要半挥发性有机污染物和多环芳烃的快速富集测定。

表 3-3　分散液-液微萃取在环境污染物分析中的应用

分析物	萃取方式	分散剂	萃取剂	富集因子	线性范围 /$\mu g\cdot L^{-1}$	检出限 /$\mu g\cdot L^{-1}$	文献
有机磷类农药	DLLME	丙酮	氯苯	$789\sim1070$	$0.01\sim100$	$0.003\sim0.02$	[110]
	IL-DLLME	甲醇	$[BBim][PF_6]$	$309\sim335$	$5\sim1000$	$0.01\sim0.05$	[111]
酰胺类除草剂	DLLME	—	四氯化碳	$6593\sim7873$	$0.01\sim10$	$0.002\sim0.006$	[112]
莠去津	DLLME	甲醇	四氯化碳	—	$0.1\sim50$	0.601	[113]
苯氧乙酸除草剂	DLLME	丙酮	氯苯	—	$0.5\sim750$	0.16	[114]
有机氯农药	DLLME	甲基叔丁基醚	四氯乙烯	$1885\sim2648$	$0.002\sim2$	$0.0004\sim0.0025$	[115]
甲萘威、三唑磷	DLLME	乙腈	四氯乙烷	$87.3\sim275.6$	$0.1\sim1000$	$0.0123\sim0.016$	[116]
丙烯酰胺	DLLME	甲醇	四氯乙烯	100	$0.05\sim6$	0.001	[117]
甲基对硫磷、辛硫磷	TCA-DLLME	—	$[C_6MIM][PF_6]$	50	$1\sim100$	$0.17\sim0.29$	[118]
杀螨剂	IL-USAEME	—	$[C_6MIM][NTf_2]$	$261\sim285$	$0.1\sim600$	$0.02\sim0.06$	[119]
醛类物质	UA-DLLME	乙醇	氯苯	—	$0.8\sim160$	$0.16\sim0.23$	[120]
脂肪胺	DLLME-SFO	乙腈	十一烷醇	$210\sim290$	$0.05\sim500$	$0.005\sim0.02$	[121]
甲草胺、莠去津	DLLME-SFO	丙酮	十一烷醇	$95\sim104.4$	$0.1\sim200$	$0.02\sim0.05$	[122]
烷基酚	DLLME-SFO	—	十六烷硫醇	—	$1\sim1000$	$0.2\sim1.5$	[123]

注："—"表示文献未提及。

Liang 等[106]将一步置换分散液-液微萃取（D-DLLME）与石墨炉原子吸收光谱法相结合，开发了一种选择性测定甲基汞（MeHg）的方法。在所提出的方法中，Cu(Ⅱ) 与二乙基二硫代氨基甲酸酯（DDTC）反应形成 Cu-DDTC 络合物。由于 MeHg-DDTC 的稳定性高于 Cu-DDTC 的稳定性，因此 MeHg 可以从 Cu-DDTC 络合物中置换出 Cu，在 DLLME 过程中进行富集。Lopes 等[107]发展了中空纤维微孔膜液-液萃取（HF-MMLLE）和 DLLME 相结合的中空纤维支撑分散液-液微萃取技术，通过 HPLC-DAD 测定了环境水样品中对羟基苯甲酸甲酯、3-(4-甲基亚苄基)樟脑、三氯卡班和氯酚。结果表明，该方法有机溶剂消耗低，无需使用氯酸盐溶剂和离心,成本低廉且易于使用,性能优于其他 HF-MMLLE 技术,是一种环保可靠的方法。Peng 等[108]结合分散固相萃取和涡旋辅助分散液-液微萃取,发展了一种新颖的悬浮有机液滴固化技术,通过 HPLC 测定土壤和污水污泥样品中 8 种苯甲酰脲类杀虫剂。方法线性范围为 $2 \sim 500 ng \cdot g^{-1}$,检出限在 $0.08 \sim 0.56 ng \cdot g^{-1}$ 范围内,RSD 在 $2.16\% \sim 6.26\%$ 之间,所有分析物的萃取回收率范围为 $81.05\% \sim 97.82\%$,在复杂基质的多残留分析中具有良好的应用潜力。Hu 等[109]开发了一种注射器内低密度离子液体分散液-液微萃取的新型微萃取技术,通过 HPLC 分析了 4 种拟除虫菊酯类杀虫剂的浓度水平。在该方法中,将 ILs 代替有机溶剂,使用微量注射器将 ILs 引入长注射器针头中,然后将样品溶液吸入注射器使其分散并完成萃取过程,使此方法更简便快捷。

2. 分散液-液微萃取在生物样品前处理中的应用

由于生物样品的基质比较复杂,在进行目标分析物检测前需进行样品前处理,分离和富集待测物质。DLLME 技术因操作简便和萃取时间短等优点,逐渐受到了研究者的重视,近年来将其用于生物样品分析已有较大的发展,特别是尿液和血浆中目标物的检测等方面。表 3-4 列出了 DLLME 用于生物样品前处理的应用进展。

Zhou 等[124]基于超高效液相色谱与三重四极杆线性离子阱串联质谱法,通过超声辅助离子液体分散液-液微萃取技术,建立了一种灵敏、快速、精确和特异性的亲水相互作用分析方法(HILIC-UHPLC-QTRAP®/MS²),以研究轻度认知障碍、轻度痴呆和中度痴呆患者尿液样本中的神经递质。开发了基于主成分分析和监督反向传播人工神经网络相结合的多元分析方法,对获得的临床数据进行综合分析。Fernandez 等[125]提出了一种测定尿样中汞的新方法,采用涡旋辅助离子液体分散液-液微萃取和微体积反萃取的方法制备样品,并用金纳米粒子修饰的丝网印刷电极用于伏安法分析。先用疏水性离子液体直接从未消解的尿液样品中萃取汞,然后反萃取至酸性水溶液中;随后,使用金纳米颗粒改性的丝网印刷电极进行测定。近年来,疏水性深共熔溶剂作为新一代绿色溶剂已在液体微萃取技术中引起了广泛关注。Zhang 等[126]制备了由三辛基甲基氯化铵和油酸组成的 4 种疏水性深共熔溶剂,结合 HPLC 用于选择性富集和间接测定生物样品中痕量亚硝酸盐。该方法基于亚硝酸盐与对硝基苯胺和二苯胺在酸性水中的重氮化偶联反应,通过测定所得的偶氮化合物间接定量亚硝酸盐。方法线性范围为 $1 \sim 300 \mu g \cdot L^{-1}$,相关系数为 0.9924,检出限为 $0.2 \mu g \cdot L^{-1}$,检测限为 $1 \mu g \cdot L^{-1}$,日内和日间 RSD 分别为 4.0% 和 6.0%。该方法已成功用于测定 2 个生物样品中的亚硝酸盐,回收率在 $90.5\% \sim 115.2\%$ 之间。Sorouraddin 等[127]通过将均相液-液萃取与火焰原子吸收光谱法相结合,采用分散液-液微萃取方法从生物样品中萃取和预浓缩金刚烷胺。Jafarinejad 等[128]基于悬浮有机液滴固化的新型泡腾片辅助破乳分散液-液微萃取技术，结合气相色谱-火焰离子化检测器和气相色谱-质谱法测定了生物样品中的美沙酮。

表 3-4 分散液-液微萃取在生物样品前处理中的应用

分析物	萃取方式	分散剂	萃取剂	富集因子	线性范围 /μg·L⁻¹	检出限 /μg·L⁻¹	文献
抗心律失常药物	DLLME	乙腈	二氯甲烷	4.4~10.8	20~1000	2~6	[129]
2-羟基-4-甲氧基二苯甲酮及其主要代谢物	DLLME	丙酮	氯仿	3.1~7.4	—	7~8	[130]
金刚烷胺	DLLME	甲醇	1,2-二溴乙烷	408~420	8.7~5000	2.7~4.2	[131]
双酚 A 和双酚 B	DLLME	乙腈	四氯乙烯	—	0.1~5	0.03~0.05	[132]
双酚 A 和六个类似物	DLLME	丙酮	1,2-二氯乙烷	—	0.5~20.0	0.005~0.2	[133]
2-氯乙烯脒酸	DLLME	甲醇	氯仿	250	1~400	0.015	[134]
大麻素类药物	SA-DLLME	十四烷基三甲基溴化铵	甲苯	190~292	1.0~200	0.1~0.5	[135]
糖皮质激素	SA-DLLME	聚乙二醇辛基苯基醚	四氯化碳	49.52~50.01	1~300	0.014~0.314	[136]
氨基酸	UA-DLLME	乙腈	三氯乙烯	—	60~48000	0.36~3.68	[137]
氯丙醇	UA-DLLME	乙腈	氯仿	—	5~400	0.3~3.2	[138]
氨氯地平、硝苯地平	USAEME	—	正辛醇	48~59	2~1200	0.15~0.17	[139]
安非他明及其化合物	USAEME	—	甲苯	543~1025	0.5~500	0.2~0.4	[140]
多虑平	IL-UASEME	—	$[C_6MIM][PF_6]$	180	0.3~1000	0.1	[141]
奋乃静				220	5~1000	1	
罗勒、龙蒿和茴香	LDS-DLLME	丙酮	正辛醇	58~79	260~6900	79~81	[142]

注："—"表示文献未提及。

3. 分散液-液微萃取在食品样品前处理中的应用

咖啡因是植物中的一种生物碱，是对抗某些昆虫的天然化合物，同时也是黄嘌呤类的衍生物，对神经中枢系统有影响。由于对中枢神经系统的直接作用，运动员使用它可促进肌肉力量增强、精神警觉性提高、疲劳减轻以及情绪改善。但过量的咖啡因可能会导致"咖啡因综合征"，如耳鸣、情绪波动、腹泻和肌肉紧张等。Frizzarin 等[143]开发了一种快速、简单且全自动的注射器萃取法，用于咖啡因的 DLLME。它可自动从咖啡饮料中提取咖啡因，无需进一步的样品处理。咖啡因在 2~75mg·L⁻¹ 的范围内具有良好的线性相关性，检出限和检测限分别为 0.46mg·L⁻¹

和 $1.54\,mg\cdot L^{-1}$。Hassan 等[144]提出了在磁性纳米颗粒分散固相微萃取之前结合可切换亲水性液-液微萃取的方法，通过 520nm 的 UV/Vis 分光光度法下测定赤藓红。该方法的检出限小于 $25.9\,ng\cdot mL^{-1}$，检测限小于 $86.3\,ng\cdot mL^{-1}$，线性范围介于 $86.3\sim1000\,ng\cdot mL^{-1}$ 之间，日内和日间 RSD 分别小于 4.1% 和 7.2%。该方法已成功用于食品样品中赤藓红的测定，回收率在 94.6%～103.9% 范围内，并且每个样品的处理时间仅为 7.8min。Mohebi 等[145]基于盐诱导均相液-液萃取和基于三元共熔溶剂的分散液-液微萃取相结合的样品前处理方法，通过高效液相色谱分析了牛奶样品中土霉素、强力霉素、青霉素 G 和氯霉素抗生素。Rastegar 等[146]基于超分子溶剂的分散液-液微萃取（SM-DLLME）结合流动注射火焰原子吸收光谱法测定食品样品中痕量铅。将四氢呋喃中 1-癸醇组成反胶束超分子溶剂注入样品溶液中，通过超声产生纳米微粒，在优化的 pH 下将铅双硫腙配合物萃取到超分子相。在最佳分离条件下，铅离子的检出限为 $0.4\,\mu g\cdot L^{-1}$，并成功应用于食品中痕量铅离子的检测。

在 DLLME 的应用中，早期研究主要集中在简单基质样品的分离分析上，对于复杂基质样品的分离分析难以直接应用。因此，研究者将 DLLME 技术和其他样品前处理方法相结合，如液-液萃取[147]、固相萃取[148]、超临界流体萃取[149]、超声波辅助萃取[150]和分散固相萃取[151]等，以提高分析方法的选择性和萃取效率。同时，DLLME 离线富集与多种检测方法相结合[152,153]，可扩大仪器的应用范围，提高灵敏度、降低检出限，已成为 DLLME 的发展方向。总之，随着 DLLME 技术的不断完善和发展，将在分离分析领域得到更加广泛的应用。

第四节　液膜分离技术

液膜分离技术是 20 世纪 60 年代发展起来的，其特点是高效、快速和节能。液膜分离技术和溶剂萃取过程十分相似，也是由萃取和反萃取两过程组成的。但在液膜分离过程中，萃取和反萃取是在同一步骤中完成，这种促进传输作用，使传递速率大为提高，因而所需平衡级数明显减少，大大减少了萃取溶剂的消耗量。液膜分离技术按其构型和操作方式，可分为乳化液膜（图 3-18）和支撑液膜（图 3-19）。

乳化液膜可看成为一种"水/油/水"型（W/O/W）或"油/水/油"型（O/W/O）的双重乳状液高分散体系。将两种互不相溶的液相通过高速搅拌或超声波处理制成乳状液，然后将其分散到第三种液相（连续相）中，就形成了乳化液膜体系。这种体系包括三个部分：膜相、内包相和连续相。通常内包相和连续相是互溶的，膜相则以膜溶剂为基本成分。为了维持乳状液一定的稳定性及选择性，往往在膜相中加入表面活性剂和添加剂。乳化液膜是一个高分散体系，提供了很大的传质比表面积，待分离物质由连续相（外侧）经膜相向内包相传递，在传质结束后，乳化液通常采用静电凝聚等方法破乳，膜相可以反复使用，内包相经进一步处理后回收浓缩的溶质。

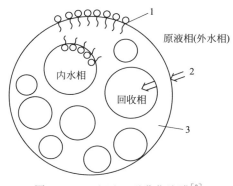

图 3-18　W/O/W 型乳化液膜[3]

1—表面活性剂；2—溶质；3—液膜相

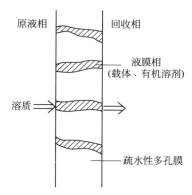

图 3-19　支撑液膜[3]

支撑液膜是将膜相溶液牢固地吸附在多孔支撑体的微孔中，在膜的两侧则是与膜相互不相溶的料液相和反萃取相，待分离的溶质自料液相经多孔支撑体中的膜相向反萃取相传递。这类操作方式比乳化液膜简单，其传质比表面积也可能由于采用中空纤维膜做支撑体而提高，过程易于工程放大。但是，膜相溶液是依据表面张力和毛细管作用吸附于支撑体微孔之中的，在使用过程中，液膜会发生流失而使支撑液膜的功能逐渐下降，因此支撑体膜材料的选择性往往对过程影响很大。一般认为聚乙烯和聚四氟乙烯制成的疏水微孔膜效果较好，聚丙烯膜次之，聚砜膜做支撑液膜的稳定性较差。在工艺过程中，一般需要定期向支撑体微孔中补充液膜溶液，采用的方法通常是在反萃取相一侧隔一定时间加入膜相溶液，以达到补充的目的。

液膜分离技术具有装置简单、操作程序方便等优点，可与各种分析仪器直接连接，实现自动化和在线操作。自从 20 世纪 70 年代发展了膜分离技术与气相色谱和质谱的接口以来，相继出现了液膜分离技术与气相色谱和液相色谱联用技术，并得到了快速的发展。图 3-20 为在线微孔膜液-液萃取-气相色谱联用系统结构图[154]，图 3-21 为膜萃取部分的放大图，所采用的膜为多孔亲水膜（聚丙烯材料）制成，使用的检测器为电子捕获检测器，用来测定环境液体样品中多氯联苯和多环芳烃，具有高通量、检测线性范围宽、检出限低等特点。

膜分离模块还可与 HPLC 系统联合，配以不同的检测器，进行一些半挥发性物质测定，还可进行一些农药残留、除草剂的测定。图 3-22 为典型膜分离技术与 HPLC 技术联用系统结构[155]。采用中空纤维膜的液-液-液微萃取技术（HF-LLLME）与毛细管液相色谱联用还可测定一些硝基苯酚类化合物[156]。

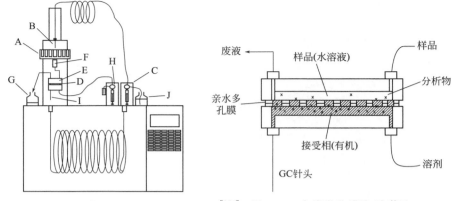

图 3-20 在线微孔膜液-液萃取气相色谱系统结构图[154]
A—样品盘；B—样品吸管；C—样品注射泵；
D—萃取管；E—萃取管固定装置；F—注射口；
G—废液瓶；H—溶剂泵；I—GC 注射针头；J—样品瓶

图 3-21 在线微孔膜液-液萃取
装置示意图[154]

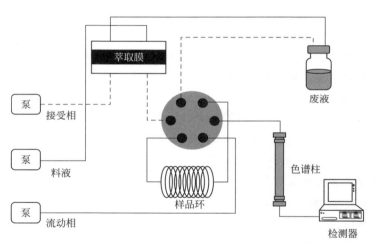

图 3-22 在线膜分离-HPLC 系统结构示意图[155]

由于液膜分离具有快速方便、选择性高等特点，应用前景广泛。尤其是在烃类混合物分离、废水处理、铀矿浸出液中提取铀以及金属离子萃取等领域，有广阔的应用前景。

一些物理化学性质相近的烃类化合物分离主要采用常规的蒸馏萃取分离技术，传统方法既成本高又难以达到分离的要求。研究者运用液膜分离技术，成功分离了苯-正己烷、甲苯-庚烷、正己烷-苯甲苯、乙烷-庚烷、正己烷-环己烷、庚烷-乙烯等性质相近混合体[157]。与常规方法相比，液膜分离技术具有简便、快速、高效和成本低等优点。

液膜分离技术较为瞩目的应用是在废水处理上，对不同被分离物选用不同的溶剂、表面活性剂、载体及液膜种类，可有针对性地去除或回收废水中的污染物。目前该技术应用较广的废水有：含重金属废水（如含铜、镉、铬、汞、铅等）、有机废水（如含酚、胺、烃类、有机酸等）和含阴离子废水（如含 CN^-、F^-、NO_3^-、PO_4^{3-} 等）。液膜分离技术在废水处理上实现了环境保护和资源回收的双重效益，是一项很有潜力的污染物治理新技术，在国内外已有很多成功的例子。

对于贵金属离子的分离富集，溶剂萃取在湿法冶金中是较为常用的一项技术，但此法的成本较高。液膜分离技术兼具溶剂萃取法的优点，而且操作成本低，特别适合稀贵金属的分离和富集。Bhandare 等[158]利用支撑液膜法通过改变二（2-乙基己基）磷酸酯的浓度实现 Pt 和 Rh 的分离和富集。Kargari 等[159]用多胺型表面活性液膜快速从水溶液中分离 Au(Ⅲ)，分离率接近 100%。Pont 等[160]开发了一种支撑液膜，用于从高盐度或酸性的水性介质中分离 Cd。中空纤维构型的支撑液膜系统可从海水样品中富集和分离痕量镉，从而有助于该金属的分析测定。Astolfi 等[161]通过量身定制的液膜环形接触器（TMC）结合电感耦合等离子体发射光谱测定液体样品中三价铬和六价铬。TMC 将分析物的萃取相和反萃取相整合到一个模块中，最大程度地减少膜溶剂的消耗量并最大程度地提高通过液膜的传输速度。Shishov 等[162]开发了用于有机液体样品自动前处理的反相色谱膜微萃取（RP-CME）方法，用于将分析物从有机液体样品相传质到负载在复合传质区的水相中。为实现 RP-CME，开发了基于微孔疏水性聚四氟乙烯（PTFE）和亲水性玻璃纤维的嵌段。同时，为了在线分离含有目标分析物的亲水乳液，还对亲水膜进行了研究。RP-CME 成功地与具有电导检测功能的离子色谱仪（IC-CD）结合使用，自动测定生物柴油样品中的硫酸根、硝酸根、氯离子、磷酸根和甲酸根。

支撑液膜（SLM）的稳定性一直是高效液膜应用的关键问题。在液膜萃取的基础上，Song 等[163]将聚醚砜（PES）与磺化聚苯醚酮（SPPESK）混合的纳米孔离子交换膜作为萃取锂离子的稳定壁垒。他们通过浸没沉淀技术，并改变 PES 和 SPPESK 之间的比例以获得具有最佳性能的萃取膜。发现在 PES/SPPESK 比率为 6/4 且聚合物浓度为 30%（质量分数），进料浓度为 0.13mol·L^{-1} 时，Li^+ 的通量为 $1.67×10^{-8}$ mol·$(cm^2·s)^{-1}$。使用 SLM 从海水中提取锂的研究工作显示出高的选择性，但效率较低。Xing 等[164]使用离子渗透性和耐溶剂性的聚乙烯-乙烯醇（EVAL）膜材料从高 Mg^{2+}/Li^+ 比的盐溶液中萃取锂。通过三元 EVAL/N,N-二甲基乙酰胺/水系统的浸没沉淀制备 EVAL 膜，研究了聚合物浓度对膜形态和传输性能的影响。在扩散测试中，当 Li^+ 的进料浓度为 0.1mol·L^{-1} 时，由质量分数为 30% 的 EVAL 制成的膜对 Li^+ 的通量为 $2.7×10^{-8}$ mol·$(cm^2·s)^{-1}$，这为进一步扩大锂离子的提取规模以及提取其他高附加值金属离子提供了理论基础。

三嗪类除草剂是世界上广泛使用防治杂草生长的农药之一，由于其潜在的毒性和持久性而引起了越来越多的关注。三嗪类除草剂可以在环境中存留许多年，被认为是最重要的环境污染物之一。Wu 等[165]通过液-液微萃取和碳纳米管增强中空纤维微孔膜固相微萃取结合 HPLC，开发了一种简单、高效且环保的方法，用于萃取和测定水和牛奶样品中的 5 种三嗪类除草剂。该方法在水样中的线性范围为 $0.5\sim200\mathrm{ng\cdot mL^{-1}}$，检出限在 $0.08\sim0.15\mathrm{ng\cdot mL^{-1}}$ 之间；牛奶样品的线性范围为 $1\sim200\mathrm{ng\cdot mL^{-1}}$，检出限在 $0.3\sim0.5\mathrm{ng\cdot mL^{-1}}$ 之间。在许多分析场所中，需要高通量、自动化的分析测定方法，而快速的样品预筛选技术则需要使用较为耗时的常规方法来识别"阳性"样品，以进行后续测量。Bedendo 等[166]建立了中空纤维微孔膜液-液萃取与液相色谱串联质谱相结合的检测方法，该萃取方法以聚丙烯多孔膜作为溶剂的固体支撑。溶剂在膜壁上形成可再生液体膜，从而改善了方法的准确性并促进了样品的净化，通过同时萃取工业和新鲜橙汁中 18 种不同类别的残留农药评估方法的适用性，证明了它是一种简单且低成本的高灵敏分析方法。Moeder 等[167]通过将膜辅助溶剂萃取和液相色谱串联质谱（HPLC-MS/MS）相结合，用于测定红酒中 18 种残留农药。将装有 $100\mu\mathrm{L}$ 的甲苯浸没在 $10\mathrm{mL}$ 的葡萄酒中，搅拌萃取 $150\mathrm{min}$，通过 HPLC-MS/MS 分析萃取溶液，发现该方法的检出限在 $1\sim400\mathrm{ng\cdot L^{-1}}$ 的范围内。

美沙酮是一种合成的阿片类药物，广泛用于阿片类药物依赖患者的后续给药中，以缓解突然停药后出现的轻度戒断症状。Ara 等[168]研发了一种新型便携式装置，它使用低电压促进搅拌膜液-液微萃取技术从生物流体样品中萃取美沙酮，然后进行 HPLC 检测。这种新方法结合了搅拌膜液-液微萃取和电动迁移的优点，可以在三相模式下以简单有效的方式分离和浓缩目标分析物。

有机磷酸酯（OPs）是一类非均质化学物质，广泛用于多种商品（例如塑料、建筑材料、清漆等）中阻燃剂和增塑剂。由于挥发、浸出和/或磨损，它们很容易存留于周围环境中，并且已经在不同的环境和家庭基质中检测到了几种 OPs，例如空气、废水与来自室内和室外区域的颗粒物。Garcia-Lopez 等[169]通过微孔膜液-液萃取（MMLLE）技术对水样品中几种 OPs 进行检测，首先将分析物萃取到几微升的有机溶剂中，固定在中空聚丙烯膜的孔中，然后通过带有氮磷检测器的气相色谱法进行测定，方法的灵敏度为 $0.008\sim0.12\mathrm{ng\cdot mL^{-1}}$，优于其他固相和液相微萃取技术，可用于实际水样中 OPs 的分析。使用 SLM 是去除污染物的有效替代方法，可将相关化合物的萃取和反萃取过程结合在同一个方法中，Guell 等[170]提出了一种使用 Aliquat 336 作为萃取剂来研究 As（V）和 As（Ⅲ）化学平衡的通用方法，该方法允许以低浓度水平萃取 As（V），成功从自来水和河水中去除 As（V）。Duncan 等[171]将微型冷凝相膜引入质谱探针，用于直接、连续、在线测量小型复杂样品中药物和环境污染物。Wang 等[172]分别将油和水一起注入具有疏水表面和超亲水表面的多孔膜上，制备具有防污特性的新型多孔膜系统。该膜可同时排斥不混溶的水和油，在作为分离器的油水界面上表现出良好的界面漂浮性，因此在不混溶的油/水分离行业和液-液萃取的应用方面具有较大的潜力。

利用代表丰富的碳中和可再生资源的生物质来生产生物化学物质和生物燃料，

对于应对气候变化和全球能源挑战至关重要。5-羟甲基糠醛（HMF）已被美国能源部列为十大增值生物基化学品，在生物质与化学品/液体燃料的连接中起着重要作用。Zhou 等[173]以绿色和可持续的方式高效生产 HMF，通过在膜分散微反应器中进行液-液萃取来增强果糖的脱氢反应。由于滴流导致的高传质速率，所获得的 HMF 易于从水相萃取至有机相，有效地防止了副反应的产生并提高了 HMF 的选择性。通过有效萃取缩短反应时间，从传统搅拌反应器中 60min 缩短到微反应器中的 4min，从而使产率提高了 3 个数量级。除此之外，液膜分离技术也逐步应用在生物化工、生物制药等领域，其中氨基酸、儿茶酚、咖啡因、青霉素、生物碱等物质已成功利用液膜分离技术进行提取富集，为生化制药工业提供了更为经济有效的途径。

参考文献

[1] Ren Z, Zeng Y, Hua Y, et al. J Chem Eng Data, 2014, 59(8): 2517.

[2] 陈冬璇. 离子液体用于己内酰胺萃取和氧氟沙星拆分的研究[D]. 浙江: 浙江大学, 2014.

[3] 李攻科, 胡玉玲, 阮贵华, 等. 样品前处理仪器与装置. 北京: 化学工业出版社, 2007.

[4] 刘震. 现代分离科学. 北京: 化学工业出版社, 2017.

[5] Salgado J C, Andrews B A, Ortuzar M F, et al. J Chromatogr A, 2008, 1178(1): 134.

[6] Muendges J, Stark I, Mohammad S, et al. Fluid Phase Equilibr, 2015, 385: 227.

[7] Gutowski K E, Broker G A, Willauer H D, et al. J Am Chem Soc, 2003, 125(22): 6632.

[8] Wang Y, Han J, Xie X, et al. Cent Eur J Chem, 2010, 8(6): 1185.

[9] Han J, Wang Y, Yu C, et al. Anal Bioanal Chem, 2011, 399(3): 1295.

[10] Yu C, Han J, Wang Y, et al. Chromatographia, 2011, 74(5): 407.

[11] Pang J, Han C, Chao Y, et al. Sep Sci Technol, 2015, 50(13): 1993.

[12] Jeannot M A, Cantwell F F. Anal Chem, 1996, 68(13): 2236.

[13] Ma M, Cantwell F F. Anal Chem, 1998, 70(18): 3912.

[14] Pedersen-Bjergaard S, Rasmussen K E. Anal Chem, 1999, 71(14): 2650.

[15] He Y, Lee H K. Anal Chem, 1997, 69(22): 4634.

[16] Hou L, Lee H K. J Chromatogr A, 2002, 976(1): 377.

[17] Hou L, Lee H K. Anal Chem, 2003, 75(11): 2784.

[18] Jiang X, Oh S Y, Lee H K. Anal Chem, 2005, 77(6): 1689.

[19] Jiang X, Basheer C, Zhang J, et al. J Chromatogr A, 2005, 1087(1): 289.

[20] Jeannot M A, Cantwell F F. Anal Chem, 1997, 69(2): 235.

[21] Wang J, Jiang D, Yan X. Talanta, 2006, 68(3): 945.

[22] Müller S, Möder M, Schrader S, et al. J Chromatogr A, 2003, 985(1): 99.

[23] Ocaña-González J A, Fernández-Torres R, Bello-López M Á, et al. Anal Chim Acta, 2016, 905: 8.

[24] Andersen S, Halvorsen T G, Pedersen-Bjergaard S, et al. J Pharmaceut Biomed, 2003, 33(2): 263.

[25] Ghambarian M, Yamini Y, Esrafili A, et al. J Chromatogr A, 2010, 1217(36): 5652.

[26] Theis A L, Waldack A J, Hansen S M, et al. Anal Chem, 2001, 73(23): 5651.

[27] Peng J, Liu J, Jiang G, et al. J Chromatogr A, 2005, 1072(1): 3.

[28] Liu J, Chi Y, Jiang G, et al. J Chromatogr A, 2004, 1026(1): 143.

[29] Liu J, Jiang G, Chi Y, et al. Anal Chem, 2003, 75(21): 5870.

[30] Zhang J, Su T, Lee H K. Anal Chem, 2005, 77(7): 1988.

[31] Deng C, Yang X, Zhang X. Talanta, 2005, 68(1): 6.

[32] Ho T S, Halvorsen T G, Pedersen-Bjergaard S, et al. J Chromatogr A, 2003, 998(1): 61.

[33] Ho T S, Egge Reubsaet J L, Anthonsen H S, et al. J Chromatogr A, 2005, 1072(1): 29.

[34] Jiang X, Lee H K. Anal Chem, 2004, 76(18): 5591.

[35] Ho T S, Pedersen-Bjergaard S, Rasmussen K E. J Chromatogr A, 2002, 963(1): 3.

[36] Przyjazny A, Kokosa J M. J Chromatogr A, 2002, 977(2): 143.

[37] Pedersen-Bjergaard S, Rasmussen K E. J Chromatogr B, 2005, 817(1): 3.

[38] Psillakis E, Kalogerakis N. Trend Anal Chem, 2003, 22(9): 565.

[39] Zhu L, Tay C B, Lee H K. J Chromatogr A, 2002, 963(1): 231.

[40] Ma M, Cantwell F F. Anal Chem, 1999, 71(2): 388.

[41] Shen G, Lee H K. Anal Chem, 2002, 74(3): 648.

[42] Rasmussen K E, Pedersen-Bjergaard S, Krogh M, et al. J Chromatogr A, 2000, 873(1): 3.

[43] Zhu L, Zhu L, Lee H K. J Chromatogr A, 2001, 924(1): 407.

[44] Psillakis E, Mantzavinos D, Kalogerakis N. Anal Chim Acta, 2004, 501(1): 3.

[45] Vakh C, Pochivalov A, Andruch V, et al. Anal Chim Acta, 2016, 907: 54.

[46] Hashemi M, Zohrabi P, Torkejokar M. Sep Purif Technol, 2017, 176: 126.

[47] Nazaripour A, Yamini Y, Ebrahimpour B, et al. J Sep Sci, 2016, 39(13): 2595.

[48] Kanberoglu G S, Yilmaz E, Soylak M. J Iran Chem Soc, 2018, 15(10): 2307.

[49] Vidal L, Chisvert A, Canals A, et al. J Chromatogr A, 2007, 1174(1): 95.

[50] George M J, Marjanovic L, Williams D B G. Talanta, 2015, 144: 445.

[51] Ma M, Kang S, Zhao Q, et al. J Pharmaceut Biomed, 2006, 40(1): 128.

[52] De Santana F J M, de Oliveira A R M, Bonato P S. Anal Chim Acta, 2005, 549(1): 96.

[53] Fakhari A R, Tabani H, Nojavan S. Anal Methods, 2011, 3(4): 951.

[54] Hu M, Chen H, Jiang Y, et al. Chem Pap, 2013, 67(10): 1255.

[55] Pedersen-Bjergaard S, Rasmussen K E. J Sep Sci, 2004, 27(17-18): 1511.

[56] 陈璇, 白小红, 王晓, 等. 色谱, 2010(12): 1144.

[57] Esrafili A, Yamini Y, Shariati S. Anal Chim Acta, 2007, 604(2): 127.

[58] Calixto L A, Bonato P S. J Sep Sci, 2010, 33(17-18): 2872.

[59] Ghambarian M, Yamini Y, Esrafili A. J Pharmaceut Biomed, 2011, 56(5): 1041.

[60] Jahan S, Xie H, Zhong R, et al. Analyst, 2015, 140(9): 3193.

[61] Zhao L, Lee H K. J Chromatogr A, 2001, 931(1): 95.

[62] Guo L, Lee H K. J Chromatogr A, 2011, 218(28): 4299.

[63] Feizi N, Yamini Y, Moradi M, et al. Anal Chim Acta, 2017, 953: 1.

[64] Aguilera-Herrador E, Lucena R, Cárdenas S, et al. Anal Chem, 2008, 80(3): 793.

[65] Ahmadi F, Assadi Y, Hosseini S M R M, et al. J Chromatogr A, 2006, 1101(1): 307.

[66] Saraji M, Esteki N. Anal Bioanal Chem, 2008, 391(3): 1091.

[67] Saraji M, Farajmand B. J Chromatogr A, 2008, 1178(1): 17.

[68] Palit M, Pardasani D, Gupta A K, et al. Anal Chem, 2005, 77(2): 711.

[69] Gupta M, Jain A, Verma K K. Talanta, 2007, 71(3): 1039.

[70] López-Darias J, Germán-Hernández M, Pino V, et al. Talanta, 2010, 80(5): 1611.

[71] Guo L, Lee H K. J Chromatogr A, 2012, 1235: 26.

[72]　Trtić-Petrović T, Dimitrijević A. Cent Eur J Chem, 2014, 12(1): 98.

[73]　Wen X, Tu C, Lee H K. Anal Chem, 2004, 76(1): 228.

[74]　魏超, 卢珩俊, 陈梅兰, 等. 色谱, 2011, 29(1): 54.

[75]　Bolaños P P, Romero-González R, Frenich A G, et al. J Chromatogr A, 2008, 1208(1): 16.

[76]　Shi Z G, Zhang Y F, Lee H K. J Chromatogr A, 2010, 1217(47): 7311.

[77]　Feizi N, Yamini Y, Moradi M, et al. Anal Chim Acta, 2017, 953: 1.

[78]　Scheel G, Tarley C. Microchem J, 2017, 133: 650.

[79]　Zohrabi P, Shamsipur M, Hashemi M, et al. Talanta, 2016, 160: 340.

[80]　Pirsaheb M, Fattahi N. RSC Adv, 2018, 8(21): 11412.

[81]　Aydin F, Yilmaz E, Soylak M. Microchem J, 2017, 132: 280.

[82]　Bogdanova P, Pochivalov A, Vakh C, et al. Talanta, 2020, 216: 120992.

[83]　Yu X, Chen B, He M, et al. Anal Chem, 2018, 90(16): 10078.

[84]　Chen X, Li J, Zhang Y, et al. J Chromatogr A, 2019, 1603: 44.

[85]　Asadi M, Dadfarnia S, Shabani A M H, et al. Food Anal Method, 2016, 9(10): 2762.

[86]　Villegas-Alvarez M, Callejon-Leblic B, Rodriguez-Moro G, et al. J Chromatogr A, 2020, 1626: 1626.

[87]　Salvatierra-Stamp V, Muniz-Valencia R, Jurado J, et al. Microchem J, 2018, 140: 87.

[88]　Rezaee M, Assadi Y, Milani Hosseini M, et al. J Chromatogr A, 2006, 1116(1): 1.

[89]　Bernardo M, Gonçalves M, Lapa N, et al. Chemosphere, 2010, 79(11): 1026.

[90]　Yan H, Wang H, Qin X, et al. J Pharmaceut Biomed, 2011, 54(1): 53.

[91]　Leong M, Fuh M, Huang S. J Chromatogr A, 2014, 1335: 2.

[92]　张雪莲, 焦必宁. 食品科学, 2012(9): 307.

[93]　吴桐. 液相微萃取技术在农药残留分析中的应用研究[D]. 北京: 中国农业大学, 2014.

[94]　Farajzadeh M A, Seyedi S E, Shalamzari M S, et al. J Sep Sci, 2009, 32(18): 3191.

[95]　Hashemi P, Beyranvand S, Mansur R S, et al. Anal Chim Acta, 2009, 655(1): 60.

[96]　Saleh A, Yamini Y, Faraji M, et al. J Chromatogr A, 2009, 1216(39): 6673.

[97]　Zhang P, Shi Z, Yu Q, et al. Talanta, 2011, 83(5): 1711.

[98]　Hu X, Wu J, Feng Y. J Chromatogr A, 2010, 1217(45): 7010.

[99]　Su Y, Jen J. J Chromatogr A, 2010, 1217(31): 5043.

[100]　Chen H, Chen R, Li S. J Chromatogr A, 2010, 1217(8): 1244.

[101]　Guo L, Lee H K. J Chromatogr A, 2011, 1218(31): 5040.

[102]　Khalili Zanjani M R, Yamini Y, Shariati S, et al. Anal Chim Acta, 2007, 585(2): 286.

[103]　Li S, Gao H, Zhang J, et al. J Sep Sci, 2011, 34(22): 3178.

[104]　Wang X, Du T, Wang J, et al. Microchem J, 2019, 148: 85.

[105]　Song G, Zhu C, Hu Y, et al. J Sep Sci, 2013, 36(9-10): 1644.

[106]　Liang P, Kang C, Mo Y. Talanta, 2016, 149: 1.

[107]　Lopes D, Dias A, Simao V, et al. Microchem J, 2017, 130: 371.

[108]　Peng G, He Q, Mmereki D, et al. J Sep Sci, 2016, 39(7): 1258.

[109]　Hu L, Wang X, Qian H, et al. Rsc Adv, 2016, 6(73): 69218.

[110]　Berijani S, Assadi Y, Anbia M, et al. J Chromatogr A, 2006, 1123(1): 1.

[111]　He L, Luo X, Jiang X, et al. J Chromatogr A, 2010, 1217(31): 5013.

[112]　Zhao R, Diao C, Chen Q, et al. J Sep Sci, 2009, 32(7): 1069.

[113]　Zhou Q, Xie G, Pang L. Chin Chem Lett, 2008, 19(1): 89.

[114]　Farhadi K, Matin A A, Hashemi P. Chromatographia, 2009, 69(1): 45.

[115] Tsai W, Huang S. J Chromatogr A, 2009, 1216(27): 5171.

[116] Fu L, Liu X, Hu J, et al. Anal Chim Acta, 2009, 632(2): 289.

[117] Yamini Y, Ghambarian M, Esrafili A, et al. Int J Environ An Ch, 2012, 92(13): 1493.

[118] Zhou Q, Bai H, Xie G, et al. J Chromatogr A, 2008, 1188(2): 148.

[119] Zhang J, Liang Z, Guo H, et al. Talanta, 2013, 115: 556.

[120] Ye Q, Zheng D, Liu L, et al. J Sep Sci, 2011, 34(13): 1607.

[121] Kamarei F, Ebrahimzadeh H, Asgharinezhad A A. J Sep Sci, 2011, 34(19): 2719.

[122] Pirsaheb M, Fattahi N, Shamsipur M, et al. J Sep Sci, 2013, 36(4): 684.

[123] Sung Y, Liu C, Leong M, et al. Anal Lett, 2014, 47(16): 2643.

[124] Zhou G, Yuan Y, Yin Y, et al. Anal Chim Acta, 2020, 1107: 74.

[125] Fernandez E, Vidal L, Costa-Garcia A, et al. Anal Chim Acta, 2016, 915: 49.

[126] Zhang K, Li S, Liu C, et al. J Sep Sci, 2019, 42(2): 574.

[127] Sorouraddin S, Farajzadeh M, Hassanyani A, et al. Rsc Adv, 2016, 6(110): 108603.

[128] Jafarinejad M, Ezoddin M, Lamei N, et al. J Sep Sci, 2020, 43(16): 3266.

[129] Jouyban A, Sorouraddin M H, Farajzadeh M A, et al. Talanta, 2015, 134: 681.

[130] Tarazona I, Chisvert A, Salvador A. Talanta, 2013, 116: 388.

[131] Farajzadeh M A, Nouri N, Alizadeh Nabil A A. J Chromatogr B, 2013, 940: 142.

[132] Cunha S C, Fernandes J O. Talanta, 2010, 83(1): 117.

[133] Rocha B A, Da Costa B R B, de Albuquerque N C P, et al. Talanta, 2016, 154: 511.

[134] Naseri M T, Shamsipur M, Babri M, et al. Anal Bioanal Chem, 2014, 406(21): 5221.

[135] Moradi M, Yamini Y, Baheri T. J Sep Sci, 2011, 34(14): 1722.

[136] Qin H, Yu S, Hu X, et al. Anal Lett, 2013, 46(4): 589.

[137] Mudiam M K R, Ratnasekhar C. J Chromatogr A, 2013, 1291: 10.

[138] Gonzalez-Siso P, Lorenzo R A, Regenjo M, et al. J Sep Sci, 2015, 38(19): 3428.

[139] Heidari H, Razmi H, Jouyban A. J Sep Sci, 2014, 37(12): 1467.

[140] Rezaee M, Mashayekhi H A, Garmaroudi S S. Anal Methods, 2012, 4(10): 3212.

[141] Zare F, Ghaedi M, Daneshfar A. J Sep Sci, 2015, 38(5): 844.

[142] Barfi A, Nazem H, Saeidi I, et al. J Pharmaceut Biomed, 2016, 121: 123.

[143] Frizzarin R, Maya F, Estela J, et al. Food Chem, 2016, 212: 759.

[144] Hassan M, Uzcan F, Alshana U, et al. Food Chem, 2021, 348: 129053.

[145] Mohebi A, Samadi M, Tavakoli H, et al. Microchem J, 2020, 157: 104988.

[146] Rastegar A, Alahabadi A, Esrafili A, et al. Anal Methods, 2016, 8(27): 5533.

[147] Farajzadeh M A, Khoshmaram L. Clean Soil Air Water, 2015, 43(1): 51.

[148] Zhou S, Chen H, Wu B, et al. Microchim Acta, 2012, 176(3): 419.

[149] Daneshvand B, Raofie F. J Iran Chem Soc, 2015, 12(7): 1287.

[150] Sereshti H, Heidari R, Samadi S. Food Chem, 2014, 143: 499.

[151] Zhang Y, Xu H. Food Anal Method, 2014, 7(1): 189.

[152] Molaei K, Asgharinezhad A, Ebrahimzadeh H, et al. J Sep Sci, 2015, 38(22): 3905.

[153] Zhang C, Cagliero C, Pierson S, et al. J Chromatogr A, 2017, 1481: 1.

[154] Barri T, Bergström S, Norberg J, et al. Anal Chem, 2004, 76(7): 1928.

[155] Hyötyläinen T, Riekkola M. Anal Bioanal Chem, 2004, 378(8): 1962.

[156] Guo X, Mitra S. J Chromatogr A, 2000, 904(2): 189.

[157] 时钧, 袁权, 高从堦. 膜技术手册. 北京: 化学工业出版社, 2001.

[158] Bhandare A A, Argekar A P. J Membrane Sci, 2002, 201(1): 233.

[159] Kargari A, Kaghazchi T, Soleimani M. Can J Chem Eng, 2004, 82(6): 1301.

[160] Pont N, Salvado V, Fontas C. Membranes, 2018, 8(2): 21.

[161] Astolfi M, Ginese D, Ferrante R, et al. Processes, 2021, 9(3): 536.

[162] Shishov A, Stolarova E, Moskvin L, et al. Anal Chim Acta, 2019, 1087: 62.

[163] Song J, Li X, Zhang Y, et al. J Membrane Sci, 2014, 471: 372.

[164] Xing L, Song J, Li Z, et al. J Membrane Sci, 2016, 520: 596.

[165] Wu C, Liu Y, Wu Q, et al. Food Anal Method, 2012, 5(3): 540.

[166] Bedendo G, Jardim I, Carasek E. Talanta, 2012, 88: 573.

[167] Moeder M, Bauer C, Popp P, et al. Anal Bioanal Chem, 2012, 403(6): 1731.

[168] Ara K M, Raofie F. Talanta, 2017, 168: 105.

[169] Garcia-Lopez M, Rodriguez I, Cela R. Anal Chim Acta, 2008, 625(2): 145.

[170] Guell R, Fontas C, Salvado V, et al. Sep Purif Technol, 2010, 72(3): 319.

[171] Duncan K, Willis M, Krogh E, et al. Rapid Commun Mass Sp, 2013, 27(11): 1213.

[172] Wang Z, Yang J, Song S, et al. Chem Commun, 2020, 56(80): 12045.

[173] Zhou C, Shen C, Ji K, et al. ACS Sustain Chem Eng, 2018, 6(3): 3992.

CHAPTER 4

相吸附样品前处理技术

相吸附样品前处理方法使用固体分离介质，包括固相萃取、固相微萃取、基质分散固相萃取、搅拌棒吸附萃取和磁性固相萃取等。近年来，针对复杂体系分离分析的需要，发展了多种新型分离富集介质，使相吸附样品前处理技术得到迅速发展。本章着重介绍固相萃取及其衍生出的固相微萃取、搅拌棒萃取、磁性萃取、分散固相萃取技术的原理、装置、萃取吸附剂的种类和选择依据、萃取溶剂的选择及其应用。

第一节　固相萃取

固相萃取（Solid-phase extraction，SPE）是 20 世纪 70 年代后期发展起来的样品前处理技术。它利用固体吸附剂将目标化合物吸附，与样品基体及干扰化合物分离，然后用洗脱液洗脱或加热解脱，从而达到分离和富集目标化合物的目的。固相萃取出现后，其应用范围逐渐扩大。在很多情况下，固相萃取作为制备液体样品优先考虑的方法取代了传统的液-液萃取法，如美国国家环保局（EPA）将其用于水中农药含量的测定。

与液-液萃取相比，固相萃取具有如下优点：a. 高回收率和富集因子；b. 有机溶剂消耗量低，减少了对环境的污染；c. 采用高效、高选择性的吸附剂，能更有效地将分析物与干扰组分分离；d. 无相分离操作过程，容易采集分析物；e. 能处理小体积试样；f. 操作简便、快速，费用低，易于实现自动化及与其他分析仪器的联用。

在过去几十年，固相萃取技术作为分析化学分离和纯化强有力的工具发挥了重要作用，尤其是作为色谱分析的前处理方法已经成为一个常规手段。一次性的固相萃取商品柱于 1978 年首次出现，20 世纪 80 年代出现的固相萃取在线联用技术克服了离线萃取的许多缺点，使分析数据更可靠、重现性更好、操作更为简便。随后出现的膜片式固相萃取装置，解决了大体积液体样品的萃取困难。固相萃取吸附剂的种类也日渐增多。20 世纪 90 年代初，为克服有机物在固相萃取吸附剂上的共吸附问题，出现了免疫抗体吸附剂，使得固相萃取技术更为成熟，应用范围更加广泛。

1999 年由 Sandra 等[1] 提出了搅拌棒吸附萃取技术，将吸附涂层包裹在搅拌磁子表面，在萃取的过程中自身完成搅拌，避免了竞争性吸附，同时加快了萃取的效率，使固相萃取操作更为便捷。1989 年加拿大 Waterloo 大学的 Pawliszyn 提出了固相微萃取技术，实现了固相萃取的微型化，方便与色谱分析技术尤其是气相色谱技术联用，操作过程更为简便、无溶剂化，是固相萃取技术的重要进展。将固相萃取材料固载于磁性材料上，可在萃取完成后通过磁分离的方式将吸附了目标物的磁性固体材料与样品基体溶液快速分离，避免了离心、过滤等复杂的样品前处理操作过程，近年来发展同样很快。以上萃取过程都是针对溶液样品，通过液-固吸附或萃取，将分析物富集于少量固体萃取剂，溶剂洗脱或热脱附后进行后续色谱分析。

一、固相萃取基本原理、分离模式及操作步骤

1. 固相萃取原理

固相萃取的基本原理是样品在两相之间的分配，即在固相（吸附剂）和液相（溶剂）之间的分配。其保留或洗脱的机制取决于被分析物与吸附剂表面的活性基团，以及被分析物与液相之间的分子间作用力。洗脱模式有两种，一种是目标化合物比干扰物与吸附剂之间的亲和力更强，因而被保留，洗脱时采用对目标化合物亲和力更强的溶剂；另一种是干扰物比目标化合物与吸附剂之间亲和力更强，则目标化合物被直接洗脱，通常采用前一种模式。

固相萃取技术是一个柱色谱分离过程，分离机理、固定相、洗脱溶剂的选择与高效液相色谱（HPLC）有许多相似之处，可分为正相、反相、离子交换等多种分离模式。但是，固相萃取与高效液相色谱也有不同之处。固相萃取填料粒径比高效液相色谱填料大，由于柱长较短和粒径较大，固相萃取柱效比高效液相色谱柱效低得多。因此，用固相萃取只能分开保留性质有很大差别的化合物。固相萃取不是以恒组分方式而是以数字开关方式进行分离，通过阶式梯度，目标化合物不是被吸附剂牢固吸附就是完全不被保留。表 4-1 比较了固相萃取与高效液相色谱的主要特点。

表 4-1 固相萃取与高效液相色谱的比较[2]

项目	HPLC	SPE	项目	HPLC	SPE
硬件	不锈钢柱	塑料柱	操作成本	中～高	低
颗粒粒径/μm	5	40	设备成本	高	低
颗粒形状	球形	无定形	分离模式	多种	多种
塔板数	10000 以上	10～20	操作	可重复使用	一次性
分离机理	连续洗脱	"数字式"开关洗脱			

2. 固相萃取分离模式

固相萃取实质是一种液相色谱分离，按萃取原理固相萃取分为反相固相萃取、正相固相萃取、离子交换固相萃取等。固相萃取所用的吸附剂也与液相色谱常用的固定相相同，只是在粒度上有所区别。

反相固相萃取是从极性的样品溶液（如水样）中萃取非极性或弱极性的分析物。固定相为非极性或极性较弱的吸附剂，流动相为极性（水溶液）或中等极性样品基质，分析物与吸附剂的作用是疏水性相互作用，主要是非极性-非极性相互作用，是范德华力或色散力。吸附剂的极性小于洗脱液极性。反相固相萃取是目前最常用的一种固相萃取方法。

正相固相萃取是从非极性的样品溶液中萃取极性的分析物。固定相为极性的吸附剂，流动相为中等极性到非极性的样品基质，分析物与吸附剂的作用是亲水性相互作用，取决于分析物的极性官能团与吸附剂表面的极性官能团之间的相互作用，即极性-极性相互作用，包括氢键、π-π 相互作用、偶极-偶极相互作用、偶极-诱导偶极相互作用。吸附剂的极性大于洗脱液极性。正相固相萃取较少用于直接萃取非极性溶液中的极性分析物，常用于水溶液等样品中有机提取物的去杂净化[2]。

离子交换固相萃取用于萃取分离带有电荷的分析物。固定相为带电荷的离子交换树脂，流动相为极性或中等极性的样品基质，带电荷的分析物靠静电吸引到带有电荷的吸附剂表面，分析物与吸附剂的作用是静电吸引力。离子交换固相萃取分为阴离子交换固相萃取和阳离子交换固相萃取。

了解了固相萃取的种类，即可根据样品的类型、分析物和基体的性质，选择合适的固相萃取类型。

3. 固相萃取基本步骤

一个完整的固相萃取步骤包括固相萃取柱的预处理、加样、洗去干扰杂质、分析物的洗脱及采集四个步骤[2]。操作步骤如图 4-1 所示。

（1）固相萃取柱预处理

在萃取样品之前，吸附剂必须经过适当的预处理，一是为了湿润和活化固相萃取填料，以使目标萃取物与固相表面紧密接触，易于发生分子间相互作用；二

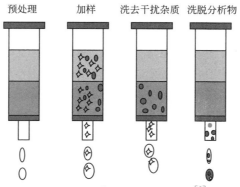

图 4-1　固相萃取基本操作步骤[2]

◇—基本杂质；●—分析物

是为了除去填料中可能存在的杂质，减少污染。采取的方法是用一定量的溶剂冲洗柱子。

反相类型固相萃取硅胶和非极性吸附剂介质，通常用水溶性有机溶剂如甲醇预处理，甲醇湿润吸附剂表面和渗透键合烷基相，便于水更有效地湿润硅胶表面。然后用水或缓冲溶液替换滞留在柱中的甲醇，以使样品水溶液与吸附剂表面有良好的接触，提高萃取效率。正相类型固相萃取硅胶和极性吸附剂介质，通常用样品所在的有机溶剂来预处理。离子交换填料一般用 $3\sim5mL$ 的去离子水或低浓度的离子缓冲溶液来预处理。

固相萃取填料从预处理到样品加入都应保持湿润，如果在样品加入之前，萃取柱中的填料干了，需要重复预处理过程，并且在重新引入有机溶剂之前，先要用水冲洗柱内缓冲溶液中的盐。

（2）加样

将样品倒入活化后的 SPE 小柱，然后利用抽真空、加压或离心的方法使样品进入吸附剂（如图 4-2）。采取手动或泵以正压推动或负压抽吸方式使液体样品以适当流速通过固相萃取柱，此时，样品中目标萃取物被吸附在固相萃取柱填料上。

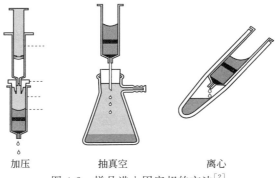

加压　　　　　抽真空　　　　　离心

图 4-2　样品进入固定相的方法[2]

（3）洗去干扰杂质

洗涤的目的是为了除去吸附在固相萃取柱上的少量基体干扰组分。一般选择中等强度的混合溶剂，尽可能除去基体中的干扰组分，又不会导致目标萃取物流失。如反相萃取体系常选用一定比例组成的有机溶剂/水混合液，有机溶剂比例应大于样品溶液，而小于洗脱剂溶液。

（4）分析物的洗脱及采集

选择适当的洗脱溶剂洗脱被分析物，采集洗脱液，挥干溶剂以备后用或直接进行在线分析。为了尽可能将分析物洗脱，使比分析物吸附更强的杂质留在 SPE 柱上，需要选择合适强度的洗脱溶剂。

二、固相萃取吸附剂

1. 固相萃取吸附剂的要求

固相萃取过程实质上是一个柱色谱分离过程，因此高效液相色谱固定相都可作为固相萃取吸附剂，只是固相萃取吸附剂一般颗粒较大。目前，商品化的固相萃取吸附剂种类很多，新型固相萃取吸附剂还在不断研究和开发中。作为一种理想的固相萃取吸附剂，最好能满足下列条件[2]。

① 吸附剂最好为多孔的、具有大表面积的固体颗粒。表面积越大，吸附能力越强。现在广泛使用的固相萃取吸附剂的表面积大多在 $200 m^2 \cdot g^{-1}$ 以上，有的高达 $1000 m^2 \cdot g^{-1}$ 以上。但吸附剂表面积越大，其孔径往往越小，所以在选择时应根据具体情况综合考虑。

② 吸附剂应有较低的空白值。要求吸附剂的纯度高，尽量减少由于吸附剂带来的污染，降低空白，从而最大限度地降低检出限。因此，固相萃取吸附剂在使用前要用合适的一种或几种溶剂进行充分洗涤。

③ 萃取吸附过程必须可逆且有高回收率。固定相不但能迅速定量地吸附分析物，而且还能在合适的溶剂洗脱时迅速定量地释放出分析物，完成固相萃取的全过程。整个分析过程具有恒定一致的回收率，可以保证更可靠、更准确、更精密的分析结果。

④ 吸附剂要有高化学稳定性。具有较强的耐酸碱腐蚀性能，在各种淋洗剂中不易发生溶胀作用。例如，硅胶基质的吸附剂在 pH 小于 2 的情况下容易发生有机键合相断裂，而在 pH 大于 8 时硅胶容易溶解。高聚物吸附剂则要注意随有机溶剂变化产生的溶胀现象。

⑤ 吸附剂必须与样品溶液有好的界面接触。样品必须首先和吸附剂表面充分接触才能保证被定量萃取。常用的 C_{18} 键合硅胶吸附剂具有良好疏水性，对许多有机物的吸附性能良好。但高疏水性导致吸附剂表面与样品水溶液接触界面减少，回收率降低。因此这类吸附剂在使用前常用甲醇、乙醇、乙腈或丙酮等有机溶剂

进行活化预处理，其目的之一就是使吸附剂获得能与样品水溶液产生紧密接触的表面，从而获得好的吸附。另一个更好的解决办法是对吸附剂表面进行适当的亲水性化学修饰，如在聚苯乙烯型吸附剂表面引入相对亲水性的乙酰基（CH_3CO^-）、氰甲基（$CNCH_2^-$）、羟甲基（$HOCH_2^-$）等基团，使吸附剂表面具有一定的亲水性，从而更好地与样品水溶液接触，改善萃取效果。

2. 固相萃取吸附剂的种类

固相萃取技术经过多年的发展，吸附剂的种类日见增多，主要有以下类型：键合硅胶吸附剂、石墨碳、离子交换树脂、金属配合物吸附剂、聚合物吸附剂、免疫亲和吸附剂、分子印迹聚合物等。

（1）键合硅胶吸附剂

1979 年 Waters 开发了第一个固相萃取用的以硅胶为填料的微型针桶式柱，到目前为止键合硅胶吸附剂仍然是应用最广泛的固相萃取吸附剂，随着新型液相色谱固定相的开发，其种类不断增加。

常用的键合硅胶吸附剂表面积在 $50\sim500\,m^2\cdot g^{-1}$ 之间，孔径在 $5\sim50nm$ 之间，粒径大于 $40\mu m$。一般应选择粒径小、比表面积大的吸附剂，以获得更好的萃取效果。但要注意粒径过小，萃取时阻力增加，萃取速度变慢。键合硅胶是通过硅烷偶联剂将有机基团键合到硅胶表面的，根据有机基团的性质可分为反相型和正相型键合硅胶吸附剂。一般有机基团的碳链长，吸附剂含碳量高，则吸附剂的极性小，为反相型吸附剂，如 C_{18}、C_8、苯基键合硅胶；有机基团的碳链短，吸附剂含碳量低，则吸附剂的极性大，为正相型吸附剂，如氰基、二醇基、氨基等。另外，含有磺酸基、三甲基胺丙基等有机基团的固定相可作为离子交换固相萃取的吸附剂使用。常用的键合硅胶吸附剂及其应用范围见表 4-2。键合硅胶吸附剂在 pH 值 $2\sim7.5$ 是稳定的，在 pH 值 7.5 以上，硅胶基质易于溶解；在 pH 值 2 以下，硅醚链不稳定，有机基团从硅胶基质上脱落，萃取能力下降。

表 4-2 常用的键合硅胶吸附剂及应用[2]

类型	简称	极性	应用
十八烷基	C_{18}	非极性	反相萃取,适合非极性到中等极性的化合物,如抗菌素、巴比妥酸盐、酞嗪、咖啡因、药物、染料、芳香油、脂溶性维生素、杀真菌剂、除草剂、农药
辛烷基	C_8	非极性	反相萃取,适合 C_{18} 上保留过强的非极性到中等极性化合物
乙基	C_2	弱极性	相对 C_{18} 和 C_8,保留作用小得多
苯基	Phenyl	弱极性	反相萃取,适合高芳香性化合物
硅胶	Silica	极性	极性化合物萃取,如乙醇、醛、酮、胺、药物、染料、锄草剂、农药、含氮类化合物、有机酸、类酚、类固醇
氰基	CN	极性	反相萃取,适合中等极性的化合物;正相萃取,适合于极性化合物;弱阳离子交换萃取,适合阳离子化合物

类型	简称	极性	应用
氨基	NH$_2$	极性	正相萃取,适合极性化合物;弱阴离子交换萃取,适合弱阴离子和有机酸化合物
三甲基胺丙基	SAX	极性	强阴离子交换萃取,适合于有机酸、核酸、核苷酸、表面活化剂
丙基苯基磺酸	SCX	极性	强阳离子交换萃取,适合阳离子、抗菌素、有机碱、氨基酸、儿茶酚胺、核酸碱、核苷、表面活化剂

在以上键合硅胶吸附剂中,C$_{18}$ 键合硅胶对大多数非极性及中等极性分析物具有良好的萃取能力,因此应用最广泛。现有商品化吸附剂的种类也很多,市场较多的商品化 C$_{18}$ 和 C$_8$ 键合硅胶如表 4-3 所示。在实际使用时,应根据样品的性质选择合适的吸附剂。一般含碳量越大,萃取能力越强,但可能对某些非极性化合物保留过强。封端处理对于萃取过程也有较大影响。所谓封端就是利用三功能团硅烷化试剂与硅胶反应,以尽量减少硅胶表面残余的硅醇基,获得极性更小的固定相,更好地实现对水样中非极性组分的萃取。残留在硅胶表面的硅醇基还会对极性较大的组分产生吸附,如通过氢键键合的方式吸附醇或胺等物质,这种次级吸附往往对分析物的固相萃取产生不利影响。经封端处理以后,C$_{18}$ 键合硅胶对水溶液中的非极性及弱极性分析物萃取更加完全,回收率更高,而对极性组分则保留很少,有利于提高萃取的选择性。但有时候残余的硅醇基与极性组分之间的作用也有有利的一面。一定数量硅醇基的存在使 C$_{18}$ 键合硅胶与极性组分之间除了疏水作用还有离子相互作用及氢键作用,并且使疏水性的键合硅胶与极性较大的萃取物之间接触更加紧密,从而实现对这类化合物的良好萃取。这种根据极性化合物特意设计的 C$_{18}$ 键合硅胶常常表示为 C$_{18}$/OH 或 polar C$_{18}$,这类吸附剂对分析物的萃取机理是一种混合作用机理。

表 4-3　常用的商品 C$_{18}$ 和 C$_8$ 键合硅胶固相萃取吸附剂[3]

吸附剂	制造商	孔径/Å	粒径/μm	封端	含碳量/%
Bond-Elut C$_{18}$	Varian	60	40	是	18
Bond-Elut C$_{18}$/OH	Varian	60	40	否	13.5
Bond-Elut C$_8$	Varian	60	40	是	12.5
Bakerbond C$_{18}$	J. T. Baker	60	40	是	17~18
Bakerbond C$_{18}$-Polar Plus	J. T. Baker	60	40	否	16~17
Bakerbond C$_{18}$-light	J. T. Baker	60	40	否	12~13
Bakerbond C$_8$	J. T. Baker	60	40	是	14
Isolute C$_{18}$(EC)	IST	55	70	是	18
Isolute C$_{18}$	IST	55	70	否	16
Isolute MF C$_{18}$	IST	55	70	否	16
Isolute C$_8$(EC)	IST	55	70	是	12

续表

吸附剂	制造商	孔径/Å	粒径/μm	封端	含碳量/%
Isolute C$_8$	IST	55	70	否	12
Sep-Pak C$_{18}$ t	Waters	125	37~55	是	17
Sep-Pak C$_{18}$	Waters	125	37~55	是	12
Sep-Pak C$_8$	Waters	125	37~55	是	9
Chromabond C$_{18}$ ec	Machery-Nagel	60	45/100	是	14
Chromabond C$_{18}$	Machery-Nagel	60	45/100	是	14
Chromabond C$_8$	Machery-Nagel	60	45	否	8
DSC C$_{18}$	Supelco	70	50	是	18

注: $1\text{Å} = 10^{-10}\,\text{m} = 0.1\text{nm}$。

（2）有机聚合物吸附剂

虽然键合硅胶吸附剂在固相萃取中应用十分广泛，但也存在自身无法避免的缺点。如 pH 使用范围有限，酸性环境下有机键合基团易于脱落，碱性环境下硅胶容易水解；硅胶表面活性羟基的吸附作用有时对萃取过程造成不利影响；对有机化合物的吸附不完全。

有机聚合物吸附剂是另一类常用的固相萃取吸附剂，由于聚合物型吸附剂的纯化清洗较为麻烦，因此商品化有机聚合物吸附剂在早期的发展相对于键合硅胶吸附剂落后。但近年来，随着有机聚合物固相萃取理论及方法研究的不断深入，其应用日益增多，有机聚合物的优势也逐渐显露。与键合硅胶吸附剂相比，有机聚合物吸附剂具有以下优点：在强酸和强碱中具有极高的稳定性，可以在各种酸度下使用；聚合物表面没有活性羟基，消除了由此引起的次级吸附作用；对大多数有机化合物的吸附比键合硅胶吸附剂更加完全，回收率更高；被吸附的有机化合物很容易用少量有机溶剂定量洗脱共聚物。常用的有机聚合物固相萃取吸附剂以苯乙烯-二乙烯苯共聚物及其衍生化产物为主，除此以外还有聚甲基丙烯酸甲酯、苯乙烯-二乙烯苯-乙烯基乙苯共聚物和苯乙烯-二乙烯苯-乙烯吡咯烷酮共聚物。常用的商品化非极性有机聚合物吸附剂见表 4-4。

表 4-4　常用的商品化非极性有机聚合物固相萃取吸附剂[3]

吸附剂	制造商	结构类型	孔径/Å	粒径/μm	表面积/m²·g^{-1}
Bond-Elut ENV	Varian	PS-DVB	450	125	500
Bond-Elut PPL	Varian	Funct. PS-DVB	300	125	700
Abselut	Varian	(Dual funct)	100	6580	500~650
SDB	J. T. Baker	PS-DVB-EVB	300	40~120	1060
Speedisk-DVB	J. T. Baker	PS-DVB	150	—	700
Empore disk	J. T. Baker	PS-DVB	—	6.8	350
LiChrolut EN	Merck	PS-DVB	80	40~120	1200

续表

吸附剂	制造商	结构类型	孔径/Å	粒径/μm	表面积/m²·g⁻¹
Isolute ENV+	IST	PS-DVB	100	90	1000
Envichrom P	Supelco	PS-DVB	140	80~160	900
Chromabond HR-	Machery-Nagel	PS-DVB	—	50~100	1200
Porapak RDX	Waters	PS-DVB-NVP	55	120	550
OASIS HLB	Waters	PS-DVB-NVP	55	30,60	800
PRP-1	Hamilton	PS-DVB	75	5,10	415
PLRPS	Polymer Labs.	PS-DVB	100	15,60	550
Hysphere-1	Spark Holland	PS-DVB	—	5~20	>1000

注：PS—聚苯乙烯；DVB—二乙烯苯；EVB—乙烯基乙苯；NVP—N-乙烯基吡咯烷酮。

由于苯乙烯-二乙烯苯共聚物的疏水性较强，因而对于非极性和弱极性化合物的萃取效率很高。但吸附剂表面过强的疏水性会影响其与萃取物的紧密接触，从而影响萃取效果[4]。因此，有机聚合物在使用前也需要采用与水混溶的溶剂如甲醇、乙醇等处理，使其表面润湿，从而与样品溶液充分接触。另一种更好的办法是对聚合物表面进行亲水性修饰，即引入适当数量的乙酰基、羟甲基、磺酸基及邻羧基苯甲酰基等极性基团，使该类吸附剂对有机化合物尤其是极性化合物的萃取效果更好。但引入的极性基团数量必须合适，既要保证表面有一定的亲水性从而更好与萃取物紧密接触，又不能使吸附剂极性太强使疏水性下降影响萃取效果。

（3）免疫亲和吸附剂

免疫萃取吸附剂利用抗体-抗原相互作用，特异性识别与自身结构相似的组分，从而与杂质分离[5]。其原理是将抗体固定在固相载体材料上，制成免疫亲和吸附剂，将样品溶液通过吸附剂，样品中目标化合物因与吸附剂发生免疫亲和作用而被保留在固相萃取吸附剂上，然后用酸性（pH 2~3）缓冲液或有机溶剂作为洗脱剂洗脱固定相，使目标化合物从抗体上解离而被萃取和净化。由于这种吸附剂的选择性高，而且操作简单，萃取、浓缩、分离一步即可完成，特别适用于在线样品制备。免疫萃取吸附剂目前的主要问题是抗体种类不多，尤其是小分子化合物的抗体制备技术难度较大，制作成本较高，难以推广应用。

（4）分子印迹吸附剂

分子印迹吸附剂是近年来出现的另一种新型选择性萃取剂，它采用非共价印迹法制备出带有某一特异识别单体的聚合物，耐高温、pH适用范围宽，能从复杂生物基质中选择性萃取出微量分析物[6]。如以甲基丙烯酸作为识别单体制备出分子印迹吸附剂，可用于人血清和尿液中三氟拉嗪的萃取[7]。以甲基丙烯酸-(4-乙烯基苯硼酸)-二甲基丙烯酸乙二醇酯制成分子印迹杂交吸附剂，用于萃取血浆和尿液中的大麦芽碱[8]。这种高度特异性的选择型吸附剂具有非常广阔的应用前景。模板分子渗漏是分子印迹吸附剂用于固相萃取需要关注的一个主要问题。即使通过非常仔细的溶剂萃取，清除聚合物中全部模板分子也十分困难，通常有小于5％的模板分子残余，如果应用于痕量物质萃取分析，聚合物中未被清除的模板分子对测定将有很大影响。

（5）其他新型固相萃取吸附剂

样品制备是大多数化学分析方法的一个重要步骤。由于样品的多样性，选择合适的吸附剂来有效制备不同样品以实现高灵敏度分析具有重要意义。近年来由于材料科学的飞速发展，一些新型吸附材料在样品前处理方面表现出越性，这些先进功能材料可以从复杂基质中选择性地吸附单个或多个目标物。

适配体是长度为20～100个碱基的单链寡核苷酸[9]，其独特序列使它们能够通过各种相互作用（包括π-π相互作用、氢键、偶极和范德华力）与相应靶标特异性结合，成为一种可用于分子识别的潜在生物材料。与蛋白质不同，核酸可以通过调节盐离子的浓度和pH值来实现空间结构的可逆变化[10]。除稳定性之外，易于修饰且制备成本低使适配体成为选择性萃取的合适吸附剂。此外，在商业吸附剂（例如纤维、聚苯乙烯、琼脂糖和功能性磁性材料）上构建不同的适配体扩大了其在样品制备中的应用。

主体大环化合物可通过其固有空腔选择性识别客体分子，并形成稳定的主体-客体包合物。识别动力学来自多种相互作用，例如氢键、π-π堆叠相互作用、主体-客体相互作用和其他相互作用[11,12]。冠醚、环糊精、杯芳烃、柱芳烃和葫芦脲等常见的主体大环化合物已被用作样品前处理中的良好吸附材料。而SPE方法与具有分子识别能力的大环化合物相结合被认为是有效的分离策略，它对目标物具有足够的特异性和越的亲和力。

近年来先进微孔材料由于具有较大的比表面积、可调节的孔径、易于改性和稳定的化学性能在样品制备中得到了很大发展。例如，金属有机骨架（MOFs）已广泛用于现代样品分析中，这种微孔聚合物由金属离子和有机配体通过配位键组成。除此之外，通过共价键构建的共价有机骨架（COFs）和共轭微孔聚合物（CMPs）在样品制备中也显示出巨大的应用潜力。MOFs是一种新型的高效微孔聚合物材料，是由无机节点组成的杂化多孔材料，这些无机节点在配位有机连接基的存在下通过配位键连接。由于出色的物理和化学特性，一些MOFs材料已用作吸附剂，以富集不同样品中的分析物。由于MOFs是金属离子与有机配体通过配位键合成的，在样品前处理实际应用中暴露出一些局限性，例如在水溶液中的不稳定性等。COFs是一类新兴的有序晶体多孔材料，由轻元素（C、H、O、N、B）有机单体之间的强共价键构成。自Yaghi小组于2005年发表的COF-1和COF-5研究以来[13]，已成功合成了由各种键结合的COFs，包括硼酸酯、亚胺、肼和三嗪等，并在各种应用中受到了广泛关注[14-17]。如今，COFs已经在样品制备领域引起了越来越多的兴趣。CMPs是一种由多个C—C键或芳环构成的无定形微孔材料。将π共轭骨架与永久性纳米孔结合在一起的这类有机多孔聚合物，与非π共轭的其他多孔材料以及无孔的常规共轭聚合物形成了鲜明的对比。作为一种新兴的吸附剂，CMPs为共轭骨架和纳米孔的分子设计提供了高度的灵活性。已经开发出各种化学反应、结构单元和合成方法，并且已经合成了具有不同结构和特定性质的多种CMPs，从而推动了该领域的快速发展。CMPs的独特之处在于它们可以利用π共轭骨架和纳米孔进行功能性探索和应用，已受到研究人员的广泛关注[18]。

笼型聚倍半硅氧烷（POSS）吸附剂是一种有机-无机杂化纳米笼材料，由无机二氧化硅核、Si_8O_{12}和有机官能取代基组成[19]。类似于MOFs材料，POSS材料具有3D纳米结构和高表面积[20]。由于上述所有优势，这种材料作为样品制备中的高级吸附剂具有巨大的发展潜力。

3. 固相萃取吸附剂选择

市面上已有的固相萃取吸附剂种类很多，使用时应根据分析对象、检测手段及实验室条件合理选择。图4-3给出了根据样品性质选择适当固相萃取吸附剂的流程图。样品性质主要从极性和溶解性能等方面考虑。被分析物的极性与吸附剂的极性越相似，两者的作用力越强，被分析物的萃取越完全，而样品溶液的溶剂强度相对于吸附剂应该较弱，保证被分析物在吸附剂上有强的保留。例如，非极性的分析物（如药物、杀虫剂）溶解于极性介质中（如水、尿），则适合的填料应是反相填料。C_{18}或C_8填料优先保留非极性化合物，使得弱保留的极性化合物被极性溶剂冲洗下来，而非极性分析物最终才被洗脱。

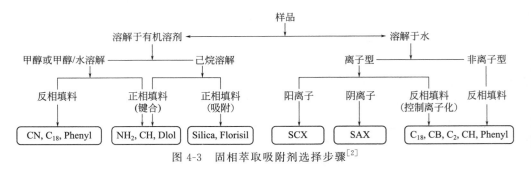

图 4-3 固相萃取吸附剂选择步骤[2]

表4-5给出了几种常见有机化合物的EPA方法推荐使用的固相萃取吸附剂。

表 4-5 EPA 方法 SW846 推荐使用的固相萃取吸附剂[2]

分析样品种类	EPA 方法号	推荐 SPE 填料
苯胺及其衍生物	3620	C_{18}
氯代除草剂	3620	C_{18}，Florisil
氯代烃	3620	C_{18}，Phenyl
卤代烃	3620	C_{18}，Florisil
硝基取代芳香化合物	3620	DVB，IC-RP
亚硝胺	3610,3620	C_{18}

分析样品种类	EPA 方法号	推荐 SPE 填料
有机氯农药	3620	C_{18}，Florisil
有机磷农药	3620	Florisil，Carbograph
多氯联苯	3620，3630	C_{18}，SCX，Carbograph
苯酚	3630	C_{18}，Phenyl
邻苯二甲酸酯	3610，3620	C_{18}，DVB
多环芳香烃	3630	C_{18}，Phenyl

三、固相萃取溶剂的选择

在固相萃取固定相活化、上样富集、淋洗杂质、分析物洗脱的过程中，都涉及到溶剂的选择问题，溶剂选择最重要的因素是溶剂强度，它是保证固相萃取成功的关键[2]。

表 4-6 给出了正、反相固相萃取中常用溶剂强度的大小关系。

表 4-6　固相萃取中常用溶剂的性质[2]

极性	溶剂强度		溶剂	是否溶于水
非极性	强反相	弱正相	正己烷	不
			异辛烷	不
			四卤化碳	不
			三卤甲烷	不
			二卤甲烷	不
			四氢呋喃	是
			乙醚	不
			乙酸乙酯	差
			丙酮	是
			乙腈	是
			异丙醇	是
			甲醇	是
			水	是
极性	弱反相	强正相	醋酸	是

1. 固定相活化溶剂的选择

固定相的活化是为了除去固定相上的杂质，使填料被溶剂润湿并溶剂化，提高分析物回收率及测定精密度。一般使用两种活化溶剂：第一种溶剂（初溶剂）用于净化固定相，例如对最常用的 C_{18} 键合硅胶固定相，可用甲醇有效地去除其所含杂质；第二种溶剂（终溶剂）使固定相溶剂化以便样品中的分析物能更好地保留，其极性强度应与样品溶液的溶剂强度一致，若使用太强的溶剂会导致回收率下降。例如用 C_{18} 键合硅胶固定相萃取水样中的疏水性有机物时，应采用 pH 值及其他成分与实际水样尽量一致的蒸馏水。一般情况下，每一种活化溶剂的用量为每 100mg 固定相 1～2mL 活化溶剂。

固定相在活化过程和活化结束后都应保持湿润，否则将会使填料干裂或进入气泡，导致吸附性能降低、回收率下降和重现性变坏。

2. 上样溶剂选择

为了使分析物更好地保留在固相萃取柱上，上样萃取时应采用尽可能弱的溶剂。若上样溶剂强度太大，分析物将不被保留或保留很弱，测定时分析物的穿透体积将很小，回收率低。选择合适的上样溶剂不仅可以得到好的回收率，还可以得到大的穿透体积，从而可采用大的上样量以提高富集因子。

3. 淋洗溶剂选择

淋洗溶剂用于洗去吸附在固定相上的干扰组分。淋洗溶剂的强度选择非常重要，其强度不能太高，也不能太低，其强度应大于或等于上样溶剂，又小于洗脱溶剂。淋洗溶剂的选择原则是：尽可能将干扰组分从固定相上洗脱完全，但又不能洗脱任何分析物。

4. 洗脱溶剂选择

洗脱剂的选择应考虑以下因素：

① 溶剂强度应足够大，以保证吸附在固定相上分析物定量洗脱下来。洗脱剂用量一般为每 100mg 固定相 0.5～0.8mL。对大多数化合物，乙腈是比甲醇和乙醇更好的洗脱溶剂。

② 洗脱溶剂应与后续分析相适应。若选择易挥发的溶剂，定量洗脱分析物后还要用氮气等惰性气体将该溶剂吹干，再用合适溶剂溶解分析物并定容后再测定，操作繁琐。因此最好选择适合于分析的溶剂。

③ 应选择黏度小、纯度高、毒性小并与分析物和固定相不反应的溶剂。溶剂不对分析物的检测产生干扰。选择单一溶剂效果不理想时，可考虑使用混合溶剂。

四、固相萃取装置

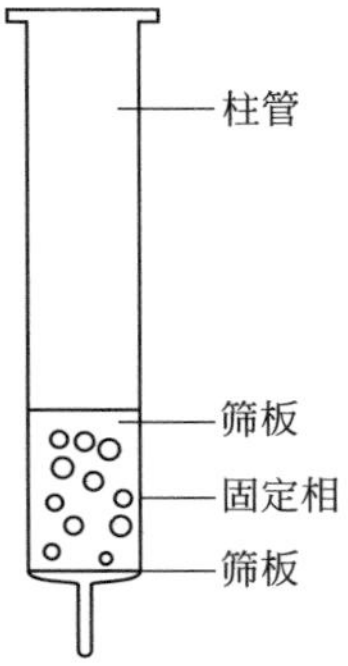

图 4-4 固相萃取柱示意图[2]

1. 固相萃取柱

目前市面上可以购买到各种类型的固相萃取柱。为了方便固相萃取柱的使用，还研制开发了很多固相萃取的专用装置，也可根据需要自行设计简单的固相萃取装置[2]。商品化的固相萃取柱（Cartridge）外形类似于一个注射器针筒，如图 4-4 所示。柱构型一般为圆柱形，有时为了萃取较大体积的液体样品，在柱体上方设计较大体积（如 20mL）的溶剂槽。固相萃取柱体一般由含杂质较少的医用级聚丙烯制成。为了降低空白杂质，也可选用玻璃或聚四氟乙烯作为柱体。固相萃取与高效液相色谱在线联用的柱体通常以不锈钢制成，可以耐受较高压力。固相萃取柱的体积 1～50mL 不等，最常用的为 1～6mL，里面填充 0.1～2g 的吸附剂。在吸附剂的上下端各有一个筛板，材料为聚乙烯、聚丙烯、聚四氟乙烯或不锈钢等，防止吸附剂流失。固相萃取柱在处理含较多固体悬浮物的样品时，容易出现柱堵塞现象。为避免出现这种现象，可以在固相萃取柱的筛板上多加一个特殊的薄片作为预过滤，如将硅藻土滤器连接到萃取柱上，过滤掉固体样品，只有液体样品通过柱床，从而做到直接上样，无需过滤、离心，减少了过滤过程中样品损失，节省时间。这种方法特别适合于血样和均匀混合组织中滥用药物、蛋白质，生物发酵液以及污水的分析等。

固相萃取吸附剂粒径多为 40μm，除粒径不同外，其本质与高效液相色谱填料没有区别。使用最多的是 C_{18} 键合硅胶，该填料疏水性强，在水相中对绝大部分有机物显示保留。其他填料还有 C_8、苯基、氰基、氨基、双醇基键合硅胶、活性炭、碳分子筛、氧化铝、硅酸镁、离子交换剂、排阻色谱填料、免疫亲和色谱填料及分子印迹高聚物填料等。实验中主要根据目标化合物与样品基体的性质、检测手段等进行选择。

2. 膜片式固相萃取

由于固相萃取柱大多填充 100～500mg 的吸附剂，这种柱构型使萃取时加样流速不能太大，并且在萃取含固体颗粒样品时易发生柱堵塞。固相萃取的另一种常用构型是固相萃取圆盘，又称膜片式固相萃取。1989 年美国 3M 公司推出了商品化固相萃取盘，即 Empore 系列固相萃取产品。固相萃取圆盘外观上类似于过滤膜，固相萃取圆盘装置如图 4-5 所示。它将粒径 8μm 左右的色谱固定相固载在聚四氟乙烯、聚氯乙烯或多孔玻璃纤维基体上，经紧密压制后形成直径 4～96mm、厚度 0.5～1mm 的膜状结构。其中，玻璃纤维基体较为坚固，无需支撑，且不易堵塞[2]。

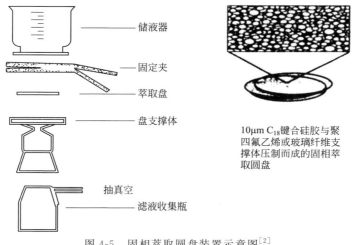

储液器

固定夹

萃取盘

盘支撑体

10μm C_{18}键合硅胶与聚四氟乙烯或玻璃纤维支撑体压制而成的固相萃取圆盘

抽真空

滤液收集瓶

图 4-5　固相萃取圆盘装置示意图[2]

　　在整个萃取圆盘中，吸附剂约占总重量的 $60\%\sim90\%$。由于吸附剂紧密地嵌在盘片中，避免了固相萃取柱在萃取过程中液流通过较大颗粒吸附剂时引起的沟流现象，从而提高了萃取效率，增大了回收率。

　　另一方面，在等量吸附剂下，固相萃取盘的截面积是固相萃取柱的 10 倍，且反压降低，可以采用很高流量，从而缩短了样品前处理时间，并减少了样品中颗粒堵塞引起的流速下降。圆盘萃取中流速达到每分钟几十毫升仍可定量萃取，例如，1L 地表水样通过直径为 47mm 的固相萃取圆盘仅需 $10\sim15min$[21]。由于无需筛板，固相萃取盘还减少了筛板可能引起的污染。实际中根据处理样品的量选择固相萃取柱或固相萃取盘（见表 4-7）。

表 4-7　样品量与萃取柱或固相萃取盘容量的关系[2]

处理样品量	萃取管或盘的选择
＜1mL	1mL
1～250mL 且不要求萃取速度	3mL
1～250mL 且要求快速萃取	6mL
10～250mL 且要求高样品容量	12mL、20mL 或 60mL
＜1L 且不要求萃取速度	12mL、20mL 或 60mL
100mL～1L	固相萃取盘 47mm
＞1L 且要求高样品容量	固相萃取盘 90mm

　　由于固相萃取圆盘流速快、不易堵塞，常用于从大量水样中萃取痕量有机污染物，包括多环芳烃（PAHs）、多氯联苯（PCBs）、杀虫剂、除草剂、邻苯二甲酸酯等。一些经美国 EPA 验证的 Empore 盘固相萃取法见表 4-8[2]。

表 4-8　EPA 验证的 Empore 盘固相萃取法[2]

方法编号	分析对象	Empore 固相萃取盘型号
506	己二酸酯	C_{18}，47mm
507	含氮、含磷杀虫剂	C_{18}，47mm
608	有机氯杀虫剂	C_{18}，90mm
508.1	有机氯杀虫剂	C_{18}，47mm
8061	邻苯二甲酸酯	C_{18}，47mm
513	二噁英	C_{18}，47mm
515.2	氯酸	SDB，47mm
550.1	多环芳烃	C_{18}，47mm
525.2	半挥发性有机化合物	C_{18}，47mm
552.1	卤代乙酸及茅草枯	Anion X，47mm
553	联苯胺	C_{18}，SDB，47mm
554	羰基化合物	C_{18}，47mm
549.1	百草枯及杀草快	C_{18}，47mm

3.真空多歧管固相萃取装置

在日常分析时，往往需要同时处理多个样品，20世纪80年代出现的真空多歧管固相萃取装置为多样品同时萃取提供了条件。

图4-6为真空多歧管固相萃取装置图，装置上层为萃取板，固相萃取柱通过密封的入口堵头与采集箱相连。采集箱一般为玻璃缸，便于观察萃取过程。采集箱内装备了可调节的采集架系统，适应于多种类型和大小的采集器，如小试管（10mm）、大试管（16mm）、容量瓶（1~10mL）和不同种类的自动进样瓶。为防止萃取过程的交叉污染，在多歧管装置盖上的阀口插入一次性聚四氟乙烯或聚丙烯针头，将样品引入玻璃缸内。玻璃箱下方有一个耐溶

图4-6　真空多歧管固相萃取装置[2]

剂真空表和阀门，与真空泵相连。这种装置不仅可以同时处理多个样品，还可以控制样品通过吸附剂的速度，实现萃取过程自动化。某些型号的真空多歧管固相萃取装置还带有吹干装置和惰性气源，能在固相萃取过程中干燥、挥发和浓缩采集的样品[2]。

随着固相萃取在线前处理技术在组合化学、药物筛选等领域的广泛应用，迫切需要开发填料质量不超过50~100mg的小体积固相萃取装置，以满足高通量分析的要求。一种常见的形式是96孔板，即将小体积固相萃取柱与具有96孔的萃取架相连，再通过自动化系统进行控制。

4. 全自动固相萃取仪

当需要进行前处理的样品很多时，使用全自动固相萃取仪可避免重复的人工操作及人为误差，确保良好的重现性和精确性。自动化方法由于结果重现性好，便于方法在不同实验室间转移和建立行业乃至国家实验室工作标准。

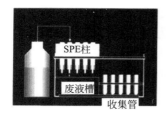

1　SPE柱的预处理
2　上样
3　杂质的洗涤

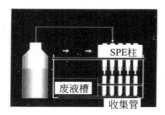

4　分析物的洗脱
（可进行单组分收集，
也可进行多组分收集）

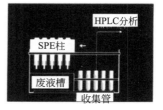

5　对萃取物自动进行
HPLC或LC-MS分析

图4-7　全自动固相萃取仪的工作原理[2]

全自动固相萃取仪由主机、注射泵、控制部分、样品管架、溶剂管架、固相萃取管架等部分组成。它采用一个三维立体运动机械臂，可自动在线进行样品的固相萃取。该仪器能够自动完成固相萃取的全部步骤（如图 4-7 所示），包括固相萃取柱的预处理、样品添加、固相萃取柱的洗涤、干燥及样品洗脱、在线浓缩等步骤，并且可进行多步洗脱。采用正相液压技术控制液体流速，保证液体传送的准确性和重现性。

五、固相萃取的应用

固相萃取技术具有的高效萃取能力及简便操作过程使其在样品前处理中迅速发展起来，在环境样品分析、生物样品分析、食品分析以及药物检测方面均有较多应用，此处仅对国内外的应用研究作简要举例说明。

1. 固相萃取在环境分析中的应用

化学工业的发展和农药的大量使用导致自然环境中水体、土壤、大气和生物体中有机污染物超过法定限量，国家对环境中有机污染物的控制越来越严格。固相萃取已成为传统提取、净化和浓缩方法的可替代样品前处理技术并广泛应用于环境分析中[22]。

固相萃取技术在环境分析中应用的对象主要有多环芳烃[23]、农药残留[24-27]和多氯联苯[28-30]等。Al-Rifai 等[31]制备了碳纳米管-聚甲基丙烯酸苄酯整体柱，并将碳纳米管、整体材料和纳米液相色谱技术的突出优势相结合，为海水和自来水等环境水样中的多环芳烃和相关污染物提供了一种快速、灵敏、高效、绿色的分析方法，可用于萘、苊烯、芴、菲、蒽、芘、苯并[a]蒽、䓛、苯并[k]荧蒽和二苯并[a,h]蒽等 10 种 PAHs 的常规分析。Yan 等[32]通过 π-空穴键合成全氟苯键合的二氧化硅并将其作为 SPE 吸附剂用于 PAHs 萃取。与传统 C_{18} 吸附剂相比，全氟苯键合二氧化硅吸附剂对具有 4～6 个苯环的 PAHs 表现出更高的吸附能力。所建立的 SPE-HPLC-FLD/UV 分析方法可成功应用于河流水和废水样品中 16 种 PAHs 的分析，检出限为 $0.002～0.08\mu g \cdot L^{-1}$。

环境基质中抗生素残留物对野生动植物和人类的潜在风险已引起广泛关注。Zhu 等[33]采用离子液体 1-丁基-3-乙烯基咪唑鎓溴化物作为官能单体制备了磺胺甲噁唑印迹聚合物。该分子印迹聚合物对磺酰胺类药物（如磺胺甲噁唑、磺胺单甲噁英和磺胺嘧啶）具有更高的分子识别度，且对干扰物（例如二苯胺、甲硝唑、2,4-二氯苯酚和间二羟基苯）的吸附率很低。结合 HPLC 可用于土壤和沉积物中痕量磺胺甲噁唑的分析检测，方法回收率在 93%～107% 之间。Sun 等[34]使用 α-(2,4-二氯苯基)-1H-咪唑-1-乙醇（DCE）作为片段模板制备了咪唑类杀菌剂的虚拟分子印迹聚合物（DMIP）。以 DCE-DMIP 为吸附剂选择性富集河水中的氯咪巴唑、克霉唑和咪康唑，建立了虚拟分子印迹固相萃取和 HPLC 相结合的高效分析方法，

方法检出限为 $0.023\sim0.031\mu g\cdot L^{-1}$。

冠醚是第一代超分子主体分子，对小分子和金属离子等客体具有很高的识别能力，尤其是可与金属离子形成稳定的络合物。但冠醚类化合物稳定性较差，不适合直接作为萃取相，通常需要固定在样品前处理基材（例如聚合物树脂、聚苯乙烯珠、硅胶、磁性微球和碳纳米管等）的表面上[35]。由于冠醚的空腔尺寸与 Ag（Ⅰ）较匹配，Hong 等[36]制备了冠醚功能化的介孔二氧化硅吸附剂，用于从废水中选择性提取痕量 Ag 离子。这种吸附剂可选择性地从 Cu（Ⅱ）、Zn（Ⅱ）和 Pb（Ⅱ）等干扰金属离子中富集痕量 Ag（Ⅰ）。

β-环糊精可与有机小分子形成明确的主体-客体复合物，但与传统的活性炭相比，交联 β-环糊精聚合物的表面积小且去除性能较差。William R. Dichtel 课题组[37]将 β-环糊精与刚性芳香族基团交联，制备了高表面积的 β-环糊精中孔聚合物。它能快速富集各种有机污染物，其吸附速率常数比活性炭和无孔 β-环糊精吸附材料的吸附速率常数大 $15\sim200$ 倍。此外，使用温和洗涤程序将聚合物再生后，不会降低性能。由于在聚合过程中引入了阴离子基团，四氟对苯二甲腈（TFN-CDP）连接的 β-环糊精聚合物对污水中的阳离子和中性有机污染物具有很高的亲和力。但是，TFN-CDP 不能牢固地结合许多阴离子有机污染物，包括阴离子 PFAS。为此，该课题组在 2019 年[38]将 TFN-CDP 中的腈基还原为伯胺，逆转了环糊精聚合物对带电有机污染物的亲和力。在与环境相关的浓度下去除 10 种阴离子全氟烷基化合物的动力学研究表明，在 30min 后，所有污染物的去除率为 $80\%\sim98\%$。

2. 固相萃取在生物样品分析中的应用

固相萃取使生物样品处理过程大为简化，所需要的样品量也较传统液-液萃取技术减少，非常适合于生物样品的分析，应用对象包括生物药材中毒物和药物残留分析、血液中药物分析和药物动力学研究等[39]。

Madru 等[40]使用基于适配体的吸附剂从人血浆中选择性萃取可卡因。与标准 SPE 吸附剂相比，抗可卡因适配体改性的吸附剂显示出特异性萃取能力。与适配体功能化材料不同，分子印迹聚合物（MIPs）是仿生受体材料，通常 MIPs 的制备涉及功能单体共聚、在模板分子存在下的交联及模板分子的去除以形成 MIPs 的识别位点等过程。Xiao 等[41]选择与莱克多巴胺结构骨架高度相似的利托君作为虚拟模板分子制备分子印迹聚合物。用 MIPs 作为 SPE 的吸附剂选择性萃取 β-激动剂，建立了猪组织样品中莱克多巴胺的快速表面增强拉曼光谱法（SERS）分析方法。Liang 等[42]使用去氧肾上腺素作为虚拟模板分子，在深共熔溶剂中制备了一种分子印迹间苯三酚-甲醛-三聚氰胺树脂（MIPFMR），并将其用作 SPE 吸附剂，用于选择性富集氯丙那林（CLP）和班布特罗（BAM）。所建立的 MIPFMR-SPE-HPLC-UV 方法具有良好的线性（$r^2\geqslant0.9996$），回收率在 $91.7\%\sim100.1\%$ 范围内，方法简便、准确，可用于尿液样品中 CLP 和 BAM 的分析测定。

Chen 等[43]将 4-羧基苯并-18-冠-6-醚改性材料用作 SPE 吸附剂，用于选择性富集尿液样品中儿茶酚胺。为充分利用大环化合物的固有手性环境和多重相互作用，应对极性手性化合物识别和分离的技术挑战，Li 等[44]设计了具有三维手性通道的多孔甲基化环糊精聚合物（MP-CDP），成功实现了 3min 内（R）/（S）-1-苯乙胺混合物的对映体选择性识别。将 MP-CDP 作为高效液相色谱固定相，在正相模式下，8min 内外消旋醇和酸的分离度范围可达 1.76～3.00。

基于 MOFs 和 MOFs 的复合材料在生物样品分析中也显示出广阔的应用前景。Chen 等[45]制备了一种杂化 Mo_8O_{26}@MIL-101（Cr）材料，成功用作人血清白蛋白和免疫球蛋白 G（IgG）的吸收剂。糖肽富集在糖蛋白组学中有重要作用，Ma 等[46]通过 1,3,5-三甲酰基间苯三酚和对苯二胺的席夫碱反应制备 TpPa-1 共价有机骨架亲水性多孔材料，成功用于 N-连接糖肽的富集。使用这种材料，可有效消除非糖肽的干扰，有助于糖肽的质谱检测。超低质量密度和丰富的结合位点提供了高结合能力（$178mg \cdot g^{-1}$，IgG/TpPa-1），可从人 IgG 的胰蛋白酶消化物中捕获痕量 N-连接的糖肽，证明该方法有飞摩尔水平上的检出能力。

3. 固相萃取在食品分析中的应用

近年来，苏丹红、瘦肉精、孔雀石绿、罗丹明 B 和三聚氰胺等食品安全问题引起了人们的高度关注。但食品样品基质和组成相当复杂，传统的检测方法存在样品用量大、样品前处理过程繁琐耗时等问题[47]。固相萃取操作简单、省时、高效、有机溶剂消耗量少，广泛应用于食品分析中，如奶油中极性风味物质[48]、肉类食品加热过程中产生的杂环芳香胺[49-51]、水果中杀虫剂[52-55]、谷物中脂肪含量以及牛奶中农药残留[56-59]等。

Lata 等[60]报告了 MIPs-SPE 从牛奶样品中选择性富集头孢氨苄的应用。Bagheri 等[61]设计了一种在移液器吸头上的简单分子印迹聚合物制备方法，并将其作为 SPE 用于从辣椒粉样品萃取罗丹明 B，结合 HPLC 分析，方法的线性范围、检出限和检测限分别为 $0.005～15mg \cdot kg^{-1}$、$0.0015mg \cdot kg^{-1}$ 和 $0.00488mg \cdot kg^{-1}$，获得了令人满意的回收率（＞85.0%）和良好的重复性（RSD＜6.1%）。Zhang 等[62]将杯芳烃改性硅胶作为 SPE 吸附剂选择性富集辣椒和小麦中的植物激素。与 C_{18} 等传统吸附剂相比，杯芳烃复合物对复杂样品中植物激素具有出色的识别能力。理论计算结果表明，杯芳烃和植物激素之间存在氢键、π-π 相互作用和主体-客体相互作用，增强了植物激素分子的识别能力。为了提高柱[5]芳烃基材料的稳定性，通过共价键缩聚研制的柱[5]芳烃基共价聚合物具有规则的球形结构、良好的单分散性、均匀的孔结构和良好的化学稳定性。Liang 等[63]将柱[5]芳烃亚微球装入不锈钢柱中并与 HPLC 联用，实现了在线快速富集和分离食品接触材料中的痕量抗氧化剂，该方法的检出限为 $0.030～0.20\mu g \cdot L^{-1}$，检测限为 $0.10～0.67\mu g \cdot L^{-1}$。Yang 等[64]使用咪唑类沸石骨架-8（ZIF-8）作为在线 SPE 吸附剂，结合 HPLC 测定了水和牛奶样品中的土霉素、四环素和氯四环素。结果表明，ZIF-8 具有适当的孔径、π-π 相互作用和大量 Zn 金属位点，比其他传统吸附剂能更快速、高效地吸附土霉素。此外，Wang 等[65]制备了多孔 COFs，并将其用作 SPE 吸附剂，从果汁、番茄和白萝卜样品中富集苯甲酰脲类杀虫剂。Wen 等[66]通过简单的室温方法制备了球形三苯基苯-二甲氧基对苯二甲醛共价有机骨架材料（TpB-DMTP-COFs），具有出色的酸碱稳定性、大的比表面积、低骨架密度、固有的孔隙率和较高的结晶度，是理想的固相萃取吸附剂，对食品中微量极性磺酰胺显示出优异的吸附性能。

近年来，酚类内分泌干扰物（PED），即双酚 A、双酚 F、壬基酚和辛基酚受到了广泛的关注。Liu 等[67]制备了球形 TpBD COFs 作为 SPE 吸附剂，将 SPE 与 HPLC 相结合用于 PED 分析，方法具有低检出限 $0.056\sim0.123\mu g\cdot L^{-1}$，宽线性范围 $0.5\sim100\mu g\cdot L^{-1}$，RSD 为 $2.2\%\sim3.1\%$。为了简化 SPE 过程，基于 COFs 的在线 SPE 应用研究也引起了人们的关注。Liu 等[68]将多孔 COFs 作为选择性吸附剂在线富集牛奶和水样品中的痕量金属离子，并采用电感耦合等离子体质谱（ICP-MS）进行检测。

固相萃取技术还在不断发展过程中，随着新型固相萃取吸附剂的研制以及固相萃取装置自动化程度的提高，固相萃取在各领域的应用必然越来越多，给分析工作者带来更多的方便。

第二节　固相微萃取

固相微萃取（Solid phase microextraction，SPME）是 20 世纪 90 年代初发展的样品前处理技术。1989 年加拿大 Waterloo 大学的 Pawliszyn 提出了该技术[69]，美国 Supelco 公司看好它的应用前景，于 1993 年推出了商品化的 SPME 装置。此举在分析化学领域引起了极大的反响。1994 年被权威杂志《Research & Development》评为最优秀的 100 项新产品之一[2]。固相微萃取是一种无溶剂的样品处理技术，实现了样品的吸附浓缩和解吸、进样于一体，几乎不产生二次污染，且适用于不同基质样品中挥发性与非挥发性物质的萃取分析。与传统的液-液萃取（LLE）、固相萃取（SPE）相比，固相微萃取设备携带方便，操作简单、快速，无需有机溶剂，样品用量少、富集效率高、分析时间短，特别适合现场分析[70-73]。

SPME 具有如下特点：

① 无溶剂萃取，操作简单、高效、灵敏，成本低。

② 可以与多种现代分析仪器联用，如气相色谱（GC）、质谱（MS）和高效液相色谱（HPLC）等，实现在线自动化操作。

③ 萃取的量很小，不会对样品体系的原始平衡造成影响；可以忽略基质的消

耗,对化学和生物反应过程中目标物进行有效的实时原位分析;适用于现场采样和野外采样分析。

④ SPME 方法属于动态平衡萃取,非完全萃取,应用面更宽。

⑤ 分析物在纤维涂层与样品基体中的分配系数大,而样品体积很小,则该分析物几乎可以从样品中萃取,所以特别适用于因样品量太小而不能直接进行一般分析的试样。

纤维针式固相微萃取(fiber-SPME)是最早的固相微萃取技术形式,之后又相继出现管内固相微萃取技术(in-tube-SPME)、搅拌棒式固相微萃取技术(Stir bar sorption extraction,SBSE)、膜式固相微萃取(membrane-based-SPME)。目前固相微萃取主要是利用气相色谱、高效液相色谱等作为后续分析仪器,实现对多种样品的分离分析。通过控制萃取纤维的极性、厚度、维持取样时间的稳定以及调节酸碱度、温度等各种萃取参数,可实现对痕量被测组分的高重复性、高准确度测定。在固相微萃取技术发展过程中,已经有多种商品化的 SPME 涂层,包括聚二甲基硅氧烷(PDMS)、聚二甲基硅氧烷/二乙烯苯(PDMS/DVB)、聚丙烯酸酯(PA)、碳分子筛/聚二甲基硅氧烷(CAR/PDMS)、聚乙二醇/二乙烯苯(CW/DVB)、聚乙二醇/模板树脂(CW/TR)等,而新型固相微萃取涂层的研制也是近年来的研究热点。有关 SPME 的文献已在不同领域报道,内容涉及环境、食品、天然产物、制药、生物、毒理和法医学等多个方面[74]。现美国国家环保局(EPA)已采取该技术作为测定水中挥发性化合物(USA EPA method 524.2)和半挥发性化合物(USA EPA method 525.3)的标准方法[75]。

一、固相微萃取基本装置和操作步骤

固相微萃取装置类似于色谱微量注射器,由手柄和萃取头两部分构成,萃取头是一根长约1cm、涂有不同固相涂层的熔融石英纤维,石英纤维一端连接不锈钢内芯,外套有细的不锈钢针管,以保护石英纤维不被折断。手柄用于安装和固定萃取头,通过手柄的推动,萃取头可伸出不锈钢针管。SPME 方法主要是通过萃取头表面的高分子固相涂层,对样品中的有机分子进行萃取和富集[76]。用于 GC 和 HPLC 的商品化 SPME 装置在手柄设计上略有不同,如图 4-8 和图 4-9 所示。

SPME 操作步骤简单,主要分为萃取过程和解吸过程两个步骤[2],图 4-10 表示了以 GC 和 HPLC 作为后续分析仪器的 SPME 操作步骤。

① 萃取过程 将萃取器针头插入样品瓶内,压下活塞,使具有吸附涂层的萃取纤维暴露在样品中进行萃取,经一段时间后,拉起活塞,使萃取纤维缩回到起保护作用的不锈钢针头中,然后拔出针头完成萃取过程。

② 解吸过程 将已完成萃取过程的萃取器针头插入装置进样口,当待测物解吸后,进行分离和定量检测。SPME 与 GC 联用时,通过将萃取涂层插入进样口

进行热解吸；与 HPLC 联用时，则通过溶剂洗脱，并分为动态和静态两种解吸模式。

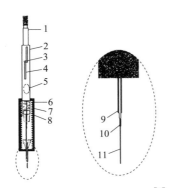 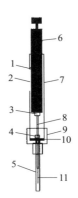

图 4-8　SPME 装置图（GC）[2]
1—推杆；2—手柄筒；3—支撑推杆旋钮；4—Z 形支点；
5—透视窗；6—针头长度定位器；7—弹簧；8—密封
隔膜；9—隔膜穿透针；10—纤维固定管；11—涂层

图 4-9　SPME 装置图（HPLC）[2]
1—固定螺丝；2—狭槽；3—不锈钢螺旋套管；
4—密封隔膜；5—针管；6—推杆；7—手柄筒；
8—钢针；9—螺帽；10—针套管；11—涂层

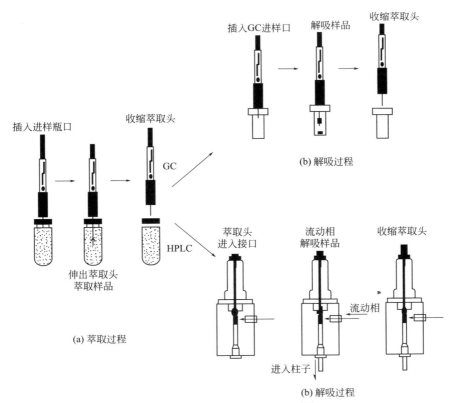

图 4-10　固相微萃取操作步骤[2]

　　一般 SPME 萃取方式有两种：一种是将 SPME 萃取纤维直接插入液体样品中，称为直接 SPME 法（DI-SPME）；另一种是将 SPME 萃取纤维置于液体或固体样品顶空萃取，即顶空固相微萃取法（Headspace solid-phase microextraction，HS-SPME），如图 4-11 所示。采取何种萃取模式主要根据待测物性质及基体复杂性来定。一般来说，直接 SPME 法适用于较洁净的液体样品；而顶空 SPME 法适用样品复杂且有大分子干扰的样品，此时如果采用直接 SPME 法，干扰物质容易吸附在熔融石英纤维上，影响其吸附性能并在色谱中产生不稳基线或杂质峰等。顶空 SPME 避免了上述不良后果，但是当待测物质具有高的沸点（大于 450℃）时，顶空 SPME 耗时长且灵敏度低。这是由于待测物沸点越高，越难于挥发，因而顶空中待测物的浓度低，富集因子低。升高温度有助于加速样品至顶空的整体迁移，但亦可能会使顶空与涂层间待测物的分配系数降低。因此，选择直接 SPME 或是顶空 SPME 法萃取需根据实际样品测定需要确定。当样品中分析物沸点较高且干扰严重时，上述 2 种萃取模式均不适合。此外，还有一种膜保护 SPME（Membrane protected SPME，MP-SPME）萃取模式，该模式采用选择性膜隔开涂层与样品，

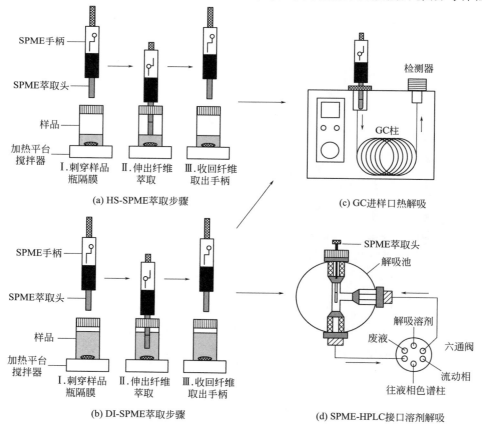

图 4-11　HS-SPME 与 DI-SPME 萃取步骤及解吸装置示意图[73]

样品中分析物通过选择性膜后吸附到涂层上，而大分子量化合物不能通过选择性膜，消除了基体干扰。膜保护法适用于污染严重的水样及难挥发性化合物的萃取。

内涂层中空毛细管萃取是固相微萃取的另一种形式，称为管内固相微萃取（in-tube SPME，图 4-12），其应用范围日益扩大。管内固相微萃取是由 Eisert 和 Pawliszyn 提出的，与一般纤维针式固相微萃取不同，管内固相微萃取的萃取头是中空毛细管。样品从中空毛细管通过，固定相被交联到毛细管内壁上，通过增加固定相的涂渍厚度和毛细管的长度和内径，可以获得比 SPME 大十倍以上的固定相体积，萃取富集因子大大提高。另外，毛细管柱内固定相更大的比表面可加快萃取平衡速度，更牢固的交联吸附固定相可耐溶剂和耐高温，使用寿命更长，因此可以大大降低分析成本。总体而言，与传统的纤维式固相微萃取相比，管内固相微萃取具有更大的萃取表面积和更薄的固定相膜，因而有更高的萃取容量。

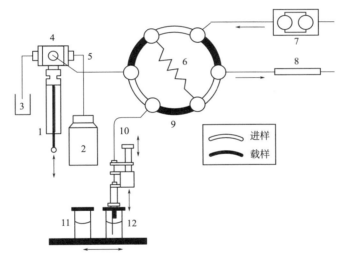

图 4-12　管内 SPME-HPLC 联用方式接口[2]
1—注射器；2—冲洗溶剂；3—废液；4—分配器；5—缓冲管；6—线圈；7—HPLC 泵；
8—色谱柱；9—六通阀；10—毛细管；11—溶剂瓶；12—样品瓶

二、固相微萃取基本理论

SPME 方法的理论基础研究最早由 Pawliszyn 等人提出，他们提出了直接 SPME 方法的数学模型[77]。SPME 的理论发展分为两个阶段，一个是早期的平衡理论，另一个是后来发展起来的非平衡理论[78]。

在平衡理论[77]中，SPME 是一个基于分析物在样品及涂层中分配平衡的萃取过程。对于一个单组分的单相体系，当系统达到平衡时，涂层中所吸附的分析物质量由下式决定：

$$n = \frac{K_{fs} V_f V_s c_o}{K_{fs} V_f + K_{hs} V_h + V_s} \tag{4-1}$$

其中，n 为涂层中吸附的分析物质量；K_{fs} 和 K_{hs} 是分析物在涂层/样品、顶空/样品两相间的分配系数；V_f 为涂层的体积；V_h 为样品顶部气体的体积；V_s 为样品体积；c_o 为分析物在样品中的初始浓度。在公式（4-1）中，n 是一个与平衡常数、涂层体积、样品体积及分析物在样品溶液中初始浓度有关的量。体系中的 K_{fs} 及 V_f 值是影响方法灵敏度的关键因素，增大 K_{fs} 及 V_f 值能增强富集效率，提高分析灵敏度，在实际工作中采用选择对分析物有较强吸附作用的涂层或增加涂层的长度或厚度来实现。

由于涂层体积小，样品体积大，在实际分析过程中 V_s 远大于 $K_{fs} V_f$ 和 $K_{hs} V_h$，公式（4-1）近似为：

$$n = c_o K_{fs} V_f \tag{4-2}$$

公式（4-2）表明分析物萃取量与样品溶液中分析物浓度成正比，这是 SPME 的定量依据，同时此式也为 SPME 的野外采样，即将萃取头置于自然环境中直接采样，提供了理论依据。

在顶空采样系统中，气/液和气/固两相界面同时存在，Pawliszyn 等[79]将上述理论扩展到三相体系，提出了顶空 SPME 的模型：

$$n = \frac{c_o V_1 V_2 K_1 K_2}{K_1 K_2 V_1 + K_2 V_3 + V_2} \tag{4-3}$$

其中，c_o 为分析物在原始样品中的浓度；V_1、V_2、V_3 分别为涂层、样品溶液及顶空气体的体积；K_1、K_2 分别为分析物在涂层与顶空气体间的分配系数及在顶空气体与样品溶液间的分配系数，$K_1 = c_1^{\infty}/c_3^{\infty}$、$K_2 = c_3^{\infty}/c_2^{\infty}$，$c_1^{\infty}$、$c_2^{\infty}$、$c_3^{\infty}$ 分别为分析物在涂层、样品溶液及顶空气体中的平衡浓度。在实际体系中由于多组分共存，K_1、K_2 不仅与同一组分在不同相内的浓度有关，而且与其他组分的浓度有关，实际的数学表达式更为复杂。

在基于平衡理论的实际应用中，由于传质过程慢，达到 SPME 萃取的动态平衡需要较长时间，而非平衡理论[78]给样品定量分析提供了方便。非平衡理论认为，在萃取时无需达到分配平衡，只要保证萃取时间、温度、搅拌速度等萃取条件相同，涂层对分析物的吸附量正比于样品中该分析物的初始浓度。在非平衡理论中，考虑到分析物在两相中的扩散过程，萃取到涂层中的分析物量为：

$$n = \left[1 - \exp\left(-A \frac{2m_1 m_2 K V_f + 2m_1 m_2 V_s}{m_1 V_s V_f + 2m_2 K V_s V_f} \right) \right] \frac{K V_f V_s}{K V_f + V_s} c_0 \tag{4-4}$$

其中，K 为分析物在样品溶液和涂层之间的平衡常数；A 为涂层表面积；m_1、m_2 为分析物在样品溶液和涂层中的质量转移系数，$m = D/\delta$，D 为扩散系数，δ 为涂层厚度。在 SPME 采样时，并不要求分析物完全被萃取或建立分配平衡，只要求在严格条件下响应值与浓度之间具有稳定的线性关系。

非平衡理论与平衡理论并不矛盾，当吸附时间无限长时，达到吸附平衡，此时公式（4-4）近似为：

$$n_0 = \frac{KV_fV_s}{KV_f + V_s}c_0 \tag{4-5}$$

公式（4-5）与平衡理论分析物萃取量计算公式是一致的。

三、固相微萃取涂层

在固相微萃取装置中，其核心部分是萃取头的涂层。SPME 涂层是固相微萃取技术发展的关键，涂层的性质决定了该方法的应用范围和分析中能检测到的浓度范围，是 SPME 的"心脏"。

1. 涂层的性质

① 涂层的选择性　涂层的种类是影响分析灵敏度和选择性的最重要因素。与其他的萃取方法一样，SPME 同样遵循"相似相溶"这一规则：非极性涂层选择性吸附或吸收非极性化合物；极性涂层选择性吸附或吸收极性化合物。因此，在 SPME 应用中，没有一种单一的涂层可以萃取所有的化合物。涂层的性质必须与分析物的性质相匹配。

选用 SPME 涂层必须满足以下几点要求：（a）具有较大的分配系数，能对有机分子有较强的萃取富集能力。（b）有合适的分子结构，保证分析物在其中有较快的扩散速度，能在较短时间内达到分配平衡，并在热解吸时能迅速脱离固定相涂层，而不会造成峰的扩宽。（c）考虑到固相微萃取主要与色谱技术联用，涂层本身性质必须满足色谱分析要求。如与气相色谱联用，由于萃取物是由 GC 气化室高温解吸，因此要求 SPME 涂层有良好的热稳定性；与液相色谱联用时，则要求涂层具有很好的耐溶剂性能。

② 涂层的厚度　涂层厚度的选择也是决定萃取选择性和灵敏度的重要步骤。纤维涂层厚度对萃取/解吸过程中分析物的选择性、萃取时间、样品容量、解吸时间、分析物贮存（在萃取之后与解吸之前这一段时间内）均有影响。较厚的涂层可以更有效地萃取分析物，但随着涂层厚度的增加，萃取速率会降低[80]。简而言之，涂层厚度具有以下两个特点：（a）涂层厚度大，吸附容量大，灵敏度高，不易达到吸附或吸收平衡；（b）涂层厚度小，吸附容量小，灵敏度低，容易达到吸附或吸收平衡。

③ 涂层的萃取机理及其分类　在 SPME 中，涂层萃取分析物存在两种不同的机理：吸附和吸收。图 4-13 说明了在萃取过程中使用吸收和吸附类型的 SPME 涂层时，起始及稳定状态时分析物相对于涂层的位置变化。

按萃取机理将萃取涂层分成两类：均相的聚合物涂层和多孔颗粒聚合物涂层（见图 4-13）。前者一般通过吸收来萃取分析物，而后者则是通过吸附来萃取。吸收是分子溶进了涂层的主体内，吸附是分析物分子直接结合到涂层表面。基于吸收机理的萃取，由于两种性质相似的物质可以以任何比例互溶，吸收是非竞争过程；而基于吸附机理的萃取，因其可进行吸附的表面位置是有限的，吸附是竞争过程。一般而言，基于吸收机理的涂层，其线性范围较大，基于吸附机理的涂层则线性范围较小。相对于吸收过程来说，分析物分子可以通过范德华力、偶极-偶极、静电作用或其他弱的分子间作用力与涂层表面相结合。

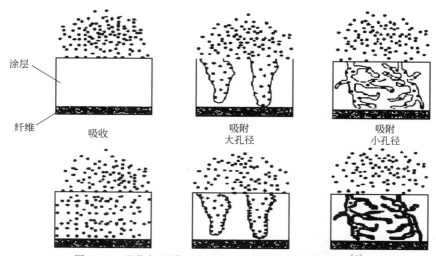

涂层

纤维

吸收 吸附 大孔径 吸附 小孔径

图 4-13　吸收与吸附（大孔径和小孔径）机理的比较[2]

2. 商品化涂层

商品化 SPME 涂层主要由美国 Supelco 公司生产，分为非极性、中等极性和极性 3 种类型。研制不同极性的涂层具有以下优点：增加萃取选择性及样品分析范围；采用极性相匹配的涂层增加样品回收率；减少杂质干扰；从有机溶液中萃取极性化合物。

商品化 SPME 涂层根据是否键合或交联程度高低还分为非键合型、键合型、部分交联型以及高度交联型 4 种。非键合型涂层对于某些水溶性有机溶剂是稳定的，但采用非极性有机溶剂时会产生轻度溶胀现象。对于键合型涂层，除某些非极性溶剂以外，在其他有机溶剂中均很稳定。部分交联型涂层在大多数水溶性有机溶剂和某些非极性有机溶剂中较稳定，高度交联型涂层与部分交联型涂层性质相似。表 4-9 列出了 Supelco 公司已商品化的几种涂层及其应用范围。商品化 SPME 主要用于分析挥发、半挥发性有机物，其中较为典型的有 BTEX、PAHs、氯代烃等多种化合物，样品基质包括了气体、液体和固体等多种形态。在 7 种商品化涂层中，以 PDMS 应用最多。

表 4-9　固相微萃取商品化涂层[2]

涂层种类 *	涂层厚度/μm	推荐使用	最高使用温度/℃	应用范围
PDMS	100	GC，HPLC	280	低分子量挥发性和非极性化合物
	30	GC，HPLC	280	半挥发性和非极性化合物
	7	GC，HPLC	340	半挥发性和非极性化合物
PA	85	GC，HPLC	320	极性和半挥发性化合物
PDMS/DVB	65	GC，HPLC	270	极性和挥发性化合物
	60	GC	270	极性和半挥发性化合物
PDMS/CAR	85	GC	320	痕量挥发性有机化合物
	75	GC	320	痕量挥发性有机化合物
CW/DVB	70	GC	260	极性化合物
	65	GC	260	极性化合物
CW/TR	50	HPLC		$C_3 \sim C_{20}$ 化合物

注：PDMS—聚二甲氧基硅烷；PA—聚丙烯酸酯；DVB—二乙烯基苯；CAR—碳分子筛；CW—聚乙烯醇；TR—模板化树脂。

四、新型固相微萃取介质及其应用

SPME 材料的选择性和富集能力一直是研究者关注的重点，因为材料的选择性决定了 SPME 方法能否直接应用于复杂基体样品，富集能力则是影响 SPME 方法灵敏度的重要因素。此外，介质的生物相容性决定 SPME 方法在复杂生物样品分析中的应用效果，在活体采样分析方面备受关注。以下将介绍近年在选择性、生物相容性或富集能力方面性能优越、应用潜力较大的 SPME 材料（表 4-10）。

表 4-10　新型 SPME 介质及其优缺点

SPME 介质	介质性质	优点	缺点	文献
免疫吸附剂	选择性	专一性强、生物相容性良好，适合水基质样品	稳定性差、吸附容量低,抗体制备纯化成本高	[81-86]
分子印迹聚合物	选择性	选择性高、稳定性好、容易制备	水中选择性不足，模板分子渗漏	[87-91]
限进介质	生物相容性	吸附性质可调	吸附容量低	[92-95]
Poly(MAA-EGDMA)	生物相容性	耐酸碱、耐溶剂，容易制备成各种萃取形式，成本低廉、吸附能力强	选择性不足	[96-100]
聚吡咯	生物相容性	制备容易	吸附容量低	[101-104]
聚乙二醇-C_{18}	生物相容性	萃取速度快、萃取能力强	一次性使用,涂层之间差异大	[102,105,106]

续表

SPME 介质	介质性质	优点	缺点	文献
聚丙烯腈-C_{18}	生物相容性	蛋白吸附少、萃取能力强	稳定性不足	[107]
碳纳米管	高吸附容量	传质速度快、耐溶剂、热稳定性和化学稳定性好、易修饰	选择性差	[108-110]
石墨烯	高吸附容量	传质速度快、耐溶剂、热稳定性和化学稳定性好、易修饰	选择性差	[111-114]
金属有机骨架材料	高吸附容量	吸附量能力强、孔结构及尺寸可调控、热稳定性好	在湿气、酸碱或氧气等苛刻环境下配位键不稳定,耐溶剂性差	[115-121]
共价有机框架材料	高吸附容量	有独特有序孔道结构,比表面积高、材料密度低、热稳定性好、吸附能力强	制备的实验条件苛刻,合成时间长	[122-125]

（1）高选择性固相微萃取介质及其应用

免疫亲和吸附剂（Immuno adsorbents，IA）：免疫亲和吸附剂是一种利用抗体-抗原相互作用而实现高选择性萃取的分离介质。将针对分析物的特异性抗体固定在 SPME 石英纤维上，制得免疫吸附固相微萃取介质（IA-SPME）。一般先用 3-氨基丙基三乙氧基硅烷偶联剂处理石英纤维表面，再用戊二醛连接抗体和底材。与免疫吸附固相萃取方法相比，低耗省时，操作简单，但方法线性范围和吸附容量较低，需要更灵敏的后续检测手段，这是由于 IA-SPME 涂层活性位点的密度和面积较小。因此，如何提高抗体的密度和萃取相的有效面积是亟待解决的问题。管内固相微萃取形式的萃取相体积较大，通常能获得更高的分析灵敏度。目前已经有不少商品化的抗体，因此 IA-SPME 具有良好的应用前景，但抗体的制备和纯化成本较高，特别是专一性较好的单克隆抗体。此外，抗体蛋白结构容易受溶液的 pH 值与离子强度影响，稳定性差，使 IA-SPME 的应用受到限制。

分子印迹聚合物（Molecularly imprinted polymer，MIP）：分子印迹聚合物是指将目标物分子（也称模板分子）与功能单体通过共价或非共价作用进行预组装，再交联共聚得到聚合物。除去模板分子后，MIP 中形成与模板分子空间互补并具有预定吸附位点的"空穴"，对模板分子的空间结构有"记忆"效应，能够高选择性识别复杂样品中的目标分子。分子印迹固相微萃取（MIP-SPME）结合了 MIP 的高选择性与 SPME 操作简便、易于联用的优势，近年来备受关注。MIP-SPME 的介质形式、制备方法和应用对象总结于表 4-11。

Koster[126]首次实现了 MIP 在二氧化硅纤维表面的涂渍，单次涂渍厚度达 75μm，厚度偏差小于 10%。李攻科等[91,127-129]采用多次涂渍的方法制备 MIP 涂层，结合高效液相色谱，在线分析复杂样品中痕量三嗪类除草剂[91,129]、四环素类抗生素[128]和心得安类 β-受体阻滞剂[127]，除草剂和抗生素的检出限均低于欧盟的限量要求，心得安检测灵敏度满足人体血浆或血液痕量监测的要求。受制备方法限制，MIP 涂层大部分是机械性能较好的聚合物，如甲基丙烯酸与乙二醇二甲基丙烯酸酯的共聚物。Mirzajani 等[130]设计并合成了环丙沙星模板 MIP，并涂覆在不锈钢丝上，用于萃取生物样品中的氟喹诺酮类药物。Xiang 等[131]以二嗪农、对硫磷甲基和异卡波菲为模板，通过溶胶-凝胶法分别制备 3 种类型的分子印迹固相微萃取纤维，结合气相色谱氮磷检测器（GC-NPD）分析水果和蔬菜中有机磷类农药残留，方法检出限为 $0.0052 \sim 0.23 \mu g \cdot kg^{-1}$，5 种有机磷农药的回收率为 $75.1\% \sim 123.2\%$。Cai 等[132]提出了一种灵敏、准确且经济高效的 HS-SPME-GC-NPD 方法，检测环境水中高极性和挥发性的磷酸三甲酯，方法检出限和检测限分别为 $0.12 ng \cdot L^{-1}$ 和 $0.36 ng \cdot L^{-1}$，RSD 为 $4.5\% \sim 6.9\%$。苯酚由于其诱变性、致癌性、生物蓄积性和持久性，被认为是最重要的有害污染物之一，Li 等[133]制备了一种氨基功能化有序介孔聚合物并将其作为 SPME 涂层材料，建立了环境水样中的酚类化合物检测的 HS-SPME-GC-MS 方法，该方法具有较低的检出限（$0.05 \sim 0.16 ng \cdot L^{-1}$）和较宽的线性范围（$0.2 \sim 10000 ng \cdot L^{-1}$）。将 β-CD 衍生物作为 MIP-SPME 纤维涂层中功能单体，可以提高其萃取选择性[134]，结合 HPLC 分析实际水样中的三氯生和多氯酚，方法不仅具有良好的选择性，其定量限可低至 $1 \mu g \cdot L^{-1}$，回收率为 $83.71\% \sim 109.98\%$。

表 4-11　分子印迹固相微萃取材料形式、制备方法及其应用

SPME 形式	制备 方法	模板 分子	样品	MIP-SPME 方法	分析仪器	文献
MIP 涂层	底材表面 原位聚合	克伦特罗	尿样	离线	HPLC-ECD	[126]
		扑草净	大豆、玉米、土壤、生菜	在线	HPLC-UV	[91]
		四环素	家禽饲料、鸡肉、牛奶	在线	HPLC-FD	[128]
		双酚 A	自来水、尿样、牛奶	离线	HPLC-DAD	[147]
		心得安	尿样、血浆	在线	HPLC-UV	[127]
		苏丹红一号	辣椒粉、家禽饲料	在线	HPLC-UV	[87]
		2,2′-联吡啶	自来水、废水、尿样	在线	HPLC-UV	[88]
		17β-雌二醇	鱼肉、虾肉	在线	HPLC-UV	[148]
		睾酮	尿样	在线	GC/MS	[149]
	溶胶-凝胶法	十溴联苯醚	城市废水	在线	GC-ECD	[150]
		咖啡因	血清	在线	GC-MS	[151]
	表面嫁接 MIP 聚合物刷	抗坏血酸	血清	离线	HMDE 传感器	[152]
		L-组氨酸	血清	离线	HMDE 传感器	[153]
		多巴胺	血清、脑脊液	离线	HMDE 传感器	[154]
	电聚合	利奈唑胺	合成体液、血浆	离线	HPLC-MS"	[155]
		氧氟沙星	尿样、土壤	离线	HPLC-DAD	[156]

SPME 形式	制备方法	模板分子	样品	MIP-SPME 方法	分析仪器	文献
MIP 整体棒	以石英毛细管为牺牲载体，管内原位聚合	扑灭津	土壤、土豆、豌豆	离线	HPLC-UV	[157]
		二乙酰吗啡	海洛因样品	在线	GC,GC-MS	[158]
		莠灭净	自来水、洋葱、大米	在线	GC,GC-MS	[157]
		乙醛	矿泉水、可口可乐、苹果、菠萝果汁	在线	GC-MS	[159]
		甲基苯丙胺	人体唾液	在线	GC-FID	[160]
		麻黄素	尿样、血清	离线	CE-UV	[161]
管内 MIP-SPME	管内填充 MIP 颗粒	心得安	血清	在线	HPLC-UV	[140]

Liu 等[135]提出了一种以环糊精为单体制备分子印迹聚合物实现多重相互作用的分子识别吸附策略。以 4-硝基苯酚为模板分子，将超分子作用结合分子印迹作用，设计并合成了一系列结构受控且可参与聚合反应的 β-环糊精，进一步聚合得到分子印迹涂层，成功用于选择性识别水样中 4-硝基苯酚。Deng[136]通过毛细管电泳（CE）结合整体式 MIP 纤维的 SPME 用于选择性和灵敏地测定麻黄碱和伪麻黄碱。通过在硅胶毛细管模具中进行原位聚合并以麻黄碱为模板，可重复批量制备 MIP 纤维，每种纤维进行 50 次循环萃取而不显著降低萃取能力。磷酸三苯酯（TPhP）是有机磷阻燃剂的典型模型分子，已被视为对健康有害的新兴环境污染物。Jian 等[137]制备并评估了氧化石墨烯（GO）复合（TPhP-MIPs/GO）TPhP 分子印迹聚合物，直接用于固相微萃取。与 TPhP 分子印迹聚合物（TPhP-MIPs）相比，TPhP-MIPs/GO 复合纤维具有更大的萃取能力，更强的亲水性和更快的传质速率。Chen[138]等将 3 根纤维束缚在一根不锈钢线上，组装了基于 GO 表面分子印迹聚合物纤维阵列（GO/TMP-IPF）。通过 GO/MIP-FA-SPME 装置与气相色谱-火焰光度检测仪联用，同时测定环境水中磷酸三甲酯、磷酸三（2-氯乙基）酯和 TPhP。Chen 等[139]利用分子印迹多孔整体纤维与磺酰脲类除草剂（SUHs）的硼氮相互作用，从而选择性地测定豆浆和葡萄汁样品中 SUHs。豆浆和葡萄汁样品中 SUHs 的检出限分别为 $14\sim58$ng·L^{-1} 和 $46\sim91$ng·L^{-1}，回收率在 $75.2\%\sim102\%$ 之间，相对标准偏差为 $1.8\%\sim9.2\%$。

Pawliszyn 等[140]以颗粒填充方式制备了管内微萃取柱，结合高效液相色谱，在线联用分析血清中心得安，检出限为 0.32mg·L^{-1}，RSD 小于 5.0%。尿液中 8-羟基-2-脱氧鸟苷（8-OHdG）是氧化性 DNA 损伤的重要标志物，Zhang 等[141]以鸟苷为模板，合成了一种新型的 MIP 整体毛细管柱，并作为管内 SPME 介质，结合毛细管电泳-电化学检测（CE-ECD）分析了尿样中 8-OHdG。由于 MIP 整体柱具有更高的固定相比例、对流传质和固有的选择性，它对目标分析物的萃取效率很高，检出限（LOD）和定量限（LOQ）分别为 2.6nmol·L^{-1} 和 8.6nmol·L^{-1}。Barahona 等[142,143]在聚丙烯中空纤维孔中制备用于氟喹诺酮类药物的选择性 MIP。将 SPME 和分子印迹技术相结合用于环境和生物样品中达诺沙星、诺氟沙星、恩诺沙星和环丙沙星的分离富集。为了解决 MIPs 在水介质中选择性低的问题，将分子印迹聚合物包覆的中空纤维微萃取和液相微萃取相组合用于直接从环境水中选择性提取三嗪。Golsefidi 等[144]将包含模板的预聚物溶液引入到聚丙烯中空纤维以进行原位聚合，建立一种中空纤维固相微萃取绿原酸的改性双酚 A 分子印迹聚合物吸附剂的简易制备方法。Mirzajani 等[145]基于金属有机骨架深共熔溶剂/分子印迹聚合物制备了中空纤维和整体纤维，并在中空纤维液膜保护的固相微萃取下，通过气相色谱检测邻苯二甲酸酯。该方法的检出限在 0.008～0.03μg·L^{-1} 之间，定量限在 0.028～0.12μg·L^{-1} 之间。日内和日间精度的 RSD 分别在 2.4%～4.7% 和 2.6%～3.4%，回收率在 95.5%～100.0% 的范围内。

由于水或极性溶剂会破坏氢键作用，MIP 通常只在非极性溶剂中才表现出较好的高选择性，大多数 MIP-SPME 介质只适用于经有机溶剂提取后的样品，限制了 MIP-SPME 的应用，因此研制在水中具有印迹效果的 MIP-SPME 介质非常必要。Wang 等[146]采用溶胶-凝胶技术制备用于 SPME 水相容性分子印迹聚合物。由于其特定的吸附能力和粗糙多孔的表面，MIP-SPME-GC 用于测定蔬菜样品中有机磷农药，该方法的检出限为 0.017～0.77μg·kg^{-1}，回收率为 81.2%～113.5%。此外，该纤维还具有出色的热稳定性和化学稳定性，用 MIP 包覆的纤维在黄瓜样品中对二嗪农及其结构类似物具有选择性吸附，具有良好的应用潜力。

（2）生物相容性固相微萃取介质及其应用

生物样品中，蛋白质等大分子在分离介质表面容易形成不可逆吸附，一方面会导致分离介质污染和失活，另一方面与分析对象存在竞争吸附干扰检测。因此发展生物相容性良好的 SPME 介质，对 SPME 应用于生化分析，特别是活体采样分析十分重要。生物相容性良好的分离介质必须具备两个条件：一是有亲水的表面，可避免蛋白质吸附变性；二是孔径足够小，使蛋白质等大分子排阻于孔穴外。作为 SPME 介质，还必须对分析对象具有良好的分离富集能力。

限进介质（Restricted access media，RAM）的研究自 20 世纪 80 年代中发展至今，已经成为生物样品前处理中应用最广泛的生物相容性分离介质。RAM 外表面经过亲水修饰且孔径足够小，使生物样品中蛋白质等大分子难以进入介质的内孔，避免不可逆吸附的发生；内孔表面通常具有反相或离子交换萃取剂的性质，能吸附小分子。Pawliszyn 等[93,95,162-165]报道了一系列限进介质 SPME 涂层的研究。主要有 C$_{18}$ 烷基二醇硅胶（ADS）和离子交换二醇硅胶（XDS）两种 RAM 涂层，均可免去沉淀蛋白质的步骤，用于生物体液的直接萃取。ADS-SPME 涂层与 HPLC 结合应用于血样、尿样中苯（并）二氮类药物的在线分析[163-165]；XDS-SPME 涂层结合 HPLC-MS 分析全血样品中血管紧缩素，检出限达 8.5pmol·L^{-1}[95]。这两种涂层用于生物体液中缩氨酸和胰蛋白酶消解物的定性分析，在不作样品纯化处理的情况下，RAM-SPME 与纳喷雾质谱在线分析，检出限达 50 fmol·mL^{-1}[93]，方法灵敏快速，容易实现自动化，有望用于蛋白质组学的研究。如何提高 RAM-SPME 涂层的吸附容量是亟待解决的问题，除了研制新型的 RAM 外，发展合适的 RAM-SPME 形式也是有效的途径。近年 Maruška 等[92]把 RAM-SPME 小柱嵌入毛细管柱中，与区带毛细管电泳在线（in-line）联用，直接进样分析牛血浆中的咖啡因，灵敏度比毛细管区带电泳方法提高 1000 倍。Mullett 等[166]制备了 RAM 搅拌吸附萃取棒，与传统纤维型 SPME 涂层相比，吸附容量大，能避免搅拌子的竞争吸附，是 RAM-SPME 技术的延伸。

聚（甲基丙烯酸-乙二醇二甲基丙烯酸酯）是指甲基丙烯酸（MAA）和乙二醇二甲基丙烯酸酯（EGDMA）的共聚物，即 poly(MAA-EGDMA)，其生物相容性良好，在生物医学领域应用广泛。该聚合物具有疏水的骨架和酸性的侧基，对碱性物质具有较强的吸附能力，且在宽广的 pH 范围内性质稳定，适合用于固相萃取或管内固相微萃取的固定相。冯钰锜等[100]用（γ-甲基丙烯酰氧基）丙基三甲氧基硅烷对石英毛细管内壁进行硅烷化处理，然后通入聚合溶液（MAA 为单体，EGDMA 为交联剂，十二醇与甲苯为致孔剂，偶氮二异丁腈为引发剂），直接在毛细管内进行聚合，制得管内固相微萃取毛细管整体柱，并结合高效液相色谱[167-170]、毛细管区带电泳[98,171]、毛细管液相色谱或加压毛细管电色谱[172]，在线分析人体尿液、唾液、血液中的碱性药物。方法精密度好，线性范围大部分达 3 个数量级。由于 poly(MAA-EGDMA) 整体柱的化学稳定性良好，在管内固相微萃取原位衍生化方面有良好的应用前景[96]。

近年来，一些生物相容性良好、纤维型的 SPME 涂层被研制用于生物活体采样。聚吡咯（Polypyrrole，PPY）涂层是最早用于活体采样的 SPME 涂层[103]，已有报道 PPY-SPME 探针插入狗、老鼠静脉中进行活体采样[101-103]。PPY 属于多孔吸附介质，结合位点有限、选择性不足，生物体中内源性小分子化合物容易与目标物存在竞争吸附，严重影响分析准确度，导致 SPME 方法线性范围窄。与 PPY 相比，PEG 与 C$_{18}$ 键合硅胶结合的 SPME 涂层较薄，传质速度快、吸附容量大，是更理想的生物相容性涂层[102,103,106]。Pawliszyn 等[107,173]报道了一种基于聚丙烯腈（Polyacrylonitrile，PAN）的固相微萃取涂层，将 C$_{18}$ 键合硅胶颗粒分散于 PAN 的二甲基亚砜溶液中形成浆状物，涂覆在不锈钢丝表面。研究表明，该涂层对蛋白质的吸附量少于 PPY、RAM 涂层，对安定等药物的富集能力分别提高了 50 倍和 90 倍。这种基于 PAN 涂层的生物相容性良好，而且能够根据分析对象的性质选择合适的吸附剂结合使用，在体内药物分析领域有广阔的应用前景。生物相容性涂层研究的发展，使得 SPME 技术可以实现活体采样，有望成为临床分析的新手段[102]。富集能力强、选择性高的生物相容性涂层的研制和应用是 SPME 技术发展的一个方向。

（3）高吸附容量固相微萃取介质及其应用

碳纳米材料由于其纳米尺寸、比表面积高、吸附性能优良、热稳定性好，是理想的 SPME 萃取介质。在庞大的碳纳米材料家族里，碳纳米管（Carbon nanotubes，CNTs）和石墨烯（Graphene）尤其引人注目，发展迅速。

CNTs 是一种由石墨片卷曲而成的中空管状的碳纳米管材料，管壁是由碳六元环组成的网状结构，根据壁数目的不同分为单壁碳纳米管和多壁碳纳米管。目前已有不少关于 CNTs 固相微萃取涂层的制备及应用的研究报道。主要制备方法是采用溶胶-凝胶法固载 CNTs[108,110,174]，以及使用黏合剂将 CNTs 颗粒黏附在底材表面[175-177]。此外，由于 CNTs 导电性良好，可以通过电沉积的方法沉积在导电底材表面[178]，也可以使用导电单体，通过电聚合得到聚合物与 CNTs 的复合涂层[156]。CNTs 表面有疏水基团和丰富的 π 电子，主要是通过疏水作用、π-π 作用、范德华力的作用吸附有机分析物。目前分析物主要集中在极性较弱、挥发性或半挥发性的有机分子，如多环芳烃[179]、有机磷杀虫剂[175]、呋喃[109]、甲基叔丁基醚[180]等。为了提高自制 SPME 涂层的提取效率和选择性，碳纳米管可通过物理掺混或化学键合与其他功能材料相结合[181-183]。对于物理共混过程，通过搅拌或超声处理将 CNT 分散在溶剂中，然后将其与包含其他功能材料的溶液混合以获得均匀的悬浮液，处理悬浮液后，可以获得目标复合材料。对于化学键合，碳纳米管被强酸氧化形成反应位点，从而在碳纳米管和其他功能材料之间提供了连接位点。所报道的功能材料包括离子液体[184,185]、聚合物[186-189]、壳聚糖[190,191]、环糊精[192]、苯基硼酸（PBA）[193]和二氧化硅[194]。当它们与 CNT 结合时，上述材料的优点已成功地引入到复合材料中。同时，还保持了改性 CNT 的提取能力。Chen 等[193]已报道了一种基于 PBA 功能化 CNT 的超灵敏 SPME 探针，得益于CNT 的提取能力和 PBA 的识别功能，可以在短时间内实现对生物液体以及半固体生物组织中碳水化合物直接体外或体内识别。

石墨烯是一种由以碳六元环为重复单元构成的、片状的，厚度仅有一个碳原子直径大的新一代碳纳米材料。石墨烯比表面高（2630$m^2 \cdot g^{-1}$）[195]、化学稳定性好、机械强度高，在 SPME 中的应用较多。Chen 等[112]采用物理涂覆方法制备了石墨烯固相微萃取涂层，涂层的寿命仍达到 250 次以上。涂层（6～8μm）对拟除虫菊酯萃取能力显著高于更厚的商用涂层。类似制备方法制得的石墨烯涂层，被报道用于水样中三嗪除草剂的分析[114]。李攻科等[113]提出一种共价键合的方法固载石墨烯，首先以 3-氨基丙基三乙氧基硅烷作为偶联剂将氧化石墨烯固载在纤维底材上，再原位还原成石墨烯。涂层稳定耐用，对多环芳烃具有较好的萃取能力，尤其是稠环数目多的多环芳烃。通过热处理，共沉积和沉淀聚合的方法，GO 可以与导电聚合物、MIP、MOFs、ILs 和二氧化硅复合，形成选择性 SPME 涂层[196-199]。该复合材料结合了其他功能材料和 GO 的优势，可以有效地提高 SPME 纤维的吸附能力。到目前为止，GO 基复合材料已成功用于从水和食物等样品中提取 PAHs[200]、苯衍生物[201]、药物[202-204]、醛[205]和痕量金属[206]。例如，Zhang 等[207]合成了具有 MIL-88(Fe)金属有机骨架材料和氧化石墨烯[MIL-88(Fe)/GO]的杂化复合材料，并将其用作 SPME 涂层成功用于植物油样品中邻苯二甲酸酯的分析。Du[208]等通过电化学方法成功地制备了一种新型的二氧化锰改性 6-氨基己酸功能化石墨烯 Ppy 的固相微萃取涂层，通过 HS-SPME 与气相色谱-氢火焰离子化检测器（GC-FID）联用对苯甲酸酯类化合物进行色谱分析。

金属有机骨架材料（Metal-organic frameworks，MOFs）是由多齿有机配体与过渡金属离子组装而成的配位聚合物。MOFs 具有有序开放孔道，其结构及孔径可调、能形成大量微孔或中孔、比表面积大、吸附能力强，在样品前处理中得到越来越多的应用。严秀平等[209]制备了 MOFs 固相微萃取涂层，采用原位生长法将 MOF-199 固载于不锈钢丝上，结合气相色谱用于空气中苯系物的富集与检测。配体均苯三酸的苯环与苯系物存在 π-π 作用力，富集因子达到 19613～110860，比商用涂层 PDMS/DVB 高出数倍到数十倍，检出限低于 23.3ng·L^{-1}。由于高孔隙率和大的比表面积，MOFs 可以直接用作吸附剂以吸附和富集挥发性化合物，例如 PCBs 和硫化合物。Wu 等[210]已经报道了通过原位水热法制备新型 MIL-88B 涂层纤维，该纤维被用于水样和土壤样中 PCBs 的 SPME。此外，MIL-88B 涂层纤维在萃取过程中具有较高的稳定性，在进行 150 次重复使用中其萃取效率并未降低。Li 等[211]通过原位溶剂热法在多孔铜载体上制备 MOF-5 棒，多孔金属载体对 MOF-5 晶种具有合适的孔径，适合于生长致密的 MOF-5 层，并改善了整个涂层的完整性。将 MOF-5 棒与热解吸-气相色谱-质谱相结合用于顶空吸附萃取韭菜和蒜苗中挥发性有机硫化物。目前 MOFs 用于富水样品的报道较少，主要是由于许多 MOFs 材料的耐水性差。研制耐水性好的 MOFs 固相微萃取材料是努力的方向之一。李攻科等[212]选用耐水性较好的 MIL-101 材料，填充成微柱，与高效液相色谱实现在线分析，能在不经任何处理的前提下，直接分析尿样中的萘普生及其代谢物，检出限分别为 34ng·L^{-1} 和 11ng·L^{-1}。李攻科等[120]将 MOF-199 与多壁纳米管复合，防止 MOF-199 开放金属位点被水分子占据，有效地改善了涂层对水的稳定性，成功用于非侵入性富集相对湿度较高的水果样品中痕量乙烯、甲醇和乙醇。

共价有机框架材料（COFs）是一种具有有序晶型结构的有机多孔材料。COFs 材料具有固定的孔隙度、有序的通道结构、较高的比表面积和良好的稳定性，在气体存储和分离、催化、传感、小分子吸附和药物传递等领域具有重要的应用前景。贾琼等[122]利用聚多巴胺改性的方法将腙类 COFs 材料固载在铁丝表面，制备得到复合 COFs 材料的固相微萃取纤维头，用于顶空萃取蔬菜和水果中的拟除虫菊酯。他们[123]随后还制备了交联状的苯腙类 COFs 材料并将其固载在石英纤维表面，制备得到比表面积大、孔隙度高、稳定性好的固相微萃取纤维，用于黄瓜样品中农药残留的分析。Wang 等[124]通过 COF-SNW-1 与功能化不锈钢丝基体之间的共价化学交联作用，制备了 SNW-1 涂层 SPME 纤维，联合气相色谱-质谱法测定了蜂蜜样品中酚类物质的含量。该小组[125]随后也通过一种简单物理涂覆的方法将 COF-SCU1 涂覆在预先功能化的不锈钢表面，制备固相微萃取纤维，用于检测室内空气样品中挥发性苯系物的含量。

COFs 材料目前在分离富集方面的应用方兴未艾，其未来的发展趋势将更多地结合 COFs 材料孔径可调的优势，针对分析物的分子大小和特性对 COFs 材料进行设计合成，从而实现 COFs 材料对分析物高选择性富集和高灵敏度检测的要求[213]。同时，发展温和、高效的合成方法取代原有苛刻的合成工艺，将极大地促进 COFs 材料的发展，并拓展其在作为富集材料的进一步应用。

第三节　搅拌棒吸附萃取

搅拌棒吸附萃取（Stir bar sorptive extraction，SBSE）技术于 1999 年由 Sandra 等[214]提出，并于 2000 年由 Gerstel GmbH 公司实现了装置商品化。搅拌棒吸附萃取是从 SPME 发展起来，一方面具有 SPME 集萃取、浓缩、解吸、进样于一体的优点，另一方面 SBSE 能在萃取的过程中自身完成搅拌，无须外加搅拌磁子，避免了竞争性吸附，加快了萃取速度。同时 SBSE 的萃取量远大于 SPME 的萃取量，非常适用于痕量物质分析。SBSE 技术已经广泛应用于环境分析、食品分析、生物分析等领域。

一、搅拌棒吸附萃取基本原理

SBSE 搅拌棒的外观如图 4-14 所示[215]，实际上是一根内封磁棒的玻璃棒，长度 10～20mm，外径 1～2mm，外表面紧密套上商品化的聚二甲基硅氧烷（PDMS）作为萃取涂层，涂层厚度 0.5～1.0mm。SBSE 涂层的体积一般为 25～125μL[215]。

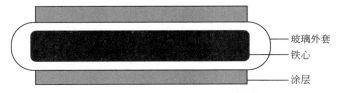

玻璃外套
铁心
涂层

图 4-14　SBSE 搅拌棒示意图[215]

SBSE 的原理与固相微萃取原理基本一致，依赖于目标物在样品基质和萃取相中的分配。

目标物在 PDMS 相和水相的分配系数（$K_{\text{PDMS/w}}$）定义为萃取平衡时目标物在

PDMS 相的浓度（c_{PDMS}）与在水相（c_w）的浓度的比值，可以通过公式（4-6）计算：

$$K_{PDMS/w} = \frac{c_{PDMS}}{c_w} = \frac{m_{PDMS}}{m_w} \times \frac{V_w}{V_{PDMS}} = \frac{m_{PDMS}}{m_w} \times \beta \qquad (4\text{-}6)$$

其中，m_{PDMS} 是萃取平衡时目标物在 PDMS 相的质量；m_w 是萃取平衡时目标物在水相的质量；β 称为相比率，是水相体积（V_w）与 PDMS 相体积（V_{PDMS}）的比值。

SBSE 萃取目标物的理论萃取率 R（%）定义为平衡时 SBSE 对目标物的萃取质量（m_{PDMS}）与目标物的起始质量（m_0）的比值，可以通过公式（4-7）计算：

$$R = \frac{m_{PDMS}}{m_0} = \frac{m_{PDMS}}{m_w + m_{PDMS}} = \frac{1}{1 + \beta/K_{PDMS/w}} \qquad (4\text{-}7)$$

由公式（4-7）可知，SBSE 对目标物萃取率的影响因素有两个：相比率 β 和分配系数 $K_{PDMS/w}$。萃取率与相比率是负相关关系，而 SBSE 涂层的体积是纤维涂层体积的 50～250 倍，因此可知 SBSE 的萃取率远大于 SPME 的萃取率[216]（图 4-15）。萃取率与分配比是正相关关系，研究指出 $K_{PDMS/w}$ 与目标物的辛醇-水分配系数（$K_{o/w}$）相关，可以很好地表示目标物能否被涂层萃取以及萃取量的大小[217]。

根据公式（4-7），一般情况下，减少水相的体积或增大 PDMS 相的体积都可以提高目标物的萃取率，增大 PDMS 相体积的方法有两种：一是制备更厚的 SBSE 搅拌棒涂层，二是制备涂层更长的 SBSE 搅拌棒。

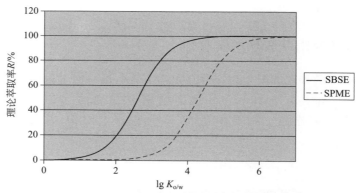

图 4-15 SBSE 与 SPME 理论萃取率对比图[216]

二、搅拌棒吸附萃取的萃取解吸模式

SBSE 的萃取模式有两种：直接搅拌棒吸附萃取和顶空吸附萃取，如图 4-16 所示[218]。直接搅拌棒吸附萃取是最简单、应用最广泛的萃取模式，它直接将 SBSE 搅拌棒浸入萃取溶液中进行搅拌萃取，在萃取过程中自身完成搅拌，避免了外加搅拌磁子的竞争吸附。但搅拌棒与萃取溶液直接接触，复杂样品基体会污染搅拌棒，因而直接萃取模式适用于基体不太复杂的样品。顶空吸附萃取是将 SBSE 搅拌棒静置悬挂于样品溶液上方进行吸附萃取，需要外加搅拌磁子进行搅拌。顶空吸附萃取适用于复杂基体中挥发性物质的萃取分析，可避免样品基体对 SBSE 搅拌棒的污染，但同时也舍弃了 SBSE 搅拌棒的自身搅拌功能。

SBSE 的解吸有两种方法：热解吸和溶剂解吸。SBSE 技术是基于 SPME 技术发展出来的。SPME 的热解吸是在气相色谱进样口中进行，而 SBSE 常常与热解吸系统（Thermal desorption unit，TDU）联用，其结构如图 4-17。这是因为 SBSE 萃取相大，解吸过程比 SPME 纤维慢，需要冷阱捕集浓缩，样品流以窄谱带形式进入色谱系统。现在常用的商品化热解吸装置有两种：一种是经典的热解吸装置，另一种是特别为 SBSE 设计的并由 Gerstel 公司生产的热解吸装置，采用程序升温进样口连接在气相色谱上。

(a) 直接吸附萃取 (direct-SBSE)

(b) 顶空吸附萃取 (HSSE)

图 4-16　SBSE 萃取方式[218]

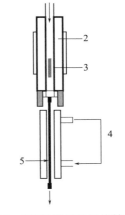

图 4-17　SBSE 热解吸系统结构图[2]
1—载气；2—加热块；3—搅拌棒；
4—冷却气（液氮或干冰）；5—预柱

溶剂解吸一般在样品瓶的内插管中完成，如图 4-18 所示。在微型搅拌棒完成萃取后，用蒸馏水润洗，再采用 $100 \sim 200 \mu L$ 合适的有机溶剂将固定相中的待分析物解吸出来，解吸液可用 HPLC、CE 分析或采用大体积进样 GC 分析。解吸时一般采用自身搅拌、超声波辅助等手段加快解吸速度。

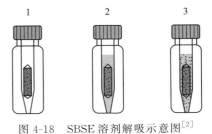

图 4-18　SBSE 溶剂解吸示意图[2]
1—将微型搅拌子置于样品瓶内插管中；
2—加入解吸溶剂；3—搅拌或超声解吸

三、搅拌棒吸附萃取技术优化

1. SBSE 技术条件优化

样品中被测定物质的分配系数 $K_{o/w}$ 越大，SBSE 的回收率越高，特别是非极性和弱极性有机物质，通常都可通过 SBSE 技术进行分离和浓缩。在 SBSE 技术中，磁性棒经惰性玻璃层密封后，可防止磁性棒金属对样品的催化作用，同时也易于固化 PDMS 萃取层。在应用 SBSE 样品时，首先遇到的是样品量、顶空样品瓶容积、搅拌棒尺寸、萃取时间、搅拌棒转速等的选择问题。根据样品中被测定物质的分配系数 $K_{o/w}$ 大小和使用仪器的测定灵敏度选择样品的体积和使用的搅拌棒尺寸。通常，搅拌棒的尺寸（$L \times OD$）为 $10mm \times 0.32mm$，可萃取的样品体积为 $1 \sim 50mL$；搅拌棒的尺寸为 $40mm \times 0.32mm$，可萃取的样品体积为 $100 \sim 250mL$。盛装样品的顶空瓶体积与样品体积一致，尽量减少瓶内样品的顶空空间。在选择最佳的 SBSE 条件时，如果萃取时间增加，被测定物质的萃取回收率不再进一步地增加时，所采用的萃取条件基本上就可以认定为最佳条件[73]。

经 SBSE 之后，使用干净的镊子将搅拌棒从样品瓶中取出，然后使用蒸馏水将搅拌棒冲洗干净。蒸馏水的冲洗过程不会使吸附在搅拌棒上的被测定物质流失。冲洗掉干扰物质（诸如糖、蛋白质等类似物质）可避免和减少在搅拌棒进一步处理时产生的各种问题。

搅拌棒上被吸附物质的解吸方法主要有热解吸和溶剂解吸，热解吸使用得较多。热解吸的温度范围为 $150 \sim 300℃$，持续时间范围为 $5 \sim 15min$，采用的吹扫气体（He）流量为 $10 \sim 15mL \cdot min^{-1}$。经过热解吸的样品在进入色谱或色谱-质谱分析之前，必须进行冷阱聚焦处理将过量的气体排空，以达到与毛细管色谱或色谱-质谱分析条件的匹配。冷阱的温度通常是 $-150℃$，再用 $250 \sim 300℃$ 的热解吸进样测定。当使用溶剂解吸时，可直接应用液体试剂萃取搅拌棒上吸附的被测定物质，诸如使用乙腈和水的混合溶液（1:1，体积比）解吸搅拌棒被吸附的啤酒中苦草酮类物质。经过溶剂解吸的样品，既可以直接进样色谱或色谱-质谱测定，也可采用顶空方式进样色谱或者色谱-质谱测定[73]。

2. 消除样品中极性基体物质干扰

应用液-液萃取、固相萃取和水蒸气蒸馏等样品制备技术时，在进行含有水、乙二醇、糖、表面活性剂等物质的样品分析之前，通常需要进行清洗程序以尽可能地减少这些极性物质对气相色谱分析的干扰。但是，有些极性基体组分，如乙酸、乙醇等高挥发性组分，很难应用传统方法消除它们的干扰。极性物质可能被引进色谱分析，致使大面积基体物质峰干扰和掩盖了被测定物质，不好的峰形（拖尾）和基线漂移等带来更大误差。这些极性物质的引进甚至会使毛细管分析柱降解。高含量表面活性剂和乳化剂样品会形成乳浊液，尽管采用盐析或者静置数十小时等处理技术，仍然不能消除乳化作用。

应用 SBSE 技术可消除上述的干扰，可直接分离和浓缩这些极性基体样品中挥发性和半挥发性有机物质。高含量水样品会严重地干扰气相色谱和气相色谱-质谱分析，使分析测定过程复杂化，水具有很高的汽化体积（10^3），必须防止水被引入气相色谱和气相色谱-质谱分析。然而，在 SBSE 技术中，由于搅拌棒涂敷的 PDMS 对水没有吸附作用，不必担心高含量水会引入气相色谱和气相色谱-质谱分析中。实际上，在 SBSE 技术中，常常需要使用纯水稀释各种样品，以达到分散样品的作用并改进样品处理和萃取过程。图 4-19 是应用 SBSE-TD-GC-MS 方法直接测定饮用水中挥发性有机物的结果[73]。

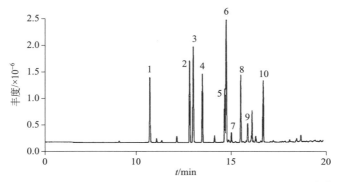

图 4-19　SBSE-TD-GC-MS 直接测定饮用水中挥发性有机物[73]
1—甲苯；2—乙苯；3,4—二甲苯；5—2-氯苯；6—丙基苯；7—三甲苯；8,9,10—丁基苯

如水样品中含有酸性物质，酸物质可能会对分析测定产生严重干扰或对分析仪器产生严重的损坏。酸物质可能是样品原来就存在的，也可能是在处理样品时引入的。无机酸进入气相色谱中会在注入口内产生活性点，引起毛细管分析柱降解，损坏高灵敏度检测器。有机酸在许多非极性毛细管分析柱上会形成鲨鱼鳍形状的色谱峰，干扰附近组分的测定。例如，通过葡萄发酵制成的一种深紫色的香醋含有约 6% 的酸性物质，具有综合的水果香味。这些香味物质的分析鉴定必须经过分离和浓缩之后才能应用色谱-质谱测定。图 4-20 分别是应用乙酸乙酯萃取和 SBSE 技术的测定结果。结果表明，乙酸乙酯萃取后经色谱测定给出了几种酯类物质，但没有给出任何有用的关于香醋样品中香味物质的信息。而经过 SBSE 后的色谱测定结果获得了很多关于香醋样品中香味物质的信息。这是因为香醋样品中酸性物质在 PDMS 中具有非常小的溶解性（$pK_{o/w} = 0.09$），它们不会对 SBSE 产生任何干扰。

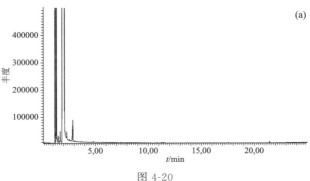

图 4-20

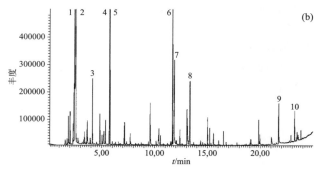

图 4-20　香醋中香味和风味物质测定[73]

(a) 乙酸乙酯萃取；(b) SBSE

1—乙酸乙酯；2—乙酸；3—乙酸异丁酯；4—乙酸异戊酯；5—2-甲基-1-乙酸丁酯；

6—乙酸苯乙酯；7—壬酸；8—丁酸丁酯；9—硬脂酸；10—雄甾烯醇

酒精饮料和酒类消费产品含有约 3％～75％的乙醇和少量其他短链醇类物质，高含量的乙醇对此类消费品中风味和香味物质分析测定具有稀释作用。图 4-21 分

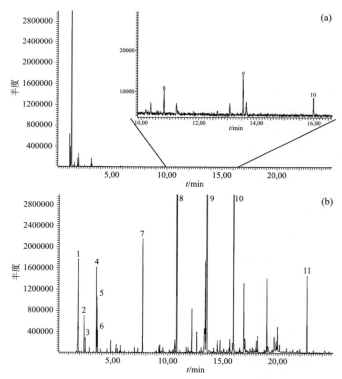

图 4-21　苏格兰威士忌中香味和风味物质测定[73]

(a) 直接进样测定；(b) SBSE

1—乙醇；2—乙酸乙酯；3—乙酸异丁酯；4—乙缩醛；5—3-甲基-1-丁醇；6—2-甲基-1-丁醇；

7～10—C_6～C_{12} 酯；11—柠檬酸乙酰基-n-三丁酯

别是苏格兰威士忌样品的直接进样测定和经过 SBSE 后测定的结果。可以看到，大量的乙醇和水致使直接进样分析的色谱基线抬高，初始 6min 流出物质的保留值发生改变；在高端保留值流出物质的色谱峰只能在放大刻度时才能够看到。在 SBSE 的分析结果中可非常清楚地看到乙醇峰的峰高很小，对其他的样品组分不产生任何干扰，这是因为乙醇在 PDMS 中具有非常小的溶解性（$pK_{o/w} = -0.14$）[73]。

许多消费日用品是由表面活性剂、乳化剂、润滑剂、增稠剂和各种香精等物质组成的复杂的混合物。特别是各种洗涤产品，含有上述所有物质组成，难于应用色谱分析测定。图 4-22 是餐具洗涤剂样品分别经溶剂萃取和 SBSE 后的色谱测定结果，注意图（a）和图（b）的纵坐标刻度不同。虽然两种萃取技术的色谱测定结果类似，但是经溶剂萃取的样品发生了非常严重的乳化，经过 3d 的静置（破乳）后层分离仍然不明显。经 SBSE 后的色谱测定结果表明，大都是香味物质。

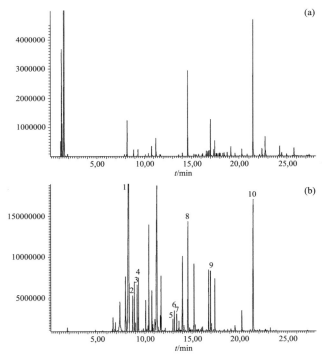

图 4-22　餐具洗涤剂中风味物质测定[73]

（a）三氯甲烷萃取并静置三天后；（b）SBSE

1—柠檬油精；2—γ-不旋松油精；3—α-异松油烯；4—沉香醇；5—乙酸香茅基酯；6—乙酸橙花基酯；7—乙酸香叶酯；8—C₁₂-醇；9—V14-醇；10—三氯苯氧氯酚（$pK_{o/w} = 4.66$）

四、搅拌棒吸附萃取的应用

1. 可离子化物质的萃取

在环境水体样品、食品、饮料样品、生物体液样品中含有许多可离子化的有机物质，例如：葡萄酒、酒精饮料和果汁中脂肪酸类物质，日化产品工业中清洁剂，动植物样品和各种农药生产中脂肪胺类物质等。脂肪酸和脂肪胺在溶液中可能以中性的分子状态，或是带电荷的离子状态存在，主要取决于溶液的 pH 值和溶液的温度。通常中性脂肪酸和脂肪胺可获得较高的 SBSE 回收率。但是，中性或离子形态的脂肪酸和脂肪胺在 PDMS 有机相的溶解性差别很大，可通过调节样品溶液的 pH 值等参数条件，获得较高的回收率。

　　应用 SBSE 技术分离和浓缩溶液样品中己酸、辛酸、癸酸、十四酸、十八酸直链的脂肪酸，这些脂肪酸在辛醇-水体系中分配系数如表 4-12 所示。由脂肪酸的分配系数可以推测，不控制样品溶液的 pH 值或改变脂肪酸的离子状态都会严重地影响它们的 SBSE 回收率。实验研究表明，辛酸、十四酸和十八酸等直链脂肪酸在不同的 pH 值（pH 2～10）溶液中，经 SBSE 处理的时间为 4h，测定结果如图 4-23 所示。

表 4-12　直链脂肪酸在辛醇-水体系中的分配系数[73]

脂肪酸	中性脂肪酸分子 $\lg K_{o/w}$	脂肪酸钠 $\lg K_{o/w}$
己酸	2.05	−1.76
辛酸	3.03	−0.78
癸酸	4.0	0.2
十四酸	5.98	2.17
十八酸	7.94	4.13

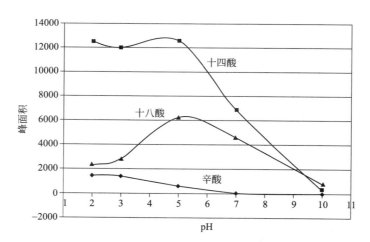

图 4-23　SBSE 技术中脂肪酸萃取量与样品溶液 pH 值的相关性[73]

　　在图 4-23 中，可以明显地看到样品溶液的 pH 值对长链脂肪酸的 SBSE 回收率影响较大。在样品溶液的 pH 值较低的情况下，羧基酸在酸性溶液中被充分地质子化并表现出很低的水溶解性，促使它们在 PDMS 有机相中具有较大的溶解性。辛酸和十四酸在 pH 值较低的样品溶液中可获得最高的回收率（如图 4-23）。当样品溶液的 pH 值逐渐增大时，溶液平衡逐渐转向脂肪酸的离子化形态，它们的 SBSE 回收率也逐渐减少。溶液样品的 pH 值约为 3 时，辛酸的萃取回收率开始下降；溶液样品 pH 值约为 5 时，十四酸萃取回收率开始显著地下降；溶液样品 pH 达到 10 时，辛酸和十四酸的萃取回收率接近于零。十八酸的情况与较短直链酸相比，有些反常，SBSE 回收率最大的 pH 值约是 5，当溶液样品的 pH 值小于 5 或大于 5 时，十八酸萃取回收率分别趋于降低。这可能是因为在较低的 pH 值样品溶液中，质子化的十八酸在水中的溶解性非常低，促使十八酸形成聚合的分子形态，容易与样品容器的内壁产生吸附作用，致使十八酸在样品溶液中的浓度减少，SBSE 的回收率降低[73]。

　　溶液中脂肪胺的 SBSE 回收率与脂肪酸的情况类似，溶液的 pH 同样会严重地影响脂肪胺的萃取回收率。这可以从表 4-13 中的脂肪胺在辛醇-水体系中的分配系数预测出来。

表 4-13　几种脂肪胺在辛醇-水体系中的分配系数[73]

脂肪胺	中性脂肪胺分子 $\lg K_{o/w}$	脂肪胺的氢氧化物 $\lg K_{o/w}$
丁胺	0.83	−2.35
二丁胺	2.77	−0.33
三丁胺	4.46	1.69
辛胺	2.8	−0.39
二辛胺	6.7	3.6
三辛胺	10.35	7.58

　　当水溶液 pH 值在 2～10 范围内（图 4-24），几种脂肪胺在水溶液样品中经 SBSE 后的测定结果表明了它们的萃取回收率变化非常明显。在样品溶液的 pH 值较高的情况下，脂肪胺在碱性溶液中是中性分子状态并表现出很低的水溶解性，促使它们在 PDMS 有机相中具有较大的溶解性。除了三辛胺之外，所有的脂肪胺在较高 pH 值的样品溶液中可获得最高的萃取回收率（如图 4-24）。当样品溶液的 pH 值逐渐减小时，溶液平衡逐渐转向脂肪胺的离子化形态，它们的 SBSE 回收率也逐渐降低。溶液样品的 pH 值约为 5～7 时，二丁胺、三丁胺和辛胺的萃取回收率减少至零；溶液样品的 pH 值约为 7 时，二辛胺的萃取回收率开始显著降低，溶液样品的 pH 接近 2 时，二辛胺的萃取回收率接近于零。三辛胺萃取回收率的反常与上述十八酸的情况类似，SBSE 的回收率最大的 pH 值约是 5，当溶液样品的 pH 值小于 5 或大于 5 时，三辛胺的萃取回收率分别减少。这是因为在较高的 pH 值样品溶液中，中性三辛胺的分配系数为 10.35，在水中的溶解性非常低，促使三辛胺

形成聚合的分子形态，容易与样品容器的内壁产生吸附作用，使三辛胺在样品溶液中的浓度减少，SBSE 的回收率降低。

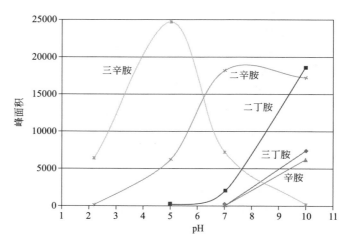

图 4-24   SBSE 技术中脂肪胺萃取量-样品溶液的 pH 值的相关性[73]

SBSE 技术可有效地分离和浓缩富水样品中可离子化的有机酸和有机胺类物质。通过缓冲溶液调节液体样品达到合适的 pH 值，促使液体样品中的脂肪酸分子、脂肪胺分子呈中性，可获得足够高的 SBSE 萃取回收率。水溶性非常差的亲脂性有机酸和有机胺类物质的 SBSE 回收率出现反常，这可能是因为样品容器内壁的吸附作用引起损失，或在水溶液中亲脂性有机酸分子或有机胺分子形成聚合作用而减少了浓度。

综上所述，SBSE 技术广泛地应用于各类液体、固体样品中痕量挥发性、半挥发性有机物的分离和浓缩，通过调节和控制富水样品的 pH 值应用于易离子化的有机酸和有机胺的分离和浓缩。SBSE 技术与热解吸技术结合，可将萃取的样品全部注入到仪器中测定，由此获得更多的样品中被测定物质的信息，并且可获得非常高的测定灵敏度和非常低的检出限。与液-液萃取、固相萃取、水蒸气蒸馏、顶空技术等样品处理方法相比，SBSE 是一种更优异的、更有效的和更广泛应用的无溶剂萃取技术。可以预测，SBSE 技术将会取代已有的并正在使用的环境分析、食品分析、材料分析、生物样品分析和法庭分析中某些标准分析方法中的前处理方法。

2. 搅拌棒吸附萃取的其他应用

由于高选择性和稳定性，MIPs 已作为特殊涂层成功应用于 SBSE 中，以提高对目标分析物的选择性萃取能力。但是，传统的 MIPs 通常在水性介质中不兼容且吸附能力低，这限制了 MIPs 涂层搅拌棒在水性样品中的应用。为了解决这些问题，通过原位聚合制备了水相兼容性氧化石墨烯（GO）MIPs 复合涂层搅拌棒。

该搅拌棒具有良好的机械强度和化学稳定性，并且通过在水环境中 MIPs 的聚合，提高了其在水相样品中的识别能力，在 MIPs 预聚物溶液中添加 GO，也提高了对目标分析物的吸附能力。在此基础上，Fan 等[219]提出了一种水溶性 GO/MIPs 包被的搅拌棒吸附萃取结合高效液相色谱-紫外检测器（HPLC-UV）用于水溶液中普萘洛尔的分析。Liu 等[220]提出了超分子印迹聚合物（SMIPs）吸附材料作为 SBSE 的涂层，用于内分泌干扰物的分析。Yao 等[221]以百草枯为模板，单羟基葫芦脲[7]（(OH)Q[7]）为单体的包合物，通过 (OH)Q[7] 的空腔包合作用进行预组装，形成一维自组装结构。通过溶胶-凝胶技术将包合物与羟基封端的聚二甲基硅氧烷化学固定在玻璃搅拌棒的表面，以获得分子印迹聚合物涂覆的搅拌棒（MIP-SB），在水性介质中显示出对阳离子百草枯（PQ）的特异性吸附。将 MIP-SB 吸附萃取与 HPLC-UV 相结合，开发了一种测定环境水和蔬菜样品中 PQ 的方法。该方法在水样和蔬菜样品中的检出限分别为 8.2ng·L^{-1} 和 0.005mg·kg^{-1}，回收率为 70.0%～96.1%。李攻科等[222]制备了 MIP-SB 并与 HPLC-UV 联用，并成功应用于大米、苹果、生菜和土壤样品中三嗪类污染物的快速分析。

Lin 等[223]开发了一种新型的适配体功能化搅拌棒（Apt-MOF SBSE）用于选择性富集鱼样品中低浓度的多氯联苯。Apt-MOF SBSE 预处理与 GC-MS 相结合显示出高的选择性、良好的结合能力、稳定性和可重复性。同时，具有优异机械性能和化学稳定性的聚醚醚酮（PEEK）管也被用作制备金属搅拌棒的护套，Wang 等[224]将 MIL-68 固定在 PEEK 表面（MIL-68@PEEK）上，MIL-68 改性哑铃形 PEEK 护套（MIL-68@PEEK）的 SBSE 与高效液相色谱质谱相结合（SBSE-HPLC-MS/MS）用于化妆品和兔血浆中三种对羟基苯甲酸酯的分析。该课题组同样制备了基于离子液体有机聚合物改性哑铃状结构的 PEEK 夹套搅拌棒，通过 SBSE-HPLC-MS/MS 分析氯代苯氧酸除草剂。

Zhong 等[225]通过溶胶-凝胶技术制备了一种新颖的聚二甲基硅氧烷（PDMS）/共价三嗪骨架（CTFs）搅拌棒涂层，用于吸附萃取 8 种酚类化合物，与商用 PDMS 涂层搅拌棒（Gerstel）和 PEG 涂层搅拌棒（Gerstel）相比，制备的 PDMS/CTFs 搅拌棒对目标酚类化合物的提取效率更高。Wang 等[226]将 1,4-苯甲醛和间苯三酚作为单体通过简单的溶剂热反应，制备了含羟基的多孔有机骨架（HC-POF）；然后用溶胶-凝胶法将 HC-POF 涂覆在玻璃搅拌棒上，与市售聚二甲基硅氧烷和乙二醇-硅氧烷涂层的搅拌棒相比，制备的 HC-POF 涂层搅拌棒对 6 种三唑类杀菌剂的萃取性能更好。

富含羧基的微孔有机网络（MON-2COOH）由于具有较大的表面积、刚性的多孔结构、芳香的孔隙结构和羧基引入所需的氢键位，被认为是苯脲类除草剂的有效吸附剂。Han 等[227]设计并制造了一种 MON-2COOH 涂层的搅拌棒，通过高效液相色谱法与光电二极管阵列检测器（HPLC-PDA）相结合可高效萃取 4 种苯脲类除草剂。

近年来，SBSE 涂层的研究取得了显著进展，先后开发了纳米粒子和复合材料的新型涂层，并改进了现有涂层方法或引入新的涂层技术，如化学黏附、分子印迹、新型溶胶-凝胶法、单片涂料和溶剂交换化学。同时包括纳米碳、金属有机骨架化合物、分子印迹聚合物、聚合物整料和无机纳米粒子在内的新型 SBSE 涂层材料的出现，制备了更通用、坚固和耐用的吸附剂，提高了 SBSE 的选择性和吸附能力，拓宽了其潜在应用领域。

第四节　磁固相萃取

磁固相萃取（Magnetic solid-phase extraction，MSPE）技术，最早于 1999 年由 Šafaříková[228] 提出，是一种将传统的固相萃取技术与磁性功能材料相结合而发展起来的样品前处理技术。与传统的固相萃取技术相比，MSPE 技术具有以下优点：

① 萃取过程操作简单，避免了繁琐的装柱、过柱操作，降低了有机溶剂的使用量，且有效避免吸附剂堵塞的现象，大大降低萃取时间。

② 磁性吸附材料可简单地通过磁分离实现富集材料的回收利用，大幅度节约了分析成本，减少了污染，有效避免杂质的干扰[229]。

MSPE 技术因其操作简单和易于分离等一系列优势，已被广泛地应用于食品、环境、药物以及生物样品等复杂样品的前处理过程中，取得了良好的应用效果。

一、磁固相萃取的过程

MSPE 技术以磁性功能材料作为吸附剂，将磁性功能材料添加到样品溶液或其悬浮液中，超声或震荡处理，使吸附剂能充分分散到样品溶液中，目标分析物被吸附到磁性吸附剂表面；待萃取完成后，通过外加磁场迅速地将吸附剂与样品基质进行分离，将富集有目标分析物的吸附剂淋洗后，用洗脱剂对吸附剂中目标分析物进行洗脱；再利用外加磁场的方式将吸附剂与洗脱液分离开来，洗脱液留作后续的分析测定，如图 4-25 所示。MSPE 技术简单地利用了外加磁场的磁分离技术实现了目标分析物的分离富集，不需要昂贵的设备也能在短时间内分离富集大体积复杂样品中痕量物质。相比于传统的吸附材料，磁性吸附材料在富集因子、萃取速率、可重复使用方面都具有明显的优势，且在具体分离过程中不需要离心、过滤等耗时的实验操作，降低了目标物在实验操作过程中的损失。

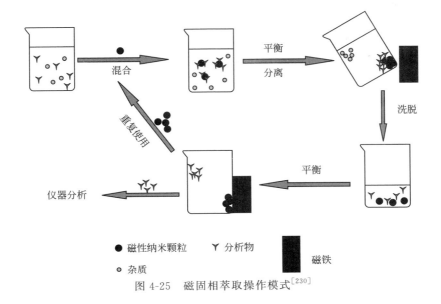

● 磁性纳米颗粒　　Y 分析物　　■ 磁铁
○ 杂质

图 4-25　磁固相萃取操作模式[230]

二、磁固相萃取材料及其应用

在 MSPE 过程中，需要外加磁场将磁性吸附剂与样品基质进行分离，分离的效率取决于吸附剂的磁学性能，因此制备合适的磁性材料是保障 MSPE 快速分离富集的关键。磁性颗粒主要有赤铁矿（α-Fe_2O_3）、磁赤铁矿（γ-Fe_2O_3）、磁铁矿（Fe_3O_4）、金属 Ni、Co、Fe 及其合金 Fe-Co、Fe-Ni 以及铁氧体（$CoFe_2O_4$ 和 $BaFe_{12}O_{19}$ 等）几种。其中 Fe_3O_4 磁性纳米粒子（Magnetic nanoparticles，MNPs）由于具有比表面积大、吸附能力强、超顺磁性和良好的生物相容性等优点，因而被广泛应用于 MSPE 技术中，但也存在 Fe_3O_4 本身耐酸性差、易聚沉、选择性低等问题，应用受到一定的限制。为了增强磁性材料在溶液中的稳定性和分散性，拓展其应用范围，通常对磁性材料表面进行修饰改性。包覆有机或无机材料，制备得到由磁性核和功能化壳层组成的复合磁性纳米粒子（磁性材料结构类型如图 4-26 所示）。既增强了材料的稳定性，又改善了磁性纳米粒子的表面性能，拓宽了其应用范围。磁性复合材料表面修饰物质主要有碳材料、无机氧化物、有机小分子、离子液体以及有机高分子和生物高分子等[231]。

核-壳型　　　　壳-核型　　　　核-壳-核型　　　　镶嵌型

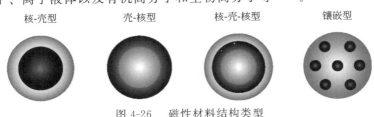

图 4-26　磁性材料结构类型

1. 碳材料复合磁性颗粒及其应用

碳材料具有较高的化学稳定性和生物相容性，且对大部分的有机物、金属离子和生物大分子都具有较好的吸附性能，是一种良好的吸附剂。但是在实际应用中，碳材料在水溶液中易聚集，沉积效率低，不利于与样品基质进行分离，将其固定在磁性颗粒上则可有效提高吸附剂的回收使用效率。将碳材料与磁性材料复合的研究主要包括多孔碳、活性炭、C_{18}、石墨烯、氧化石墨烯和碳纳米管等。其中碳纳米管具有毛细管效应，利用此效应将磁性成分填充到纳米管内部，制备得到磁性复合材料。Li 等[232]用碳纳米管与硝酸铁和硝酸钴混合，将混合物置于60℃烘箱下放置过夜；随后在100℃下加热2h，碳纳米管的两端会生成帽状物封闭管端，此时的碳纳米管内部相当于一个微反应器。再将混合物以550℃煅烧2h，使得管内的硝酸钴和硝酸铁分解转化为 $CoFe_2O_4$，制备得到磁性碳纳米管，可应用于蜂蜜和茶中有机氯农药的检测。

磺酰胺（SAs）作为抗生素广泛用于预防和治疗牲畜传染病，肉类和牛奶产品中存在的残留物被人体意外摄入可能会导致病原体对这些抗生素产生耐药性，从而给人类健康带来严重风险。Fu 等[233]将磁性纳米颗粒沉积在 $CNT-NH_2$ 上并用不同异氰酸酯进行改性，制备两种类型的磁性碳纳米管（MCNT），结合液相色谱-高分辨质谱（LC-HRMS）检测各种牛奶样品中的 SAs。Nasir 等[234]将硫醇官能化的磁性碳纳米管作为 MSPE 吸附剂，结合 HPLC-DAD 检测水、牛奶和鸡肉产品中 SAs。对羟基苯甲酸酯具有抗微生物和抗真菌特性，可破坏细胞膜和细胞内蛋白质并影响微生物细胞的酶活性。Pastor-Belda 等[235]将分散磁固相萃取（DMSPE）与 GC-MS 相结合检测水和尿液样品中 9 种对羟基苯甲酸酯。该方法的线性范围为 $0.5 \sim 150 ng \cdot mL^{-1}$，检出限为 $0.03 \sim 2.0 ng \cdot mL^{-1}$，回收率在 81% $\sim$ 119% 之间。Shu 等[236]将碱性或有机阳离子用于材料的表面改性，制备一种功能化磁性碳纳米管用于选择性萃取马兜铃酸。Kilinc 等[237]利用 $\gamma-Fe_2O_3$（磁赤铁矿）和羧化多壁碳纳米管组成复合材料用于 MSPE 和食品中苏丹红的测定。

限进材料的使用优势在于能够捕获分析物并排除大分子。Figueiredo 小组[238]制备磁性限进碳纳米管结合 GC-MS 用于检测商业生鲜牛乳样品中的有机磷酸盐，适合于含大量生物大分子样品的分析。

众所周知活性炭具有优异的吸附性能，但其回收利用通常需要特定的再生技术才能使分析物从活性炭表面解吸出来。练鸿振等[239]制备了 Fe_3O_4 复合活性炭材料 Fe_3O_4/C，通过对比活性炭和复合材料对 PAHs 的吸附-解吸研究，发现 Fe_3O_4/C 表面含有较多的含氧官能团，可实现目标物的可逆吸附-解吸过程，从而提高目标物的富集效率且保证了吸附剂的回收率。研究中还选用 Fe_3O_4/C 作为液相色谱的柱填料，研究其对典型分析物的保留行为，结果表明 Fe_3O_4/C 与目标物之间存在着疏水作用、氢键作用和偶极-偶极相互作用。

石墨烯和氧化石墨烯材料具有较好的化学稳定性和较高的比表面积，是碳材料领域的"明星材料"，随着 MSPE 技术的发展，越来越多的石墨烯材料也相继被应用于制备复合磁性材料。Ozkantar 等[240]制备磁性氧化石墨烯杂化材料结合火焰原子吸收光谱法用于铜的分离、富集与检测。该方法的 LOD 和 LOQ 分别为 $4.0\mu g\cdot L^{-1}$ 和 $13.3\mu g\cdot L^{-1}$，RSD 为 4.9%。Gao 等[241]使用原位共沉淀法，在磁性氧化石墨烯纳米颗粒的表面羧基官能化以制备磁性纳米吸附剂。将 MSPE 与 UHPLC-MS/MS 相结合测定环境水样中 SAs，该方法的检出限在 $0.49\sim1.59ng\cdot L^{-1}$ 范围内，富集因子为 $1320\sim1702$，回收率为 $82.0\%\sim106.2\%$，RSD 小于 7.2%。Yan 等[242]通过氨基酸修饰的氧化石墨烯磁性纳米复合材料用于选择性提取酸性蛋白混合物和实际样品中牛血红蛋白，由于强静电相互作用，该纳米复合材料对牛血红蛋白的吸附能力强（$868.3mg\cdot g^{-1}$）。精神药物极易上瘾，过量服用会导致可怕的后果。氧化石墨烯-Fe_3O_4（GO-Fe_3O_4）纳米复合材料通过简便的化学共沉淀法合成，可从尿液样本中提取 8 种精神药物[243]。

2. 无机氧化物复合磁性颗粒及其应用

纳米级氧化物由于其纳米尺寸效应，具有较传统吸附剂更多的优势，比如较高的比表面积，能提供较多的吸附活性位点，制备过程尺寸易调控，表面可修饰，容易进行功能化等。纳米级氧化物的这些优异性能拓展了此类材料作为吸附剂在吸附领域的应用。修饰在磁性纳米粒子表面的氧化物主要有 TiO_2、SiO_2、ZnO、Al_2O_3、ZrO_2、Mn_3O_4 等，其中 SiO_2 由于制备方法简单，化学性质稳定，抗腐蚀，无毒，具有良好的生物相容性且易于功能化修饰等优点受到了广泛的关注。Zhang 等[244]制备了尺寸均一且高度有序分散的磁性介孔氧化硅材料，利用尺寸效应实现了细胞色素和牛血清蛋白等生物蛋白分子的分离。She 等[245]将 MSPE 与原位衍生化相结合，通过 LC-MS/MS 测定血浆中的阿仑膦酸盐。该方法的检出限为 $20pg\cdot mL^{-1}$，RSD 小于 5.3%。Campíns-Falcó 等[246]将 Fe_3O_4/SiO_2 复合物用于有机磷农药毒虫畏和毒死蜱的富集。Mehrabi 等[247]利用静电纺丝法制备磁性纳米纤维用于环境水样中抗生素类药物的提取和测定。

3. 有机小分子修饰磁性颗粒及其应用

有机小分子对磁性颗粒的修饰改性是磁性复合材料制备中最为简单的改性方法。有机小分子修饰磁性纳米粒子不仅保持了磁性纳米粒子的基本特性，还能够提供良好的生物相容性，在许多领域展现了广阔的应用前景。其他改性手段通常需要有机小分子改性对磁性纳米粒子进行修饰，使其表面富含如环氧基、氨基、巯基等官能基团，既可以用于后续的官能化，也可直接作为有识别及富集能力的磁性吸附剂。常见的用于修饰 Fe_3O_4 的有机小分子有双硫腙、亚胺二乙酸、硝基苯胺、N,N-二(2-氨乙基)乙二胺、棕榈酸盐、间氟苯甲酰氯以及表面活性剂 SDS 等，其中氨基的修饰最为常见。沈昊宇等[248]用 4 种含有不同氨基官能团的有机小分子（乙二胺、二亚乙基三胺、三亚乙基四胺、四亚乙基五胺）对 Fe_3O_4 磁球进行修饰，制备得到氨基化修饰的磁性复合材料，并研究了这 4 种材料对 Cr^{6+} 的吸附能力。研究表明，4 种磁性复合材料对 Cr^{6+} 的吸附能力随着有机小分子上氨基基团数量的增加而增强，且该磁性复合材料对 Cr^{6+} 的吸附能力受溶液 pH 条件影响明显。该课题组[249]随后也研究了这 4 种材料在 Cu^{2+} 和 Cr^{6+} 共存溶液和单独溶液中的吸附行为和吸附机理。

4. 离子液体修饰磁性颗粒及其应用

离子液体是在室温或接近室温下呈现液态的、完全由阴阳离子所组成的盐。离子液体有着很多优点，如较低的蒸气压、较好的物理化学稳定性和热稳定性、导电性、可回收利用以及与多种有机、无机分子或离子具有多重溶剂作用等。氯酚（CPs）广泛用于生产各种工业产品，例如肥料、杀虫剂、除草剂、防腐剂，并作为许多药物和染料制造过程中的中间体。被 PAHs 和 CPs 污染的废水释放到水流中可能对人类造成组织病理学改变，遗传毒性，致突变性和致癌性。Bakhshaei 等[250]采用氰基离子液体功能化磁性纳米颗粒的 MSPE，结合 HPLC-DAD 检测水样品中多环芳烃和氯酚。该方法对多环芳烃和氯酚的检出限分别为 $0.40\sim0.59\mu g\cdot L^{-1}$ 和 $0.35\sim0.67\mu g\cdot L^{-1}$。Wang 等[251]通过引入 L-脯氨酸离子液体制备磁性吸附剂，结合 UV-Vis 测定人全血中的蛋白质，吸附容量高达 $1.58mg\cdot mg^{-1}$。Zhu 等[252]制备了 3 种疏水性离子液体（ILs）包覆的核-壳结构 $Fe_3O_4@SiO_2$ 纳米颗粒，结合 HPLC 用于食品样品中罗丹明 B 的测定。Abujaber 等[253]使用 1-丁基-3-甲基咪唑六氟磷酸盐离子液体通过静电相互作用包覆磁性纤维素纳米颗粒作为吸附剂，用于天然水中乙酰氨基酚、布洛芬、萘普生和双氯芬酸的测定。Liu 等[254]制备了一种新型聚（离子液体）功能化的磁性吸附剂，用于测定环境水中的三唑类杀菌剂。Shahriman 等[255]通过聚苯胺和双阳离子离子液体（DICAT）改性 MNPs 制备复合材料，由于聚苯胺壳和 DICAT 与 PAHs 存在 π-π 相互作用，结合 GC-MS 测定环境样品中多环芳烃，方法的 LOD 和 LOQ 分别为 $0.0008\sim0.2086\mu g\cdot L^{-1}$ 和 $0.0024\sim0.6320\mu g\cdot L^{-1}$，回收率为 80.2%～111.9%，RSD 小于 5.6%。

5. 高分子聚合物复合磁性颗粒及其应用

高分子聚合物材料通常具有较好的稳定性和生物相容性，与磁纳米粒子复合后，可以改善磁性材料的抗氧化性、稳定性以及生物相容性差等缺点。其中复合材料中磁性纳米粒子通常是 Fe_3O_4，高分子材料可以是天然高分子，如壳聚糖、琼脂糖和蛋白质等，也可以是合成高分子，如聚多巴胺、聚苯乙烯、聚吡咯、聚丙烯酸等其他高聚物。Yin 等[256]以磁性多壁碳纳米管为载体，肉桂酸为模板，多巴胺为功能单体，通过表面印迹聚合法制备磁性印迹聚合物，用于从玄参样品中同时选择性提取肉桂酸、阿魏酸和咖啡酸。Li 等[257]通过溶剂热反应和多巴胺的自聚合制备聚多巴胺涂层的 Fe_3O_4 磁性纳米颗粒，用于富集环境水中的 4 种酚类化合物，包括双酚 A、四溴双酚 A、$1,1'$-联-2-萘酚和 2,4,6-三溴苯酚。发现酚类化合物与分散性良好的 Fe_3O_4 聚多巴胺涂层之间存在疏水，π-π 堆积和氢键相互作用，其中疏水相互作用占主导地位。

铜是多种生理过程所需的微量营养素，在碳水化合物和脂质代谢中起重要作用，但在生物体内积累会引起肝脏代谢紊乱和中毒。Yavuz 等[258]制备核-壳型 Fe_3O_4 聚多巴胺纳米颗粒，将其作为涡旋辅助磁分散固相萃取吸附剂富集铜离子。Zeinali 等[259]通过氨基改性磁性聚苯乙烯制备亲水性磁性颗粒，能够提取极性和非极性分析物，发现修饰后的磁性聚苯乙烯具有优异的萃取效率。Jullakan 等[260]将磁性纳米颗粒与碳酸钙掺入藻酸盐水凝胶珠中制备多孔复合磁性吸附剂，将 MSPE 与 GC-MS/MS 相结合测定果汁和蔬菜中的有机磷农药，该方法的检出限为 $0.010\sim0.025\mu g\cdot L^{-1}$，回收率为 $84\%\sim99\%$，RSD 低于 8%。

6. 其他复合磁性颗粒及其应用

磁性固相萃取不仅能用于环境基质样品的分离分析，对于食品等复杂基体样品同样具有高效、快捷、简易等特点。由于磁性氧化铁纳米微粒会因残磁存在而出现团聚现象，在实际的工作中往往需要对磁性氧化铁纳米微粒表面进行必要的功能化，这样不仅赋予了磁性固相萃取吸附剂良好的单分散性，而且该吸附剂还能拥有选择性富集净化等功能[261]。将适配体强大的分子识别能力可以引入到 MSPE 中，可提高选择性，简化操作过程。Wu 等[262]提出了一种结合适配体识别的磁性固相萃取富集食品中赭曲霉毒素 A。Lin 等[263]开发了一种适配体功能化的吸附剂，用于专门识别和捕获 PCBs。Yang 等[264]制备一种适配体功能化的磁性金纳米颗粒，通过 SERS 灵敏检测人血清中前列腺特异性抗原，在细胞分析中，适配体磁性材料的优越性得到了增强。Wang 等[265]采用逐层制备方法将一种适配体锚定在磁性纳米颗粒上，以选择性捕获 MCF-7 乳腺细胞表面表达的黏蛋白 1。研究表明，这种新型材料对血液样本中 MCF-7 乳腺细胞分析显示出极强的选择性和实用性。基于磁性 MIPs 的提取是样品前处理中一种竞争性替代方法，通过外部磁场快速分离。Su 等[266]制备了磁性 MIPs 作为 MSPE 吸附剂，用于富集食品样品中罗丹明 B。通过与 HPLC 联用，该方法的 LOD 为 $3.4\mu g\cdot L^{-1}$，罗丹明 B 的回收率在 $78.47\%\sim101.6\%$ 之间。

冠醚对客体分子具有很高的识别能力，Ahmadi 等[267]将二苯并-18-冠醚-6 固定在磁性多壁碳纳米管上制备磁性复合材料，用于阿莫西林的选择性富集。与传统的 SPE 吸附剂相比，该方法在检测药物制剂和尿液样品中阿莫西林方面具有更好的选择性和更高的吸附能力。环糊精（CD）是应用较广的另一类大环分子，为了增强 CD 的识别能力、吸附能力和热稳定性，通常将其固定在具有大表面积的基底上，例如碳纳米管和石墨烯等。Li 等[268]通过化学沉淀法制备氧化石墨烯修饰 β-CD 的 MPSE 吸附剂，用于选择性富集复杂样品中两种萘衍生的植物激素。基于 β-CD 的疏水腔和石墨烯较大的表面积，与 Fe_3O_4/RGO 和 Fe_3O_4/β-CD 相比，

$Fe_3O_4/RGO@\beta\text{-}CD$ 对目标物表现出更好的选择性和更高的提取效率。杯芳烃及其复合物也已作为 MSPE 吸附剂，以选择性吸附复杂样品中目标化合物。Zhang 等[269]报告了一种新颖的磁性杂杯芳烃吸附剂，用于从水样中提取和吸附痕量 PAHs、硝基芳族化合物和金属离子。通过调节洗脱液的组成和 pH 值，实现多个目标的同时吸附和逐步洗脱。葫芦脲属于超分子化学中的新一代宿主分子，由于合成困难，在样品制备中很少报道葫芦脲[n]（CB[n]）及其复合物。Li 等[270]通过化学键合组装合成磁性 CB[8]，将磁性 CB[8]用作 MSPE 吸附剂，结合 UPLC-MS/MS 用于分析植物样品中的植物激素。此外，理论结果表明，CB[8]通过氢键和主客体相互作用对植物激素具有良好的吸附能力。值得一提的是，该研究为葫芦脲复合材料的合成及其在样品前处理中的应用提供了理论依据。

当 MOFs 中掺有磁性材料时，可获得磁性-MOFs 复合材料。这些磁性 MOFs 复合材料可作为吸附剂应用在 MSPE 中。Li 等[271]提出了一种新颖的方案，通过化学键合组装法制备高化学稳定性和良好重复性的磁性 MOFs，结合 GC-MS 和 LC-MS/MS 分析环境、食品和植物样品中 PAHs 和赤霉素。MOFs 和 MOFs 基复合材料在生物样品分析中也显示出广阔的应用前景。最近，Zhai 等[272]设计与合成了一种新型磁性 MOFs 固定化酶反应器，具有强磁响应性，丰富的自由反应位点和出色的稳定性，克服了消解时间长和识别精度低的问题。该复合材料已成功用作胰蛋白酶共价固定的基质，与胰蛋白酶自由消解 12h 相比，该新策略的消解时间缩短至 20min，蛋白质和肽序列的覆盖率分别提高了约 40% 和 67%。

为了简化前处理过程，研究人员已经制备了磁性 COFs 复合材料，用于快速富集和分离复杂样品。Yan 等[273]通过溶剂热法原位还原 CTF 基体上的 Ni 离子，制备了磁性 CTFs/Ni 复合材料，用于萃取塑料包装材料中邻苯二甲酸酯，具有良好的重现性和较高的提取效率。另外，硼酸酯连接的 COFs 也已用于前处理过程中。Chen 等[274]制备了 COF-1 修饰的磁性复合材料富集大鼠血浆样品中的紫杉醇。这项工作巧妙地应用了（3-氨基丙基）三乙氧基硅烷作为催化剂和稳定剂，证明了 M-COF-1 的优异稳定性，极大地打破了硼酸酯与 COFs 应用的限制。由于亚胺和肼 COF 的稳定性和易于制造，它们在样品制备中的使用相对广泛。Li 等[275]利用原位生长策略控制 TpBD 壳在 Fe_3O_4 纳米颗粒上的可控生长，通过调节单体浓度来调整 TpBD 壳的厚度。制备的 $Fe_3O_4@TpBD$ 对双酚 A 和双酚 AF 表现出优异的吸附和去除性能，解释了双酚 A 和双酚 AF 与磁性复合物之间的相互作用机理。He 等[276]使用简便的室温液相方法合成另一种新颖花束状磁性 TpPa-1，由于其优异的核壳结构，大的比表面积和高孔隙率使其成为富集痕量分析物的理想吸附剂。Li 等[277]通过光化学制备具有海参状层层包覆结构的磁性碳纳米管共价有机骨架（CTC-COF@MCNT），由于大比表面积、高稳定性和对杂环芳胺的吸附能力。因此，CTC-COF@MCNT 被用作磁性固相萃取吸附剂，通过与 UPLC-MS/MS 相结合富集复杂食品样品中的杂环芳香胺。研究表明所建立的方法具有较宽的线性范围和高灵敏度，LOD 范围为 $0.0058 \sim 0.025 \mathrm{ng \cdot g^{-1}}$。基于磁性 COFs 材料已逐渐应用于生物领域的分析。Lin 和 Gao[278,279] 分别制备了核壳 Fe_3O_4@TbBd 和 Fe_3O_4@COFs，以有效富集复杂生物样品中的疏水肽。为了富集亲水性肽，Wang 等[280] 构建了一种海胆型磁性 COF，并将其用于从标准糖蛋白和人血清中 N-糖肽的亲水富集。结果显示出超低的 LOD（28 fmol）和令人满意的回收率，也优于商业亲水性材料。

CMP 已被用作样品制备中的吸附剂。Li 等[281] 报告了一种新型聚亚苯基共轭微孔聚合物（PP-CMP），用于从人尿中富集痕量羟基化 PAHs。采用化学键合组装方法制备内置 Fe_3O_4 纳米粒子的磁性 PP-CMP。由于特殊的嵌入设计，磁性 PP-CMP 材料表现出高饱和磁化强度和快速的磁响应。此外，研究表明 CMP 对羟基化 PAHs 具有优异的富集效果，可能归因于其高度多孔的结构以及合适的孔隙与孔径。这不仅揭示了 CMP 在样品制备中的应用前景，而且为聚合物网络与磁性纳米粒子之间的化学键合提供了新思路。除了基于聚亚苯基的 CMPs 之外，还制备了具有大 π-π 骨架的卟啉 CMPs 吸附剂。Yu 等[282] 通过介孔中四（4-羧基苯基）卟啉（TCPP）共聚成功合成基于卟啉的磁性纳米复合材料。结果表明，由于 TCPP 和 PAH 之间的 π-π 堆积相互作用，磁性 TCPP 对 PAH 表现出较好的富集效果。

多面体低聚倍半硅氧烷（POSS）是一种有机-无机杂化纳米笼材料，与 MOFs 材料一样具有 3D 纳米结构和高表面积，作为样品制备中的吸附剂具有巨大的发展潜力。为了提高 POSS 在液体中的分散性，He 等[283] 将 POSS 聚合到 Fe_3O_4 纳米颗粒的表面形成 Fe_3O_4@POSS 纳米材料，然后通过二硫醇加成反应制备磁性二硫醇-POSS（Fe_3O_4@POSS-SH）吸附剂，实际应用表明它对废水中的无机重金属离子和有机染料具有优异的选择性。为了提高 Fe_3O_4@POSS-SH 材料在酸性或碱性环境中的稳定性，Li 等[284] 报道了另一种基于 POSS 的磁性纳米粒子，通过将 POSS-SH 固定在二氧化硅包覆的磁性纳米粒子（Fe_3O_4@SiO_2）的表面，形成 Fe_3O_4@SiO_2/POSS-SH 吸附剂已成功用于酸性饮料中 Cd^{2+} 和 Pb^{2+} 的分析。

综上所述，磁固相萃取技术由于具有分离速度快，吸附剂比表面积大、易合成、可以回收利用等优点已经广泛地应用于分析化学和环境化学等领域，成功实现对 PAHs、药物、农药、染料、多氯联苯、溴代阻燃剂、雌激素和重金属元素等富集与检测。但目前提高磁性复合材料的选择性吸附是最突出的挑战之一。因此，研究目标化合物与磁性复合材料之间潜在的吸附机制对于了解它们间的相互作用，制定合理的策略，并进一步帮助研究人员开发靶向吸附剂以减少非特异性结合引起的背景干扰具有重大意义。

第五节　分散固相萃取

一、分散固相萃取原理、特点及应用

传统的固相萃取一般存在处理时间长、操作复杂繁琐及有机试剂用量大等问题。为简化样品前处理过程，缩短提取和净化时间，提高分析效率，分析工作者提出了分散固相萃取（Dispersive solid-phase extraction，DSPE）样品前处理技术。

1. 分散固相萃取的原理及特点

DSPE[285,286] 技术是近十年发展起来的新型快速样品处理方法，它直接将固相吸附材料加入到样品溶液中，通过吸附其中的杂质而达到净化的目的；或利用固相吸附剂吸附目标物，然后进行解吸而达到净化的目的，最后通过离心方式分离，吸取上清液直接进行分析。

与传统的固相萃取方法比较，DSPE 技术集萃取和净化于一体，简化了操作过程，缩短了前处理时间，具有操作简单、快速、溶剂用量少及无需特殊设备等优点[287]。

2. 分散固相萃取操作步骤

在 DSPE 过程中，固相吸附材料不是直接填充在吸附柱中，而是被添加到样品溶液或提取溶剂中。DSPE 是利用固相萃取吸附剂与目标物（或杂质）之间的相互作用，将目标物（或杂质）从样品中分离出来，这类作用包括分子间的范德华力、π-π 相互作用及氢键作用等[288]。分散固相萃取的本质是固-液萃取，样品中杂质分子通过与吸附剂之间的相互作用力，从液相中被分离出，转至固相，或目标物通过相互作用被吸附在吸附剂上，然后利用洗脱液进行解吸而达到净化的目的，最后通过离心方式分离，吸取上清液直接进行后续分析检测。其操作示意图见图 4-27。

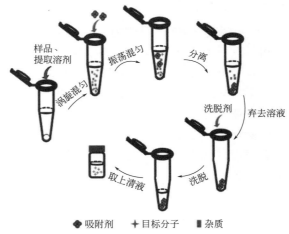

图 4-27　分散固相萃取操作示意图

3. 分散固相萃取影响因素

在 DSPE 过程中，影响回收效率的因素很多，主要包括固相萃取吸附剂种类、吸附剂材料用量、样品基质类型、萃取时间及解吸时间、解吸溶剂种类及用量，下面分别介绍。

① 固相萃取吸附剂种类 高性能吸附剂是 DSPE 技术的核心与关键，对萃取效率起到至关重要的作用[76]。在选择吸附剂时需满足以下条件：（a）吸附剂对目标分子（杂质或目标分析物）具有较好的吸附能力；（b）吸附剂具备良好的稳定性；（c）目标分子与吸附剂之间能较快达到吸附平衡，缩短萃取时间。常用的吸附剂包括：N-丙基乙二胺（primary secondary amine，PSA）、石墨化炭黑（graphitized carbon black，GCB）、硫酸镁、氧化铝、C_{18}、石墨烯等。虽然 DSPE 技术常用的纳米材料和介孔材料等吸附介质具有比表面积大的优势，但处理过程中仍需要离心步骤，频繁的离心可能会出现样品损失或干扰及共沉淀等问题，使该技术在使用时受到了一定的限制，因此，把磁性吸附剂引入到 DSPE 过程，不仅使 DSPE 技术更具有易于分离的优势，且提高了 DSPE 技术的提取效率，同时省去了样品离心的过程，避免了可能的损失及干扰。磁性分散固相萃取（Magnetic dispersive solid-phase extraction，MDSPE）技术核心是具有大比表面积且生物相容性好、可实现磁性分离的磁性纳米材料。磁性纳米材料不仅能重复使用，且能避免传统固相萃取方法中固相柱易被样品中颗粒物堵塞等问题，使 MDSPE 技术具有简单快速、绿色安全、成本低、高效等优势。近年来，一些新型纳米材料或纳米复合材料，如磁性复合纳米材料、共价有机骨架材料、金属有机骨架材料等也被开发作为吸附剂应用于分散固相萃取技术中[289]。

② 吸附剂材料用量 吸附剂材料的用量对吸附效果有直接影响。一般吸附剂用量越大，吸附效果越好。但是，当解吸溶剂体积一定时，吸附剂用量过多将不利于目标分子的解吸，从而影响目标物的回收率。因此，在实验过程中往往需要对吸附剂的用量进行优化。

③ 样品基质类型 吸附剂的吸附能力会因为受到不同样品基质类型的影响而发生变化。比如样品基质的 pH 值、离子强度、温度、基质组成（或基质复杂程度）等条件都会对吸附剂的吸附能力有一定的影响。

④ 萃取时间及解吸时间 一般来说，吸附剂吸附量是随着萃取时间的增加而逐渐增加的，并逐渐达到吸附平衡，在这个过程中会受到分配系数、样品基质、吸附剂材料用量、样品体积等多种因素的影响。达到吸附平衡后，随着吸附时间的增加，吸附量也不会有明显的增加，因此，在实验过程中一般需要对萃取时间进行优化。同理，解吸效果也会受到解吸时间的影响。因此，通过优化解吸附时间条件后获得最优解吸时间。

⑤ 解吸溶剂种类及用量 解吸溶剂必须对目标分子具有适当的吸附能力，同时为避免不必要的浓缩过程，解吸溶剂用量不宜太大，因此，解吸溶剂的种类选

择是至关重要的。根据"相似相溶"原则，一般选择极性与目标分子相近的解吸溶剂。同时，不同的解吸溶剂体积也会影响目标分子回收效率，为了达到解吸目的同时又能提高浓缩倍数，因此优化解吸溶剂体积对提高解吸效果也十分重要。

4. 分散固相萃取的应用

DSPE 技术具有快速、简便、便宜和安全等特点，其不仅在水果蔬菜农药残留分析中得到了广泛应用，而且在农产品和食品中的兽药残留、血液中的毒物、食品中的真菌毒素、环境中污染物等多个领域均有广泛的应用。

胡坪等[290] 将 β-环糊精金属-有机骨架/二氧化钛杂化纳米复合材料作为 DSPE 吸附剂，并结合 GC-MS/MS 测定蜂蜜中有机氯农药残留，检出限（LOD）介于 $0.01 \sim 0.04 \mu g \cdot kg^{-1}$，定量限（LOQ）介于 $0.04 \sim 0.12 \mu g \cdot kg^{-1}$，回收率介于 $76.4\% \sim 114.3\%$。庞月红等[291] 制备了复合 MOF 纳米材料[MIL-101(Cr)、MIL-100(Fe) 和 MIL-53(Al)]，并将其作为 DSPE 吸附剂建立了 HPLC-MS/MS 联用体系，分析了蜂蜜中痕量土霉素、四环素、金霉素和氯霉素，LOD 介于 $0.073 \sim 0.435 ng \cdot g^{-1}$，LOQ 介于 $0.239 \sim 1.449 ng \cdot g^{-1}$。该方法用于 4 种蜂蜜样品，回收率介于 $88.1\% \sim 126.2\%$，相对标准偏差（RSD）为 $1.6\% \sim 9.5\%$。

叶能胜等[292] 使用溶剂热法制备了二硫化钼-氧化石墨烯复合材料，将其用作 DSPE 吸附剂，并结合 UHPLC 建立了化妆品样品中 4 种对羟基苯甲酸酯类防腐剂的检测方法，其 LOD 介于 $0.4 \sim 2.3 ng \cdot mL^{-1}$，LOQ 介于 $1.4 \sim 7.6 ng \cdot mL^{-1}$，回收率介于 $91.3\% \sim 124\%$，RSD 低于 10%。王婷婷等[293] 通过简单的共混方法制备了新型聚乙烯亚胺功能化的 Fe_3O_4/凹凸棒石磁性颗粒，并将其用作亲水性 DSPE 吸附剂，结合反相液相色谱-串联质谱，建立了鸡肌肉样品中环丙沙星、诺氟沙星、恩诺沙星、氟喹诺酮残留的检测方法，其 LOD 低至 $0.02 \sim 0.08 \mu g \cdot kg^{-1}$，回收率介于 $83.9\% \sim 98.7\%$，RSD 为 $1.3\% \sim 6.8\%$。张雷等[294] 制备了 3D 花状 Fe_3O_4/碳材料并作为 DSPE 吸附剂，结合 HPLC，用于实际血浆、尿液和湖泊样品中非甾体抗炎药的富集分离分析检测，LOD 介于 $0.25 \sim 0.5 ng \cdot mL^{-1}$，LOQ 为 $1.0 \sim 2.0 ng \cdot mL^{-1}$，回收率为 $89.6\% \sim 107.0\%$。

Kermani 等[295] 通过溶胶-凝胶法合成多孔磁化碳片纳米复合材料，并将其作为 DSPE 吸附剂，结合气相色谱-离子迁移谱建立了实际水样品和蔬菜中倍硫磷、马拉硫磷和毒死蜱有机磷农药残留的检测方法，其 LOD 介于 $0.46 \sim 1.00 \mu g \cdot L^{-1}$。Ayla Campos 等[238] 合成了磁性碳纳米管（MWCNT）材料用作 DSPE 吸附剂，用于分离实际牛奶样品中毒死蜱、马拉硫磷、二磺磷、嘧啶磷有机磷农药，并结合 GC-MS 进行分析，该方法的 LOD 为 $0.36 \sim 0.95 \mu g \cdot L^{-1}$，LOQ 为 $0.5 \mu g \cdot L^{-1}$。

Maryam 等[296] 通过溶剂热反应制备了钼基配位聚合物材料，将其作为 DSPE 的吸附剂，结合 HPLC-UV 分析了人血浆样品中阿米替林、去甲替林、丙咪嗪、舍曲林抗抑郁药物，LOD 介于 $0.03 \sim 0.2 ng \cdot mL^{-1}$，回收率介于 $94.9\% \sim 102\%$。

Rouhollah 等[297]将聚多巴胺包覆的磁性螺旋藻纳米复合材料用于 MDSPE，并结合 HPLC-荧光分析了开心果中痕量黄曲霉毒素 B1、B2、G1 和 G2，LOD 介于 $0.02 \sim 0.07 \mathrm{ng \cdot g^{-1}}$，LOQ 介于 $0.06 \sim 0.21 \mathrm{ng \cdot g^{-1}}$，回收率介于 $72\% \sim 95\%$。

二、QuEChERS 方法

1. QuEChERS 方法原理及发展历史

QuEChERS 法是目前最经典的分散固相萃取法。QuEChERS 方法相当于将振荡萃取法、液-液萃取法初步净化、分散固相萃取净化相组合，其原理是样品均质化后，使用乙腈提取，经萃取分层，利用基质分散萃取机理，采用吸附介质与基质中大部分干扰物结合，然后通过离心方式去除，起到净化作用，最终获得纯度较高的待测目标物。

QuEChERS 法是由美国农业部 Michelangelo Anastassiades 等[298]于 2003 年首先提出的快速样品前处理方法。该方法兼具快速（Quick）、简单（Easy）、经济（Cheap）、高效（Effective）、可靠（Rugged）、安全（Safe）特点，并以上述优点的英文缩写组合命名。后来该方法与液质联用检测、气质联用检测等技术被广泛应用于其他基质样品及目标物的分析检测，如兽药和抗生素残留等的分析检测。同时该前处理方法还被科研工作者进一步改进，以更高效地获得相当或更优的回收率，比如采用 SPE 柱取代 DSPE、加入其他洗脱剂（如甲苯）、发明简易净化装置，如滤过型固相净化装置及自动化前处理系统等。

QuEChERS 方法自问世以来迅速成为国内外广泛研究的热点，因其具有快速、高效、可大批量处理样品及成本低的特点而被检验检测机构广泛推广应用。如常用的一些标准方法（如 GB/T 20769—2008）中的前处理方法正逐渐被 QuEChERS 法取代，2018 年发布的《植物源性食品中 208 种农药及其代谢物残留量的测定气相色谱-质谱联用法》（GB 23200.113—2018）[299]、2021 年的《植物源性食品中 331 种农药及其代谢物残留量的测定液相色谱-质谱联用法》（GB 23200.121—2021）[300]等国家标准中均采用了 QuEChERS 方法。目前，一些厂商可提供 QuEChERS 法试剂包及 QuEChERS 自动样品制备系统。

2. QuEChERS 方法的步骤及特点

QuEChERS 方法可简单归纳为两个步骤[301]：提取和净化。以最初创立者 Anastassiades 等人的方法为例，典型的操作步骤如下。

① 取样：称取匀质后的样品至聚四氟乙烯离心管。

② 提取：加入乙腈提取溶剂，振荡或涡旋后，加入萃取盐（NaCl 和无水 $\mathrm{MgSO_4}$），振荡或涡旋后，盐析分层。

③ 净化：取上清液，加入装有吸附剂（无水 $\mathrm{MgSO_4}$ 和 PSA）的离心管中，振荡后，进行离心净化。

④ 检测：离心净化后，取上清液直接进行 GC-MS 或 LC-MS 分析。

QuEChERS 方法在提取过程中，以乙腈浸提出目标化合物，萃取盐（NaCl 和无水 $MgSO_4$）使水相和有机相盐析分层，无水 $MgSO_4$ 不仅可去除水，而且在除水时产生的热量可使萃取温度升高更有利于萃取，PSA 利于除去提取液中如脂肪酸、糖类和某些极性亲脂性色素等干扰物。由内标校正进行定量时，在加入提取溶剂乙腈后添加内标物。

与传统的分析方法相比，QuEChERS 方法具有以下特点[302,303]：

① 价廉、高效、耐用；

② 较高的回收率，对大量极性及挥发性农药残留组分的回收率都高于 85%，目前可实现 300 多种农药残留分析；

③ 精确度和准确度良好，可采用内标法校正；

④ 分析速度快；

⑤ 有机溶剂用量少，价格低廉；

⑥ 操作简便，无需良好训练和较高技能便可很好完成；

⑦ 添加乙腈后密封容器，减少对工作人员的危害；

⑧ 装置简单，易实现自动化。

3. QuEChERS 方法的应用

目前 QuEChERS 方法已被广泛应用于水果、蔬菜中农药残留的现场检测。此外，其应用也扩展到不同领域，如肉类、血液、尿液、酒及土壤等样品中抗生素、药物等的检测。

张志琪等[304]制备了磁性超支化聚酰胺（MHPA），将其用作 QuEChERS 吸附剂，结合 GC-MS，建立了橙汁中 11 种有机磷农药的分析方法，LOD 介于 0.74～8.16ng·g^{-1}，回收率介于 75.2%～116.2% 范围内，RSD 介于 4.1%～18.9%。结果表明，使用 MHPA 作为 QuEChERS 吸附剂是一种简便，快速的有效方法。

潘灿平等[305]基于 QuEChERS 方法改良开发了一种单步 QuEChERS（sin-QuEChERS）方法（图 4-28），将 MWCNT 与 PSA 相结合作为吸附剂置于萃取离心管中，结合 LC-MS/MS 和 GC-MS/MS，建立了辣椒及其调味品中 47 种农药残留的分析方法。在两个浓度水平下，回收率介于 70%～120%（除嘧菌胺外），RSD 低于 17%。在三种基质中，这 47 种农药的 LOQ 为 0.01mg·kg^{-1}。这种方法改善了 QuEChERS 方法对样品净化的不足，能够简化操作步骤的同时获得优异的净化效果。sin-QuEChERS 一步净化多残留方法已市场化。

王坤等[306]在传统的 QuEChERS 方法基础上，引入 MWCNT 修饰的磁性 Fe_3O_4 纳米材料作为吸附剂，并结合超高效液相色谱-串联质谱法（UPLC-MS/MS）建立了谷物中 20 种霉菌毒素的分析方法。其 LOD 介于 0.0006～1.6337ng·g^{-1}，回收率介于 73.5%～112.9%，RSD 介于 1.3%～12.7%，该方法可实际用于谷物多种霉菌毒

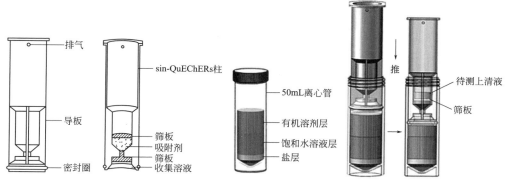

图 4-28 sin-QuEChERS 小柱和净化程序示意图[305]

素的分析检测。Michele 等[307]制备了氨基改性的 SBA-15 作为 QuEChERS 吸附剂，结合 GC-MS 建立了草莓中 13 种多环芳烃和 14 种多氯联苯残留物的分析方法，LOD 分别介于 $0.06\sim2.10\mu g\cdot L^{-1}$ 和 $0.49\sim4.96\mu g\cdot L^{-1}$。Maykel 等[308]优化了 QuEChERS 方法萃取过程，并与 UHPLC-MS/MS 联用，用于测定婴儿奶制品中的 5-硝基咪唑残留量。该方法 LOD 介于 $0.02\sim0.20\mu g\cdot L^{-1}$，回收率介于 63.2%～94.1%。Adeniyi Abiodun 等[309]将农业生物炭（毛竹、椰子壳、辣木籽）分散固相萃取吸附剂用于 QuEChERS 过程，结合 GC-FID 测定了母乳和尿液中的邻苯二甲酸酯，该方法 LOD 介于 $0.012\sim0.020\mu g\cdot L^{-1}$，LOQ 介于 $0.036\sim0.060\mu g\cdot L^{-1}$，回收率介于 83.68%～103.73%。

综合上述，DSPE 是一种集萃取和净化于一体的快速样品前处理技术，其主要优势在于操作简单、灵活性强、溶剂用量少、萃取高效及无需使用特殊设备等。QuEChERS 由 DSPE 技术发展而来，已广泛应用于农兽药残留的现场快速分析。DSPE 技术的发展离不开色谱及质谱技术的发展，小型化、微型化、自动化、环保绿色化必将是 DSPE 技术的发展方向。

第六节　基质分散固相萃取

样品前处理是复杂样品分析的关键步骤，近年来，经典的固相萃取技术已经发展起来，以满足检测不同样品中多种痕量水平物质的需要。在此基础上，为提高萃取效率，分析工作者发展了基质分散固相（Matrix solid-phase dispersion，MSPD）萃取、微波辅助萃取、超临界流体萃取和加压液体萃取等样品前处理技术[310,311]。

美国 Barker 教授于 1989 年提出 MSPD 萃取技术，该技术是一种快速样品前处理技术，能够直接从黏稠性、固态和半固态基质样品中提取一种或多种痕量目标物，具有样品和溶剂用量少、分析时间短、高效及一步完成萃取和净化等优势[312]。这项技术的创新之处在于将样品及目标物分散到固定相表面，避免了使用传统固相萃取法遇到的许多困难，例如需要将样品均质和去除组织碎片，以及细胞破坏不完全等。MSPD 萃取的另一个优势是避免了液-液萃取法中的乳化现象，并且有机试剂用量少。多年来，MSPD 萃取技术作为一种简单、高效的样品处理技术，其应用领域已从最初的生物样品分析拓展到许多其他领域，被广泛用于动物组织、血液、牛奶、细菌、水果、蔬菜等固体、半固体、黏稠性的基质样品中外源有机物（如药物、污染物、杀虫剂等）及内源有机物（如组织代谢、细菌成分等）的分析。新型 MSPD 萃取吸附剂的研发，可有效提高萃取选择性；同时，MSPD 萃取可以与其他萃取技术相结合开发小型化仪器，以缩短萃取时间、提高样品前处理效率。

一、基质分散固相萃取基本原理和特点

MSPD 萃取技术是在 SPE 基础上将涂渍有 C_{18} 等多种聚合物的固相萃取材料与固体、半固体或黏稠性样品混合研磨，得到半干状态的均匀混合物作为填料装柱，填入注射器针筒或萃取柱中并压实，再使用不同极性的溶剂淋洗柱子，将杂质和待测物依次洗脱下来[285,312]。MSPD 萃取的研磨过程中，固定相完全破坏样品组织结构并使其高度均匀分散，使样品与萃取溶剂的接触面积大大增加，提高了传质速度，从而有利于提高萃取效率。

MSPD 萃取的主要基本操作包括三个步骤[313]：第一步是将样品与分散剂在研钵中混合并研磨 [图 4-29(a)]；第二步是转移，将均质粉末转移到固相萃取柱中，并压实 [图 4-29(b)]；第三步是洗脱，借助真空泵，用合适的溶剂或溶剂混合物进行洗脱 [图 4-29(c)]。

1. 样品混合研磨分散

样品混合研磨分散是将均质化的黏稠性、半固体或固体样品与固定相（分散剂）置于玻璃或者玛瑙研钵中混合，手工研磨数秒至数分钟使样品组织和分散剂混合均匀，使样品组分均匀溶解和分散于固定相表面。研磨时一般使用玻璃、致密氧化铝材质或者玛瑙研杵，因为在多孔瓷材料中研磨有可能导致目标物丢失。固相萃取材料通过破坏和分散组织及组织液成分等，起分散剂的作用。常用的分散剂有 C_{18}、C_8、衍生或未衍生化的硅藻土、硅胶、石英砂、丙烯酸类聚合物、Al_2O_3 和佛罗里土。在研磨前，可根据实验需要加入内标样品。样品与分散材料的比例是影响萃取效率的重要的关键参数之一。固定相用量一般由样品决定，一般情况下，样品与固定相的质量比为（1∶1）～（1∶4），使得到半干状态均匀的混合粉末物。使用 GC 作为分析仪器时，若样品和固定相混合研磨分散后没有得到干

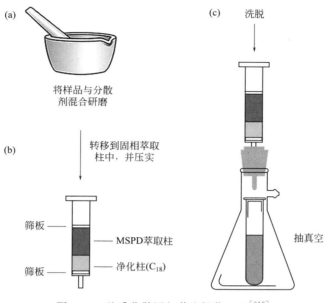

(a) 将样品与分散剂混合研磨

转移到固相萃取柱中,并压实

(b)
筛板 ——
筛板 ——
—— MSPD萃取柱
—— 净化柱(C₁₈)

(c) 洗脱

抽真空

图 4-29 基质分散固相萃取操作过程[313]

燥的混合物,可向混合物中加入干燥剂 (如无水硫酸钠) 一起研磨,以除去混合物中的水分以利于后续检测分析。当需要改变样品的性质时,研磨时可加入适当改性剂 (如酸、碱、盐、螯合剂等) 与固定相及样品混合研磨,这些改性剂会影响待测组分的保留及洗脱顺序。

2. 转移

将样品与固定相一起研磨后获得的均匀混合物装入底部安装有筛板 (或者玻璃棉) 的空注射器或者 SPE 萃取柱中,上部覆盖一个筛板,然后用合适大小的活塞轻轻压实混合物,使混合物中间没有明显裂痕。柱底安装衬底的作用主要是防止样品外漏以及有利于萃取液与样品之间的分离。

3. 洗脱

柱子装好后,用适当的溶剂对目标物进行洗脱,并采集滤液。MSPD 萃取技术的洗脱模式有两种:直接洗脱和顺序洗脱。直接洗脱是利用洗脱剂直接将目标组分洗脱下来,而基质和干扰组分仍保留在固定相上。顺序洗脱模式则相反,是利用洗脱溶剂先把基质和干扰组分洗脱下来,而目标组分保留在固定相上,然后再用另一种洗脱剂将目标组分洗脱下来。洗脱时,可依靠液体重力实现,也可通过施加负压或者正压的方式来提高样品前处理通量。一般洗脱剂用量为 5~10mL。

当使用 MSPD 萃取技术进行样品前处理时,如果样品基体简单,只需选择合适的固定相和洗脱剂，按照一般步骤萃取后即可直接进行后续的检测分析，不需要进一步提纯净化。但如果样品基体复杂，则需要对 MSPD 萃取中采集到的洗脱液进行进一步净化。可用经典的 SPE 方法进一步净化，如使用第二固相材料、共柱串联或单独的柱技术。

MSPD 萃取技术具有以下特点[314,315]：

① 浓缩了经典的样品前处理方法中样品匀化、组织细胞裂解、净化等步骤；

② MSPD 萃取技术只需要对样品进行破碎，通过研磨的方式将样品及样品组分溶解和均匀分散固定相表面，避免了因组织匀浆、沉淀、离心等操作步骤导致样品损失的问题；

③ MSPD 萃取技术可不用萃取溶剂，简便高效，适用于黏稠性、固体和半固体样品的处理，分析高效、试剂用量少、利于自动化分析。

二、基质分散固相萃取的影响因素

影响 MSPD 萃取技术分析效果的因素有以下几个方面[316,317]。

1. 固定相（分散剂）性质

固定相（分散剂）材料是影响 MSPD 萃取的关键影响因素之一。固定相材料的粒径、孔径、均匀性、含碳量、是否封端及其化学性质都影响萃取效率。粒径过小（$3\sim10\mu m$）会导致洗脱液流速很慢，甚至滞留，溶剂洗脱时间延长，需要过高的压力或真空才能获得足够的流量；粒径太大会使比表面积减小，吸附性能减弱。粒径范围 $40\sim100\mu m$ 的固相载体使萃取效果更好。二氧化硅混合物效果很好，而且这种材料也较便宜。在萃取过程中，分散剂种类及其性质也起到关键作用。根据基质的性质和目标物极性选择合适的固定相材料。因为反相固定相上的非极性部分有利于样品组织的分散和细胞膜的破坏，键合官能团的碳链越长，极性越小，越有利于保留中等极性和非极性化合物，因此，反相固定相在 MSPD 萃取中应用较多[2]。例如，当进行分离亲脂性物质时，可选择使用反相材料 C_{18} 和 C_8 作为分散剂。如果目标化合物是极性的，可选择正相材料，用极性洗脱剂洗脱。当样品中非极性干扰物质（脂肪）较多时，一般在样品和固定相混合前进行除脂；也可以在洗脱目标组分之前使用非极性溶剂除脂。多种吸附剂已被用作 MSPD 萃取的分散剂材料。已证明海砂、硅藻土等惰性材料可用于破坏基质结构或处理小尺寸颗粒混合物时防止 MSPD 萃取柱堵塞。然而，基质组分和非选择性吸附剂之间的弱相互作用使得溶剂选择成为方法开发的一个关键，并且通常必须使用助吸附剂获得可用于分析的提取物。正相无机材料，例如裸露（或化学改性）二氧化硅、佛罗里土和氧化铝及其混合物，也可用作 MSPD 萃取的固相材料。具有改进吸附能力或特定识别能力的新型吸附剂开发是 MSPD 萃取的研究热点。近年来，分子印迹聚合物、MWCNT、PSA/GCB 等新型（复合）材料也被应用于 MSPD。

2. 样品与固定相材料的质量比

样品与固定相材料的质量比是影响萃取效果的重要参数之一。最常用的质量比是（1∶1）～（1∶4），样品和固定相混合研磨后，得到半干状态的均匀混合粉末，但不同的应用有所不同。在方法开发过程中必须将样品与固定相材料的质量比作为一个主要变量进行优化实验，从而得到最优萃取效果的样品与固定相材料的质量比值。

3. 洗脱溶剂的选择及其在柱上的应用顺序

洗脱模式和洗脱溶剂选择是影响 MSPD 萃取效果的重要因素之一。理想的洗脱剂应具有足够的洗脱能力可使待测组分尽可能多的洗脱下来，基质保留在固定相中，且溶剂与后续的分析检测相适应。洗脱模式的选择一般由固定相、样品基质和目标组分决定，多数研究是采用直接洗脱的模式。可通过在研磨时加入改进剂来改善样品破碎及分散，使得目标组分与样品基质及分散剂直接的相互作用发生改变，从而改善洗脱过程。如果固定相为正相填料或目标组分为非极性时，一般选择正己烷、二氯甲烷等；如果固定相为反相填料，一般是选择乙腈或甲醇；如果目标组分是中等或高等极性，一般选择乙腈、丙酮、乙酸乙酯、甲醇、水及不同溶剂混合等。在洗脱时，洗脱剂除了可通过重力方式流动，也可通过施加正压或负压形式获得一定的流量，也可与其他萃取技术进行联用，比如通过辅助加热、超声等方式提高萃取效率。

三、基质分散固相萃取的应用

MSPD 萃取技术作为简单的高效样品前处理技术，只需要对样品进行破碎，通过研磨的方式将样品及样品组分溶解和均匀分散固定相表面，避免了组织匀浆、沉淀、离心等操作造成样品的损失。因此，MSPD 萃取已被用于从固体、半固体、黏稠性的基质样品中分离富集不同类型的痕量有机物，在食品、药物及环境等领域有广泛应用。

Li 等[318]基于 MSPD 萃取技术（C_{18} 作为分散剂），与 LC-MS/MS 联用，应用于萃取分析污泥中 45 种药品及个人护理产品中非甾体抗炎药、β 受体阻滞剂、抗抑郁药、抗菌剂、防腐剂、紫外线过滤剂等污染物。方法中称取 0.1g 污泥，0.4g C_{18} 吸附剂，用 6mL 甲醇和 10mL 乙腈/5％草酸（8/2，体积比）洗脱，采集的洗脱液用氮气蒸干后溶解在 1mL 乙腈/水（1∶1，体积比）中，最后进行检测分析。该方法具有良好的灵敏度和回收率，且 MSPD 萃取与常用方法相比能更容易、更快速地进行样品制备。

Wu 等[319]使用 TBAC-hexyl alcohol 低共熔溶剂（DES）作为萃取介质，用硅

藻土作 MSPD 萃取分散剂，结合 HPLC-FLD，测定小米中 AFB1、AFB2、AFG1、AFG2 黄曲霉毒素。称取 0.5g 硅藻土和 1.0g 样品置于玛瑙研钵中，加入 $200\mu L$ DES 混合研磨，用 6.0mL 乙腈洗脱，氮气吹干后用 1mL 乙腈重溶后进行 HPLC 分析。其 LOD 介于 $0.03\sim0.10\mu g\cdot kg^{-1}$。与传统的 MSPD 萃取方法相比，DES-MSPD 萃取方法更简单、有效、成本低、环境友好。

樊静等[320] 应用 MSPD 萃取通过用硅胶作为分散剂，并结合冷却辅助固相微萃取探针（CA-SPME）与 GC-MS 技术联用，研磨萃取并分析土壤中 PAHs 污染物。该方法将 0.1g 土壤样品与硅胶混合，混合物充分研磨 5min 后，将均匀的混合物转移到样品瓶中，最后通过结合 CA-SPME-GC-MS 联用对样品进行分析。其 LOD 介于 $4.2\sim8.5ng\cdot g^{-1}$。该方法仅需要很少的样品量，且无需使用有机溶剂洗脱，方法更简便及绿色环保。

Arabi 等[321] 制备了以丙酰胺作为虚拟模板一步合成二氧化硅印迹纳米粒子作为 MSPD 萃取固定相，结合 HPLC-UV，建立了面包和饼干中丙烯酰胺的分析方法。该方法称取样品 100mg、固定相（150mg 丙烯酰胺-二氧化硅印迹纳米粒子和 126mg 海砂），用 1mL 己烷去除脂肪，用 2.5mL 乙腈-甲醇作为洗脱剂，洗脱液在室温下真空蒸发，最后用 $500\mu L$ 流动相复溶并进行检测。

综合上述，MSPD 萃取技术需要的样品和溶剂少、快速高效，可在温和的条件下（室温和常压）进行，并具有良好的萃取率和选择性。此外，MSPD 萃取的灵活性和多功能性的优势使其已广泛应用于生物、食品、环境分析等领域。研发更具选择性的吸附剂和绿色环保的溶剂，研制小型化、自动化 MSPD 萃取仪器是未来 MSPD 萃取技术的发展方向。

参考文献

[1]   Baltussen E, Sandra P, David F, et al. J Microcolumn Sep, 1999, 11(10): 737.

[2]   李攻科, 胡玉玲, 阮贵华, 等. 样品前处理仪器与装置. 北京: 化学工业出版社, 2007.

[3]   Hennion M. J Chromatogr A, 1999, 856(1): 3.

[4]   Novais A S, Ribeiro Filho J F, Amaral E M F, et al. Química Nova, 2015, 38(2): 274.

[5]   Zheng M Z, Richard J L, Binder J. Mycopathologia, 2006, 161(5): 261.

[6]   Kloskowski A, Pilarczyk M, Przyjazny A, et al. Crit Rev Anal Chem, 2009, 39(1): 43.

[7]   Attaran A M, Mohammadi N, Javanbakht M, et al. J Chromatogr Sci, 2014, 52(7): 730.

[8]   Chen Y, Meng J, Zou J, et al. Biomed Chromatogr, 2015, 29(6): 869.

[9]   Rothlisberger P, Hollenstein M. Adv Drug Deliv Rev, 2018, 134: 3.

[10]   Stead S, Ashwin H, Johnston B, et al. Anal Chem, 2010, 82(7): 2652.

[11]   Hong M, Wang X, You W, et al. Chem Eng J, 2017, 313: 1278.

[12]   Ahmadi M, Madrakian T, Afkhami A. Talanta, 2016, 148: 22.

[13]   Cote A, Benin A, Ockwig N, et al. Science, 2005, 310(5751): 1166.

[14]   Zhou L, Hu Y, Li G. Anal Chem, 2016, 88(13): 6930.

[15]   Lei H, Hu Y, Li G. J Chromatogr A, 2018, 1580: 22.

[16] He S, Zeng T, Wang S, et al. ACS Appl Mater Interf, 2017, 9(3): 2959.

[17] Chen Y, Zhang W, Zhang Y, et al. J Chromatogr A, 2018, 1556: 1.

[18] Xu Y, Jin S, Xu H, et al. Chem Soc Rev, 2013, 42(20): 8012.

[19] Tanaka K, Chujo Y. J Mater Chem, 2012, 22(5): 1733.

[20] Zhu C, Liu L, Yang Q, et al. Chem Rev, 2012, 112(8): 4687.

[21] 赵彬, 张敏, 张付海, 等. 中国环境监测, 2015, 31(4): 106.

[22] 张哲. 现代科学仪器, 2013(3): 33.

[23] 史鑫源, 王小菊, 刘保献, 等. 现代仪器与医疗, 2014, 20(6): 65.

[24] 寿林飞, 陈志民, 虞森, 等. 浙江农业科学, 2014, 1(4): 558.

[25] Martins M L, Donato F F, Prestes O D, et al. Anal Bioanal Chem, 2013, 405(24): 7697.

[26] Shi Z, Hu J, Li Q, et al. J Chromatogr A, 2014, 1355: 219.

[27] Dahane S, García M D G, Moreno A U, et al. Microchim Acta, 2015, 182(1-2): 95.

[28] Li F, Jin J, Tan D, et al. J Chromatogr A, 2016, 1448: 1.

[29] Yang F, Jin S, Meng D, et al. Chemosphere, 2010, 81(8): 1000.

[30] 邓敏军, 罗艳, 邓超冰. 光谱实验室, 2012(2): 947.

[31] Al-Rifai A, Aqel A, Al Wahibi L, et al. J Chromatogr A, 2018, 1535: 17.

[32] Yan X, Guo Y, Zheng S, et al. J Chromatogr A, 2021, 1645: 462067.

[33] Zhu G, Cheng G, Wang L, et al. J Sep Sci, 2019, 42(3): 725.

[34] Sun X, Wang M, Yang L, et al. J Chromatogr A, 2019, 1586: 1.

[35] Ahmadi M, Madrakian T, Afkhami A. Talanta, 2016, 148: 122.

[36] Hong M, Wang X, You W, et al. Chem Eng J, 2017, 313: 1278.

[37] Alsbaiee A, Smith B, Xiao L, et al. Nature, 2016, 529(7585): 190.

[38] Klemes M, Ling Y, Ching C, et al. Angew Chem Int Ed, 2019, 58(35): 12049.

[39] 李佩, 李银峰, 王杰晶, 等. 现代药物与临床, 2013(2): 261.

[40] Madru B, Chapuis-Hugon F, Peyrin E, et al. Anal Chem, 2009, 81(16): 7081.

[41] Xiao X, Yan K, Xu X, et al. Talanta, 2015, 138: 40.

[42] Liang S, Yan H, Cao J, et al. Anal Chim Acta, 2017, 951: 68.

[43] Chen L, Wang H, Xu Z, et al. J Chromatogr A, 2018, 1561: 48.

[44] Chen Y, Lu Z, Li G, et al. J Chromatogr A, 2020, 1626: 461341.

[45] Chen Q, Wang M, Hu X, et al. J Mater Chem B, 2016, 4(42): 6812.

[46] Ma Y, Yuan F, Zhang X, et al. Analyst, 2017, 142(17): 3212.

[47] 李广庆, 马国辉. 色谱, 2011(7): 606.

[48] Gallier S, Gragson D, Cabral C, et al. J Agr Food Chem, 2010, 58(19): 10503.

[49] Zhang Y, Lin C, Fang G, et al. Eur Food Res Technol, 2012, 234(2): 197.

[50] Yan Y, Zeng M, Zheng Z, et al. Anal Methods, 2014, 6(16): 6437.

[51] Khan M R, Naushad M, Alothman Z A, et al. Rsc Adv, 2014, 5(4): 2479.

[52] Sivaperumal P, Anand P, Riddhi L. Food Chem, 2015, 168: 356.

[53] Deme P, Upadhyayula V V R. Food Chem, 2015, 173: 1142.

[54] Tian M, Zhang Q, Shi H, et al. Anal Bioanal Chem, 2015, 407(12): 3499.

[55] Golge O, Kabak B. J Food Compos Anal, 2015, 41: 86.

[56] Selvi C, Paramasivam M, Rajathi D S, et al. B Environ Contam Tox, 2012, 89(5): 1051.

[57] Li Y, Wang M, Yan H, et al. J Sep Sci, 2013, 36(6): 1061.

[58] Zheng G, Han C, Liu Y, et al. J Dairy Sci, 2014, 97(10): 6016.

[59] Zhang L, Cao B, Yao D, et al. J Sep Sci, 2015, 38(10): 1733.

[60] Lata K, Sharma R, Naik L, et al. Food Chem, 2015, 184: 176.

[61] Bagheri A, Ghaedi M. Int J Biol Macromol, 2019, 139: 40.

[62] Chen Y, Yang L, Zhang W, et al. J Chromatogr Sci, 2017, 55(3): 358.

[63] Liang R, Hu Y, Li G. J Chromatogr A, 2020, 1625: 461276.

[64] Yang X, Yang C, Yan X. J Chromatogr A, 2013, 1304: 28.

[65] Wang X, Ma R, Hao L, et al. J Chromatogr A, 2018, 1551: 1.

[66] Wen L, Liu L, Wang X, et al. J Chromatogr A, 2020, 1625: 461275.

[67] Liu J, Hao J, Yuan X, et al. Rsc Adv, 2018, 8(47): 26880.

[68] Liu, J, Wang X, Zhao C, et al. J Hazard Mater, 2018, 344: 220.

[69] Risticevic S, Lord H, Górecki T, et al. Nat Protoc, 2010, 5: 122.

[70] 傅若农. 分析试验室, 2015, 34(05): 602.

[71] Souza Silva E A, Risticevic S, Pawliszyn J. Trend Anal Chem, 2013, 43: 24.

[72] 徐琳, 史亚利, 蔡亚岐. 分析测试学报, 2012, 31(09): 1115.

[73] 王立, 汪正范. 色谱分析样品处理(第二版). 北京: 化学工业出版社, 2006.

[74] Hashemi B, Zohrabi P, Shamsipur M. Talanta, 2018, 187: 337.

[75] Grimmett P E, Munch J W. Anal Methods, 2013, 5(1): 151.

[76] 刘震. 现代分离科学. 北京: 化学工业出版社, 2017.

[77] Louch D, Motlagh S, Pawliszyn J. Anal Chem, 1992, 64(10): 1187.

[78] Ai J. Anal Chem, 1997, 69(6): 1230.

[79] Zhang Z, Pawliszyn J. Anal Chem, 1993, 65(14): 1843.

[80] Eriksson M, Fäldt J, Dalhammar G, et al. Chemosphere, 2001, 44(7): 1641.

[81] Chaves A R, Queiroz M E C. J Chromatogr B, 2013, 928: 37.

[82] Liang Y, Zhou S, Hu L, et al. J Chromatogr B, 2010, 878(2): 278.

[83] Queiroz M E C, Oliveira E B, Breton F, et al. J Chromatogr A, 2007, 1174(1): 72.

[84] Lord H L, Rajabi M, Safari S, et al. J Pharmaceut Biomed, 2007, 44(2): 506.

[85] Lord H L, Rajabi M, Safari S, et al. J Pharmaceut Biomed, 2006, 40(3): 769.

[86] Yuan H, Mullett W M, Pawliszyn J. Analyst, 2001, 126(8): 1456.

[87] Hu X, Cai Q, Fan Y, et al. J Chromatogr A, 2012, 1219: 39.

[88] Huang J, Hu Y, Hu Y, et al. Talanta, 2011, 83(5): 1721.

[89] Hu X, Dai G, Huang J, et al. Anal Lett, 2011, 44(7): 1358.

[90] Djozan D, Ebrahimi B, Mahkam M, et al. Anal Chim Acta, 2010, 674(1): 40.

[91] Hu X, Hu Y, Li G. J Chromatogr A, 2007, 1147(1): 1.

[92] Jarmalavičienė R, Szumski M, Kornyšova O, et al. Electrophoresis, 2008, 29(8): 1753.

[93] Walles M, Gu Y, Dartiguenave C, et al. J Chromatogr A, 2005, 1067(1): 197.

[94] Musteata F M, Pawliszyn J. J Proteome Res, 2005, 4(3): 789.

[95] Musteata F M, Walles M, Pawliszyn J. Anal Chim Acta, 2005, 537(1): 231.

[96] Wu J, Shi Z, Feng Y. J Agr Food Chem, 2009, 57(10): 3981.

[97] Luo D, Chen F, Xiao K, et al. Talanta, 2009, 77(5): 1701.

[98] Li T, Shi Z, Zheng M, et al. J Chromatogr A, 2008, 1205(1): 163.

[99] Zheng M, Zhang M, Peng G, et al. Anal Chim Acta, 2008, 625(2): 160.

[100] Fan Y, Feng Y, Da S, et al. Anal Chim Acta, 2004, 523(2): 251.

[101] Musteata F M, de Lannoy I, Gien B, et al. J Pharmaceut Biomed, 2008, 47(4-5): 907.

[102]　Musteata F M, Musteata M L, Pawliszyn J. Clin Chem, 2006, 52(4): 708.

[103]　Lord H L, Grant R P, Walles M, et al. Anal Chem, 2003, 75(19): 5103.

[104]　Wu J, Pawliszyn J. J Chromatogr A, 2001, 909(1): 37.

[105]　Es-haghi A, Zhang X, Musteata F M, et al. Analyst, 2007, 132(7): 672.

[106]　Zhang X, Es-haghi A, Musteata F M, et al. Anal Chem, 2007, 79(12): 4507.

[107]　Musteata M L, Musteata F M, Pawliszyn J. Anal Chem, 2007, 79(18): 6903.

[108]　Sarafraz-Yazdi A, Ghaemi F, Amiri A. Microchim Acta, 2012, 176(3): 317.

[109]　Sarafraz-Yazdi A, Abbasian M, Amiri A. Food Chem, 2012, 131(2): 698.

[110]　Sarafraz-Yazdi A, Amiri A, Rounaghi G, et al. Anal Chim Acta, 2012, 720: 134.

[111]　Luo Y, Yuan B, Yu Q, et al. J Chromatogr A, 2012, 1268: 9.

[112]　Chen J, Zou J, Zeng J, et al. Anal Chim Acta, 2010, 678(1): 44.

[113]　Zhang S, Du Z, Li G. Anal Chem, 2011, 83(19): 7531.

[114]　Wu Q, Feng C, Zhao G, et al. J Sep Sci, 2012, 35(2): 193.

[115]　Ni Z, Jerrell J P, Cadwallader K R, et al. Anal Chem, 2007, 79(4): 1290.

[116]　Han S, Wei Y, Valente C, et al. J Am Chem Soc, 2010, 132(46): 16358.

[117]　Gu Z, Wang G, Yan X. Anal Chem, 2010, 82(4): 1365.

[118]　Yang C, Yan X. Anal Chem, 2011, 83(18): 7144.

[119]　Fu H, Zhu D. Anal Chem, 2012, 84(5): 2366.

[120]　Zhang M, Huang C, Ding W, et al. Anal Chem, 2014, 86: 3533.

[121]　Robinson A L, Stavila V, Zeitler T R, et al. Anal Chem, 2012, 84(16): 7043.

[122]　Wu M, Chen G, Liu P, et al. J Chromatogr A, 2016, 1456: 34.

[123]　Wu M, Chen G, Ma J, et al. Talanta, 2016, 161: 350.

[124]　Wang W, Wang J, Zhang S, et al. Talanta, 2016, 161: 22.

[125]　Zhang S, Yang Q, Li Z, et al. Anal Bioanal Chem, 2017, 409(13): 3429.

[126]　Koster E H M, Crescenzi C, den Hoedt W, et al. Anal Chem, 2001, 73(13): 3140.

[127]　Hu X, Pan J, Hu Y, et al. J Chromatogr A, 2009, 1216(2): 190.

[128]　Hu X, Pan J, Hu Y, et al. J Chromatogr A, 2008, 1188(2): 97.

[129]　Hu X, Hu Y, Li G. Anal Lett, 2007, 40(4): 645.

[130]　Mirzajani R, Kardani F. J Pharmaceut Biomed, 2016, 122: 98.

[131]　Xiang X, Wang Y, Zhang X, et al. J Sep Sci, 2020, 43(4): 756.

[132]　Cai C, Zhang P, Deng J, et al. J Sep Sci, 2018, 41(5): 1104.

[133]　Li L, Huang L, Sun S, et al. Microchim Acta, 2019, 186(5): 74.

[134]　Liu Y, Liu Y, Liu Z, et al. Anal Bioanal Chem, 2018, 410(2): 509.

[135]　Liu Y, Liu Y, Liu Z, et al. J Hazard Mater, 2019, 368: 358.

[136]　Deng D, Zhang J, Chen C, et al. J Chromatogr A, 2012, 1219: 195.

[137]　Jian Y, Chen L, Cheng J, et al. Anal Chim Acta, 2020, 1133: 1.

[138]　Chen L, Jian Y, Cheng J, et al. J Chromatogr A, 2020, 1623: 461200.

[139]　Chen L, Wu J, Huang X. Microchim Acta, 2019, 186(7): 470.

[140]　Mullett W M, Martin P, Pawliszyn J. Anal Chem, 2001, 73(11): 2383.

[141]　Zhang S, Zou C, Luo N, et al. Chinese Chem Lett, 2010, 21(1): 85.

[142]　Barahona F, Albero B, Tadeo J, et al. J Chromatogr A, 2019, 1587: 42.

[143]　Barahona F, Diaz-Alvarez M, Turiel E, et al. J Chromatogr A, 2016, 1442: 12.

[144]　Golsefidi M, Es'haghi Z, Sarafraz-Yazdi A. J Chromatogr A, 2012, 1229: 24.

[145] Mirzajani R, Kardani F, Ramezani Z. Food Chem, 2020, 314.

[146] Wang Y, Gao Y, Wang P, et al. Talanta, 2013, 115: 920.

[147] Tan F, Zhao H, Li X, et al. J Chromatogr A, 2009, 1216(30): 5647.

[148] Hu Y, Wang Y, Chen X, et al. Talanta, 2010, 80(5): 2099.

[149] Qiu L, Liu W, Huang M, et al. J Chromatogr A, 2010, 1217(48): 7461.

[150] Li M K, Lei N, Gong C, et al. Anal Chim Acta, 2009, 633(2): 197.

[151] Rajabi Khorrami A, Rashidpur A. Anal Chim Acta, 2012, 727: 20.

[152] Prasad B B, Tiwari K, Singh M, et al. J Chromatogr A, 2008, 1198-1199: 59.

[153] Prasad B B, Tiwari K, Singh M, et al. J Sep Sci, 2009, 32(7): 1096.

[154] Prasad B B, Tiwari K, Singh M, et al. Chromatographia, 2009, 69(9): 949.

[155] Szultka M, Szeliga J, Jackowski M, et al. Anal Bioanal Chem, 2012, 403(3): 785.

[156] Liu X, Wang X, Tan F, et al. Anal Chim Acta, 2012, 727: 26.

[157] Turiel E, Tadeo J L, Martin-Esteban A. Anal Chem, 2007, 79(8): 3099.

[158] Djozan D, Baheri T. J Chromatogr A, 2007, 1166(1): 16.

[159] Rajabi Khorrami A, Narouenezhad E. Talanta, 2011, 86: 58.

[160] Djozan D, Farajzadeh M A, Sorouraddin S M, et al. Chromatographia, 2011, 73(9): 975.

[161] Deng D, Zhang J, Chen C, et al. J Chromatogr A, 2012, 1219: 195.

[162] Mullett W M, Pawliszyn J. J Sep Sci, 2003, 26(3-4): 251.

[163] Mullett W M, Pawliszyn J. Anal Chem, 2002, 74(5): 1081.

[164] Mullett W M, Levsen K, Lubda D, et al. J Chromatogr A, 2002, 963(1): 325.

[165] Walles M, Mullett W M, Pawliszyn J. J Chromatogr A, 2004, 1025(1): 85.

[166] Lambert J, Mullett W M, Kwong E, et al. J Chromatogr A, 2005, 1075(1): 43.

[167] 文毅, 汪颖, 周炳升, 等. 分析化学, 2007(5): 681.

[168] Fan Y, Feng Y, Zhang J, et al. J Chromatogr A, 2005, 1074(1): 9.

[169] Nie J, Zhang M, Fan Y, et al. J Chromatogr B, 2005, 828(1): 62.

[170] Fan Y, Feng Y, Da S, et al. Analyst, 2004, 129(11): 1065.

[171] Wei F, Fan Y, Zhang M, et al. Electrophoresis, 2005, 26(16): 3141.

[172] Lin B, Zheng M, Ng S, et al. Electrophoresis, 2007, 28(15): 2771.

[173] Pawliszyn J B, Musteata F M, Musteata M L, et al. US 706176. 2009-01-29.

[174] Jiang R, Zhu F, Luan T, et al. J Chromatogr A, 2009, 1216(22): 4641.

[175] Wu F, Lu W, Chen J, et al. Talanta, 2010, 82(3): 1038.

[176] Rastkari N, Ahmadkhaniha R, Yunesian M, et al. Food Addit Contam A, 2010, 27(10): 1460.

[177] Rastkari N, Ahmadkhaniha R, Samadi N, et al. Anal Chim Acta, 2010, 662(1): 90.

[178] Ma X, Li Q, Yuan D. Talanta, 2011, 85(4): 2212.

[179] Maghsoudi S, Noroozian E. Chromatographia, 2012, 75(15): 913.

[180] Sarafraz-Yazdi A, Amiri A, Rounaghi G, et al. Anal Methods, 2012, 4(11): 3701.

[181] Heidari M, Attari S, Rafieiemam M. Anal Chim Acta, 2016, 918: 43.

[182] Li L, Wu M, Feng Y, et al. Anal Chim Acta, 2016, 948: 48.

[183] Ai Y, Wu M, Li L, et al. J Chromatogr A, 2016, 1437: 1.

[184] Wu M, Wang L, Zeng B, et al. J Chromatogr A, 2016, 1444: 42.

[185] Feng J, Sun M, Li L, et al. Talanta, 2014, 123: 18-24.

[186] Qiu J, Wang F, Zhang T, et al. Environ Sci Technol, 2018, 52(1): 145.

[187] Wang N, Xin H, Zhang Q, et al. Talanta, 2017, 162: 10.

[188] Ghiasvand A, Dowlatshah S, Nouraei N, et al. J Chromatogr A, 2015, 1406: 87.

[189] Kazemipour M, Behzadi M, Ahmadi R. Microchem J, 2016, 128: 258.

[190] Cao W, Hu S, Ye L, et al. J Chromatogr A, 2015, 1390: 13.

[191] Ge D, Lee H. J Chromatogr A, 2015, 1408: 56.

[192] Song X, Ha W, Chen J, et al. J Chromatogr A, 2014, 1374: 23.

[193] Chen G, Qiu J, Xu J, et al. Chem Sci, 2016, 7(2): 1487.

[194] Saraji M, Jafari M, Mossaddegh M. J Chromatogr A, 2016, 1429: 30.

[195] Chen G, Weng W, Wu D, et al. Carbon, 2004, 42(4): 753.

[196] Behzadi M, Mirzaei M. J Chromatogr A, 2016, 1443: 35.

[197] Cheng L, Pan S, Ding C, et al. J Chromatogr A, 2017, 1511: 85.

[198] Li Z, Ma R, Bai S, et al. Talanta, 2014, 119: 498.

[199] Su S, Chen B, He M, et al. Talanta, 2014, 123: 1.

[200] Rezaeifar Z, Es'haghi Z, Rounaghi G, et al. J Chromatogr B, 2016, 1029: 81.

[201] Banitaba M, Davarani S, Movahed S. J Chromatogr A, 2014, 1325: 23.

[202] Wu M, Wang L, Zeng B, et al. J Chromatogr A, 2014, 1364: 45.

[203] Shamsayei M, Yamini Y, Asiabi H. J Chromatogr A, 2016, 1475: 8.

[204] Wang Y, Wu Y, Ge H, et al. Talanta, 2014, 122: 91.

[205] Kazemi E, Shabani A, Dadfarnia S. Food Chem, 2017, 221: 783.

[206] Zhang J, Yang L, Wu M, et al. Talanta, 2017, 171: 61-67.

[207] Zhang S, Yang Q, Li Z et al. Food Chem., 2018, 263: 258.

[208] Du J, Zhao F, Zeng B. Talanta, 2020, 228: 122231.

[209] Cui X, Gu Z, Jiang D, et al. Anal Chem, 2009, 81(23): 9771.

[210] Wu Y, Yang C, Yan X. J Chromatogr A, 2014, 1334: 1.

[211] Hu Y, Lian H, Zhou L, et al. Anal Chem, 2015, 87(1): 406.

[212] Hu Y, Song C, Liao J, et al. J Chromatogr A, 2013, 1294: 17.

[213] Feng J J, Feng J Q, Ji X P, et al. Trends Anal Chem, 2021, 137: 116208.

[214] Baltussen E, Sandra P, David F, et al. J Microcolumn Sep, 1999, 11(10): 737.

[215] Lancas F M, Queiroz M E C, Grossi P, et al. J Sep Sci, 2009, 32(5-6): 813.

[216] David F, Sandra P. J Chromatogr A, 2007, 1152(1): 54.

[217] Kawaguchi M, Ito R, Saito K, et al. J Pharmaceut Biomed, 2006, 40(3): 500.

[218] Prieto A, Basauri O, Rodil R, et al. J Chromatogr A, 2010, 1217(16): 2642.

[219] Fan W, He M, You L, et al. J Chromatogr A, 2016, 1443: 1.

[220] Liu Z, Xu Z, Liu Y, et al. Microchem J, 2020, 158: 105163.

[221] Yao J, Zhang L, Ran J, et al. Microchim Acta, 2020, 187(10): 363.

[222] Hu Y, Li J, Hu Y, Li G. Talanta. 2010, 82(2): 464.

[223] Lin S, Gan N, Zhang J, et al. Talanta, 2016, 149: 266.

[224] Wang C, Zhou W, Liao X, et al. Anal Chim Acta, 2018, 1025: 124.

[225] Zhong C, He M, Liao H, et al. J Chromatogr A, 2016, 1441: 8.

[226] Wang Y, He M, Chen B, et al. J Chromatogr A, 2020, 1633: 461628.

[227] Han J, Cui Y, He X, et al. J Chromatogr A, 2021, 1640: 461947.

[228] Šafaříková M, Šafařík I. J Magn Magn Mater, 1999, 194(1): 108.

[229] Gao Q, Luo D, Ding J, et al. J Chromatogr A, 2010, 1217(35): 5602.

[230] 侯丽玮. 磁固相萃取用于环境水样中农药及汞形态分析的研究[D]. 青岛: 青岛理工大学, 2016.

[231] 杨静, 蒋红梅, 练鸿振. 分析科学学报, 2014(5)718.

[232] Du Zhuo, Liu M, Li G. J Sep Sci, 2013, 36(20): 3387.

[233] Fu L, Zhou H, Miao E, et al. Food Chem, 2019, 289: 701.

[234] Nasir A, Yahaya N, Zain N, et al. Food Chem, 2019, 276: 458.

[235] Pastor-Belda M, Marin-Soler L, Campillo N, et al. J Chromatogr A, 2018, 1564: 102.

[236] Shu H, Chen G, Wang L, et al. J Chromatogr A, 2020, 1627: 461382.

[237] Kilinc E, Celik K, Bilgetekin H. Food Chem, 2018, 242: 533.

[238] Do Lago A, Cavalcanti M, Rosa M, et al. Anal Chim Acta, 2020, 1102: 11.

[239] Yang J, Li J, Qiao J, et al. J Chromatogr A, 2014, 1325: 8.

[240] Ozkantar N, Yilmaz E, Soylak M, et al. Food Chem, 2020, 321: 126737.

[241] Gao P, Guo Y, Li X, et al. J Chromatogr A, 2018, 1575: 1.

[242] Yan M, Liang Q, Wan W, et al. Rsc Adv, 2017, 7(48): 30109.

[243] Lu Q, Guo H, Zhang Y, et al. Talanta, 2020, 206: 120212.

[244] Zhang L, Qiao S, Jin Y, et al. Adv Funct Mater, 2008, 18(20): 3203.

[245] She X, Li J, Zhu J, et al. J Chromatogr A, 2021, 1637: 461809.

[246] Moliner-Martinez Y, Vitta Y, Prima-Garcia H, et al. Anal Bioanal Chem, 2014, 406(8): 2211.

[247] Mehrabi F, Mohamadi M, Mostafavi A, et al. J Solid State Chem, 2020, 292: 121716.

[248] Zhao Y, Shen H, Pan S, et al. J Mater Sci, 2010, 45(19): 5291.

[249] Shen H, Pan S, Zhang Y, et al. Chem Eng J, 2012, 183: 180.

[250] Bakhshaei S, Kamboh M, Nodeh H, et al. Rsc Adv, 2016, 6(80): 77047.

[251] Wang B, Wang X, Wang J, et al. Rsc Adv, 2016, 6(107): 105550.

[252] Chen J, Zhu X. Food Chem, 2016, 200: 10.

[253] Abujaber F, Zougagh M, Jodeh S, et al. Microchem J, 2018, 137: 490.

[254] Liu C, Liao Y, Huang X. J Chromatogr A, 2017, 1524: 13.

[255] Shahriman M, Ramachandran M, Zain N, et al. Talanta, 2018, 178: 211.

[256] Yin Y, Yan L, Zhang Z, et al. J Sep Sci, 2016, 39(8): 1480.

[257] Li J, Long X, Yin H, et al. J Sep Sci, 2016, 39(13): 2562.

[258] Yavuz E, Tokalioglu S, Patat S. Food Chem, 2018, 263: 232.

[259] Zeinali S, Maleki M, Bagheri H. J Chromatogr A, 2019, 1602: 107.

[260] Jullakan S, Bunkoed O, Pinsrithong S. Microchi. Acta, 2020, 187(12): 677.

[261] 潘胜东, 叶美君, 金米聪. 理化检验(化学分册), 2015(3): 416.

[262] Wu X, Hu J, Zhu B, et al. J Chromatogr A, 2011, 1218(41): 7341.

[263] Lin S, Gan N, Cao Y, et al. J Chromatogr A, 2016, 1446: 34.

[264] Yang K, Hu Y, Dong N, et al. Biosens Bioelectron, 2017, 94: 286.

[265] Wang W, Liu S, Li C, et al. Talanta, 2018, 182: 306.

[266] Su X, Li X, Li J, et al. Food Chem, 2015, 171: 292.

[267] Ahmadi M, Madrakian T, Afkhami A. Talanta, 2016, 148: 122.

[268] Li N, Chen J, Shi Y. J Chromatogr A, 2016, 1441: 24.

[269] Zhang W, Zhang Y, Jiang Q, et al. Anal Chem, 2016, 88(26): 10523.

[270] Zhang Q, Li G, Xiao X, et al. Anal Chem, 2016, 88(7): 4055.

[271] Hu Y, Huang Z, Liao J, et al. Anal Chem, 2013, 85(14): 6885.

[272] Zhai R, Yuan Y, Jiao F, et al. Anal Chim Acta, 2017, 994: 19.

[273] Yan Z, He M, Chen B, et al. J Chromatogr A, 2017, 1525: 32.

[274] Chen Y, Chen Z. Talanta, 2017, 165: 188.

[275] Li Y, Yang C, Yan, X. Chem Commun, 2017, 53(16): 2511.

[276] He S, Zeng T, Wang S, et al. ACS Appl Mater Interf, 2017, 9(3): 2959.

[277] Liang R, Hu Y, Li G. J Chromatogr A, 2020, 1618: 460867.

[278] Lin G, Gao C, Zheng Q, et al. Chem Commun, 2017, 53(26): 3649.

[279] Gao C, Lin G, Lei Z, et al. J Mater Chem B, 2017, 5(36): 7496.

[280] Wang H, Jiao F, Gao F, et al. J Mater Chem B, 2017, 5(22): 4052.

[281] Zhou L, Hu Y, Li G. Anal Chem, 2016, 88(13): 6930.

[282] Yu J, Zhu S, Pang L, et al. J Chromatogr A, 2018, 1540: 1.

[283] He H, Li B, Dong J, et al. ACS Appl Mater Interf, 2013, 5(16): 8058.

[284] Li P, Wang J, Pei F, et al. J Anal At Spectrom, 2018, 33(11): 1974.

[285] 刘丰茂, 潘灿平, 钱传范. 农药残留分析原理与方法(第二版). 北京: 化学工业出版社, 2021.

[286] 丁明玉. 分析样品前处理技术与应用. 北京: 清华大学出版社, 2017

[287] Khezeli T, Daneshfar A. Trend Anal Chem, 2017, 89: 99.

[288] Ghorbani M, Aghamohammadhassan M, Chamsaz M, et al. Trend Anal Chem, 2019, 118: 793.

[289] Ahmadi M, Elmongy H, Madrakian T, et al. Anal Chim Acta, 2017, 958: 1.

[290] Sun X, Fu Z, Jiang T, et al. J Chromatogr A, 2022, 1663: 462750.

[291] Pang Y H, Lv Z Y, Sun J C, et al. Food Chem, 2021, 355: 129411.

[292] Sun W, Hu X, Meng X, et al. Microchim Acta, 2021, 188(8): 256.

[293] Li X, Chen Y, Chen S, et al. Anal Bioanal Chem, 2021, 413(13): 3529.

[294] Xu X, Feng X, Liu Z, et al. Microchim Acta, 2021, 188(2): 52.

[295] Kermani M, Jafari M T, Saraji M. Microchim Acta, 2019, 186(2): 1.

[296] Bazargan M, Mirzaei M, Amiri A, et al. Microchim Acta, 2021, 188(4).

[297] Rouhollah K, Fatemeh A, Mahmoud N, et al. Food Chem, 2021, 377: 131967.

[298] Anastassiades M, Lehotay S J, Štajnbaher D, et al. J AOAC Inte, 2003, 86(2): 412.

[299] GB 23200. 113—2018 植物源性食品中 208 种农药及其代谢物残留量的测定气相色谱-质谱联用法[S].2018-06-21.

[300] GB 23200. 121—2021 植物源性食品中 331 种农药及其代谢物残留量的测定液相色谱-质谱联用法[S].2021-03-03.

[301] Anastassiades M, Scherbaum E, Bertsch D. In MGPR Symposium: Aix en Provence, France(Vol. 7), 2003.

[302] 胡西洲, 程运斌, 胡定金. 现代农药, 2006(04): 24.

[303] Schenck F J, Hobbs J E. Bull Environ Contam Toxicol, 2004, 73(1): 24.

[304] Wang J, Mou Z L, Duan H L, et al. J Chromatogr A, 2019, 1585: 202.

[305] Song L, Han Y, Yang J, et al. Food Chem, 2019, 279: 237.

[306] Ma S, Wang M, You T, et al. J Agric Food Chem, 2019, 67(28): 8035.

[307] Castiglioni M, Onida B, Rivoira L, et al. J Chromatogr A, 2021, 1645: 462107.

[308] Hernández-Mesa M, García-Campaña A M, Cruces-Blanco C. J Chromatogr A, 2018, 1562: 36.

[309] Adenuga A A, Ayinuola O, Adejuyigbe E A, et al. Microchim J, 2020, 152: 104277.

[310] Xia L, Yang J, Su R, et al. Anal Chem, 2019, 92(1): 34.

[311] Feng J, Feng J, Ji X, et al. Trend Anal Chem, 2021, 137: 116208.

[312] Tu X, Chen W. Molecules, 2018, 23(11): 2767.

[313] Capriotti A L, Cavaliere C, Giansanti P, et al. J Chromatogr A, 2010, 217(16): 2521.

[314] Barker S A. J Biochem Bioph Meth, 2007, 70(2): 151.

[315] Tu X, Chen W. Molecules, 2018, 23(11): 2767.

[316] Hoff R B, Pizzolato T M. Trend Anal Chem, 2018, 109: 83.

[317] Ramos L. Trend Anal Chem, 2019, 118: 751.

[318] Li M, Sun Q, Li Y, et al. Anal and Bioanal Chem, 2016, 408(18): 4953.

[319] Wu X, Zhang X, Yang Y, et al. Food Chem, 2019, 291: 239.

[320] Xu S, Li H, Wu H, et al. Anal Chim Acta, 2020, 1115: 7.

[321] Arabi M, Ghaedi M, Ostovan A. Food Chem, 2016 210: 78.

CHAPTER 5

第五章

场辅助样品前处理技术

随着现代分析化学及其相关学科的快速发展，分析对象的基体多样性和复杂性越来越强，待测组分的含量越来越低且随时空不断变化，发展快速高效、高通量、自动化的样品前处理技术受到了越来越广泛的关注。基于浓度扩散方式或传统加热强化等方式的样品前处理技术如索氏抽提、液-液萃取等，对于扩散能力强、易于通过化学势控制分析物相对迁移和平衡的气体或液体样品来说，多数时候仍能满足其基本需求。尤其是随着离子液体、多孔材料、印迹材料等新型分离介质的快速发展，基于新材料的样品前处理技术相关研究受到了越来越多的重视并得到广泛的应用[1]。

但固体/半固体样品中分析物的浸出、分离和富集多数时候不是由浓度扩散或化学势控制的自发过程，这些样品的处理不仅异常缓慢，分析物从固体样品中转移到与之接触的气体或液体中也是相当耗能的过程。例如，以传统加热为代表的索氏抽提方法是固体/半固体样品前处理的经典方法，但这种费事耗时、耗溶剂且易造成热、氧敏感成分损失的方法已难以满足现代分析检测的需要。因此，如何快速、高效地将分析物从样品中转移出来对固体/半固体样品前处理至关重要。借助一些物理场的作用力，如热、力、声、微波、电场、磁场等外场作用，强化样品处理过程中传热和传质过程、加快样品的处理速度，可以提高样品处理效率。从传热过程的能量方程中可知，速度矢量和热流失量之间的配合关系影响对热/换热时的传热效果，速度矢量和热流失量之间的适当配合可以强化传热，因此速度场和温度场协同对强化传质具有重要意义[2]。许多学者对场协同理论进行了广泛而深入的研究。如从分子动力学角度探讨超声场强化解吸速率机理及超声场与吸附相分子振动之间的协同作用，发现超声场中吸附相分子比非吸附相分子获得的能量大 10 个数量级以上，而且超声场还可强化吸附相分子的解吸速率。以油茶饼粕为原料，微波-光波协同萃取不仅能缩短茶皂素的萃取时间，萃取效率也可提高至 8.68%。徐艳芳等[3]根据热力学流和力场理论导出了对流换热的强度与流体中各种内场和外场的关系，发现需强化某一方向流时可通过增大各种力场在该方向的分量来实现，其本质是控制内外场方向的协同。事实上，除了对流换热现象，自然界中有各种场，如温度场、速度场、重力场、电磁场、浓度场及化学势场等，各种内场和外场作用的许多现象均存在场协同效应问题，这就是广义协同论。场协同论的出现有可能将质量传递、动量传递和热量传递从以实验为主的实验科学最终上升为以过程强化和降低能耗为目标的理论科学阶段[4]。

目前广泛应用或具有良好发展前景的基于不同场（协同）作用的样品前处理技术主要有超声波辅助萃取（UAE）、超临界流体萃取（SFE）、加速溶剂萃取（ASE）、微波辅助萃取（MAE）及电分离、磁分离技术等，这些新的样品前处理技术已在食品、生物、医药、环境等诸多领域展现了良好的应用前景[5]。

第一节　微波辅助萃取技术

微波是频率介于 300MHz 和 300GHz 之间的电磁波（图 5-1），具有波动性、高频性、热特性和非热特性等特点。作为一种非电离辐射能，微波的能量虽然不足以破坏化学键，但却足以引起分子转动或离子的移动，从而产生热能。

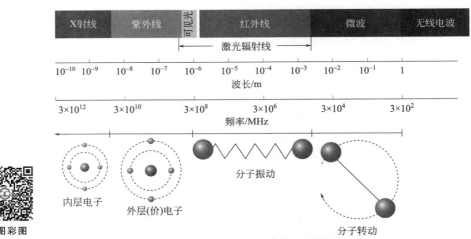

本图彩图

图 5-1　微波在电磁波谱中的位置

微波加热不同于常规加热方式，后者是由外部热源通过热辐射由表及里的传导式加热，而微波加热是材料在电磁场中由介质损耗而引起的"体加热"或"内加热"（图 5-2）。

由于微波加热贯穿整个溶剂本体，溶剂温度比周围环境（如器壁、液体上部的气体等）的温度高很多，溶剂本体的沸腾中心数量要比传统加热方式多很多。

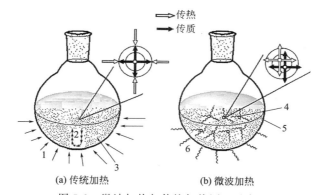

图 5-2　微波加热与传统加热原理示意图
1—热辐射；2—热传导；3—溶剂；4—溶质；5—烧瓶（玻璃）；6—微波

因此，微波加热时溶剂可被加热到超出大气压下沸点的温度。表 5-1 给出了一些溶剂在微波加热时沸点的变化。沸点提高有利于固体样品的溶解和从固体样品中萃取待测组分，但相应地容易导致待测组分结构发生变化。

表 5-1　某些溶剂在用微波加热时沸点的变化[6]

溶剂	沸点/℃		$\Delta T/℃$
	传统加热	微波加热	
水	100	104	4
甲醇	65	84	19
乙醇	79	103	24
四氢呋喃	66	81	15
二氯甲烷	40	55	15
乙腈	81	107	26
丙酮	56	81	25
二甘醇二甲醚	162	175	13
乙酸乙酯	78	95	17
二甲基甲酰胺	153	170	17
二异丙醚	69	85	16

　　微波加热意味着将微波的电磁能转变成热能，其能量传递是通过空间或介质，以电磁波的形式进行，微波对物质的加热与被加热物质的分子极化有着密切关系。当微波在传输过程中遇到不同物质时，会分别产生反射、吸收或穿透现象，这主要取决于物质本身的介电常数和介电损耗因子。在微波电磁场的作用下，物质内部的微观粒子将产生四种介电极化：电子极化（原子核周围电子的重新排布）、原子极化（分子内原子重新排布）、取向极化（分子永久偶极的重新取向）和空间电荷极化（自由电荷的重新排布）。由于前两种极化所需要的能量远远高于微波能量，所以这两种极化不会发生，不会产生介电加热；而后两种极化需要的能量与

微波能量相当，故可产生介电加热。微波遇到不同物质时会发生的这种反射、吸收和穿透情况，为采用微波辅助样品前处理提供了可能。微波遇到导体，如金属和合金，产生反射，这些材料不被微波加热，用金属或合金材料制作微波炉的腔体，避免了微波的穿透和泄露，微波进入金属或合金材料制作的微波炉腔体后，在壁与壁间多次反射，形成无数轨迹分明的波模，使微波加热能够均匀。微波遇到绝缘体，如石英、玻璃和塑料等，产生穿透，这些材料不吸收或很少吸收微波，基本上不被微波加热。用石英、玻璃和塑料作试样器皿，微波可以穿透这些器皿，直接作用于样品溶液，而这些器皿几乎不消耗微波能量。微波遇到介于导体和绝缘体之间的物质，如水、溶剂（包括酸和碱的溶液）和某些样品，产生吸收，同时也有反射和穿透产生，被吸收的微波能量转换成热能，使器皿内物质加热升温，加速样品的溶解（消解）。

物质吸收微波的能力主要由物质的介电常数和介电损耗因子来决定，介电常数是物质"阻止"微波能量通过的量度，介电损耗因子是物质耗散微波能量的"效率"。这两种作用的综合效果用物质介质损耗角的正切函数值 $\tan\delta$ 表示，即微波能量被物质吸收的程度。$\tan\delta$ 越大，说明该物质吸收微波能量的能力越强，其值大小可由式（5-1）计算：

$$\tan\delta = \varepsilon_2 / \varepsilon_1 \tag{5-1}$$

式中，ε_2 为该物质的介电损耗因子，ε_1 为该物质的介电常数。表 5-2 给出了一些物质的 $\tan\delta$ 值，从中可以看出，用聚四氟乙烯（PTFE）或石英作为试样器皿是最合适的，因为它们几乎不吸收微波能。水溶液和一些极性溶剂（如甲醇、乙醇、正丙醇、乙二醇等）的 $\tan\delta$ 值较大，吸收微波能的能力较强，是很好的微波溶样用溶剂；同时水溶液中溶质的浓度增大时，吸收微波能量的能力增强。

表 5-2 一些物质的 $\tan\delta$ 值（3000MHz）[7,8]

物质种类	测量温度/℃	$\tan\delta$/$\times 10^{-4}$	物质种类	测量温度/℃	$\tan\delta$/$\times 10^{-4}$
水	25	1570	聚乙烯	25	3.1
0.1mol·L^{-1} NaCl 水溶液	25	2400	聚苯乙烯	25	3.0
0.3mol·L^{-1} NaCl 水溶液	25	4550	PTFE	25	1.5
0.5mol·L^{-1} NaCl 水溶液	25	6250	Teflon PFA	25	1.5
石英	25	0.6	甲醇	25	6400
F-66 陶瓷	25	5.5	乙醇	25	2500
磷酸盐玻璃	25	46.0	正丙醇	25	6700
硼硅酸盐玻璃	25	10.6	乙二醇	25	10000
耐热有机玻璃	27	57.0	四氯化碳	25	4
尼龙-66	25	128.0	庚烷	25	1
聚氯乙烯	25	55.0			

但是，需要注意的是，水吸收微波能量的能力随水的温度升高而降低，即 $\tan\delta$ 值随水的温度升高而降低（见表 5-3）。

表 5-3 温度对水的 $\tan\delta$ 值的影响（3000MHz）[9]

温度/℃	$\tan\delta / \times 10^{-4}$	温度/℃	$\tan\delta / \times 10^{-4}$	温度/℃	$\tan\delta / \times 10^{-4}$
1.5	3100	35.0	1270	75.0	660
5.0	2750	45.0	1060	85.0	547
15.0	2050	55.0	890	95.0	470
25.0	1570	65.0	765		

采用微波处理样品时，微波能量可直接进入样品内部，样品吸收微波能并将其转换成热能，微波场的场强将随样品厚度逐渐衰减，直至完全被吸收。所以，微波辐射进入样品有一定穿透深度。微波穿透到物质内部的能力，常用半功率穿透深度 $D_{1/2}$ 来表示，它与微波和物质的一些参数关系如下[6]：

$$D_{1/2} = \frac{\lambda_0}{8.686\pi \sqrt{\varepsilon_1} \times \tan\delta} \tag{5-2}$$

式中，λ_0 为微波波长，ε_1 为物质的介电常数，$\tan\delta$ 为物质介质损耗角的正切函数值。半功率穿透深度 $D_{1/2}$ 表示功率衰减到表面处 1/2 时所对应的距离。当微波频率为 2450MHz、水温为 25℃ 时，其半功率穿透深度为 2.4cm。可以根据半功率穿透深度来选择微波功率、试样器皿的大小和样品量的多少。

此外，微波加热与微波频率及样品组成、温度、形状有关，但国内目前只开放 2450MHz 作为民用微波仪器的使用频率。样品的组成既影响取向极化，又影响空间电荷极化。很多固体物质在室温下吸收的微波能很小，而随温度升高，吸收的能量迅速增加。微波加热不需要热传导的中间介质，而是将能量直接引入样品内部，样品形状对样品内部的温度分布有很大的影响。同时，微波在样品与周围物质界面处的弯曲和在样品中的反射，使样品内部的温度分布更加复杂，为使样品各处均匀升温，一般需要转动样品。

1974 年，微波加热首次用于样品的前处理，随后被成功用于生物样品的湿法酸消解，但这些工作在当时并未引起足够重视。20 世纪 80 年代中期开始，随着分析仪器性能不断改进和智能化程度逐渐提高，繁琐低效的样品前处理对分析过程的制约日益突出，促使人们重新去认识和研究微波辅助前处理技术，使这一技术呈现出蓬勃发展的势头。前期的工作主要集中于微波辅助消解方面，尤其是开口容器常压微波消解，它的温度一般不超过酸的沸点，且难以避免样品的污染及某些组分的挥发损失。1983 年，Matthes 结合微波能产生的内加热和吸收极化作用达到的高温高压与密闭溶样的固有优点，提出了密闭容器微波消解方法[10]。1986 年开始采用计算机实时监测微波消解过程中温度和压力，使微波样品前处理技术更加快速可靠。在常压基础上发展起来的聚焦微波消解系统具有安全、样品处理量大、自动化程度高，可一次性完成消解、萃取、蒸发、浓缩、定容全过程等优点。1986 年 Ganzler K[11] 报道了利用微波辅助萃取法从土壤、种子、食品、饲料中萃取分离各种类型化合物。1988 年，Kingston 和 Jassie 编写出版了第一本有关微波样品前处理的专著，对这一时期微波样品前处理技术的理论和实践进行了全面的总结[12]。1997 年，Kingston 等编写出版了《Microwave-enhanced chemistry：Fundamentals，sample preparation and applications》一书，收录了这一时期内微波辅助样品前处理方面的代表性工作。在国内，吉林大学金钦汉、四川大学黄卡玛等较早开展了微波能在化学及交叉学科方面的研究与应用[6]，中山大学李攻科等在微波辅助样品前处理方面开展了长期而卓有成效的研究[1]。

微波辅助样品前处理技术主要包括微波辅助消解、微波辅助萃取，以及微波高温熔融、样品干燥、浓缩等。其中微波辅助消解技术主要用于无机阴阳离子的快速处理和光谱/离子色谱分析等方面，现已成为很多标准方法的既定样品前处理技术而应用广泛。微波辅助萃取技术（Microwave-assisted extraction，MAE）作为一种通过微波加热效应和微波场作用强化传热和传质的样品萃取技术，可利用物质吸收微波能力的差异实现被萃取物质快速、选择性地从不同基体中分离，从而能够将样品萃取时间由几小时缩短至几分钟到几十分钟，且其萃取效果与索氏抽提相当。它具有快速高效、选择性强、环境友好等特点，与色谱、光谱等高灵敏分析检测技术结合，在化工、环境、食品、医药、生命等复杂基体微痕量有机化合物的分离富集中得到了广泛应用。

一、微波辅助萃取溶剂

由于微波加热的特性，应用于 MAE 的溶剂除了需要对目标物具有较强的溶解能力之外，还需要具有一定的微波吸收性能。传统 MAE 溶剂通常为极性溶剂，有时考虑到目标物的溶解性，也会选择非极性溶剂或极性/非极性混合溶剂。一些新型萃取溶剂如离子液体、表面活性剂、聚乙二醇、两相萃取溶剂等，因具有良好的微波吸收能力、无毒、不挥发、环境污染小等优点而在 MAE 中得到越来越多的应用。

1. 传统萃取溶剂

传统 MAE 溶剂通常采用水和挥发性有机溶剂，其中极性溶剂应用较广，非极性溶剂使用得相对较少。

（1）极性溶剂

水具有较强的微波吸收和转化能力，并且绿色无污染，因此常用作 MAE 的溶剂。在很多天然产物尤其是中草药中极性较大的有效成分萃取时，诸如甜叶菊中甜菊苷，华钩藤中次级代谢产物儿茶酸、咖啡酸、表儿茶素及钩藤碱，丹参中丹参素、丹酚酸 B 和紫草酸，烟草中尼古丁等，用水作为萃取溶剂不仅成本低、效率高，更有利于后续进一步的分离分析。但用水萃取的分析物需要具有良好的水溶性，这在实际使用过程中受限较大，一般采用有机溶剂与水为一定比例的混合溶剂作为萃取溶剂来使用。

甲醇、乙醇、丙酮、乙酸乙酯等短链醇、酮、酯类化合物是常用的极性有机溶剂，它们既具有较强的微波吸收性能，对许多目标物有着良好的溶解性能，同时与水或其他溶剂具有良好的兼容性，因此广泛应用于 MAE。

（2）非极性溶剂

由于非极性溶剂是微波透明溶剂，微波吸收和转化能力差，实际使用效果有限。为提高萃取效率，需根据样品和目标成分的性质进行针对性的改进和应用。一种方式是利用样品本身的内部水及极性目标物的微波吸收能力，通过微波加热样品内部水和极性目标物，使样品破裂，目标物溶出进入非极性溶剂中。这种采用非极性溶剂的微波辅助萃取方法在挥发油或油脂的快速分离中得到很好的应用，并进一步发展出了无溶剂微波辅助萃取法。研究结果表明，采用这种非极性溶剂的微波辅助萃取方法时，挥发油或油脂的萃取效率比传统的水蒸气蒸馏法或溶剂浸提法更高。Amarni 等[13]采用微波辅助萃取橄榄中油脂时发现，在以正己烷为萃取溶剂得到的蜘蛛香挥发油中，其含氧化合物的相对含量高于来自水蒸气蒸馏和传统溶剂浸提法的。因为相对于水蒸气蒸馏法，微波辅助萃取的时间更短、萃取温度低，大大减少了含氧化合物长时间高温下热解、水解和氧化等带来的损失。

另一种改进方式是在非极性溶剂中加入微波吸收介质，从而快速加热萃取体系。张寒琦课题组在非极性溶剂中分别加入羰基铁粉和石墨，采用微波辅助萃取法萃取了干燥孜然[14]和生姜[15]中挥发油。与以极性溶剂或混合溶剂的 MAE 法相比，两种方法萃取得到的挥发油组分基本相同，但采用非极性溶剂时挥发油萃取率大幅提高，所需时间更短。

非极性溶剂 MAE 的不足之处主要在于，挥发油成分与萃取溶剂极性差异小，样品中蜡质、色素和类脂等容易同步溶出，造成目标物后续分离纯化难度大且低沸点目标物容易损失。

在实际应用中，需要兼顾样品或目标物的性质和微波的加热特性，在萃取中低极性目标物时，往往采用极性和非极性的混合溶剂作为萃取溶剂，并通过调整合适的溶剂比例达到更好的萃取效果。

2. 新型萃取溶剂

根据样品和分析物的性质，调整水、极性溶剂和非极性溶剂的不同比例，可以筛选出合适的 MAE 萃取溶剂并达到良好的萃取效果。但这些常用的有机溶剂大多易挥发、易燃、有毒，容易污染环境，寻找新型的、"绿色的"萃取溶剂，受到了越来越多科研工作者的关注。离子液体、表面活性剂、聚乙二醇、高内相比乳液等具有无毒、不挥发、环境污染小等优点，又是微波的良好载体，适合作为 MAE 的萃取溶剂。

（1）离子液体

离子液体具有低挥发、不可燃、稳定性好、导电率高、电化学窗口宽等特点，对许多物质有良好的溶解性，具有很强的微波吸收和转化能力。李攻科课题组最早将离子液体引入 MAE 技术，并且在这一领域取得了系列研究成果[16-19]。他们采用 [bmim]Br 等离子液体溶液作为微波辅助萃取的溶剂，成功萃取了虎杖中白藜芦醇，番石榴叶和菝葜中多酚类物质，石蒜中石蒜碱、力可拉敏和加兰他敏生物碱，杨梅叶中杨梅素和槲皮素等有效成分。进一步研究表明，虽然离子液体与番石榴叶和菝葜样品没有发生明显的化学键合作用，但番石榴叶和菝葜样品在微波作用下发生破裂，离子液体依靠其多种分子作用快速萃取暴露出的多酚类化合物，从而使 MAE 法的萃取率高于加热回流提取和室温浸提法，且萃取时间更短，溶剂用量更少。

这种采用离子液体为萃取溶剂的微波辅助萃取方法也被用来分离牛奶等食品样品中的农药残留，沉积物等环境样品中的多环芳烃等[20]。

（2）表面活性剂

表面活性剂同时具有亲水、亲油基团，在溶液的表面能定向排列并可使其表面张力显著下降。由于表面活性剂的分子结构一端为亲水基团，另一端为憎水基团，形成了一种不对称的、极性的结构，使得该类分子具有两个重要特性：增溶作用和浊点现象。以此为基础，发展了微波辅助胶束萃取和微波辅助浊点萃取两种萃取方法。

微波辅助胶束萃取（Microwave-assisted micellar extraction，MAME）是利用表面活性剂形成胶束后对不溶或微溶于水的有机物的增溶作用进行微波辅助萃取的方法。常用的表面活性剂主要有十二醇硫酸酯钠盐、聚氧乙烯月桂醚（Polyoxyethylene lauryl ether，POLE）、月桂醇聚氧乙烯醚 X-080（Oligoethylene glycol monoalkyl ether，Genapol X-080）、非离子型表面活性剂 Triton X-100 等。主要影响因素包括表面活性剂的性质与体积、萃取时间、萃取温度及微波功率等。因为表面活性剂的存在，这种萃取方法往往速度较快，效率也较一般的萃取方法要高一些。如以 POLE 作为萃取溶剂，采用微波辅助胶束萃取木材中氯酚，萃取时间仅需 5min[21]。以 5％的非离子型表面活性剂 Triton X-100 为溶剂，微波辅助胶束萃取甘草中甘草酸和甘草苷时，萃取 5min 即可获得高于甲醇和乙醇水溶液的萃取率[22]。采用 10％的 Genapol X-080 水溶液为溶剂，微波辅助胶束萃取丹参中隐丹参酮、丹参酮-Ⅰ和丹参酮-ⅡA，Shi 等[23]发现该方法与溶剂浸提萃取和超声辅助萃取相比更快速高效。此外，微波辅助胶束萃取还被用于环境样品中有机氯农药[24]、多环芳烃[25]、多氯联苯[26]等的萃取分析。

微波辅助浊点萃取是将微波加热与浊点萃取结合，加快萃取速度、提高萃取效率[27]。其中浊点萃取是一种基于表面活性剂胶团增溶和浊点分相的分离技术，经过简单操作即可实现分析物的富集与分离，且能够获得较高的萃取率。常见的表面活性剂包括非离子型表面活性剂和离子表面活性剂两类。当非离子表面活性剂胶束溶液温度低于浊点温度时，溶液呈均相，高于浊点温度时则呈两相。水溶液中非离子表面活性剂的临界胶束浓度低，容易形成胶束，同时非离子表面活性剂的结构和官能团可选择性较好，因此常用作浊点萃取技术中的萃取剂。与非离子表面活性剂相反，当离子表面活性剂胶束溶液温度低于浊点温度时溶液呈两相，高于浊点温度时则呈均相。但高临界胶束浓度的离子表面活性剂相往往具有更高的表面活性剂浓度、富集因子和分离效率后水相的浊点不高，因此浊点萃取中较少用此类表面活性剂[28]。

影响微波辅助浊点萃取效率的主要因素包括微波辐射功率和时间、表面活性剂的种类和浓度、添加剂的类型、平衡温度、平衡时间以及 pH 值等。

（3）聚乙二醇

聚乙二醇（Polyethylene glycol，PEG）是平均分子量为 200～20000 的乙醇高聚物的总称。PEG 具有优良的物理化学性质，如易溶于多种有机溶剂，对许多有机化合物具有良好的溶解性，在酸、碱、高温、氧化、还原体系中性质稳定[29]。此外，PEG 还具有非常好的生物相容性，是经美国食品药品监督管理局批准的极少数体内注射药用合成聚合物之一。作为一种极性绿色溶剂，PEG 具有较强的微波吸收和转化能力，是一种良好的 MAE 溶剂。李攻科课题组建立了聚乙二醇微波辅助萃取中草药中黄酮和香豆素类化合物的方法[30]。在优化的萃取条件下，石吊兰中石吊兰素的萃取率为 98.7％，秦皮中秦皮甲素和秦皮乙素的萃取率分别为 97.7％和 95.9％。与有机溶剂微波辅助萃取和传统萃取技术相比，PEG-MAE 萃取率高、时间短、溶剂用量少。

3. 两相萃取溶剂

将互不相容的两相溶液作为萃取溶剂，其实际是将微波辅助萃取方法与液-液萃取或液-液微萃取样品前处理方法有机结合，样品中的分析物在微波加热作用下快速溶出，然后在两相溶液之间分配，在快速萃取的同时完成富集或净化，不仅简化了样品前处理步骤，而且缩短了处理时间并减少了操作误差。例如，Xu 等[31]以乙腈/pH 3 磷酸水溶液（70：30，体积比）和正己烷两相溶液为萃取溶剂，用于微波辅助萃取鸡胸肉中氟喹诺酮类抗生素。鸡肉样品中分析物被萃取到乙腈相中，同时油脂类杂质成分被萃取到正己烷相中，萃取和净化同时完成。将微波辅助水蒸气蒸馏萃取法与液-液萃取法联用，成功应用于茶叶、橄榄油等食品中有机氯、有机磷和拟除虫菊酯农药的萃取分析，相比超声波辅助萃取等方法更快速高效[32]。此外，双水相体系也被用作萃取溶剂应用于天然产物活性成分的微波辅助萃取中，Wang 等[33]用 25％乙醇和 21％硫酸铵组成的双水相体系为溶剂，采用微波辅助萃取了虎杖中云杉新苷、白藜芦醇和大黄素。研究发现白藜芦醇和大黄素的萃取率分别为普通 MAE 和加热回流提取的 1.1 倍和 1.9 倍。

微波辅助萃取法与液-液微萃取，尤其是以离子液体为分散剂的分散液-液微萃取结合，在化妆品中对羟基苯甲酸酯类防腐剂[34]、环境样品农药残留[35]等分析检测中也有应用。

二、微波辅助萃取模式

1. 常规微波辅助萃取技术

微波辅助样品前处理的基础是微波炉，以及与此配套的自动监控系统，统称为微波样品制备系统。在此系统的基础上配以不同附件和配件，以满足不同的样品制备需求。早期 MAE 主要使用的是密闭式样品处理方式，其发展经历了无温度、压力监控的简单固定功率方式，有温度、压力监控的简单固定功率方式，以及温压实时可控传感的专业变频功率控制方式等三个阶段。在高压密闭萃取过程中，施加的高压升高了体系的温度，在不改变溶剂的物理状态下进行较高温度萃取，加快萃取速度。例如，采用压力、温度和时间控制的高压微波萃取封闭系统萃取人参中人参皂苷时[36]，萃取时间仅需 10min，但其萃取率比索氏抽提 2h、超声波辅助萃取 1h 或加热回流提取 2h 等更高。这种密闭式的微波辅助萃取装置设计复杂，操作不便，且萃取过程中高温高压容易导致部分对热敏感的分析物分解损失，因此后期这种密闭式的微波辅助样品处理方式更多地用于微波辅助消解，而作为样品萃取方法较少使用。

与密闭式微波样品处理方法相比，常压下开放式微波辅助萃取法避免了因高温高压及密封性等带来的安全隐患和复杂设计。样品萃取主要采用敞口容器进行，这些敞口容器的材质主要有玻璃、石英和聚四氟乙烯等。实际上，一般常用的容器，如烧杯、锥形瓶、烧瓶等都可用作样品处理容器。同时，为了达到更好的萃取效果，一般萃取容器应具有高口颈，且处理时在口上放冷凝管等，以便进行回流。这种开放式的常压萃取方式操作简单、快速高效，且便于与其他样品处理方式或分析检测技术实现在线联用，因此逐渐成为微波辅助萃取的通用方式。

2. 真空微波辅助萃取技术

尽管微波加热具有体加热的特点，但因为萃取体系中样品和溶剂的不均匀等因素，容易造成萃取体系中温度不平衡而出现"热点"，带来局部温度过高，这将不利于热不稳定化合物的萃取分离；同时，开放体系中富氧的环境，也不利于易氧化组分的萃取。真空微波辅助萃取（VMAE）是在真空系统中进行的微波辅助萃取，由于真空和少氧的特点，有利于避免热敏性和易氧化化合物被降解和氧化，在天然产物有效成分尤其是热敏性化合物的萃取中具有优势。Lou 等[37]在真空微波萃取（VMAE）过程中加入冰水，发展了一种微波增强真空冰水萃取法（MVIE）方法，用于从绿茶中去除咖啡因。与常规热水萃取法相比，绿茶中咖啡因的去除率分别为 87.6% 和 53.1%。与此同时，茶叶中的重要化合物酚类物质在

MVIE 作用下仅损失了 36.2%，而在热水萃取情况下的损失则为 55.8%。李攻科等[38]研制了另一种真空微波辅助萃取装置，如图 5-3 所示。

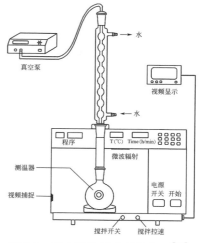

盛装样品和溶剂的烧瓶被置于微波炉中，通过连接管与冷凝装置、真空泵串联，使萃取系统由开放式改变为密闭式，并抽出部分空气从而达到萃取系统的真空状态，系统的真空度由真空泵控制。该装置具有可保持系统真空度恒定的优点，配合微波萃取仪自带的控温传感器，可以有效控制反应温度，减少热敏性有效成分的分解损失。利用该装置进行的多酚类和色素类萃取实验证明[39]，热敏性有效成分在低温下有较好的萃取率。例如从中药红花中萃取红花黄色素时，

图 5-3　真空微波辅助萃取装置[38]

50℃以下时该色素无分解损失；但当温度超过 50℃时，红花黄色素分解，萃取率反而下降。

3. 低温真空微波辅助萃取技术

结合真空负压下萃取体系少氧低温的特点，并采用冷却循环液维持体系低温等方式，肖小华等[40]设计了低温真空微波辅助萃取（LTV-MAE）装置（如图 5-4 所示），并发展了低温真空微波辅助萃取技术。在微波场中引入带有内冷凝管的自制萃取罐，并将萃取罐通过外部冷凝管与真空系统连接，研制了集微波场作用、真空作用和低温作用三位一体的低温微波辅助萃取系统。同时，还以蔬果中维生素 C、胡萝卜素、芦荟中芦荟素 A 和水产品中虾青素等为研究对象，评价了低温真空微波辅助萃取技术的性能。与常规的微波辅助萃取（MAE）技术相比，维生素 C、胡萝卜素和芦荟素 A 的萃取率分别提高了 30.0%、51.7% 和 5.2%；与传统的溶剂萃取（SE）技术相比，它们的萃取率则分别提高了 35.8%、243% 和 30.0%。分别通过低温模式、真空模式、氮气保护模式等微波辅助萃取方法比较

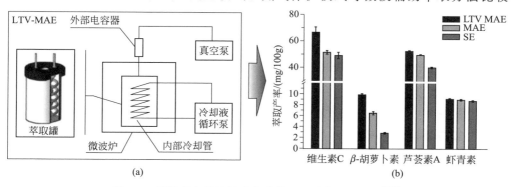

图 5-4　低温真空微波辅助萃取装置及其萃取效果图[40]

研究了低温真空微波辅助萃取技术中氧气量、负压量和温度等关键因素的影响。结果表明，结合低温技术和真空技术之后，一方面体系中氧气减少保护了目标物被氧化，另一方面较低的体系温度防止了目标物的分解损失，同时负压利于目标物从基体中萃取分离到溶剂中，从而使热敏性、易氧化目标物的萃取效率得到了明显提高。

该课题组还以维生素 C 和芦荟苷为对象研究了低温真空微波辅助萃取的动力学过程。在低温真空模式下，萃取主要包括目标物从基体扩散到萃取溶剂中的萃取过程（萃取速率 K_1）以及目标物在萃取溶剂中的分解过程（分解速率 K_2），目标物总的萃取率由 K_1 和 K_2 共同决定。随着体系真空度逐渐增大，维生素 C 的分解速率 K_2 由 $1.16 \times 10^{-1} \, min^{-1}$（0MPa）逐渐下降到 $2.76 \times 10^{-2} \, min^{-1}$（0.0035MPa）。在实际样品基体中，一方面，维生素 C 的分解速率 K_2 随萃取温度上升显著增大，25℃时 $K_2 = 1.3 \times 10^{-2} \, min^{-1}$，40℃时 $K_2 = 2.3 \times 10^{-1} \, min^{-1}$，增大了约 18 倍；另一方面，真空模式和氮气保护模式下维生素 C 的分解速率基本相当，但真空模式下其萃取速率较大，显示低温和真空均有利于维生素 C 的萃取分离。对芦荟苷来说，随着体系温度上升，芦荟苷标准品的分解速率 K_2 由 $1.13 \times 10^{-3} \, min^{-1}$（35℃）逐渐上升到 $1.83 \times 10^{-2} \, min^{-1}$（90℃）。在实际样品基体中，虽然芦荟苷的萃取速率随温度上升变化不大，其分解速率显著增大；同时，真空模式、氮气保护以及常规模式下芦荟苷的萃取速率和分解速率均无显著性变化，表明低温有利于芦荟苷的萃取分离。对照实验结果，动力学模拟过程与实际情况吻合良好。

4. 动态微波辅助萃取技术（DMAE）

动态微波辅助萃取（DMAE）[41]通过将新鲜的萃取溶剂连续不断通入萃取容器中，不断流动的溶剂将萃取分析物移出萃取容器，避免了不稳定的目标分析物在微波长时间照射下的分解并减少对目标物的污染；同时，新鲜的萃取溶剂保证了溶剂的最佳萃取状态，提高萃取效率，萃取目标物还可实现在线过滤。吉林大学张寒琦、丁兰等[42-44]将谐振腔流动微波辅助萃取法、超声波雾化萃取法、微波无溶剂萃取法等与光谱、色谱检测技术联用，发展了系列动态微波辅助萃取方法。DMAE 常结合其他的技术进行样品前处理和分析检测，如结合离子液体微萃取和液相色谱法测定蔬菜中的三嗪除草剂[42]；结合单滴微萃取或连续流动微萃取系统与气相色谱分析检测茶叶、蔬菜中的有机磷农药[43,44]等，成功实现了样品的萃取、净化、分离和富集过程在一步完成，有利于多个复杂固体样品的常规分析。

5. 微波协同萃取技术

利用不同场作用各自的优势，强化样品基质与萃取溶剂之间的传热和传质过程，可以进一步加快样品前处理的速度、提高萃取效率。

① 超声-微波辅助萃取技术 超声波和微波都具有加速萃取的作用，超声波辅

助萃取法是在非热条件下进行，而微波加热的时间短，将微波辅助萃取与超声波辅助萃取结合的超声-微波辅助萃取（UMAE）技术是兼具 MAE 和 UAE 优点的互补萃取技术。超声波的机械振荡有效弥补了微波加热不均匀的缺点，而微波优异的热效应弥补了超声波产生热量不足的缺点。UMAE 符合绿色环保的要求，具有更快的萃取速度、省时节能和溶剂消耗少等特点[45]。上海新仪微波化学有限公司据此设计并开发了 UWave-1000 微波-紫外-超声波三位一体合成萃取反应仪，它将超声探头插入萃取容器中产生超声振动，并且可更换不同规格的超声探头实现不同溶剂体积的萃取。这种方法已成功用于从不同样品基质中提取活性物质，如从黄芩[46]和密花豆[47]中提取黄酮，核桃粉[48]中提取酚类物质，忧遁草[49]中提取多酚、黄酮、三萜和维生素 C，同时也在食品、环境等其他样品中得到应用。UMAE 不仅提高了分析物的萃取率，还能够改善植物基质中提取物的生物活性。Liew 等[50]萃取柚子皮中果胶的实验结果表明，UMAE 获得的果胶产率（36.33％）比 MAE 和 UAE 法的都高，同时还减少了萃取时间、有机溶剂用量。

李攻科课题组研制了微波场与超声场等复合场辅助固液固分散萃取（HF-SLSDE）装置（图 5-5）[51]，发展了集萃取、净化为一体的 HF-SLSDE 联用新技术，并建立了 HF-SLSDE/GC-ECD 分析烟草中 13 种有机氯农药残留的方法。在 HF-SLSDE 系统中，样品和分散吸附剂组成两个固相，萃取溶剂为液相。该方法集成了微波场和超声场的作用，对比其他萃取技术，可获得更满意的回收率；分散吸附剂弗罗里硅土能有效去除样品中大部分杂质，同时还具有一定的微波吸收性能，有利于在微波作用下加热非极性溶剂；样品表观结构的变化表明该方法的萃取过程基于细胞破壁机制。

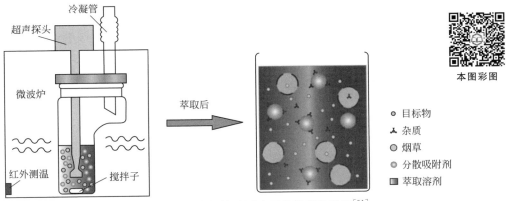

图 5-5　微波/超声复合场辅助固液固分散萃取装置[51]

② 微波辅助-索氏萃取技术　MAE 与索氏萃取结合可实现微波辅助索氏萃取（Focus microwave-assisted Soxhlet extraction，FMASE），它既集成了 MAE 快速高效的优点，又发挥了传统索氏萃取的长处如新鲜溶剂循环使用、无需过滤离心

等分离步骤，可实现高通量、自动化，并且能萃取保留性强的成分等。

最常用的商用化聚焦微波辅助索氏萃取装置是由法国的 Prolabo 公司研制的 Soxwave-100。萃取时，样品首先浸没在溶剂中，微波同时作用于样品和萃取溶剂，目标物在样品基质和萃取溶剂中的分配达到平衡。之后将装有样品的样品杯提至溶液上方，回流的新鲜溶剂不断流经样品杯，与样品接触，原先的分配平衡被打破，直至萃取完成。由于 Soxwave-100 采用的是微波为加热源，因此极性溶剂比非极性溶剂和低极性溶剂具有更好的萃取效果。

为拓展萃取溶剂的选择范围，不依赖于溶剂极性，自 1998 年以来，陆续发展了 3 种微波辅助索氏萃取装置[52]。第一种装置是由法国的 Prolabo 公司研制的。该装置采用两个加热源，样品采用微波辐射，溶剂使用电加热，因此不依赖于萃取溶剂的极性，弥补了商用化聚焦微波辅助索氏萃取仪的主要缺陷。另外，也可用流动注射连接微波辅助索氏萃取与其他检测仪器，实现整个分析过程的自动化。但是由于受到玻璃仪器长度的限制，该装置不能使用高沸点溶剂。第二种微波辅助索氏萃取装置是由墨西哥 SEV 公司研制的 MIC-Ⅱ（图 5-6）。它直接在索氏萃取器的上方连接了回流冷凝管，并且将用于溶剂转移的虹吸管采用阀门替代。由于缩短了玻璃管路，该装置可使用高沸点的萃取溶剂。该装置的主要缺点是阀门需手动控制，萃取过程不能自动化。第三种全自动微波辅助索氏萃取装置 MIC-V 也是 SEV 公司设计并制造的，可同时进行两个样品的萃取。MIC-V 可同时操作两个类似于第一种装置的萃取单元，且在萃取单元的虹吸管上固定有光学传感器。当溶剂达到光学传感器预设的高度后，磁控管开始工作。每一次循环萃取完成后，萃取液自动从虹吸管底部的电磁阀流出。

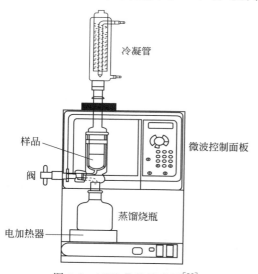

冷凝管

样品

阀

微波控制面板

蒸馏烧瓶

电加热器

图 5-6　MIC-Ⅱ 的示意图[52]

此外，Virot 等人[53] 还研制了一种微波整合索氏萃取器。微波整合索氏萃取与索氏萃取类似，但是又存在很多不同之处。萃取过程分为 4 个步骤，首先加入搅拌子，再将样品加在聚四氟乙烯滤片上方，加入足量的萃取溶剂浸没样品；而后在微波的作用下，低极性和非极性的溶剂被能吸收微波的搅拌子间接加热，溶剂蒸气穿透样品至冷凝管被冷凝，并通过调节三通阀回流滴至样品上；调节三通阀，回流的溶剂被采集而不进入萃取器，溶剂液面降低至样品下方；再次调节三通阀，将新鲜溶剂淋洗样品，进入萃取器；最后浓缩萃取液。根据应用的需要，该装置还可以实现真空系统下的萃取。

李攻科课题组研制了一种简单的微波辅助索氏固相萃取（MSSPE）联用装置[54]（如图 5-7），其中萃取器中依次填入无水硫酸钠和吸附剂，压实后将样品填于吸附剂上方；萃取时溶剂将目标物从样品中溶出，并通过吸附剂实现目标物与干扰杂质的净化分离，目标物采集于萃取溶剂瓶中。他们据此发展了一种集萃取、净化为一体的 MSSPE 联用新技术，并应用于西洋参中 8 种有机磷和氨基甲酸酯农药残留的分析。结果表明，微波可加速萃取过程，MSSPE 的萃取时间仅为索氏固相萃取的 1/4，萃取率显著高于超声辅助萃取-固相萃取；吸附剂弗罗里硅土能去除西洋参样品中大部分杂质；该方法的萃取过程基于样品细胞破壁机制。MSSPE 还可拓展至其他复杂样品中极性目标物的分析。

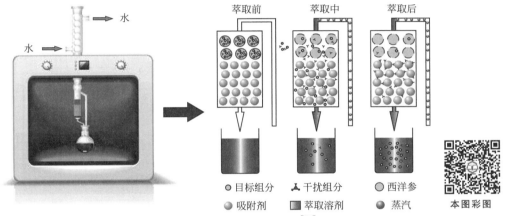

图 5-7　微波加速索氏固相萃取装置[54]

③ 微波-其他场辅助萃取技术联用　微波场结合力场辅助萃取技术，如超临界流体萃取或亚临界水萃取等，也可强化萃取过程、提高萃取率。Dejoye 等[55]用微波辅助-超临界 CO_2 萃取冻干小球藻中脂肪酸，先用微波对小球藻进行初步处理再用超临界 CO_2 进行萃取，得到的脂肪酸萃取率（4.73%）比单独的超临界流体萃取法的（1.81%）高。微波辅助-亚临界水萃取（MA-SWE）不仅可提高环境样品中无机金属成分的萃取率[56]，也可减少操作成本。除了无机离子，MA-SWE 同样适用于脱脂米糠中酚类物质的萃取[57]，用微波辅助前处理后再用 SWE 萃取，得到的总酚量比未用微波处理的多 55%，且其抗氧化活性也更好。

三、微波辅助萃取联用技术

尽管微波加热具有一定的选择性，但 MAE 萃取液的成分仍然复杂，甚至夹杂有不溶的固形物颗粒，一般不能直接进入色谱系统进行在线分析。MAE 与其他样品前处理技术联用可提高分析效率，减少分析误差、劳动强度、溶剂消耗和样品损失，且方便实现与后续的色谱、光谱等分析检测技术直接联用，实现全过程自动化，近年来得到了快速发展。

　　微波辅助萃取可与液相色谱直接在线联用，将萃取、分离和分析过程集于一体，方法简单。微波辅助萃取的静态和动态模式都可与色谱在线联用。其中静态微波辅助萃取是在常规的微波炉中放入盛样品和萃取溶剂的容器，样品浸泡在萃取溶剂中并用微波加热萃取；萃取结束后，通过萃取容器中引入的管道由高压泵将萃取液泵出，然后采用液相色谱进行分析检测[58]。动态微波辅助萃取则是将新鲜的萃取溶剂连续不断地通过样品进行萃取，在萃取溶剂不断流动的过程中目标物也随着溶剂流出，提高了萃取率。典型的动态微波辅助萃取-高效液相色谱法在线联用系统如图 5-8 所示[59]。工作时，将样品与萃取溶剂混合均匀后泵入定量环中，通过六通阀让混合物进入到微波中进行萃取；样品经萃取后直接与液相色谱的六通阀相连，进入液相色谱分析系统测定。

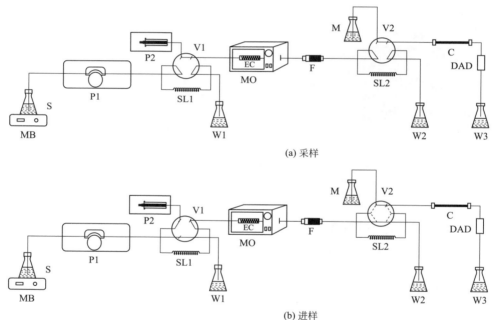

(a) 采样

(b) 进样

图 5-8　动态微波辅助萃取-高效液相色谱在线联用系统示意图[59]
MB—磁力搅拌器；S—样品；P1—泵 1；P2—泵 2；V1—1 号阀；SL1—定量环 1；W1—1 号废液；
EC—萃取柱；MO—微波炉；F—过滤器；M—流动相；V2—2 号阀；SL2—定量环 2；
C—高效液相色谱柱；DAD—二极管阵列检测器；W2—2 号废液；W3—3 号废液

　　肖小华等结合微波场、超声场协同萃取、固相萃取和液相色谱研制了一种集萃取、净化及进样于一体的场辅助-固相萃取-液相色谱在线联用装置[60]。它是通过一个微波萃取仪、一个超声波发生器和一个自制场辅助萃取器实现的，如图 5-9所示。场辅助萃取器包括萃取瓶和平底烧瓶两部分，其中萃取瓶上方带有两个磨口塞，其中一个塞入特制的带有玻璃管及微孔的磨口塞，超声探头伸入装有水的玻璃管中，实现超声波的传递；聚四氟乙烯管穿过微孔及萃取瓶侧管至平底烧瓶底部，实现萃取液的在线引出。另一个连接回流冷凝管，使萃取溶剂产生回流。此外，萃取瓶中部填有一块玻璃滤芯，用于承载固相吸附剂和实际样品，同时实现萃取液的初步净化，简化了样品前处理步骤。在平底烧瓶中加入萃取溶剂，萃取溶剂和样品在微波和超声波的协同场作用下同时被加热，溶剂回流下来依次经样品、吸附剂和玻璃滤芯到达烧瓶中采集，并不断循环，直至萃取完毕。场辅助萃取完成后，通过液相高压泵，在线过滤器和 PEEK 三通实现萃取液二次净化以及萃取溶剂转化，再借助液相高压泵和六通阀的切换完成平衡、萃取、净化、解吸和分离分析的操作步骤。采用该方法[61]测定了烤土豆和烤鱼中多环芳烃、化妆品中四环素类抗生素等，与普通的 UMAE 和 MAE 相比，协同场辅助萃取方法比单独微波场辅助萃取方法有更好的萃取效果、分析灵敏度和精确度。

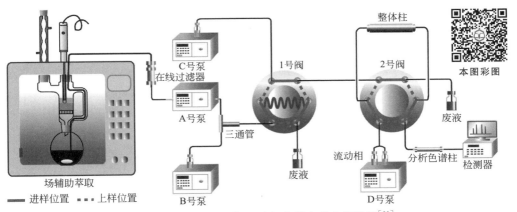

图 5-9　场辅助-固相微萃取-液相色谱在线分析装置[61]

MAE 也可以通过固相萃取（SPE）捕获作为接口与气相色谱（GC）在线联用，但在 MAE 中使用甲醇、乙腈等极性溶剂作为萃取溶剂，需要用水对萃取物进行稀释才能有效捕集到 SPE 柱上；同时，将捕获的分析物洗脱到配备有程控升温蒸发器（PTV）注射器的 GC 前，SPE 必须用氮气流干燥，因此这类系统往往比较复杂。吹扫捕集装置是一种比较适合的 MAE 与 GC 联用接口。Deng 等[62]研制了一种微波辅助萃取吹扫捕集装置与气相色谱-质谱在线联用装置，用于测定沉积物、鱼组织和藻细胞中的气味组分。该装置可从不同的基质中提取和浓缩气味组分，是一种无溶剂的自动化系统；结合微波萃取与吹扫捕集的优点，使萃取和浓缩过程同时进行，节省了时间和劳动力。

固相微萃取是另一种适合的 MAE 与 GC 联用接口。Jen 等[63,64]将家用微波炉进行改造，设计了一种微波辅助萃取-顶空固相微萃取-气相色谱联用装置，用于蔬菜中杀虫剂和土壤中氯酚的分析。采用微波辅助萃取-顶空固相微萃取装置用于萃取水样中多氯联苯[65,66]，方法快速高效且无需使用有机溶剂，与传统加热萃取相比具有显著的优越性。

除了环境污染物，微波辅助萃取-顶空固相微萃取法还广泛应用于天然产物中挥发性成分的分析，如桉树[67]、东北藜蒿[68]中精油，野菊花[69]、紫苏[70]中挥发性成分等的萃取分离。

经过 MAE 萃取后，目标组分也可以直接采用液-液萃取或液相微萃取进一步净化或富集。Serrano 等[71]设计了一种 MAE 与液-液萃取在线联用装置，用于测定土壤和沉积物中脂肪烃类化合物。首先样品进行微波辅助萃取，萃取完成后，有机相的萃取液经过在线冷却和过滤，再与水相混合，随后经过膜分离装置得到的萃取液采用气质联用进行测定。该方法只需消耗 3.0mL 正己烷，在 5.0min 内可得到 80%～90%的回收率，并且实现了微波辅助萃取液的在线净化，整个分析过程快速、高效、省溶剂。此后，该课题组又在此基础上发展了另外一种联用技术[72]，见图 5-10。微波辅助萃取液经过液-液萃取在线净化后，采用 XAD-2 小柱进行在线富集，最后的洗脱液采用气相色谱-质谱进行分析，该技术可同时完成在线萃取、净化和富集。

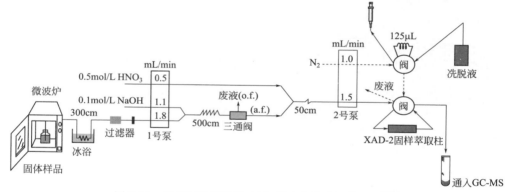

图 5-10　MAE-液-液萃取-固相萃取在线联用装置图[72]

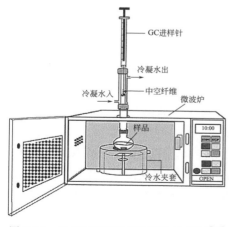

图 5-11　MAE-顶空液相微萃取装置图[73]

将微波辅助萃取-顶空液相微萃取联用后，虽然微波加热可以加速分析物的蒸发从而缩短萃取时间，但同时会造成液相微萃取溶剂的大量挥发，从而影响萃取重复性。Jen 等[73]设计了一种外部冷凝系统（如图 5-11 所示）来维持采样点的温度，阻止液相微萃取溶剂的挥发。他们采用该装置结合气相色谱测定水样中氯酚，采样时间仅 10min，检出限可达 $0.04～0.7\mu g \cdot L^{-1}$。该装置还应用于水样中有机氯农药六六六[74]和滴滴涕[75]的分析，取样量为 10mL，采样时间分别为 6.0min 和 6.5min。

孔娜等[76]将挥发油测定器设计成了一种微波辅助液相微萃取装置：首先在自改装的挥发油测定器水相处移入一定量蒸馏水，再移取 $200\mu L$ 萃取剂二甲苯，然后在一定的萃取时间和微波功率下进行萃取。整个过程为分离（微波热效应）、微萃取（气液分配）、浓缩（微滴萃取）三个步骤。待萃取完成后，采集有机相进行色谱分析。该装置应用于水样中敌敌畏残留量的分析，检出限为 $0.96\mu g\cdot L^{-1}$，检测限为 $3.2\mu g\cdot L^{-1}$，实际水样的回收率为 $87.4\%\sim103\%$。

此外，当采用酶-微波协同盐析萃取法（EMASOE）萃取葡萄籽中总多酚时，其总萃取率为 $125.32mg\cdot g^{-1}$，而且，在 10 种单聚多酚化合物中，采用索氏抽提法只能萃取到 4 种，而采用 EMASOE 可萃取到 8 种[77]。基于微波辅助萃取的连续流动萃取体系用于食品废弃物中果胶源低聚糖萃取时，半乳糖醛酸等果胶酶在 20min 内得率为 $40\%\sim45\%$，比常规按批次加热萃取方式的得率平均高 59.75%[78]。

四、微波辅助萃取的影响因素

影响 MAE 的因素包括萃取溶剂、萃取温度、萃取时间、固液比、微波功率、试样粒度及试样含水量等。通过优化微波辅助萃取的参数，可有效加热目标组分，以利于它们与样品基体分离而被萃取。

① 萃取溶剂　MAE 中萃取溶剂的选择至关重要，将直接影响萃取结果。一般根据"相似相溶"原则选择萃取溶剂，其对萃取成分要有较强的溶解性，且对后续操作的影响较小。同时萃取溶剂的极性不能太低，保证介质可以吸收微波。溶剂的极性越大，它对微波能的吸收越大，升温速度越快。如用正己烷等非极性溶剂时，通常需要加入一定量的极性溶剂，如丙酮、乙酸乙酯等。

② 萃取温度　萃取温度也是微波辅助萃取过程中重要的影响因素。通常情况下，分析物的萃取率随温度升高而升高。温度升高，分子运动加快，萃取溶剂的黏度和表面张力都下降，分析物在萃取溶剂中的溶解能力增强，样品更易浸湿，溶剂更易渗透样品基质。所以更高的提取温度，有利于分析物从样品基质或结合位点上脱附和溶出。同时，升高温度还可加剧天然产物样品的毛细管壁和细胞的破裂，有利于分析物萃取。但过高的温度容易带来天然产物中热敏性活性物质分解[77]。

③ 萃取时间　MAE 中萃取时间与萃取温度、固液比等具有交互效应。一般而言，萃取温度越高、固液比越小，所需萃取时间越短。当萃取时间达到一定值后，再延长萃取时间，萃取率增长幅度很小，可忽略不计。一般 MAE 方法中 $2\sim15min$ 即可达到较高的萃取率，但不同物质的最佳萃取时间也不同。实际应用时，对微波辐射敏感的物质，应缩短萃取时间，或进行短时多次微波辅助萃取。

④ 固液比　固液比是微波辅助萃取过程中考察的一个重要因素，萃取过程中

将造成固相和液相之间产生浓度差，即传质推动力。对于不同的样品，材质本身的差异会带来最佳固液比有所不同。通常提高固液比有助于提高传质推动力。但是在微波辅助萃取实际操作过程中，有时萃取率随固液比的增加反而降低，萃取率还受到萃取温度和萃取时间交互作用的影响，常用固液比范围为（1∶2）～（1∶20）（g·mL^{-1}）。

⑤ 微波功率　微波功率影响分析物的萃取效率，常用范围为200～1000W。微波功率不宜过大，否则容易导致萃取溶液暴沸或局部过热，使热不稳定或对微波辐射敏感的分析对象降解。但微波功率过小使溶液加热速度过慢，影响萃取速率。

通常微波功率和萃取时间有较明显的交互作用。当采用较短时间（5～10min）的微波辅助萃取黄芪黄酮时，黄酮萃取率随微波功率的增加而显著增加，当微波作用时间延长至15min后，微波功率增加，黄酮萃取率基本不变[78]。

⑥ 试样粒度　萃取过程是样品中的有效成分进入到萃取溶剂的传质过程，粒度越小，有助于缩短有效成分传质到溶剂中的距离。萃取平衡是受分子内扩散控制的，萃取速率受溶质在颗粒内部的扩散控制，样品颗粒太细，容易黏结在一起，萃取过程在搅拌均匀度受影响，从而影响样品的萃取率。

⑦ 试样含水量　介质吸收微波的能力主要取决于其介电常数介质损失因子、比热容和形状等。利用不同物质介电性质的差异，可以达到选择性萃取目标组分的目的。水是吸收微波最好的介质，任何含水的非金属物质或各种生物体都能吸收微波。基质中的水分可有效吸收微波能，促使细胞壁的溶胀破裂，有利于有效成分的溶出，提高萃取率。

五、微波辅助萃取的应用

近30年来，微波辅助萃取技术相关的文献累计已超过2000篇，有关微波制样和微波化学方面的专著也已面世。尤其是近10年来，无论是在中国还是在世界，有关微波辅助萃取技术的研究及应用方兴未艾，相关文献呈现逐年递增的趋势。微波辅助萃取技术不仅萃取效率高、能耗小、操作费用少，且符合环境保护要求，广泛应用于中草药、香料、食品和化工等多个领域，并成为可以替代传统萃取天然植物有效成分的有力工具。目前利用微波辅助萃取中草药有效成分涉及生物碱类、蒽醌类、黄酮类、皂苷类、多糖、挥发油、色素等，有关这方面的综述性文章众多，在此不一一详述[79,80]。

尽管微波辅助萃取技术（MAE）在天然产物活性成分提取中得到了广泛应用，但有关 MAE 过程中微波辐射是否对天然产物整体性质产生影响的研究较少，微波辐射对天然产物活性影响的机理并不清楚。结合化学分析和药理药效研究等手段，能够更全面、准确、客观地反映 MAE 技术对天然产物活性成分的萃取效果、阐明 MAE 机理。Zhou 等[81]以马兜铃中马兜铃酸为研究对象，采用色谱分析和肾毒性研究相结合的方法评价了 MAE 技术的萃取效果，并探讨了微波辐射对天然产物活性的影响机理。色谱分析结果显示，与传统的超声波辅助提取法及溶剂提取法（SE）相比，MAE 的溶剂用量少、萃取时间短、萃取量高。肾毒性研究结果显示，MAE 和 SE 所得提取物的肾毒性没有显著性差异，说明微波辐射对马兜铃提取物毒性不产生显著性影响。

微波辅助萃取技术是一种高效的样品处理技术，能够很好地满足现代仪器分析对样品处理过程的要求。目前微波辅助萃取技术的发展主要集中在：①设备改进。即如何提高设备的安全性、大型化、智能化及萃取效率等方面。②萃取机理研究。有关微波作用机理的研究较少[82]，主要集中在微波辅助萃取动力学和热力学方面。如李核等[83]根据实验数据，采用作图法说明密闭式 MAE 和加热回流萃取虎杖中白藜芦醇的过程符合一级等温动力学方程。MAE 的萃取表观速率常数比加热回流的平均值提高了约 20 倍，说明微波作用增强了白藜芦醇的萃取。范华均等[84]根据密闭微波萃取系统恒温恒压的特点，以 Fick 第二扩散定律为基础，球形颗粒为假设模型，采用分离变量法对微分方程直接求解，建立了密闭微波系统的 MAE 萃取数学模型，并以不同基质的药材石蒜和虎杖中几种有效成分作为目标物，研究了萃取温度、萃取时间及药材颗粒度等参数对萃取率的影响。通过非线性回归分析求得药材中各组分在 MAE 萃取过程中的扩散系数。结果表明该数学模型与实际实验结果拟合较好，能很好地反映实验中各种参数对目标物萃取率的影响。但总体而言，有关微波辅助萃取的机理研究尚未达成一致的看法。同时机理研究中所需的实验参数实时监控困难，数据获取有限，缺乏足够的物理化学参数。

第二节　超声波辅助萃取技术

超声波是频率高于 20000 Hz 的声波。超声和可闻声本质上都是一种机械振动，通常以纵波方式在弹性介质内传播，是一种能量的传播形式。但超声频率高、波长短，在一定距离内沿直线传播，具有良好的束射性和方向性。超声波辐射产生强烈的空化效应、机械振动、湍动效应等多级效应，增大物质分子运动频率和速度，增加溶剂穿透力，因此在化学、生物、医药、环境等领域有广泛的应用[85]。

一、超声波主要作用

① 空化作用　超声波通过液体介质向四周传播，当声能足够高时，在疏松的半周期内，液相分子间的吸引力被打破，形成空化核。空化核的寿命约为 $0.1\mu s$，它在爆炸的瞬间产生大约 4000K 和 100MPa 的局部高温高压环境，产生速度约 $110 m\cdot s^{-1}$ 的具有强烈冲击力的微射流，且局部热点的冷却率达 $10^9 K\cdot s^{-1}$。这些条件

足以使有机物在空化气泡内发生化学键断裂、水相燃烧、高温分解或自由基反应，为有机物的萃取或降解创造一个极端的物理环境。在超声波作用下，纯蒸馏水可产生过氧化氢，溶有氮气的水可产生亚硝酸，染料的水溶液更可能会变色或退色。超声波还可加速许多化学物质的水解、分解和聚合过程，它对光化学和电化学过程也有明显影响。多种氨基酸和有机物的水溶液经超声处理后，其特征吸收光谱带消失，这些都表明空化作用可使分子结构发生改变。

② 湍动效应　超声波在媒质中传播时，空化作用产生的微射流和冲击波加速体系的湍动与固体颗粒间的碰撞，使固体微粒获得高加速度和动能，固体表面不断被剥离变薄、产生新的活性表面，从而增加固液接触面积，加快传质速率。同时，微射流和冲击波还会对细胞组织产生强烈的物理剪切作用，使细胞损伤、破裂并释放出内含物，促使萃取液向胞内扩散渗透，从而提高细胞内有效成分的提取率。

③ 聚能效应　空化泡在超声波作用下破碎、聚集的能量瞬时释放，产生的局部高温高压可破坏固体微粒之间的次级键，降低其相互作用力，从而提高传质速率。同时，超声波频率高、能量高、穿透力强，在介质中传播时，聚集的能量不断被介质吸收，转变为热能，使体系温度升高，有利于溶解有效成分，提高传质速率。

④ 机械剪切作用　在含水聚合物多相体系中，由于空化气泡崩灭使传声媒质的质点产生很大瞬时速度和加速度，引起剧烈振动，在宏观上表现出强大的液体力学剪切力，可使大分子主链上碳键断裂，高分子聚合物降解。

二、超声波辅助萃取的影响因素

超声波空化作用产生的巨大压力使生物体细胞壁破裂，且整个破裂过程在瞬间完成，从而增大分子运动频率和速度，增加溶剂穿透力，加速分析物进入溶剂，同时超声波产生的振动作用加强了细胞内产物的释放、扩散及溶解，从而提高萃取效率[86,87]。此外，超声波在媒质质点传播过程中，其能量不断被媒质质点吸收变成热能，导致媒质质点温度升高，进一步加速分析物的溶解。但在一定的声强下，其产生的热量和升温作用有限，此时对萃取的意义不大[88]。

超声波辅助萃取（Ultrasonic-assisted extraction，UAE）技术是利用超声波的空化作用产生瞬时高温高压，在溶剂内部产生强烈冲击波或速度极快的微射流，增加溶剂进入样品的渗透性，增大传质速率，加快目标物质的溶出。

作为一种相对温和的物理方法，影响 UAE 萃取效率的因素主要有：超声波功率与频率、萃取溶剂、液固比、萃取温度、萃取时间和超声波处理次数等。一般以单因素试验为基础设计正交试验、响应面分析或回归分析，以确定其最佳萃取条件。

① 超声波功率与频率　频率和功率是超声波的两个主要参数，实验室一般采用不同规格的超声波清洗器来进行萃取分离，其频率在 20～40kHz。有关超声波频率对有机物萃取分离的影响研究较少，一般认为频率变化对萃取效率的影响不大。超声波功率越大，有利于缩短萃取时间并加快物质溶出。但当物质溶解达到平衡时，超声波功率继续增大时物质也难以溶解。一定时间范围内，处理时间越长，提取率越高；但时间太长，往往带来后续分离干燥困难。

② 萃取溶剂　相对于 MAE 对萃取溶剂极性的要求，UAE 对萃取溶剂几乎没有特别要求。它只需根据目标物质极性和相似相溶原理选择合适的萃取剂即可，但要考虑成本、环境污染等因素。

③ 液固比　与大多数的萃取技术一样，采用较多的溶剂一般都对萃取有利，但过多的溶剂会给后续浓缩、干燥增加难度，加大样品处理成本和损耗。

④ 萃取温度　温度是影响萃取效率的一个关键因素，由于超声波在作用过程中会带来体系温度的上升，大多数情况下 UAE 法中不需要专门调控萃取温度。但随着样品处理要求提升和超声波萃取仪的不断发展，温度的精确调控逐渐成为 UAE 的一个重要因素。一般来说，温度低会限制传质速率，但温度高一些化学物质容易受破坏。

⑤ 萃取时间和超声波处理次数　UAE 中萃取时间与萃取温度、固液比等也具有交互效应。一般 15～40min 即可达到较高的萃取率，但不同物质的最佳萃取时间不同。有时也可通过短时多次萃取达到更好的萃取效果，但超声波次数过多会增加各种成本，一般以不超过 3 次为宜。

三、超声波辅助萃取联用技术

近年来，固-液微萃取、分散液-液微萃取等液体样品前处理方法的发展迅速，超声波辅助萃取技术因仪器结构简单而便于与其他样品前处理或分析检测技术联用。通过超声场作用与微萃取方法结合，可加快微萃取中的萃取平衡，从而提高萃取效率。尤其是，将磁性固相萃取或分散固相萃取等操作直接在超声波作用下操作，可实现超声波辅助磁性固相萃取或超声波辅助分散固相萃取的无缝结合，这些方法在环境、生物等领域中都有成功的应用[89,90]。超声波辅助萃取之后，萃取液进一步采用固相（微）萃取，尤其是采用一些具有良好化学物理性质的新型材料如金属有机框架材料（MOFs）[91]、碳纳米管[92]等分离介质的固相（微）萃取技术，可满足多数样品的分离富集需要；超声场作用也可直接与膜萃取[93]或原位衍生化[94]等样品处理方法结合使用，进一步拓展了超声场的应用范围，提高了样品处理效率。

超声场也能与其他场作用相互协同，从而进一步提高或改善这些方法的萃取分离效率。在传统的索氏抽提过程中辅以超声场的作用，能明显缩短萃取时间、提高萃取效率。Luque-Garcia 等[95]借助超声波的空化作用，将超声场作用于传统的索氏抽提中，发展了一种超声波辅助-索氏抽提的方法，见图 5-12。超声场作用强化了索氏抽提的速度，使其在萃取效率不减少的条件下，加快了向日葵、葡萄籽和大豆中脂肪酸的萃取速度并节省了操作时间。

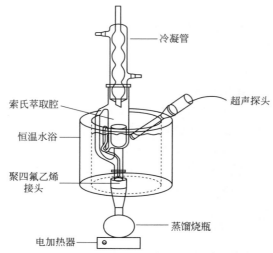

图 5-12 超声波辅助-索氏抽提装置示意图[95]

此外，UAE 也已成功与微波辅助萃取、超临界流体萃取和加速溶剂萃取协同使用[96-98]，结合超声场、微波场、热场及压力场等不同外场的优点，强化萃取效果。在超临界流体萃取技术（SFE）和亚临界水萃取技术（SWE）中，通过超声波的空化效应可进一步增强传质过程、提高萃取效率。如 Ortuño 等[98]采用高功率超声波辅助 SFE 技术建立橙汁中大肠杆菌、酵母菌和果胶甲酯酶的失活动力学模型。与连续 SFE 技术相比，超声波辅助 SFE 方法条件更温和、样品处理时间更短，萃取效率更高。

相比 MAE，UAE 更加容易实现在封闭的流动系统中加速样品的动态萃取过程，而且不受萃取溶剂种类的影响，因此 UAE 实现在线分析更加简便灵活。UAE-HPLC 在线联用通常采取动态 UAE（DUAE）模式，如 DUAE-在线固相衍生-HPLC 方法测定纺织品中甲醛含量[99]、饲料中黏菌素[100]等。You 等[101]采用 DUAE-HPLC 在线联用方法，将混合均匀的悬浮液经过超声装置萃取后，使分析物在萃取溶剂中均匀分布，容易实现在线分析，获得准确结果。该方法用于测定黄芩苷中黄酮类物质如黄芩苷、黄芩素和汉黄芩素，通过正交实验评估 DUAE 的变量对实验结果的影响，与离线 UAE 方法相比，该方法更便利于对目标物的检测，并且得到的黄酮类物质的提取率与动态微波辅助萃取、静态超声辅助萃取和加热回流方法相当，是一种快速简便的检测方法。

UAE-GC 的在线萃取方法也可实现在线萃取系统的微型化，以减少有机溶剂的使用。UAE-GC 可用于测定室内环境空气中的有机磷酸酯[102]。该法的样品采集在过滤器中，可编程的温度蒸发器作为接口的转换，所有的萃取物直接进入气相色谱分析而无需经过净化，萃取溶剂仅用了 $600\mu L$，萃取时间为 3min。整个萃取和分析时间低于 15min。但这种组合的应用仅限于用非常小体积的萃取溶剂从基质中萃取目标分析物，而且萃取出来的目标物需要相对干净。

四、超声波辅助萃取的应用

UAE 的萃取效率与所选择的超声波频率、功率、萃取时间和萃取溶剂有关，如采用 UAE 萃取米糠中抗氧化物质时，对萃取率影响最大的是溶剂用量，其次是萃取温度。与常规的煎煮法、水蒸馏法、溶剂浸提法相比，UAE 法具有萃取温度低、适用性广、能耗低等优点，其萃取效率通常大于常规萃取方法而所需时间更短。自 2003 年以来，国内外学者在 UAE 技术的应用、装置改进等方面开展了一系列的工作[103,104]；尤其是 2007 年后，UAE 技术得到了国内学者的重视，相关研究工作得到了跨跃式发展。

1. 天然产物活性成分提取

由于传统天然产物活性成分萃取方法存在有效成分损失大、周期长、提取率低等缺点，而超声波辅助萃取法可缩短萃取时间，提高有效成分的萃取率和药材的利用率，并可避免高温对目标成分的影响。近年来，国内在这方面的工作取得了显著的进展。如通过响应面法对超声波辅助萃取刺梨多糖的工艺参数进行优化研究[105]，研究表明萃取温度、超声功率、超声时间、液料比对响应值和刺梨多糖提取率均有显著影响。在最优条件下，刺梨多糖的提取率可达 2.18%，远高于一般的溶剂提取法。而采用超声波辅助萃取叶子花花朵中天然色素时，Box-Behnken 响应曲面法筛选的萃取温度、超声波功率、时间和料液比等最优因素下，实际产率［$(1.72\pm0.001)mg\cdot g^{-1}$］与模型预测的产率（$1.76mg\cdot g^{-1}$）十分接近，具有一定的实际应用前景[106]。此外，当以深共熔溶剂结合超声波辅助萃取辣木中 14 种酚类物质时，牡荆苷和荭草素的提取率可达 $17.6mg\cdot g^{-1}$ 和 $23.6mg\cdot g^{-1}$，远高于常规的萃取方法[107]。

2. 环境分析中的应用

土壤和水体沉积物成分复杂且有机污染物的浓度低，基体干扰严重，难以直接测定，超声波辅助萃取法是土壤和沉积物中有机污染物分析检测时经典的样品前处理方法之一。如王青等[108]建立了超声波辅助分散液-液微萃取与高效液相色谱联用方法，用于分析环境水样中痕量邻苯二甲酸二甲酯（DMP）、邻苯二甲酸二乙酯（DEP）、邻苯二甲酸二丁酯（DBP）、邻苯二甲酸二（2-乙基己基）酯（DEHP）和邻苯二甲酸二辛酯（DOP）等，方法快速灵敏，环境水样中邻苯二甲酸酯回收率为 85%～119%，RSD 为 2.3%～11.1%。而以疏水性深共熔溶剂结合超声波辅助液-液微萃取法-HPLC 分析水果中二苯胺时，方法的检出限和检测限分别为 $0.05\mu g \cdot L^{-1}$ 和 $2.0\mu g \cdot L^{-1}$。

3. 食品分析中的应用

低频超声的主要特性在于它的空化效应和机械效应，他们共同作用可引起肉品硬度的蛋白成分及其连接键的变化。超声波萃取技术在食品中营养成分、风味物质的测定和有害物质的检测方面起着不可或缺的作用[109]。

张丽华等[110]研究了超声波对萃取咸海鲶鱼游离氨基酸含量的影响。发现超声波对氨基酸总量影响较小，在超声时间为 10min 时含量最低，为 $15.45\mu mol \cdot g^{-1}$。超声波处理会造成丙氨酸、丝氨酸、酪氨酸损失，但能增加甘氨酸含量，并减少腥味氨基酸含量。Lu 等[111]采用超声萃取法和微波辅助萃取法结合液相色谱-质谱联用（LC-MS）分别对从麦麸、全麦和精制面粉等 4 类样品中酚酸进行分析。对比研究表明，微波辅助萃取法提取后，酚酸测定值明显低于超声提取法的测定值，其原因主要是样品在微波条件下发生了糊化作用，从而引起误差。

4. 生物医药分析中的应用

药材种植期较长，尤其是多年生根类药材，易受农药污染，但一般农药残留量小且药材基体复杂，因此需要合适的前处理方法方可进行准确分析。如汪海宣等[112]采用超声辅助萃取法结合气相色谱法分析药材中五氯苯胺和灭蚁灵农药残留，回收率为 $75.31\% \sim 106.31\%$，RSD 为 $2.5\% \sim 7.0\%$，方法简便、精密度、重复性及净化效果好，可用于黄芪中五氯苯胺和灭蚁灵的残留检测。

此外，以荷叶状多孔硅为介质发展超声波辅助微固相萃取法，并结合 HPLC 用于生物样品中利必通和立痛定的分析，尿液和血浆中目标物的检测限分别低至 $5.0\mu g \cdot L^{-1}$ 和 $1.0\mu g \cdot L^{-1}$，方法灵敏、准确[113]；而以 N 掺杂多孔碳为介质建立尿样中 1-萘酚和 2-萘酚的超声波辅助微固相萃取-HPLC 分析方法，检出限分别为 $0.3\mu g \cdot L^{-1}$ 和 $0.5\mu g \cdot L^{-1[114]}$。

5. 石油化工中应用

含油污泥主要产生在油田勘探开采、石油储运及石油加工生产等诸多环节中，油泥的含油率一般 $15\% \sim 60\%$，含水率为 $34\% \sim 67\%$，具有较好的开发前景。金余其等[115]采用超声波辅助萃取法对油泥进行处理，回收原油，研究了超声波频率、超声波功率、水浴温度、超声波作用时间等参数对萃取效果的影响，与传统的萃取法（原油回收率为 80.05%）相比，超声波辅助萃取法的原油回收率提高了 17.53%。Yun 等[116]采用摇动法、超声波辅助萃取法、微波辅助萃取法对石油中有机汞化合物进行分离，并使用了不同溶剂进行萃取，然后用冷蒸气发生原子荧光光谱法-高效液相色谱联用技术测定，方法已成功地应用于分析原油和轻质油样品。

超声波辅助萃取技术有广泛应用前景，但主要集中在实验室的规模上，且因其能耗较高、噪声较大、机理研究不充分等原因，目前产业化的例子还不多，离大规模工业化应用还有一定距离，因此解决超声波辅助萃取工程放大问题应是今后研究的方向之一。随着研究深入，超声波辅助萃取技术将在食品、医药、化工等技术领域显示出非常广泛的应用潜力。同时，随着微波场等其他物理场的发展，超声-微波协同萃取技术的应用范围也将扩大。随着对物理场强化机理的深入探讨，以及物理场强化过程规模放大的研究开展，超声波将会逐步与其他物理场实现联用，相辅相成，更好地实现复杂样品待测组分的萃取与测定。

第三节　超临界流体萃取技术

一、超临界流体萃取基本原理

常温常压下纯净物质一般呈现液体、气体或固体状态，当提高温度和压力使其达到特定值时，液体与气体的界面将消失，这一特定的温度和压力点称为临界点。在临界点附近，物质的密度、黏度、溶解度、热容量、介电常数等性质均发生急剧变化，这种温度及压力均处于临界点以上的液体即超临界流体（图 5-13），其物性兼具液体性质与气体性质。它是一种稠密的气态，其密度比一般气体大 2～3 个数量级，与液体相近；它的黏度比液体小，但扩散速度比液体快约 2～3 个数量级，具有较好的流动性和传递性能；它的介电常数随压力而急剧变化，这些物性会根

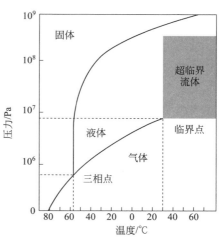

图 5-13　超临界流体 CO_2 相图[117]

据压力和温度不同而发生变化（如表 5-4 所示）。因此，超临界流体具有良好的溶解性、扩散性和可操控性，是一种理想的萃取溶剂。

表 5-4　超临界流体、液体和气体的物理性质[109]

性质	超临界流体	液体	气体
密度/$g \cdot cm^{-3}$	0.2～0.9	0.8～1.0	(0.6～2.0)×10^{-3}
扩散度/$cm^2 \cdot s^{-1}$	(0.5～3.3)×10^{-4}	(0.5～2.0)×10^{-5}	0.01～1.0
黏度/$g \cdot (cm \cdot s)^{-1}$	(2.0～9.9)×10^{-4}	(0.3～2.4)×10^{-2}	(0.5～3.5)×10^{-5}

超临界流体萃取法（Supercritical fluid extraction，SFE）是一种以超临界流体作为萃取溶剂、通过调控压力场和温度场相互作用以强化样品分离萃取的方法。1879 年首次应用超临界乙醇分离萃取金属卤化物，1962 年超临界二氯二氟甲烷被

成功用于从血液中分离铁卟啉,1966 年开始用超临界二氧化碳(CO_2)和超临界正戊烷萃取多环芳烃、染料和环氧树脂等,1978 年 SFE 技术被应用于从聚合物中萃取各类添加剂。此后,SFE 技术应用范围不断扩大,研究逐步深入,近 20 年来在其基础理论、仪器研制和分离应用等方面都得到了快速发展[118]。

二、超临界流体萃取的影响因素

建立良好的 SFE 分析方法需要综合考虑样品、超临界流体、装置等因素,影响 SFE 萃取效率的主要因素有流体种类及流体流速、萃取压力和温度、萃取时间。其中萃取压力和温度及夹带剂等因素尤为重要,有时还需考虑夹带剂种类及用量、样品颗粒度等因素。

1. 超临界流体种类及流量

超临界流体种类的选择必须考虑操作的安全性和便利性,既对分析物有良好的溶解能力,同时也有较高的选择性。虽然大多数物质都存在三相点,但真正可用作超临界萃取的物质是有限的。因为有的物质其临界压力或临界温度太高,有的则由于其在超临界状态具有极强的氧化性或在超临界状态极其不稳定,限制了它们的使用。常用超临界流体物质的超临界性质见表 5-5。

超临界流体的溶剂化性质随温度和压力的改变而改变,其溶解能力可通过控制压力和温度而在很宽的范围内改变,超临界流体的溶解能力可与许多实验常用的有机溶剂相当,从而为超临界流体取代有机溶剂进行前处理提供了前提条件。表 5-6 中列举出一些常见的超临界流体的溶解参数及与其有相当溶解度的有机溶剂。

超临界流体的溶剂化能力通常是由测定一些有机染料在紫外以及可见光区的吸收漂移,经过比较这些染料在超临界流体和有机溶剂中吸收峰位置而给出相应的溶剂化强度。从表 5-6 中可以看出在相当宽的溶剂参数范围内,均能找到相应的超临界流体与之对应,实验室常用的甲苯、苯、甲醇、氯仿等也能在该范围内找到对应的超临界流体。这使得实验过程产生的溶剂污染问题有了解决的方法。

表 5-5 常用超临界流体物质的超临界性质[119]

化合物	沸点 /℃	临界温度 T_c /℃	临界点数据临界 压力 P_c/MPa	临界密度 ρ /g·cm^{-3}
二氧化碳	−78.5	31.06	7.39	0.448
氨	−33.4	132.3	11.28	0.24
甲烷	−164.0	−83.0	4.6	0.16
乙烷	−88.0	32.4	4.89	0.203
丙烷	−44.5	97	4.26	0.220
n-丁烷	−0.5	152.0	3.80	0.228
n-戊烷	36.5	196.6	3.37	0.232

续表

化合物	沸点 /℃	临界温度 T_c /℃	临界点数据临界 压力 P_c/MPa	临界密度 ρ /g·cm^{-3}
n-己烷	69.0	234.2	2.97	0.234
2,3-二甲基丁烷	58.0	226.0	3.14	0.241
乙烯	−103.7	9.5	5.07	0.20
丙烯	−47.7	92	4.67	0.23
二氯二氟甲烷	−29.8	111.7	3.99	0.558
二氯氟甲烷	8.9	178.5	5.17	0.552
三氯氟甲烷	23.7	196.6	4.22	0.554
一氯三氟甲烷	−81.4	28.8	3.95	0.58
1,2-二氯四氟甲烷	3.5	146.1	3.60	0.582
甲醇	64.7	240.5	7.99	0.272
乙醇	78.2	243.4	6.38	0.276
异丙醇	82.5	235.3	4.76	0.27
一氧化二氮	−89.0	36.5	7.23	0.457
甲乙醚	7.6	164.7	4.40	0.272
乙醚	34.6	193.6	3.68	0.267
苯	80.1	288.9	4.89	0.302
六氟化硫	−63.8	45	3.76	0.74
水	100	374.2	22.00	0.344

表 5-6　常见有机溶剂与超临界流体的溶解参数对比[120]

超临界流体	溶解参数①	有机溶剂
NH_3	14~15	甲醇
	13~14	
NO_2	12~13	乙醇
H_2S,HBr,HCl	11~12	异丙醇
$N_2O/CH_3SH,Cl_2CH_3Cl$	10~11	吡啶、二噁烷
$Cl_2CHF/(CH_3)_2NH$	9~10	苯、乙酸乙酯、氯仿、丙酮
Freon C_2H_4,$CH_3CHF_2CHF_3$	8~9②③	环己烷、甲苯、四氯化碳
$CCl_2F_2CClF_3$,SF_6CO	7~8②③④	乙醚、戊烷

① 溶解参数 $\delta=\sqrt{\dfrac{\Delta E_v}{V}}=\sqrt{\dfrac{\rho\,(\Delta H_v-RT)}{M}}$，其中 ΔE_v 是气化能，V 是摩尔体积，ρ 是密度，ΔH_v 是气化热，M 是分子量，R 是气体常数，T 是温度。

② SF CO_2 密度为 1.23g·cm^{-3}时的溶解参数区间。

③ SF CO_2 密度为 0.90g·cm^{-3}时的溶解参数区间。

④ SF CO_2 密度为 0.60g·cm^{-3}时的溶解参数区间。

　　对可作为超临界流体的气体，需要考察其临界温度（T_c）、临界压力（P_c）及其极性等参数。实际中使用最多的是二氧化碳，它不但因为临界值相对较低、易于操作，而且具有一系列优点：化学性质不活泼，不易与被萃取溶质起反应；无毒、无嗅、无味，不会有二次污染；容易得到高纯度；价格适中，便于广泛使用；沸点低，容易从萃取后的组分中除去，后处理简单，不用加热，适用于萃取对热敏感的化合物。在临界点附近，温度和压力的改变会使流体密度（ρ）发生较大变化，同时使许多物质在其中的溶解度（S）也发生变化，其关系式为 $\ln S = K \ln \rho + C$，其中 K、C 为常数。表 5-7 给出了不同状态下二氧化碳的物理性质。

表 5-7　不同状态下二氧化碳的物理性质[120]

状态	密度/g·mL^{-1}	黏度/g·(cm·s)$^{-1}$	扩散系数/cm^2·s^{-1}
气态	1×10^{-3}	$(0.5 \sim 3.5) \times 10^{-4}$	$(1 \sim 100) \times 10^{-2}$
超临界态(T_c, P_c)	4.7×10^{-1}	3×10^{-4}	70×10^{-5}
超临界态$(T_c, 6P_c)$	10.0×10^{-1}	1×10^{-3}	20×10^{-5}
液态	10.0×10^{-1}	$(3 \sim 24) \times 10^{-3}$	$(0.5 \sim 2) \times 10^{-5}$

注：$6P_c$ 指 6 倍的临界压力。

　　在天然产物有效成分的提取中，二氧化碳超临界流体可以有效防止热敏性物质的氧化和逸散，完整保留生物活性，而且能将高沸点、低挥发性、易热解的物质在其沸点温度以下萃取出来；原料中的重金属、无机物、尘土等都不会被二氧化碳溶解带出，真正做到"绿色萃取"。二氧化碳是非极性化合物，在超临界状态下非常适合脂类化合物的萃取，但对极性化合物的萃取效果不理想。

　　除了二氧化碳外，氧化二氮也是一种常用的超临界流体，其临界温度和临界压力与二氧化碳相近，溶剂性能也与二氧化碳接近；氧化二氮分子中存在永久偶极，属于中等极性的超临界流体，因此对于极性物质的萃取效果优于二氧化碳；但是氧化二氮是一种易燃易爆的有毒气体，使用安全成为限制它作为超临界流体的一个重要因素。水在超临界状态下具有很强的腐蚀性，多在处理有毒污染物时使用，由于水在临界点附近对有机化合物也有比较好的溶解性能，通过调整临界参数，可以在很大范围内调整流体的极性，所以对很多有机化合物也有很好的萃取效果。在超临界流体萃取研究中除了二氧化碳、氧化二氮、水以外，氮气、氩气、氙气和丙烷等也是常见的超临界流体物质。

　　虽然二氧化碳等作为超临界流体的应用已经在超临界萃取中较为成熟，但是这些非极性的超临界流体对极性物质的萃取效率不高，这一直是困扰分析工作者的问题。为了解决极性物质的萃取问题，一般有两种普遍采用的方法：在非极性二氧化碳超临界流体中加入极性有机溶剂作极性改良剂，提高二氧化碳超临界流体的极性，使得极性物质在二氧化碳超临界流体中溶解度增加；另一种方法是选择或开发其他适用的极性超临界流体。

① 有机改性剂　在二氧化碳超临界流体中加入少量的有机溶剂，可提高二氧化碳的极性，使得极性物质的溶解度增加。常见的改良剂有乙醇、甲醇、正丙醇、四氢呋喃（THF）、氯仿、二硫化碳等，它们相应的临界参数和物理常数如表 5-8 所示。这些溶剂必须是对目标分析物有良好的溶解能力且不与其他物质反应的有机试剂。改性剂的作用除了增强二氧化碳超临界流体的极性，还有削弱和破坏分析目标物与基体物质之间相互作用的效果。特别是基体效应很强的时候，可以通过直接向萃取池中添加改性剂来改善萃取效果。

表 5-8　有机改性剂的参数[121]

改性剂	$T_c/℃$	$P_c/×10^5 Pa$	分子量	介电常数	极化分数
乙醇	243.0	69.489	46.07	24.30	4.3
甲醇	239.4	88.130	32.04	32.70	5.1
正丙醇	263.5	56.253	60.10	20.33	4.0
THF	267.0	56.474	72.11	7.58	4.0
氯仿	263.2	60.003	119.38	4.81	4.1
二硫化碳	279	86.034	76.13	2.04	

注：介电常数是在20℃时测得；T_c—临界温度；P_c—临界压力。

② 极性超临界流体　开发和研制新的超临界流体是提高极性物质超临界流体萃取效率的根本方法。虽然目前还没有十分理想的极性超临界流体，但是很多学者在这方面进行了有意义的探索，开发和研制新的超临界流体仍然是今后超临界流体萃取研究的重点。前面提到的氧化二氮，如果能解决其安全使用的问题，也将是一种很有前景的超临界流体。氨气和 $CHClF_2$ 等也是极性超临界流体的研究热点。$CHClF_2$ 是一种强极性溶剂，但腐蚀性强，临界参数也较高。

除了上述两种主要的改良方法，向二氧化碳超临界流体中加入衍生化试剂，通过同时进行的衍生化反应提高极性物质的萃取效率也是一条可行之路。另外，通过化学方法改变不易衍生的基体性质也能起到一定的作用。

2. 萃取压力和温度

压力和温度对确定超临界流体的状态起决定作用。当超临界流体的温度略高于临界温度时，超临界流体的压缩系数最大，此时压力的微小变化导致密度发生变化，调节压力可控制其密度，从而控制它对溶质的溶解能力。在稍高于临界温度的情况下，改变超临界流体的压力，可以把样品中不同组分按溶解度大小萃取出来。在低压下溶解度大的组分先萃取，随着压力增加，难溶组分逐渐与基体分离而被萃取。利用程序升压，超临界流体不但可从复杂样品中萃取各种组分，也可使组分得到初步分离。

超临界流体的密度和被萃取溶质的蒸气压都随温度变化而改变，因此温度变化可改变超临界流体的萃取能力。在低温区（仍在临界温度以上），温度升高，超临界流体密度下降，样品在流体中的溶解度减少，但被萃取溶质的蒸气压升高不多，导致萃取能力降低。进入高温区时，虽然温度升高后流体的密度仍在降低，但此时被萃取溶质的蒸气压升高迅速，挥发度提高，萃取能力不仅不会下降，反而有增加的趋势。

因此需要根据被萃取溶质的极性和分子大小，选择一个最佳的温度和压力来进行萃取。在常规超临界流体萃取中，当分析物的溶解度参数以及这些参数与状态之间的关系已知，优化的萃取压力和温度一般可以采用 Giddings 公式 $\delta = 1.25 \times \frac{\rho \sqrt{P_c}}{\rho_1}$ 来估算。其中，δ 为溶解度参数；P_c 是超临界流体的临界压力；ρ 是超临界流体的密度；ρ_1 是超临界流体的临界温度和临界压力下的密度，对确定的超临界流体是常数。对于痕量物质的超临界流体萃取不考虑最大溶解度问题，但是溶质在超临界流体中要有足够的溶解度，目前没有经验公式可以推算，一般靠经验选择萃取温度和压力。

3. 萃取时间

在其他因素确定下，萃取时间直接关系到萃取效率和运行成本。萃取时间太短会导致目标化合物损失，过长则会增加劳动强度和运行成本。在超临界流体流量一定时，萃取时间越长，可获得的样品量越多，适当延长萃取时间可提高样品回收率。

4. 超临界流体流速

分析物从基体中分离转移到超临界流体中的机理还不是十分明确，但分析物的溶解度和分析物从基体脱附对萃取效果有很大的影响，因此超临界流体的流速是应重点考虑的因素。如果超临界流体的流速太大，单位时间内通过的超临界流体就多，与基体接触的时间相应比较短，分析物向超临界流体的转移就少。相比较而言，要取得相同的萃取效果，需要耗费大量的超临界流体，成本相应增加。在超临界流体萃取的采集过程中，超临界流体进入采集器中会由超临界流体态变成气态，其体积大概膨胀 500 倍，因此超临界流体的流量对溶质的回收率有着显著的影响。一般流量适宜控制在 $1 \sim 4 \mathrm{mL \cdot min^{-1}}$，但是对于易挥发组分超临界流体的流量应该控制在 $1 \mathrm{mL \cdot min^{-1}}$ 以下。

5. 萃取池几何形状和尺寸

超临界流体萃取的萃取池设计得合理与否直接关系到萃取死体积的大小。死体积越大，萃取效率越低；反之，萃取效率越高。由于较长的池体以诱导效应为主，当长度直径比减小时，渗透机理占主导地位，因而应根据实验设计萃取池。常用的萃取池容积为 $0.1 \sim 50 \mathrm{mL}$，直径一般不大于 $3 \mathrm{cm}$。

6. 样品量和样品颗粒大小

增加样品量可提高分析物的萃取灵敏度，但由于大量样品基体的引入使萃取物的纯度降低，后处理和净化步骤较为麻烦。因此，虽然超临界流体萃取的样品量可以从1mg到100g，但在满足分析要求的条件下，应该尽可能减少样品用量。

样品的颗粒越细小，与超临界流体的接触面积越大，分析物从基体转移至超临界流体中的部位增加，萃取效果更好。

7. 溶解度的影响

分析物在超临界流体中的溶解度大，在萃取过程中比较容易向超临界流体迁移，分析物易被萃取。通常情况下，分析物的溶解度是与超临界流体物质的溶解度参数密切相关的。分析物在超临界流体中的溶解是一个动态过程，因此预测平衡溶解度是很困难的。

8. 样品基体

在常规萃取技术中基体是重要的影响因素，在超临界流体技术中基体同样对萃取效果存在显著影响。样品中有机质和黏土矿物质与分析物的相互作用对萃取有比较大的影响。非极性及非离子性化合物主要与样品中的有机质作用。分析物在样品中主要与无机或大分子物质的活性部位通过化学或物理吸附作用结合到一起，形成一种复合物。化学或物理吸附作用的大小与分析物的种类以及样品有机质的成分紧密相关，在超临界流体萃取中，只要能有效地破坏这种吸附作用，便可提高萃取效率。

9. 萃取流体及分析物的极性

虽然可作为超临界流体的物质很多，但是临界参数的巨大差异和现有仪器设备所能承受的条件仍然是选择超临界流体的重要依据，因此真正可用作超临界流体的物质很少。通常情况下，遵守"相似相溶"的原则，即极性的超临界流体对极性的分析物萃取效果好，非极性超临界流体对非极性的或弱极性的分析物萃取效果好。实际样品千差万别，分析物既有极性的，也有非极性的，因此，超临界流体的极性对分析物的萃取显得非常重要。要改善萃取性能有两种途径：一是改变超临界流体的极性，根据需要向超临界流体中加入适当的改性剂；二是改变分析物的极性，即通过化学衍生或形成离子对等形式使分析物转化为易被所选用的超临界流体萃取的极性形式。

10. 水的影响

水是超临界流体萃取中影响萃取效果的一个不可忽视的因素。它对萃取的影响既有有利的一面，也有不利的一面，即它不仅可以促进萃取过程，也可能阻碍萃取过程。当水分含量超过一定限值，水就会堵塞限流器而影响萃取效果。因此，在萃取之前，必须设法减少样品中水的含量，最常用的方法是对样品进行干燥。

样品的干燥主要有3种方式：升温干燥、冷冻干燥和加入干燥剂。3种干燥方式各有优缺点，升温干燥会导致一些挥发性分析物的损失，而且高温下一些分析物可能发生降解同样造成分析物的流失。冷冻干燥会使挥发性的分析物因挥发而流失。加入干燥剂虽然是一种比较好的方式，但湿样品与干燥剂混合可能产生一定的热量从而导致一些挥发性和半挥发性的分析物的损失，同时干燥剂对某些分析物的选择性保留也有可能造成误差。现在仍不能完全解释水在超临界流体萃取中的作用机理，但研究结果显示少量水分的存在对萃取是有利的。

超临界流体萃取中为除去样品中大量水分而常用的干燥剂主要有以下几种：玻璃珠、羧甲基纤维素、黄原胶、果阿胶、聚丙烯酰胺、分子筛（3A、4A、5A、13X）、铝粉、硅胶、硅酸镁载体、无水碳酸钠、无水硫酸钠、一水硫酸钠、硫酸钙、硫酸铜、氧化钙、碳酸钾、三氧化二硼、氯化钙等。

三、超临界流体辅助萃取联用技术

二氧化碳在减压时变成气体，容易从分离系统中除去，萃取所得到的是干净的目标物，有机溶剂残留量少，而且在目标物进入色谱分析前不需要再进行浓缩，所以 SFE 系统非常适合与色谱技术实现在线联用。SFE-HPLC 在线联用最常用的接口装置是固相捕获，通过安装一个多通阀，连接固相捕集器，使萃取得到的分析物先减压被捕获在捕集器中，再从捕集器中洗脱分析物到色谱柱中进行分析。Juliasih 等[122]开发了一种 SFE-HPLC 联用系统（图 5-14），用于测定活性污泥中基于醌类图谱的微生物群落动态。使用固相捕集柱作为 SFE 与 HPLC 之间的接口。将有机溶剂萃取法与该联用法相比，SFE-HPLC 法耗时更短，有机溶剂的用量更少。Lo 等[123]用 SFE 与制备型 HPLC 联用方法分离和纯化大黄中大黄酚，C_{18} 制备柱作为 SFE 和 HPLC 之间的接口。结果表明，与其他的萃取纯化方法相比，使用 SFE-制备型 HPLC 方法萃取得到的大黄酚含量最高，萃取时间最短（3h）。

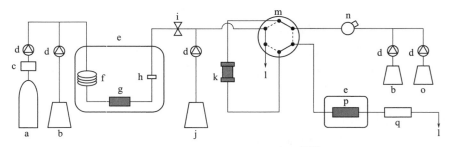

图 5-14　SFE-HPLC 联用装置图[122]

a—CO_2；b—甲醇；c—冷却器；d—泵；e—温控箱；f—预热管；g—萃取池；h—过滤器；i—压力调节阀；j—水；k—捕集柱；l—废液；m—六通阀；n—进样器；o—二异丙醚；p—分析柱；q—检测器

与 MAE、UAE 等其他场辅助样品前处理方法一样，SFE 也可以与固相（微）萃取、液相（微）萃取等前处理技术结合使用，进一步去除基体干扰、提高目标组分的富集效率。如先采用 SFE 萃取后，再结合 SPE 进一步富集和液相色谱分析，可以提高蔬果中拟除虫菊酯残留[124]、苜蓿中皂素水解产物[125]或大麻中四氢大麻素[126]等的分析灵敏度。

SFE 常用的萃取溶剂 CO_2 极性较低，适合萃取非极性或挥发性的分析物；且 CO_2 在减压时变成气态，容易在分析系统中除去，使分析物能有效地捕集到 GC 的注射器中，从而与 GC 进行结合或联用，用于环境土壤中六溴环己烷[127]或砷的形态分析等[128]。或与顶空固相微萃取等其他前处理技术结合，用于环境样品中全氟羧酸类化合物[129]的分离分析。

四、超临界流体萃取技术的应用

超临界流体萃取的操作方式可分为动态、静态、循环萃取三种。动态法是超临界流体萃取剂一次直接通过样品萃取管，使被萃取组分直接从样品中分离出来，进入吸收管。它简单、方便、快速，特别适用于萃取那些在超临界流体萃取剂中溶解度很大，而且样品的基体又很容易被超临界流体萃取剂渗透的样品。静态法是将被萃取的样品浸泡在超临界流体萃取剂中，经过一定的时间后再将含有被萃取溶质的萃取剂流体输入吸收管。它没有动态法快速，但适用于与样品基体较难分离或在萃取剂中溶解度不大的物质萃取。也适用于样品基体较为致密，超临界流体萃取剂不易渗透的样品。循环法是将超临界流体萃取剂先充满装有样品的萃取管，然后用循环泵使萃取管内的流体反复、多次通过管内萃取样品，最后输入吸收管。近十多年来，超临界流体萃取法得到了国内外学者的高度重视，在食品、药品、环境和天然产物等领域得到了广泛应用[130,131]。

由于二氧化碳（CO_2）流体的萃取温度低、易分离，非常适合非极性有机物尤其是热敏性化合物如色素类、香精类物质的萃取[132,133]。如红果仔中类胡萝卜素、玉红黄质萃取率可达 78%，番茄红素萃取率达 74%。SFE 萃取白刺种子中油脂成分时，萃取率高于其他萃取方法，在检测到的 39 种脂肪酸中，不饱和脂肪酸占 79% 以上。尽管如此，因纯 CO_2 流体的极性较低，在萃取极性较大的物质时常需添加适当的夹带剂如水、醇等，一方面增强 CO_2 流体的萃取能力，另一方面降低操作压力、能耗和设备投资。如 Yesi 等[134]采用 CO_2 和 3% 乙醇，在 20MPa 和 40℃ 条件下萃取了松树皮中黄酮化合物。同时还比较了不同品种松树皮中黄酮含量和抗氧化活性，并筛选出生物活性最高的品种。

SFE 已实现工业化生产规模，目前一方面集中于 SFE 的应用研究，拓宽其应用范围；另一方面集中于 SFE 的影响因素、萃取模型建立及工艺条件优化的研究，并开始由实验室、小批量向工业化阶段转变。虽然超临界流体萃取技术具有良好的萃取效率及选择性，样品后续处理也比较简单，但由于其需要高压设备，因此投资较大，运行成本也较高。

第四节 加速溶剂萃取技术

一、加速溶剂萃取基本原理

加速溶剂萃取（Accelerated solvent extraction，ASE）是 20 世纪 90 年代中期发展起来的一种新的样品萃取技术，它是在压力场和温度场（热场）综合作用下，通过加压（10.3~20.6MPa）实现在高于正常溶剂沸点的温度（50~200℃）下进行萃取，适用于固体和半固体样品的前处理技术。提高温度可破坏分析物与基质间的作用力，如范德华力、氢键。热能可以克服分析物与分析物间的结合力及分析物与基质间的黏着力，并使氢键减弱。另一方面，较高温度下不仅会减少溶剂的黏滞度，溶剂更容易渗透到基质粒子中，还可以降低溶剂、分析物和基质的表面张力，使溶剂更易浸湿样品基质而增加萃取效果。而采用高压可使物质的沸点升高，使溶液在高温下仍保持液态。此外，高压还可将溶剂推到样品基质的孔洞中，将常压下被困留于孔洞中的分析物萃取出，加速萃取过程，以达到提高萃取效率的目的[135]。ASE 突出的优点是整个操作处于密闭系统中，减少了溶剂挥发对环境的污染，有机溶剂用量少、快速、回收率高，并以自动化方式进行萃取。

ASE 已被美国 EPA 用于 SW-846 方法的 3545A 号标准，可被用在使用标准 3540、3541 方法的地方。3545A 用于下列物质的萃取：碱性/中型/酸性（BNAs）物质、氯化杀虫剂和除草剂、多氯联苯（PCBs）、有机磷杀虫剂、二噁英（Dioxin）、呋喃及石油总烃。

二、加速溶剂萃取的影响因素

萃取温度、萃取压力、溶剂种类及使用量、静态循环数等因素显著影响 ASE 的萃取效率[136]。

1. 萃取温度

温度是影响 ASE 萃取效率的首要因素，它的影响具有双向性。一方面，升高温度能够提高被分析物的溶解能力，降低溶剂的黏度和样品基质对被分析物的作用，减弱基质与分析物间范德华力、氢键等作用力，改善样品表面张力；当温度从 25℃增至 150℃，溶剂的扩散系数大约增加 2~10 倍，从而增加了分析物与溶剂接触，有利于提高萃取效率。另一方面，温度的升高也可能导致部分温敏性分析物降解损失；同时溶剂密度增大，反而降低扩散系数，使样品回收率不高；此外，温度升高，提取液中基质也会增加，加大了后续分析的困难。

2. 萃取压力

液体对溶质的溶解能力远大于气体对溶质的溶解能力，而液体的沸点一般随压力升高而升高，因此可通过增加压力使溶剂在较高温度下仍保持液态。例如丙酮在常压下的沸点为 56.13℃，而在 0.5MPa 下的沸点高于 100℃。同时，增大压力后，溶剂可以进入到基质在常压下不能接触到的部位，有利于将分析物从基质的微孔中萃取出来。加压也可迅速将萃取溶剂从萃取池转移到采集瓶，有利于提高萃取速度。

3. 溶剂选择

在任何使用溶剂的萃取方法中，溶剂的选择都是非常重要的。虽然加速溶剂萃取中常用的有机溶剂均可用到，但选择溶剂除要考虑溶剂极性、沸点、扩散系数、黏度等理化特性外，最重要的是要考虑萃取溶剂的极性应与被分析物的极性相匹配。此外，还需考虑基质中的干扰物。

4. 热降解

在高温下进行萃取时，热降解是一个令人关注的问题。加速溶剂萃取是在高压下加热，高温的时间一般少于 10min，热降解不甚明显。在实际样品萃取过程中，为了避免热降解的出现，有时会在分析物中加入易降解的物质，借以控制萃取条件。

5. 分散剂和吸附剂

在高温高压下萃取时，除了目标分析物外，样品基质中的其他组分也将同时被萃取，通常在分析前需要进一步的净化处理。如果在萃取过程中加入合适的分散剂和吸附剂吸附干扰物质，相当于将 ASE 与固相萃取有机结合，能够同时实现萃取和净化，提高样品处理效率[137]。目前，最常用的分散剂是硅藻土。硅藻土与样品充分混合后萃取，可以增大溶剂与样品的接触面积，提高萃取效果。常用的吸附剂有硅胶、氧化铝、弗罗里硅土、C_{18} 等。一般在应用吸附剂时需要优化吸附剂的用量、萃取条件等。选择吸附剂的种类和用量时不仅要考虑对干扰物质的吸附能力，还要考虑它们对目标物的吸附性。采用 C_{18}、弗罗里硅土、氧化铝 3 种吸附剂去除婴幼儿奶粉中脂肪的研究结果表明[138]，不加吸附剂时，萃取液中残留约 40% 的脂肪；而使用吸附剂后，萃取液中残留脂肪在 19%～27% 之间，3 种吸附剂均能有效吸附脂肪。相对而言，氧化铝对有机磷、有机氯农药的吸附较小，回收率更高。

对于水分含量高的样品，为除去水分还需加入干燥剂。常用的干燥剂有无水硫酸镁、无水硫酸钠；硅藻土除分散作用外，也具有一定的干燥作用。

根据被处理样品的易挥发程度，加速溶剂萃取可采取两种方式对样品进行处理，即预加热法（Preheat method）和预加入法（Prefill method）。预加热法是在向萃取池加入有机溶剂前先将萃取池加热，而预加入法则是在萃取池加热前先将有机溶剂注入。预加热法适用于不易挥发的样品。预加入法主要是为了防止易挥发组分的损失，样品加热前，先加入有机溶剂将挥发组分采集在溶剂中，以阻止加热过程中的损失。样品的萃取方式也可分为两种，即动态萃取和静态萃取两种。动态萃取是指在样品萃取过程中，在达到萃取的温度及压力的条件下，萃取液动态流过样品，以保持萃取液的新鲜。静态萃取则是指萃取液与样品比例一定，在一定的压力及温度下于萃取槽里进行萃取，直到萃取完成时，打开控制阀，使溶液流到采集瓶中。静态萃取时间越长，萃取效率越高。对难萃取的样品还可通过增加静态萃取循环次数的方式提高萃取效率。

三、加速溶剂萃取联用技术

ASE 具有萃取速度快、有机溶剂消耗少、自动化程度高等优点；同时，因为萃取时分散剂的使用，使其萃取液相较 MAE、UAE 或溶剂萃取法等更干净，更便于后续分析检测。如直接将 ASE 得到的萃取液注入色谱柱中进行分析，可以准确测定大气颗粒物（PM$_{2.5}$）中 16 种多环芳烃，既没有基质带来干扰，也避免了目标物的损失，减少分析误差[139]。

为进一步提高目标物的富集效率并减少基体干扰，萃取液一般会进一步采用其他样品前处理方法净化或富集，其中固相萃取（SPE）是最常用的方法。例如，采用酸性氧化铝-弗罗里硅土作为吸附剂，硅藻土作为分散剂对禽畜粪便进行 ASE 萃取，并用磁性 N-丙基乙二胺（PSA）和磁性 C$_{18}$ 混合材料净化和富集后，结合 UPLC-MS/MS 可快速准确地分析样品中农兽残含量[140]。33 种抗生素（包括 3 种酰胺醇类、8 种大环内酯类、5 种硝基呋喃类和 17 种磺胺类）和 37 种农药（包括 10 种抗菌剂和 17 种杀虫剂）的检出限可低至 $0.2 \sim 3.5 \mu g \cdot kg^{-1}$。

除了 SPE 外，固相微萃取（SPME）也是常用的分离富集手段之一。在测定大气颗粒物时[141]，将样品用 ASE 萃取，然后 SPME 富集并采用 GC-ECD 分析，可高灵敏分析样品中 19 中有机氯农药和 22 种多氯联苯化合物，检出限为 $0.02 \sim 4.9 ng \cdot m^{-3}$。

ASE 与逆流色谱在线联用，可实现样品萃取和目标物纯化制备一体化，在天然产物有效成分分离分析中有良好的应用前景。一般制备型逆流色谱的柱体积在 300mL 左右，每次分离纯化的样品量 $10 \sim 20mL$，这个体积与每次 ASE 的萃取液体积基本相当。因此，当天然产物样品用 ASE 萃取后，得到的较为干净的萃取液可直接通过泵阀系统引入到逆流色谱的进样阀，进入分离纯化系统。这种在线联用方式，既可以减少样品转移、浓缩、稀释进样等繁琐的操作过程和样品损失，也可节约大量的有机溶剂，已成功用于不同天然产物中各类有效成分的分离纯化[142,143]。

四、加速溶剂萃取应用

1995 年由 Richter 提出了 ASE 技术[144]，由于 ASE 具有萃取时间短、萃取效率高、溶剂消耗量少、操作模式多样化以及操作过程自动化等诸多优点，受到国外分析化学界的极大关注，国内自 2005 年开始有较多研究。ASE 技术已在环境、药物、食品和聚合物工业等领域得到广泛应用。

在食品安全领域，有大量文献表明，ASE 可用于萃取水果、蔬菜、粮食中有机氯农药、有机磷农药、拟除虫菊酯杀虫剂和氨基甲酸酯类等农药残留，并结合液相色谱、气相色谱等进行准确、灵敏的分析[137,145]。如将鸡蛋（鸡蛋清、蛋黄）样品用 ASE 萃取，SPE 富集并结合柱前衍生-液相色谱方法[146]，哌嗪的检出限低至 $1.92 \sim 2.52 \mu g \cdot kg^{-1}$。

在环境分析中，ASE 也已广泛用于土壤、污泥、沉积物、大气颗粒物、粉尘等样品中多氯联苯、多环芳烃、农药、柴油、总石油烃、二噁英、呋喃、炸药（TNT、RDX、HMX）等的萃取分离[147-150]。

第五节　电场辅助萃取技术

电场辅助萃取技术（Electric-assisted extraction）是一种利用电场作用提高微痕量分析物萃取效率和选择性的技术。电场作用不仅能有效地缩短分析物萃取时间，而且可通过调整电极所处位置选择性萃取相反电荷种类的分析物。随着电场辅助样品前处理技术研究的深入，主要发展了电场辅助膜萃取、电场辅助固相（微）萃取、电场辅助液相（微）萃取等技术[151]。

一、电场辅助膜萃取技术种类

膜萃取利用微孔膜分隔样品相和接受相，待分离物质透过界面层从样品相转移到接受相时，同步实现分离富集与净化过滤。传统膜萃取技术传质为溶解-扩散过程，耗时长，而电场作用能有效地缩短萃取时间。根据方法原理分类，电场辅助膜萃取技术主要包括电渗析法和电膜萃取法。

1. 电渗析法

电渗析法（Electrodialysis，ED）是一种膜分离技术，其传质动力是电位差。ED 能有效地改善传统透析时间长、容易反向扩散和选择性有限等缺点，具有能分离限定分子量带电物质、选择性好等特点。电渗析法的膜主要包括离子交换膜和截留分子量膜，两者常联合使用。电渗析法主要用于金属离子和药物的萃取和富集。如 Roblet 等[152]制作了一个四层膜装置（在样品溶液附近加入两张超滤膜而在阴、阳电极两侧使用离子交换膜），并在电场作用下从大豆中分离出含有葡萄糖摄取活性的生物活性肽。而采用截留分子量膜可有效控制电渗析法中的目标物分子量，但仅使用一种膜往往难以达到目的，而多层膜技术会显著增加装置制作难度。目前成熟且能用于大体积样品处理的大型电渗析装置主要用于工业污水净化和脱盐。

2. 电膜萃取

电膜萃取（Electromembrane extraction，EME）即带电目标物在电场作用下经支撑液膜（Supported liquid membrane，SLM）后进入接受相，可选择性萃取各种带电物质如酸碱化合物和阴阳离子，且能与色谱、光谱等在线联用。与传统中空纤维液相微萃取（HF-LPME）相比，电场能显著缩短萃取时间。合适的 SLM 对目标物萃取效果起决定性作用。理想的 SLM 具有以下特点：①与水不互溶而对目标物有较好溶解度；②与膜体有良好结合力；③沸点高以避免在萃取过程中挥发。目标物酸碱性和极性是选择膜液的主要因素。其中，含硝基芳香醚类化合物如 2-硝基苯辛醚（2-Nitrophenyloctylether，NPOE）常用于萃取非极性碱性物质[153]，而长链烷醇如正辛醇（1-Octanol）则常用于萃取非极性酸性物质[154]。结合不同 SLM，可根据样品特性选择萃取形式。

（1）中空纤维电膜萃取

中空纤维电膜萃取由 HF-LPME 发展而来，既保留了 HF-LPME 集萃取、富集与净化于一体的优点，又能缩短萃取时间。然而中空纤维电膜萃取的回收率较低，因此在其基础上发展了平面膜式电膜萃取和芯片式电膜萃取等新型电膜萃取形式。Pedersen-Bjergaard 等[155]最早将电场与中空纤维萃取结合，他们以 HF-LPME 为基础，在样品和接受相中分别加入两个电极，将中空纤维浸泡在 NPOE 中形成 SLM，于 300V 条件下萃取体液中哌替啶、诺曲普、美沙酮、氟哌啶醇和洛哌丁胺，萃取仅需 5min，富集因子为 7.0～7.9。随后，Sun 等[156]分别将离子液体和亚乙基降冰片烯作为 SLM 用于人体血液中士的宁和马钱子碱的检测，结果证明离子液体在 EME 中具有良好应用潜力，所需电压为 1.5V，富集因子分别为 96 和 112，而传统 EME 的富集因子仅为 83 和 86。随后，这一技术得到了广泛的研究和应用。中空纤维电膜萃取也能与色谱、光谱等检测技术在线联用，实现萃取、富集与检测一体化。Fuchs 等[157]将 NPOE 作为膜液涂覆于中空纤维上制作成萃取探针，并将中空纤维管固定在自动进样器上，自动进样器在吸入样品溶液时萃取和进样，结合 LC-MS 进行分析，整个分析过程仅需 5.5min。

中空纤维电膜萃取具有萃取效率高、装置简单等优点，但仍存在单个中空纤维管能容纳接受相体积较小、SLM 稳定性差等不足。为此，研究者们开发了多中空纤维管萃取技术，但装置制作难度较大。平面式电膜萃取技术可以改善中空纤维电膜萃取回收率低的缺陷，又能降低装置制作难度，引起研究者们的广泛关注。

（2）平面膜式电膜萃取

平面膜式电膜萃取即用平面膜代替中空纤维作为萃取膜体，具有萃取装置多样、能灵活改变接受相体积等特点。Xu 等[158]最早提出将聚丙烯膜热封成信封状后浸入 1-辛醇中形成 SLM，并在 300V 条件下萃取甲基膦酸、乙基甲基膦酸、异丙基甲基膦酸和环己基甲基膦酸 4 种神经性毒剂降解产物，检出限为 0.022ng·mL^{-1}。为进一步简化装置，Huang 等[159]提出用热封将平面膜附着在一个 $10\sim1000\mu$L 吸液管末端作为接受相腔体，2mL 聚丙烯管作为样品溶液腔体，并将该装置用于水样和血浆中西酞普兰、美沙酮、阿米替林和舍曲林的萃取。研究发现增加接受相体积和萃取时间能有效提高回收率，回收率达 83%～112%，而传统 EME 回收率仅为 20%～70%。

（3）芯片式电膜萃取

芯片式电膜萃取使用可重复利用的硬质材料制作萃取装置，能有效地克服平面膜式电膜萃取中装置需重复制作的缺点，具有溶液流动可控、无需磁力搅拌、易与色谱等分析技术在线联用等优点，已成为 EME 的研究热点之一。Petersen 等[160]最早将芯片与 EME 结合：在两片有机玻璃板间加入 SLM 后热封，控制样品溶液连续泵入样品腔而接受相静止于接收腔中，该方法可在 10min 内萃取哌替啶、诺曲替林、美沙酮、氟哌啶醇和洛哌丁胺，回收率为 60%。全动态芯片式电膜萃取将样品与接受相以不同流速逆向泵入腔体中，可有效提高回收率[161]，萃取哌替啶、诺曲替林、美沙酮、氟哌啶醇、洛哌丁胺和阿米替林仅需 7min，回收率为 65%～86%，高于半动态芯片式电膜萃取。

在电膜萃取中，如何增强 SLM 稳定性是必须重点考虑的另一个关键问题，聚合物内含膜（Polymer inclusion membrane，PIM）能将萃取溶剂固定以防止其在萃取过程中流失，有效增强 SLM 稳定性。See 等[162]用 75%（质量分数）的三乙酸纤维素、12.5%（质量分数）的 TEHP 和 12.5%（质量分数）的 Aliquat®336 合成 PIM，与 LC-MS 联用对水样中酸性除草剂氯氧基酸（4-CPA）、3,4-二氯苯氧乙酸（3,4-D）、2,4-二氯苯氧基乙酸（2,4-D）和 2,4,5-三氯苯氧基乙酸（2,4,5-T）进行检测，检出限为 $0.03\sim0.08$ng·mL^{-1}，回收率达 99%。

二、电场辅助液相（微）萃取技术

电场辅助液相（微）萃取法既保留了液相（微）萃取操作简单、富集效果好的优点，又能发挥电场可加速迁移、增强方法选择性的特点。目前，根据按该技术发展顺序先后，可分为液-液电萃取、电化学液-液萃取法和微电膜萃取 3 种。

1. 液-液电萃取

液液电萃取（Liquid-liquid electroextraction，LLEE）是一种无膜萃取技术，可使目标物在电场作用下从水相转移到有机相。Stichlmair 等[163]在工业上用 LLEE 提取酸性品红，随后 Vlis 等[164]将 LLEE 与毛细管电泳结合用于分离分析领域，该方法测定新斯的明、丙胺太林、沙丁胺醇和特布他林的检出限为 $10^{-9} \sim 10^{-10}\,mol\cdot L^{-1}$。

LLEE 既能以连续进样方式增大样品与接受相体积比从而提高方法灵敏度，也能简便地与高效液相色谱等分析技术联用。但是由于 LLEE 有机层较厚，工作电压一般在 300V 和 15 kV 之间，高电压易产生气泡及焦耳热从而影响体系稳定性，提升实验设备要求并导致危险性，因此该技术研究受到限制。

2. 电化学液-液萃取法

电化学液-液萃取法（Electrochemically modulated liquid-liquid extraction）也称为 ITIES（Interface between two immiscible electrolyte solutions）萃取，即在电场作用下带电物质在两种互不相溶电解质溶液界面发生转移并由电化学法检测。该技术添加电解质后可增强体系导电性，工作电压在 $-1 \sim +1V$ 之间，远低于 LLEE 所需电压。

ITIES 法最早由 Arrigan 等[165]提出，他们以四乙铵离子（TEA$^+$）、4-正辛基苯磺酸离子（4-OBSA$^-$）、甲苯磺酸离子（p-TSA$^-$）为目标离子并将含电解质的样品溶液连续注入系统，在电场作用下，离子转移到静止且含电解质的有机相中，利用电流变化情况可实时监测萃取过程。此外目标物也能从有机相中反萃取出来，使有机相完全再生。

虽然该技术能在低电压下实现萃取，但是目标物检测均仅采用电化学法，检测对象有限，因此将 ITIES 萃取与色谱、毛细管电泳等分析技术联用有可能成为新的研究方向。

3. 微电膜萃取

微电膜萃取（Micro-electromembrane extraction）也被称为三相液-液电萃取，其与原理 EME 相似，在样品与接受相之间存在一层与水不互溶溶剂，该溶剂层被称为自由液体膜（Free liquid membrane，FLM），样品中分析物能穿过 FLM 进入接受相而样品与接受相不直接接触。该法不需要膜体支撑，属于无膜技术。它能准确控制萃取溶剂使用量、减少膜体制备工艺误差，且透明装置能实现萃取过程实时视觉监控，保证良好重复性。

微电膜萃取技术中有机层较厚，所需电压较大，会产生焦耳热和气泡等一系列问题，影响体系稳定性，如何减少电场带来的不良影响已成为该技术的研究重点之一。

三、电场辅助固相（微）萃取技术

电场辅助固相（微）萃取技术将电场作用与固相（微）萃取相结合，既保留了固相（微）萃取技术萃取效果和方法重现性良好的优点，又能发挥电场可增强选择性、加速萃取的优势。电场对于固相（微）萃取主要有两种作用方式：一是直接作用于萃取介质中，即电化学固相萃取法；二是加速带电物质迁移到分离介质上或促进分析物洗脱。

电化学固相萃取法（Electrochemically solid-phase extraction）由电化学法合成萃取介质，该法能控制萃取介质厚度、导电性和形态等性质。通过改变电化学步骤和条件及修饰不同功能单体，合成多种萃取效果优良、选择性高的萃取介质。其中，导电聚合物如聚吡咯（Polypyrrole，PPy）和聚噻吩（Polythiophene，PTh）及其衍生物因具有良好电化学性质被广泛地用于电化学固相萃取中，它们能与阴阳离子、碳材料和印迹材料等实现电聚合。

此外，电场作用还能加速带电分析物迁移到材料或促进洗脱过程以改善萃取效果和分析速率。Ribeiro 等[166]分析了鸡蛋中残留的氟喹诺酮类药物，在萃取、清洗及洗脱多个步骤下均使用电场作用，萃取率达 $60\% \sim 80\%$，而传统 SPE 萃取率仅为 $0.4\% \sim 68\%$。

电场辅助样品前处理技术在加速样品前处理、增强选择性等方面具有良好发展潜力和应用前景。电场辅助膜萃取技术能与萃取介质相结合，富集效果好，但方法重现性较差；电场辅助液相（微）萃取技术操作简单，富集效果好，但增大有机层厚度会增加实验危险性；电场辅助固相（微）萃取技术萃取效果良好，选择性高，但实验步骤相对繁琐，有机溶剂使用量大。此外，电场还会产生焦耳热、气泡等问题从而影响萃取体系稳定性。如何解决这些不良影响，增强体系稳定性也是电场辅助样品前处理技术的主要发展方向。

第六节　磁分离技术

磁分离技术借助磁场力作用对磁性不同的物质进行分离富集，与传统的离心分离、过滤等方法相比，其分离效率更高、操作更简便且材料易于回收再利用。它主要有直接磁分离、加入絮凝剂的磁分离和磁固相萃取等形式。磁分离首先在大规模水处理中得到应用，然后逐渐拓展到微生物学、细胞生物学、分子生物学和生物化学、分析化学以及生物技术和环保技术等领域[167]。

近年来，基于印迹材料、免疫材料、离子液体、碳基材料等新材料修饰的磁性纳米粒子制备及其在磁固相分离中的应用受到了分析工作者的重视。将表面印迹聚合物涂层的核壳磁性纳米颗粒作为固相萃取吸附剂，成功应用于食品中痕量灭滴灵的分离富集，该类磁性纳米材料的吸附容量高、选择性好且具有良好的重复使用性[168]。基于 Fe_3O_4/石墨烯量子点纳米复合材料的磁性固相萃取也可用于水样中双酚 A 的分离富集。有关磁固相萃取的相关原理、技术和应用在本书第四章第四节已详述，此处不再重复。

与传统的以热场、浓差力场为基础的溶剂提取方法相比，以化学势场传质驱动为基础，结合热、声、电、磁、力、光及微波场等外场作用发展起来的新型场辅助样品前处理技术（表 5-9），在省时、高效、节能及自动化等方面有极大的提高，符合当今低碳节能环保的需求。尤其是对于固体或半固体样品而言，一个准确灵敏的分析方法要求复杂基质样品的前处理技术具备三个基本要求：高效、高通量和高选择性。场辅助提取技术不仅高效、快速，而且可以避免样品污染、损失和变质，缩短制备时间、强化传质过程、提高萃取效率。然而，这些单独场以及协同场的萃取机理还不明确。进一步理解它们的提取原理和作用模式有利于更有效的样品前处理方法的设计和开发；基于协同场效应快速有效提取固体样品分析物的装置还很少，需要研制能够大规模应用场辅助提取技术的通用装置；高灵敏分析方法如色谱技术或光谱技术，与场辅助提取技术的在线联用方法和装置，能显著提高分析灵敏度，准确度和分析过程的自动化；基于场辅助的在线联用分析方法将会成为分析化学的重要研究领域，也应得到更多科学研究和常规分析领域的重视。

表 5-9 主要场辅助样品前处理方法及其对比[5]

序号	作用场	样品前处理方法	基本原理	主要优点	主要不足
1	热场	索氏抽提（Soxhlet）	利用溶剂回流及虹吸原理，使固体物质连续不断地被溶剂萃取	易操作、无需过滤	耗时、耗溶剂
2	力场	加速溶剂萃取（ASE）	温压场相互作用的高温高压萃取	快速高效、省溶剂	热不稳定性物质易分解、成本高
		逆流色谱（CCC）	基于离心力和重力作用，无固态支撑体或载体的连续液-液萃取	避免不可逆吸附及样品失活、回收率高	需与其他方法配合使用、难以直接分离固体样品
		离心分离（CS）	基于离心力使比重不同物质分离	回收率好、效率高	处理量小、设备复杂、成本较高
3	超声场	超声波辅助萃取（UAE）	利用超声场作用如空化作用、热效应加速萃取	廉价、快速、操作简便	萃取效率受溶剂影响大、需过滤，手动操作
		超声破碎（Ultrasonication）	利用超声场作用如空化作用使细胞等发生破碎、分离	操作简单、快速、重复性较好	易使敏感性活性物质变性失活；大容量装置需降温措施
4	微波场	微波辅助提取（MAE）	利用微波场作用强化萃取过程提高萃取效率	快速、省溶剂、操作简单	需极性溶剂、可能存在微波辐射
		微波辅助消解（MAD）	利用微波场作用加热密闭容器内的试剂和样品	高效、节省时间、环保	热敏性物质易变性、失活

续表

序号	作用场	样品前处理方法	基本原理	主要优点	主要不足
5	电场	电泳（Electrophoresis）	在电场作用下带电分子产生不同的迁移速度	分辨率高、操作条件温和	设备成本高、处理量小、非固体样品前处理
		电渗析（Electrodialysis）	带电溶质通过电势差透过分离膜向阳极或阴极迁移	易实现在线联用	安装较复杂、处理量小、非固体样品前处理
		电沉积（Electrodeposition）	金属或合金通过电化学沉积分离	效率高、选择性好	成本高、处理量小、非固体样品前处理
		电萃取（Electroextraction）	带电溶质通过电势差向阳极或阴极迁移	萃取效率较高	可能存在溶剂损失、处理量小、非固体样品前处理
6	磁场	磁分离	在磁场力作用下对磁性不同的物质进行分离	效率高、速度快、分离物系粒度小	可能存在磁辐射
7	协同场	力场和超声场	高温高压下的超声波空化效应	快速、高效	需过滤、不易自动化
		力场和微波场	力场和微波场	快速高效、不稳定化合物分解少	可能存在微波辐射
		超声场和微波场	超声波空化和微波快速加热协同作用	快速高效、省溶剂	需过滤
		力场-力场	压力和离心力等	省时、省溶剂	设备成本高，挥发性物质易损失
		力场和电场	压力和电场	效率高	仪器设备成本高
		磁场和微波场	磁场和微波场	快速、方便、灵敏	可能存在微波辐射和磁辐射、需过滤

参考文献

[1]　李攻科, 胡玉玲, 阮贵华. 样品前处理仪器与装置. 北京: 化学工业出版社, 2007.

[2]　Tao W Q, Guo Z Y, Wang B X. Int J Heat Mass Trans, 2002, 45: 3849.

[3]　徐艳芳, 王松平, 于大文, 等. 青岛大学学报, 2002, 4: 57.

[4]　Guo Z Y, Tao W Q, Shah R K. Int J Heat Mass Trans, 2005, 48: 1797.

[5]　He Y Y, Xiao X H, Cheng Y Y, et al. J Sep Sci, 2016, 39: 177.

[6]　金钦汉, 戴树珊, 黄卡玛. 微波化学. 北京: 科学出版社, 1999.

[7]　但德忠. 分析测试中的现代微波制样技术. 成都: 四川大学出版社, 2003.

[8]　Kingston H M, Jassie L B 著. 分析化学中的微波制样技术——原理及应用. 郭振库, 等译. 北京: 气象出版社, 1992.

[9]　王立, 汪正范. 色谱分析样品处理(第二版). 北京: 化学工业出版社, 2006.

[10]　Matthes S A, Farrell R F, Mackie A J. Tech Prog Rep～US Bur Mines, 1983, 120.

[11]　Ganzler K, Salgo A, Valko K. Chromatogr, 1986, 37: 299.

[12]　Kingston H M, Jassie L B. Introduction to Microwave Sample Preparation: Theory and Practice. New York: ACS, 1988.

[13]　Amarni F, Kadi H. Innov Food Sci Emerg, 2010, 11: 322.

[14]　于永, 王玉堂, 汪子明, 等. 分析化学, 2008, 36: 1756.

[15]　Yu Y, Wang Z M, Wang Y T, et al. Chin J Chem, 2007, 25: 346.

[16]　Du F Y, Xiao X H, Li G K. J Chromatogr A, 2007, 1140: 56.

[17]　Du F Y, Xiao X H, Luo X J, Li G K. Talanta, 2009, 78: 1177.

[18]　Du F Y, Xiao X H, Li G K. Biomed Chromatogr, 2011, 25: 472.

[19]　杜甫佑, 肖小华, 李攻科. 分析化学, 2007, 35: 1570.

[20]　Rodrigues R D P, Silva A S, Carlos T A V, et al. Sep Purif Technol, 2020, 252: 117448.

[21]　Pino V, Ayala J H, Gonzalez V, et al. Anal Chim Acta, 2007, 582: 10.

[22]　Sun C, Xie Y C, Tian Q L, et al. Phytochem Anal, 2008, 19: 160.

[23]　Shi Z H, Wang Y, Zhang H Y. J Liq Chromatogr & Rel Technol, 2009, 32: 698.

[24]　Vega D, Sosa Z, Santana-Rodr I, et al. Int J Environ Anal Chem, 2008, 88: 185.

[25]　Pino V, Ayala J H, Afonso A M, et al. Anal Chim Acta, 2003, 477: 81.

[26]　Eiguren F A, Sosa F Z, Santana R J J. Anal Chim Acta, 2001, 433: 237.

[27]　Madej K. TrAC-Trends Anal Chem, 2009, 28: 436.

[28]　刘伟, 孙谦, 张然, 明双喜, 等. 食品安全质量检测学报, 2016, 7: 3306.

[29]　Chen J, Spear S K, Huddleston J G, et al. Green Chem, 2005, 7: 64.

[30]　Zhou T, Xiao X, Li G, et al. J Chromatogr A, 2011, 1218: 3608.

[31]　Xu H, Chen L, Sun L, et al. J Sep Sci, 2011, 34: 142.

[32]　Ji J, Deng C, Zhang H, et al. Talanta, 2007, 71: 1068.

[33]　Wang H, Dong Y, Xiu Z. J Biotechnol, 2008, 136: S500.

[34]　成敏敏, 陈晓青, 蒋新宇, 等. 精细化工, 2011, 28: 568.

[35]　王影, 汪子明, 任瑞冰, 等. 分析化学, 2010, 38: 979.

[36]　Wang Y T, You JvY, Yu Y, et al. Food Chem, 2008, 110: 161.

[37]　Lou Z X, Er C J, Li J, et al. Anal Chim Acta, 2012, 716: 49.

[38]　Xiao X H, Wang J X, Wang G, et al. J Chromatogr A, 2009, 1216: 8867.

[39]　Wang J X, Xiao X H, Li G K. J. Chromatogr A, 2008, 1198/1199: 45.

[40]　Xiao X H, Song W, Wang J Y, et al. Anal Chim Acta, 2012, 712: 85.

[41]　Wang H, Li G J, Zhang Y Q, et al. J Chromatogr A, 2012, 1233: 36.

[42]　Wu L J, Hu M Z, Li Z C, et al. Anal Bioanal Chem, 2015, 407: 1753.

[43]　Wu L J, Hu M Z, Li Z C, et al. J Chromatogr A, 2015, 1407: 42.

[44]　Wu L J, Hu M Z, Li Z C, et al. Food Chem, 2016, 192: 596.

[45]　Chamutpong S, Chen C J, Chaiprateep E O. J Adv Pharm Technol Res, 2021, 12: 190.

[46]　Xiang Z B, Wu X L. Pharm Chem J, 2017, 51: 318.

[47]　Cheng X L, Wan J Y, Li P, et al. J Chromatogr A, 2011, 1218: 5774.

[48]　Luo Y, Wu W X, Chen D, et al. Pharm Biol, 2017, 55: 1999.

[49]　Yu Q, Li C, Duan Z H, et al. Czech J Food Sci, 2017, 35: 89.

[50]　Liew S Q, Ngoh G C, Yusoff R, et al. Int J Biol Macromol, 2016, 93: 426.

[51]　Zhou T, Xiao X H, Li G K, Anal Chem, 2012, 84: 420.

[52]　Garcia-Ayuso L E, Luque-Garcia J L, de Castro M. Anal Chem, 2000, 72: 3627.

[53]　Virot M, Tomao V, Colnagui G, et al. J Chromatogr A, 2007, 1174: 138.

[54] Zhou T, Xiao X H, Li G K. Anal Chem, 2012, 84: 5816.

[55] Dejoye C, Vian M A, Lumia G, et al. Int J Mol Sci, 2011, 12: 9332.

[56] Matusiewicz H, Ślachciński M. Microchem J, 2014, 115: 6.

[57] Wataniyakul P, Pavasant P, Goto M, et al. Biores Technol, 2012, 124: 18.

[58] Wang H, Ding J, Ren N Q. TrAC-Trends Anal Chem, 2016, 75: 197.

[59] Gao S Q, You J Y, Wang Y, et al. J Chromatogr B, 2012, 887: 35.

[60] 肖小华, 李攻科, 何园缘. ZL2016100574819. 2016.

[61] Xia L, He Y Y, Xiao X H, et al. Anal Bioanal Chem, 2019, 411: 4073.

[62] Deng C H, Xu X Q, Yao N, et al. Anal Chim Acta, 2006, 55: 289.

[63] Wei M C, Jen J F. Chromatographia, 2002, 55: 701.

[64] Chen Y I, Su Y S, Jen J F. J Chromatogr A, 2002, 976: 349.

[65] Wei M C, Jen J F. J Chromatogr A, 2003, 1012: 111.

[66] Shu Y Y, Wang S S, Tardif M, et al. J Chromatogr A, 2003, 1008: 1.

[67] Huang Y P, Yang Y C, Shu Y Y. J Chromatogr A, 2007, 1140: 35.

[68] Li N, Deng C H, Li Y, et al. J Chromatogr A, 2006, 1133: 29.

[69] Zhou T, Yang B, Zhang H Y, et al. J AOAC Int, 2009, 92: 855.

[70] Ye Q, Zheng D G. Anal Methods, 2009, 1: 39.

[71] Serrano A, Gallego M. J Chromatogr A, 2006, 1104: 323.

[72] Crespin M A, Gallego M, Valcarcel M. J Chromatogr A, 2000, 897: 279.

[73] Shi Y A, Chen M Z, Muniraj S, et al. J Chromatogr A, 2008, 1207: 130.

[74] Tsai M Y, Kumar P V, Li H P, et al. J Chromatogr A, 2010, 1217: 1891.

[75] Kumar P V, Jen J F. Chemosphere, 2011, 83: 200.

[76] 孔娜, 邹小兵, 黄锐, 等. 色谱, 2010, 12: 1200.

[77] Jia M Z, Fu X Q, Deng L, et al. Food Biosci, 2021, 40: 100919.

[78] Arrutia F, Adam M, Calvo-Carrascal M A, et al. Chem Eng J, 2020, 395: 125056.

[79] Bagade S B, Patil M. Crit Rev Anal Chem, 2021, 51(2): 138.

[80] Llompart M, Celeiro M, Dagnac T. TrAC-Trend Anal Chem, 2019, 116: 136

[81] Zhou T, Xiao X H, Wang J Y, et al. Biomed Chromatogr, 2012, 26: 166.

[82] Mao Y J, Robinson J, Binner E. Chem Eng Sci, 2021, 233: 116418.

[83] 李核, 李攻科, 张展霞. 分析测试学报, 2004, 23(5): 12.

[84] 范华均, 肖小华, 李攻科. 高等学校化学学报, 2007, 28(6): 1049.

[85] 刘震. 现代分离科学. 北京: 化学工业出版社, 2017

[86] 郭孝武. 超声提取分离. 北京: 化学工业出版社, 2008

[87] 朱国辉, 丘泰球, 黄卓烈. 声学技术, 2001, 20: 188.

[88] 张斌, 许莉勇. 浙江工业大学学报, 2008, 36: 558.

[89] Nabavi S N, Sajjadi S M, Lotfi Z. Chem Paper, 2020, 74: 1143.

[90] Shikhanloo H, Khaligh A, Mousavi H Z, Rashidi A. Microchem J, 2016, 124: 637

[91] Li S, Jia M T, Guo H Q, Hou X H. Anal Bioanal Chem, 2018, 410: 6619.

[92] Aydin F, Yilmaz E, Olmez E, Soylak M. Talanta, 2020, 207: 120295.

[93] Robles A D, Fabjanowicz M, Plotka-Wasylka J, Konieczka P. Molecules, 2019, 24: 4376.

[94] Du Y Q, Xia L, Xiao X H, et al. J Chromatogr A, 2018, 1554: 37.

[95] Luque-Garcia J L, Luque de Castro M D. J Chromatogr A, 2004, 1034: 237.

[96] Wang K, Xie X J, Zhang Y, et al. Food Chem, 2018, 240: 1233.

[97]   Zhou Y F, Wang L L, Qin Y C, et al. Sep Sci Technol, 2018, 53: 2916.

[98]   Ortuño C, Balaban M, Benedito J. J Supercrit Fluids, 2014, 90: 18.

[99]   Chen L G, Jin H Y, Wang L G, et al. J Chromatogr A, 2008, 1192: 89.

[100] Morales-Muñoz S., de Castro Maria Dolores Luque. J Chromatogr A, 2005, 1066: 1.

[101] You J Y, Gao S Q, Jin H Y, et al. J Chromatogr A, 2010, 1217: 1875.

[102] Sanchez C, Ericsson M, Carlsson H, et al. J Chromatogr A, 2003, 993: 103.

[103] Wong K H, Li G Q, Li K M, et al. Food Chem, 2017, 231: 132.

[104] Soltani R, Shahvar A, Dinari M, et al. Ultrason Sonchem, 2018, 40: 395.

[105] 唐健波, 肖雄, 杨娟, 等. 天然产物研究与开发, 2015, 27: 314.

[106] Maran J P, Priya B, Nivetha C V. Ind Crop Prod, 2015, 63: 182.

[107] Wu L F, Chen S J, Wang L, et al. Sep Purif Technol, 2020, 247: 117014.

[108] 王青, 马维炜, 朱琦, 等. 分析测试学报, 2013, 32: 598.

[109] Ma S M, Jin X Y, Wei H, et al. Food Addit Contam A, 2021, 38: 339.

[110] 张丽华, 蔡佳彣, 周凯, 等. 食品安全质量检测学报, 2015, 9: 60.

[111] Lu Y, Luthria D. Food Chem, 2016, 194: 1138.

[112] 汪海宣, 程庆兵, 姜丽. 中国医药指南, 2014, 12: 91.

[113] Behbahania M, Bagheri S, Amini M M. Microchem J, 2020, 158: 105268.

[114] Omidi F, Dehghani F, Shahtaheri S J. J Chromatogr B, 2020, 1160: 122353

[115] 金余其, 褚晓亮, 郑晓园, 等. 浙江大学学报(工学版), 2012, 46: 2178.

[116] Yun Z, He B, Wang Z, et al. Talanta, 2013, 106: 60.

[117] 江桂斌, 等. 环境样品前处理技术, 北京. 化学工业出版社, 2004.

[118] Gallego R, Bueno M, Herrero M. TrAC-Trends Anal Chem, 2019, 116: 198.

[119] 张镜澄, 等. 超临界流体萃取, 北京, 化学工业出版社, 2000.

[120] DeCastro M D L, Valcarcel M, et al. Analytical Supercritical Fluid Extraction. Berlin:Springer,1994: 79-168.

[121] Janda V, Bartle K D, et al. Appl Super Fluid Industrial Anal, 1993: 159.

[122] Juliasih N L G R, Yuan C, Atsuta Y, et al. Sep Sci Technol, 2016, 51: 439.

[123] Lo T C, Nian H, Chiu K, et al. J Chromatogr B, 2012, 893-894: 101.

[124] Bagheri B, Yamini Y, Safari M, et al. J Supercrit Fluids, 2016, 107: 571.

[125] Kielbasa A, Krakowska A, Rafinska K, et al. J Sep Sci, 2019, 42: 465.

[126] Gallo-Molina A C, Castro-Vargas H I C, Garzon-Mendez W F, et al. J Supercrit Fluids, 2019, 146: 208.

[127] Wang X L, Zhang X, Wang Z F, et al. Anal Methods, 2018, 10: 1181.

[128] Wang Z F, Cui Z J. J Sep Sci, 2016, 39: 4568.

[129] Liu W L, Hwang B H, Li Z G, et al. J Chromatogr A, 2011, 1218: 7857.

[130] Dias a A L B, de Aguiar a A C, Rostagno M A. Ultrason Sonochem, 2021, 74: 105584.

[131] Krishnegowda R, Ravindra M R, Sharma M. J Food Process Eng, 2021: e13692.

[132] Djas M, Henczka M. Sep Purif Technol, 2018, 201: 106.

[133] Yousefi M, Rahini-Nasrabadi M, Pourm ortazavi S M, et al. TrAC-Trend Anal Chem, 2019, 118: 182.

[134] Yesi C O, Otto F, Parlar H. Eur Food Res Technol, 2009, 229: 671.

[135] 丁明玉. 现代分离方法与技术. 北京: 化学工业出版社, 2012.

[136] Giergielewicz-Mozajska H, Dabrowski L, Namiesnik J. Crit Rev Anal Chem, 2001, 3: 149.

[137] 欧小群, 马丽艳, 潘赛超, 等. 中国食品学报, 2018, 18: 222.

[138] Mezcua M, Rrpetti M R, Aguera A, et al. Anal Bioanal Chem, 2007, 389: 1833.

[139] Yuan X X, Jiang Y, Yang C X, et al. Chin J Anal Chem, 2017, 45: 1641.

[140] Wang J M, Xu J, Ji X F, et al. J Chromatogr A, doi: 10. 1016/j. chroma. 2019. 460808.

[141] Mokbel H, Jamal Al Dine E, Elmoll A, et al. Environ Sci Pollut Res, 2016, 23: 8053.

[142] Zhang Y C, Liu C M, Qi Y J, et al. Sep Purif Technol, 2013, 106: 82.

[143] Tong X, Xiao X H, Li G K. J Chromatogr B, 2011, 879: 2397.

[144] Richter B. E. et al. American Lab, 1995, 27: 26.

[145] Gomes S V F, Portugal L A, dos Anjos J P, et al. Microchem J, 2017, 132: 28.

[146] Bu X N, Pang M D, Wang B, et al. Anal Lett, 2020, 53: 53.

[147] Pang L, Yang P J, Ge L M, et al. Anal Bioanal Chem, 2017, 409: 1435.

[148] Zhang J J, Chen Y, Wu W Y, et al. Microchem J, 2019, 145: 1176.

[149] Sheng H J, Song Y, Bian Y R, et al. Anal Methods, 2017, 9: 688.

[150] Lu Y, Zhu Y. Talanta, 2014, 119: 430.

[151] 周婉筠, 夏凌, 肖小华, 等. 分析测试学报, 2019, 38: 240.

[152] Roblet C, Doyen A, Amiot J, et al. Food Chem, 2014, 147: 124.

[153] Aladaghlo Z, Fakhari A R, Hasheminasab K S. Microchem J, 2016, 129: 41.

[154] Mofidi Z, Norouzi P, Seidi S, et al. Anal Chim Acta, 2017, 972: 38.

[155] Pedersen-Bjergaard S, Rasmussen K E. J Chromatogr A, 2006, 1109: 183.

[156] Sun J N, Chen J, Shi Y P. J Chromatogr A, 2014, 1352: 1.

[157] Fuchs D, Pedersen-Bjergaard S, Jensen H D, et al. Anal Chem, 2016, 88: 6797.

[158] Xu L, Hauser P C, Lee H K. J Chromatogr A, 2008, 1214: 17.

[159] Huang C X, Eibak L E E, Gjelstad A, et al. J Chromatogr A, 2014, 1326: 7.

[160] Petersen N J, Jensen H, Hansen S H, et al. Microfluid Nanofluid, 2010, 9: 881.

[161] Petersen N J, Foss S T, Jensen H, et al. Anal Chem, 2011, 83: 44.

[162] See H H, Hauser P C. Anal Chem, 2014, 86: 8665.

[163] Stichlmair J, Schmidt J, Proplesch R. Chem Eng Sci, 1992, 47: 3015.

[164] Vlis E V D, Mazereeuw M, Tjaden U R, et al. J Chromatogr A, 1994, 687: 333.

[165] Berduque A, Sherburn A, Ghita M, et al. Anal Chem, 2005, 77: 7310.

[166] Ribeiro C C, Orlando R M, Rohwedder J J, et al. Talanta, 2016, 152: 498.

[167] Li N, Jiang H L, Wang X L, et al. TrAC-Trends Anal Chem, 2018, 102: 60.

[168] Soylak M, Ozalp O, Uzcan F. Trends Environ Anal Chem, 2021, 29: e00109.

第六章

凝胶色谱净化技术

第一节　概　　述

凝胶渗透色谱（Gel permeation chromatography，GPC）又称凝胶色谱法，是基于体积排阻效应原理，根据化合物分子大小不同而达到分离净化的目的。GPC既可以作为一种色谱分离技术，也可以作为有效去除大分子干扰物的样品前处理技术。使用 GPC 方法可以将目标物与大分子杂质分离，特别是对于富含脂肪的样品或色素样品[1-4]，也已被用于检测食品中的农药残留和抗氧化剂。GPC 净化技术具有操作简单、自动化程度高及高回收率等优势，正逐渐被越来越多的实验室认可，已经有很多标准方法中采纳 GPC 方法进行样品净化分离[5]。

一、凝胶渗透色谱的发展历史

凝胶渗透色谱的发展历史最早可以追溯到 1925 年，Lugere 在研究黏土对离子的吸附作用时，发现有可能按离子体积大小把它们分开，这一发现迈出了分子筛和离子交换法分离的重要一步。1926 年，Mcbain 利用人造沸石成功地分离气体分子和低分子量的有机化合物；1930 年，Friedman 将琼脂凝胶用于分离工作；1944年，Claesson 等利用活性炭、氧化铝和碳酸钙等吸附剂分离了硝化纤维素、氯丁橡胶聚合物，得到了较好的结果；1953 年，Wheaton 和 Bauman 用离子交换树脂按分子大小分离了苷、多元醇和其他非离子物质；在此之后，Lathe 和 Ruthvan 用淀粉粒填充的柱子分离了分子量为 150,000 的球蛋白和分子量为 67,000 的血红蛋白[6]。虽然，上述研究取得了一定的发展，但是并未引起研究者的足够重视。直到 1959 年，Porath 和 Flodin[7]用交联的缩聚葡萄糖制成凝胶尝试分离水溶液中不同分子量的物质，如蛋白质和多糖等物质取得了良好的效果，在此之后"凝胶过滤"技术引起了人们的关注，这类凝胶也被命名"Sephadex"并得到了商品化应用，这是凝胶色谱技术在水溶性试样分离中首次取得应用。随后凝胶色谱技术在生物化学研究领域中迅速推广应用，成为生物化学研究中一种常用的分离手段。然而，在非水体系方面的凝胶渗透色谱，由于填料、检测、输液等方面的技术还相当落后，特别是当时还没有研制出适用有机溶剂体系的填料，该技术并没有取得多大的进展。直到 1964 年，Moore 在总结了前人经验和结合大网状结构离子交换树脂制备经验的基础上，在各种稀释剂存在下，以苯乙烯和二乙烯基苯共聚制成了一系列孔径大小不同的高渗透性疏水交联聚苯乙烯凝胶，这种凝胶可以在有机溶剂中分离分子量从几千到几百万的样品，至此之后凝胶分离技术真正从水溶液体系扩展到有机溶剂体系，大大地扩大了凝胶分离技术的应用范围[5]。此后，Maly 以示差折光仪为浓度检测器，以体积指示器为分子量检测器制成凝胶渗透色谱仪，使得凝胶渗透色谱法在高分子科学领域中成为一种快速有效的测定分子量和分子量分布的方法。20 世纪 60 年代末，凝胶渗透色谱技术开始应用于农药残留分析并实现了自动化。随后，这项技术受到广泛重视并在各个研究领域都取得了较好的研究结果，成为一个非常活跃的研究领域。进入 80 年代以后，由于高效液相色谱技术的发展，粒径小于 $10\mu m$ 的微粒凝胶的制备成功以及计算机技术在凝胶渗透色谱仪上的匹配和使用，使凝胶渗透色谱的实验操作技术、数据处理、结果的记录打印更趋于自动化，从而大大地缩短了分析时间，凝胶渗透色谱法开始进入了高效凝胶渗透色谱发展阶段[6]。

GPC 的应用除了深入到高分子物理和化学领域的各个方面外，由于它具有按溶质分子体积大小分离的独特长处，它已越来越多地用于分离测定小分子化合物以及被广泛用于生物样品的前处理。

由于历史原因，凝胶色谱的理论发展、实验技术和应用开发主要在生物化学和高分子化学领域内，对这项技术不同的工作者采用了不同的命名，从而造成了文献中命名方面的混乱。文献中用过的名称有：凝胶过滤（Gel filtration）、分子筛过滤（Molecular sieve filtration）、分子筛色谱（Molecular sieve chromatography）、排除色谱（Exclusion chromatography）、分子排除色谱（Molecular exclusion chromatography）、凝胶排除色谱（Gel exclusion chromatography）、有限扩散色谱（Restricted diffusion chromatography）、凝胶扩散色谱（Gel diffusion chromatography）、体积色谱（Steric chromatography）、凝胶渗透色谱（Gel permeation chromatography）、液体排除色谱（Liquid exclusion chromatography）、凝胶色谱（Gel chromatography）和体积排除色谱（Size exclusion chromatography）。一般来说，在生物化学界中常用的名称是凝胶过滤，在高分子化学界中常用的名称是凝胶渗透色谱（简称 GPC），在分析化学界一般称为凝胶色谱。

二、凝胶色谱净化过程

凝胶色谱技术对流动相的要求不高，其实验条件比较温和、重复性好、分析速度快、溶质回收率高，已经在石油化工领域、医药领域以及食品和环境领域分离分析等方面得到了广泛的应用。凝胶色谱净化技术作为一种样品前处理技术，被广泛地应用于生物、环境、医药等样品的前处理分离和净化。

在凝胶色谱净化过程中，当样品通过 GPC 柱时，溶质分子向填料内部孔洞中扩散，较小的分子可以进入到大的填料孔中，同时也可以进入到较小的孔中；而较大的分子只能进入较大的孔中，更大分子直接从凝胶分子间的空隙中流过，随着溶剂的淋洗，大分子首先被淋洗出来，小分子被最后淋洗出来，从而达到分离的目的。如图 6-1 所示，这种模式通常包括三个步骤：①凝胶柱的预处理（活化凝胶柱）；②样品过柱（添加样品使其通过凝胶柱）；③淋洗（淋洗不同分子量的化合物）。

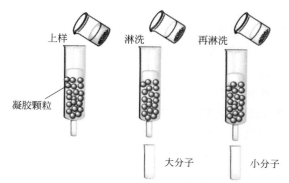

图 6-1　凝胶色谱净化过程示意图[5]

三、凝胶色谱净化方法与其他样品前处理方法比较

表 6-1 列出了凝胶色谱净化方法与超临界流体萃取、固相萃取、固相微萃取、微波辅助萃取等几种代表性的样品前处理方法的比较，包括各种方法的分析对象及其优缺点。

表 6-1　凝胶色谱净化方法与典型的样品前处理方法比较[6]

前处理方法	原理	分析方法	分析对象	萃取相	优点	缺点
超临界流体萃取（SFE）	利用超临界流体高密度、黏度小、渗透力强等特点，快速、高效地将被测物从样品基质中分离	先通过升压、升温使其达到超临界状态，在该状态下萃取样品，再通过减压、降温或吸附采集后分析	烃类，非极性化合物及部分中等极性化合物	CO_2，水，乙烯，丙酮，乙烷等	可进行选择性萃取，萃取物不会改变其原来的性质，萃取过程简单易调节	萃取装置较昂贵，不适于分析水样和极性较强的物质

前处理方法	原理	分析方法	分析对象	萃取相	优点	缺点
固相微萃取（SPME）	待测物在样品及萃取涂层间的分配平衡	将萃取纤维暴露在样品或其顶空中萃取	挥发、半挥发性有机物	具有选择吸附性涂层	操作简单快速、价廉、气体、液体有机物	萃取涂层易磨损，使用寿命有限
固相萃取（SPE）	吸附剂对待测组分与干扰杂质的吸附能力的差异	在色谱柱中加入一种或几种吸附剂，再加入待测样本提取液，用淋洗液洗脱	分离保留性质差别很大的化合物	氟罗里硅土，氧化铝，硅藻土等	操作简单，适用面广	有机溶剂的使用量较大，且不适于大批量样品的前处理
微波辅助萃取（MAE）	微波直接与待测物作用，微波的激活作用导致样品机体内不同成分的反应差异，使待测物与机体快速分离，并达到较高产率	将样品置于用不吸收微波介质制成的密闭容器中，利用微波加热来促进萃取	固体、半固体以及液体中的有机物	甲醇，乙醇，丙酮，二氯甲烷，苯等	快速节能、节省溶剂、污染小、可同时处理多种样品，设备简单廉价，适用面广	不易自动化，缺乏与其他仪器在线联机使用
凝胶色谱净化（GPC）	主要利用体积排除机理	先使溶剂充满色谱柱，再注入溶解在该溶剂中的溶质，最后仍用该溶剂淋洗	脂类提取物	四氢呋喃，二氯甲烷，环己烷等	凝胶渗透色谱柱使用寿命长	类脂色谱带干扰时需要附加小型吸附柱纯化

第二节　凝胶色谱净化技术基本理论和特点

对于 GPC 分离机理的理论研究，不同学科的研究人员从不同角度提出过各种不同的理论，目前所提出的有关 GPC 分离机理的理论主要有空间排斥分离理论、限制扩散分离理论和流动分离理论。这些理论实质上只是对 GPC 分离过程的推论而已，关于 GPC 的分离机理至今尚未获得明确定论，其中空间排斥理论因其处理结果与实验结果有较好的符合程度，因此被人们普遍地接受[2]。

一、空间排斥理论

空间排斥理论假定在分离过程中，凝胶的孔洞内外处于扩散平衡状态，即由于溶质分子在流动相和凝胶孔洞之间的扩散速度很快，每当溶质层流过一个凝胶颗粒这段距离时，溶质分子已多次进出于凝胶的孔洞并达到平衡。也就是说，溶质分子在凝胶孔洞内停留时间远大于溶质分子扩散入与扩散出孔洞所需时间。

GPC 的分离过程（如图 6-2 所示）是在装有多孔凝胶填料（如交联聚苯乙烯、多孔硅胶、多孔玻璃等）的柱中进行的，其表面和内部存在各种大小不同的微孔和通道。当被分析样品溶液被流动的溶剂（即流动相）带入到色谱柱后，分析物会扩散到具有一定尺寸范围的微孔填料内部。分子是否能够进入填料，取决于被分离或分析物分子体积的大小和填料微孔孔径的分布。较小的分子除了能进入孔径较大的微孔外，还能进入孔径较小的微孔；体积大的分子则只能进入孔径较大的孔，而体积大于最大微孔孔径的大分子只能留在填料颗粒之间的空隙中。

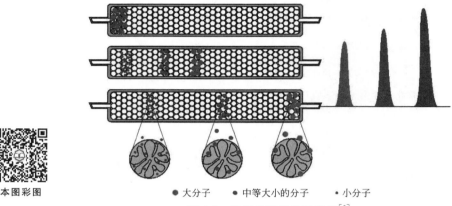

本图彩图

● 大分子　　● 中等大小的分子　　· 小分子

图 6-2　空间排除理论示意图[6]

不同种类的分子依照分子的大小次序从凝胶色谱柱中分离，较大的分子不能渗入到填料中，流经柱子比较快，首先被淋洗出来，最小的分子最后被洗脱出来。通过检测和分析淋洗出来的各级组分的浓度，形成横坐标按聚合物分子体积从大到小顺序、纵坐标对应于组分浓度的 GPC 谱图，如图 6-3 所示。

经过凝胶颗粒间隙流出的淋洗体积最小的分子，即为柱子能分离的最大分子，超过这个体积的所有分子由于都不能渗透进入孔洞而同时被淋洗出来，不能分离。将其分子链长或分子量换算成聚苯乙烯链长或分子量，能够完全进入凝胶色谱柱凝胶空隙内的最大分子量称之为渗透极限（图 6-4）。

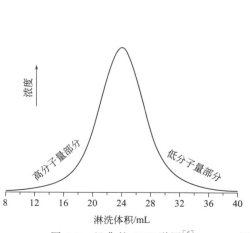

图 6-3　经典的 GPC 谱图[6]

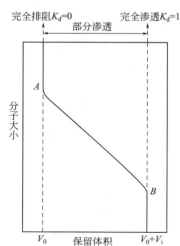

图 6-4　GPC 分离溶质分子大小与保留体积关系[6]

根据空间排斥理论，若色谱柱的总体积为 V，凝胶颗粒间的空隙总体积为 V_0，凝胶中孔洞总体积为 V_i，凝胶的骨架体积为 V_s，则：

$$V = V_0 + V_i + V_s \tag{6-1}$$

对于一定的组分，其中一部分分子能进入凝胶孔洞。若能进入部分的体积为 V_i'，则分配系数 K_d 为：

$$K_d = V_i'/V_i \tag{6-2}$$

这里 K_d 定义为溶质分子在固定相和流动相之间发生分配的分配系数，即某种大小的分子在凝胶孔洞中能够占据的体积分数，对于 GPC 来说，确切地应称为渗透系数。

试样注入色谱柱中之后，从色谱柱中流出来的溶剂体积称为淋洗体积，用 V_e 表示，它是由宏观的流动相与微观孔体积中的平衡分配系数决定的。可以认为，每种溶质分子都占有一定的体积，这个体积是凝胶颗粒间隙体积和溶质分子可以进入的孔体积之和，也就是说，在柱中要淋洗出这种溶质分子就需要一定的淋洗体积，它是溶质分子所通过的柱内空间体积。当分离处于平衡状态时，

$$V_e = V_0 + V_i' = V_0 + K_d V_i \tag{6-3}$$

若 $K_d = 0$，则 $V_e = V_0$，这是溶质分子比渗透极限大的情况，此时溶质分子完全不能进入凝胶孔，为全排斥的情况。

若 $0 < K_d < 1$，说明溶质分子可以部分地进入凝胶孔内；而 $K_d = 1$ 的分子，$V_e = V_0 + V_i$ 属于全渗透的情况。因此对于一切溶质分子来说，$0 \leqslant K_d \leqslant 1$。

由以上讨论可知，对于分子尺寸大小与凝胶孔洞相匹配的那些溶质大小分子来说，都可以在 V_0 至 $V_0 + V_i$ 的淋洗体积之间依次被淋洗出来。

此外，当 $K_d > 1$ 时，意味着在 GPC 淋洗过程中，存在着吸附等因素，应引起足够重视。

空间排斥理论是建立在凝胶颗粒孔洞内外均处于扩散平衡状态的假设基础之上，但在实际操作时很难达到这种理想状态，所以一般要求流动相的流速要相当的低，以便使柱中的流动相与固定相之间建立足够的平衡，在低流速下 GPC 所获得的实验数据可以通过空间排斥理论获得较满意的解释，而流速愈高，愈难建立平衡，空间排斥理论较实验结果的差距就愈大。

二、有限扩散理论

有限扩散理论认为溶质分子在淋洗的过程中，不存在扩散平衡，而存在着限制扩散过程，与空间排斥理论刚好相反。因为如果是按空间排斥理论的解释，淋洗体积与流动相的流速是无关的，但实验中却发现在某些情况下，淋洗体积却随流速而改变，并且 GPC 的峰形也具有流速的依赖性，这都是空间排斥理论无法解释的。

空间排斥理论忽略了不同大小的溶质分子在扩散速度上的差别，而且在某些凝胶中，孔洞不管其深度或形状都是非均匀的，其宽或窄的孔是相互连接着的。因此，限制扩散理论认为，溶液中体积大的溶质分子，不能全部进入凝胶孔洞内，扩散速度受到限制，进入的凝胶孔洞少，深度较浅；而体积小的分子进入的凝胶孔洞较多，深度也深，是能够自由地扩散到凝胶孔中去的；介乎两者之间的中等大小分子，尽管也可扩散到孔中去，但却受到不同程度的限制，故这部分是一种非平衡扩散过程，其色谱峰有明显的拖尾，其淋洗体积也随流速而改变。

三、流动分离理论

流动分离的概念最先由 Pedersen 提出。流动分离理论将色谱柱看成是由许多毛细管（即凝胶颗粒之间的空隙）所组成的，并认为流动相在这样的毛细管中流动时存在着径向速度梯度，中央的流速快，而越靠近管壁流速越慢。当溶液在柱内随流动相流动时，由于流体力学的管壁效应，大分子的质量中心集中在色谱柱管的中心部分，也就是说尺寸大的分子在淋洗时不易靠近柱壁而最先流出，尺寸小的分子容易扩散到柱子边缘，进入流速较慢的区域而较后淋出，这样就可按分子的尺寸大小以不同的流速达到最终的分离。

为比较 GPC 各理论，国内外研究人员做了一系列实验研究，通过实验发现在流速低时，空间排斥作用占主导地位，当流速增大后，流动分离作用是不重要的。但也有国外研究人员在 $35\text{mL}\cdot\text{min}^{-1}$ 的流速下进行 GPC 实验，这样的流速下目标分子来不及进行扩散，结果却得到了很好的色谱峰，所以推测可能是流动分离作用的结果。

综上所述，GPC 的分离理论是比较复杂的问题，除了上述几种理论外，尚有平衡排除理论、二次排斥理论等，这些分离理论各自都只能解释 GPC 中的部分实验结果，完整解释 GPC 分离过程的分离机理尚待深入研究。

四、凝胶色谱净化技术分离特点

凝胶色谱净化技术是根据溶质分子体积大小进行分离的，一般大分子先流出，其淋洗体积小；小分子后流出，其淋洗体积大。随着淋洗过程的不断进行，由不同分子量所组成的样品得到了分离，从而实现了对复杂样品的净化处理（图 6-5）。

GPC 净化技术不同于其他净化技术，其分离原理仅仅是由于混合物样品中各个不同分子之间的体积大小不同导致，其溶质分子的淋洗体积主要取决于分子尺寸、填料孔径等物理参数，并不依赖于目标物、溶剂和吸附剂三者之间的相互作用力，所以对淋洗液或洗脱液要求不高。由于凝胶色谱柱填料中并没有活性点可以超载，目标物的浓度可以比一般固相萃取实验浓度高，同时凝胶净化柱可以重复多次使用，减少了前处理耗材的花费。

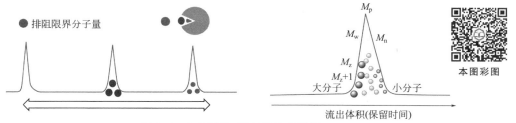

图 6-5 大分子的 GPC 净化色谱图

凝胶色谱净化分离洗脱过程在多孔凝胶填料中完成，小分子的有机溶剂化合物，可从多孔凝胶的孔道中自由渗透进出。使用 GPC 方法可以将大分子杂质与目标物进行分离，尤其对于是适用于生物样品的净化，该净化方法不仅提高了分析方法的灵敏度，同时也对分析仪器起到一定的保护作用。

第三节 凝胶色谱净化系统

凝胶色谱净化系统通常由溶剂贮存器、高压输液泵、进样装置、色谱柱及柱前过滤器、检测器、样品采集装置和记录仪或计算机数据处理系统等部分组成（图 6-6）。其中，凝胶色谱柱是凝胶净化系统的核心。输液泵将流动相与样品带入净化柱，试样中各组分按照分子大小顺序洗脱，大分子油脂、色素、聚合物先淋洗出来，农药等较小分子后淋洗出来，检测器检测出信号，组分采集器采集含有目标组分的洗脱液。

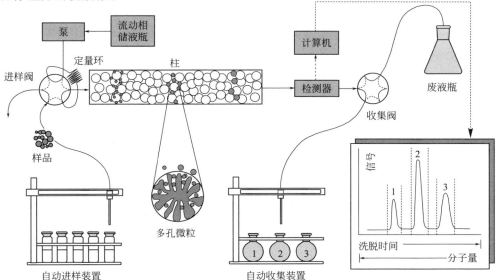

图 6-6 典型凝胶色谱净化系统示意图[6]

GPC 分离的过程是根据体积排阻的原理在有机溶剂和疏水性凝胶（主要是交联二乙烯基苯-苯乙烯共聚物）之间进行的一个清洗过程，所以 GPC 对于从样品提取物中除去高分子量组分来说是一种非常有效的手段，可用于在进行深入分析之前，清除样品中的类脂、聚合物、蛋白质、天然树脂及其他细胞组分。传统 GPC 净化操作一般是离线净化方法，其过程繁杂，消耗溶剂多，自动化程度低，这些缺点限制了凝胶色谱净化技术的发展和应用。随着技术的发展，一些自动化的在线 GPC 净化仪在很大程度上弥补了离线法的缺陷，拓展了 GPC 的应用范围，提高了样品处理效果。

第四节　凝胶色谱净化技术的填料和溶剂选择

一、凝胶渗透色谱填料

凝胶填料是 GPC 分离的核心，是产生分离作用的基础。进行凝胶色谱净化时十分重要的一个环节是选择合适的凝胶色谱柱。因此，要求柱填料具有良好的化学惰性、一定的机械强度、不易变形、流动阻力小、不吸附待测物、分离广、填料颗粒均匀等性质。目前商品化凝胶填料以及实验室内研究并被使用的凝胶种类不多。对于这些凝胶，按材料的来源、制备方法和使用的性能不同，有各种不同的分类方法。根据凝胶填料的来源可分为有机凝胶和无机凝胶。一般来说有机凝胶要求湿法装柱，柱效较高，但由于热稳定性、机械强度和化学惰性差，凝胶易于老化，所以对使用条件要求较高；无机凝胶除微粒凝胶外都能够用干法装柱，虽然柱效差一些，但凝胶在长期使用中性能稳定，对使用条件要求较低，且易于掌握。根据凝胶制备方法及凝胶结构又将有机凝胶分为均相、半均相和非均相三种凝胶（如图 6-7）。

均相凝胶　　　　　　半均相凝胶　　　　　　非均相凝胶

图 6-7　有机凝胶结构示意图[5]

有机凝胶这 3 种分类主要反映了有机凝胶孔性能结构的差异。均相凝胶是均相共聚的产物，是通过交联线性高分子制备或用单体和交联剂共聚，一般交联度都比较低。半均相凝胶是在良好的凝胶溶剂中聚合制备出来，这种凝胶有一定的机械强度。非均相凝胶是在不良溶剂中聚合制备出来，这种凝胶具有大孔结构，凝胶结构很不均匀，因此该类凝胶呈现出白色不透明状。非均相凝胶的机械强度较大，溶胀度小。根据凝胶对溶剂的使用范围不同，还可以把凝胶分为亲水性凝胶、亲油性凝胶和两性凝胶。亲水性凝胶多应用于生化体系的分离和分析；亲油性凝胶多用于合成高分子材料的分离和分析。选择和使用不同性能、不同孔径的凝胶会获得不同的分离净化效果，通常可根据样品基质类型和待分离组分的分子大小决定所选择的凝胶的种类。部分凝胶种类和性质如表 6-2 所示。

表 6-2　部分凝胶种类和性质

种类	凝胶品种	均相性	硬度	亲和性
有机凝胶	交联聚苯乙烯	均相	软胶	亲油性
	交联聚乙酸乙烯酯	均相/半均相	软/半硬胶	亲油性
	交联葡聚糖	均相	软胶	亲水性
	羟丙基交联葡聚糖	均相	软胶	两性胶
	交联聚丙烯酰胺	均相	软胶	亲水性
	琼脂凝胶	均相	软胶	亲水性
无机凝胶	多孔硅胶	非均相	硬胶	亲水/亲油
	多孔玻璃	非均相	硬胶	亲油性

1. 有机凝胶柱填料

有机凝胶填料的特点是生物相容性好、回收率高、且能够按照分子量大小对蛋白质进行富集、分级和纯化。随着生物技术的高速发展，昂贵的生物工程产品对分离纯化技术的要求越来越高，凝胶色谱本身的特点使其非常适合于生物工程产品的分离需要。自 1959 年 Porath 等合成葡聚糖凝胶，随后聚丙烯酰胺凝胶、琼脂糖凝胶等有机凝胶填料相继出现，它们在生物、医药等领域中得到了广泛的应用。有机凝胶有一个特点，即它们在有机溶剂中一般都处于溶胀状态，对不同的溶剂溶胀因子各不相同，因此不能在柱子中直接更换溶剂。

目前的有机凝胶基本上还是以交联聚苯乙烯多孔微球为主，这类填料的孔径大小与孔的形态因其致孔方法不同而异。单纯由交联网络所决定的孔是均匀的微孔，这种结构均匀的凝胶产品呈透明状。结构半均匀凝胶是使用良溶剂致孔而聚合的，凝胶产品呈半透明状，排除极限可达 5×10^5 聚苯乙烯分子量。结构非均匀凝胶通常用非良溶剂致孔，由于聚合反应一开始即产生相分离，形成了由交联聚合作小颗粒堆积而成的大孔，凝胶产品呈乳白色。交联聚苯乙烯凝胶的最高使用温度为 150℃，高温下凝胶容易老化，会造成柱效降低。

交联葡聚糖是最早的有机凝胶。交联葡聚糖的基本骨架是葡聚糖，再以 3-氯-

1,2-环氧丙烷为交联剂，形成三维网状结构的高分子聚合物。其中交联度通过交联剂的加入量和反应条件来控制，其结构如图 6-8 所示。该类凝胶主要应用于生物高分子如蛋白质、核酸、酶以及多糖类的分离。这种凝胶在水、盐溶液、有机溶剂、碱性和弱酸性溶液中稳定。由于结构中含有大量的羟基，必须注意吸附问题。这类凝胶很软，不能承受压力，最高承受温度为 80℃。交联葡聚糖商品名为 Sephadex G 类，其中 G 代表交联度，G 越小，交联度越大，网孔越小，适用于小分子的分离净化；反之，G 越大，交联度越小，网孔越大，适用于大分子的分离净化。

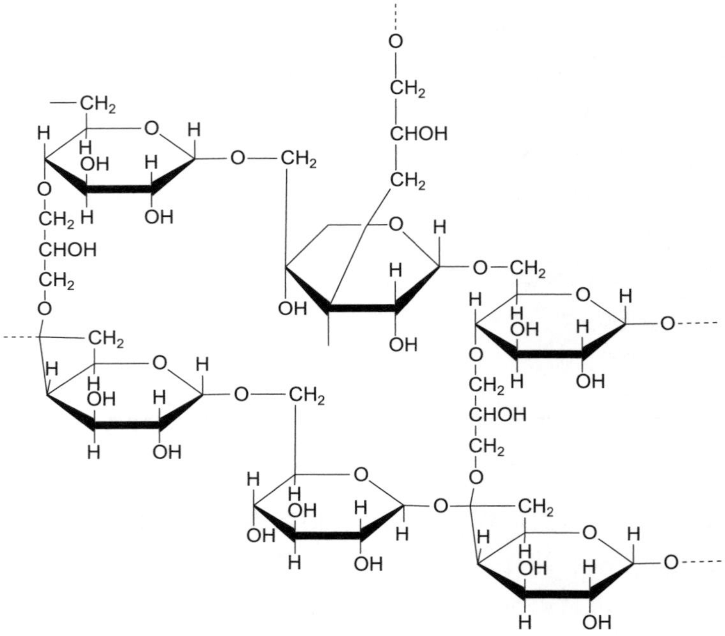

图 6-8　交联葡聚糖凝胶结构示意图[5]

　　交联聚乙酸乙烯酯凝胶是乙酸乙烯酯和二元羧酸二乙烯酯的共聚物，这种凝胶可以在有机溶剂中剧烈溶胀，因此这种溶胶很软。高度溶胀的凝胶使得凝胶中网络胀开，可用来分离一些小分子，如分子量在 $10^2 \sim 10^4$ 范围内的分子。

　　交联聚丙烯酰胺凝胶是丙烯酰胺和次甲基双丙烯酰胺的共聚物。它们的优点是孔径尺寸范围较宽，因此分离范围大，可以分离一些生物大分子。交联聚丙烯酰胺凝胶不溶于水、盐溶液和普通有机溶剂。该凝胶最大的缺点是不耐酸，遇到酸时酰胺键发生水解，一般在 pH 2～11 范围内比较稳定。商品名为生物凝胶-P (Bio-Gel P)，其结构如图 6-9 所示。

　　琼脂凝胶是一种天然的有机凝胶，来源于一种海藻，主要是 D-乳糖和 3，6-脱水-L-乳糖组成的线性多聚糖，其结构如图 6-10 所示。琼脂糖凝胶的特点是没有共

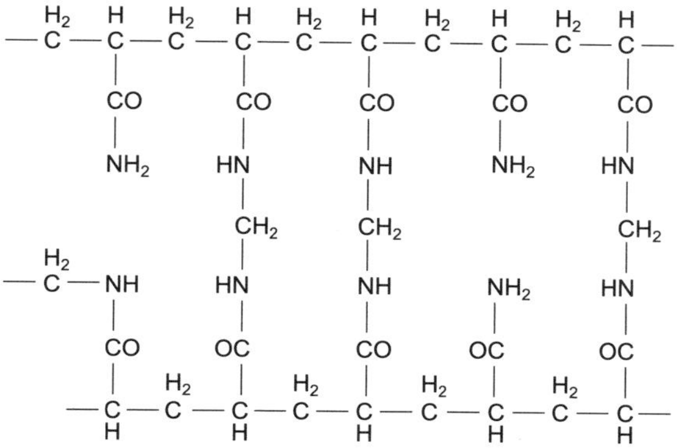

图 6-9　交联聚丙烯酰胺凝胶结构示意图[5]

价键的交联，稳定性差；孔径由琼脂糖的浓度控制，颗粒强度差；非特异性吸附力低；分离分子量范围大，主要应用于分离高分子，分离分子量范围 $10^4 \sim 10^7$。琼脂凝胶的出现很大程度上扩展了凝胶色谱法分离生化体系的范围，使得分离一些分子量极高的物质（如病毒）成为可能。这类凝胶很软，使用过程很容易堵塞柱子造成流液困难。在热水中易水解，低温时则凝固成凝胶。商品化琼脂糖凝胶（Sepharose）有三个规格：Sepharose 2B、Sepharose 4B、Sepharose 6B，分别表示琼脂糖浓度为 2%、4%、6%，分离蛋白质范围分别为 $7 \times 10^4 \sim 4 \times 10^7$、$6 \times 10^4 \sim 2 \times 10^7$、$10^4 \sim 4 \times 10^6$。

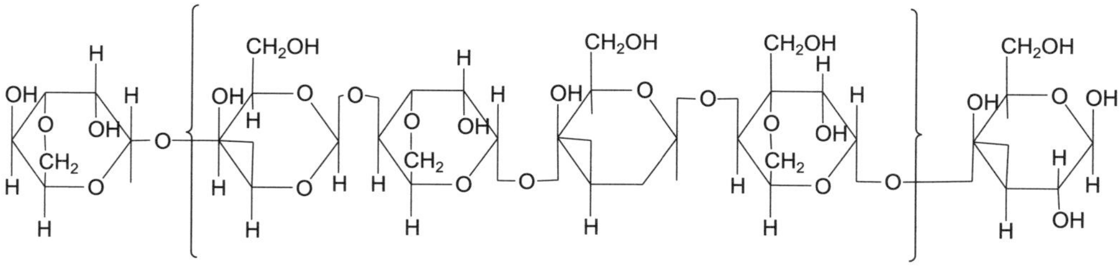

图 6-10　琼脂糖凝胶结构示意图[5]

聚丙烯酰胺和琼脂糖交联凝胶，又名超胶。这类凝胶是由交联丙烯酰胺和嵌入凝胶内部的琼脂糖组成的，主要应用于蛋白质分离。这种凝胶主要由 LKB 公司研发，商品名为 Ultr-agel ACA，商品化超胶种类如表 6-3 所示，其中商品名称后面的编号表示混合胶中聚丙烯酰胺与琼脂糖的含量。由于这种凝胶含有丙烯酰胺，所以有较高的分辨率，同时又含有琼脂糖，使得它既有很高的机械强度又具有很好的分离性能。

表 6-3　商品化的超胶种类

超胶种类	丙烯酰胺含量/%	琼脂糖含量/%	凝胶颗粒大小/μm	蛋白质分离范围（分子量）
ACA 22	2	2	60～140	100,000～1200,000
ACA34	3	4	60～140	20,000～350,000
ACA44	4	4	60～140	10,000～130,000
ACA54	5	4	60～140	5,000～70,000

　　除了以上几种凝胶填料外，还有一些新型的凝胶，如聚乙烯吡咯烷酮凝胶，用于分离蛋白质混合物；苯乙烯、二乙烯苯、丙烯酸乙酯三元共聚凝胶，用于分离水溶性色素；交联聚乙烯醇凝胶，具有亲水、对压力和生物稳定、吸附少等性质。另外还有交联聚丙烯酸酯凝胶和聚氨酯凝胶等亲油凝胶。

2. 无机凝胶柱填料

　　多孔硅胶是一种广泛应用的无机凝胶。多孔硅胶的特点是化学惰性、稳定性和机械强度好以及使用寿命长。一般表面未处理的硅胶可用于水、酸体系，但不能用于强碱性溶剂；表面硅烷化的硅胶可用于有机溶剂。多孔硅胶的使用温度可以很高，它主要取决于硅胶表面键合的有机基团在高温溶剂中的稳定性，多孔硅胶的机械强度很高。目前，细粒度的多孔硅胶已经发展成为一种很好的高效凝胶色谱净化填料，其中以 Waters 公司生产的 Bondagel 为代表，这种凝胶对生化体系分离效果良好，是一种高效的凝胶净化填料。

　　多孔玻璃是一类和多孔硅胶类似的无机硅胶，它是碱性硼硅酸盐玻璃经高温分相，再用酸洗去碱性可溶相的产物。这类凝胶的主要特点是化学稳定性高、选择性高。此外，这类凝胶填料孔隙结构好，有利于试样分子的传质。

二、溶剂的选择

1. 凝胶渗透色谱常用溶剂

　　在 GPC 中常用溶剂及其主要物理性质列于表 6-4，有 20 多种溶剂可供选择。但有机凝胶体系真正适用的溶剂也只有 10 多种。选择对试样有良好溶解能力的溶剂，才能使试样充分溶解，变成具有一定浓度的真溶液，这种均匀透明的分散体系，才有可能实现 GPC 柱的良好分离。

表 6-4　凝胶色谱净化中常用溶剂的物理性质

溶剂	密度/g·mL^{-1}	沸点/℃	黏度(20℃)/mm^2·s^{-1}	折射率 n_D^{20}	紫外吸收下限/nm
四氢呋喃	0.8892	66	0.51(25℃)	1.4070	220
1,2,4-三氯苯	1.4634	213	1.89(25℃)	1.5717	—
邻二氯苯	1.306	180.5	1.26	1.5516	—
苯	0.879	80.1	0.652	1.5005	280

续表

溶剂	密度/g·mL⁻¹	沸点/℃	黏度(20℃)/mm²·s⁻¹	折射率 n_D^{20}	紫外吸收下限/nm
甲苯	0.866	110.6	0.59	1.4969	285
N,N-二甲基甲酰胺	0.9445	153	0.90	1.4280	295
环己烷	0.779	80.7	0.98	1.4262	220
三氯乙烷	—	73.9	1.2	1.4797	225
二氧六环	1.036	101.3	1.438	1.4221	220
二氯乙烷	1.257	84	0.84	1.4443	225
间二甲苯	0.8676	139.1	0.86	1.4972	290
氯仿	1.489	61.7	0.58	1.4476	245
间甲酚	1.034	202.8	20.8	1.544	—
二甲基亚砜	—	189	—	1.4770	—
甲醇	0.7868	64.5	0.5506	1.3286	—
水	1.0000	100	1.00	1.3333	—
过氯乙烯	1.623	121	0.90	1.505	—
四氯化碳	1.595	76.8	0.969	1.4607	265

2. 溶剂选择

GPC 所使用的溶剂要求：对试样溶解性能好；能溶解多种高聚物；低黏度、高沸点、无毒性；能很好地润湿但又不溶解色谱柱中的凝胶，与凝胶不起化学反应；经济易得等。此外，GPC 要求溶剂的纯度高，溶剂纯度还与检测器的灵敏度有关，检测器越灵敏，则要求溶剂纯度越高。

GPC 法与其他色谱方法不同之处在于不是用改变流动相溶剂组成的方法来调节分离度。GPC 溶剂的选择比其他液相色谱方法简单，且大多数凝胶较少有表面吸附作用，所以流动相溶剂的洗脱作用可不予考虑。

实验所选用溶剂的黏度应尽可能低，因为黏度高低直接影响和限制扩散作用，在一定线速度下，色谱柱的压降正比于溶剂的黏度。当溶剂的黏度增加两倍时，分离所需要的时间也相应增加两倍。同时高黏度溶剂需要较高的色谱传质能力，造成柱压相应增高，试样的传质扩散速度小，不利于传质平衡，会降低色谱的分离度。如果被测试样只能在一些高黏度的溶剂中溶解时，可以适当提高测试温度，以达到降低溶剂黏度的目的。但是溶剂的黏度也不宜过低，过低黏度的溶剂往往沸点较低，易造成色谱系统接口的泄漏，有时甚至在色谱柱或泵中产生气泡，干扰实验结果。

3. 常用溶剂的毒性

GPC 常用的溶剂大都具有一定的毒性，并且是易燃易爆的有机化合物。长期接触这些溶剂会对人体健康带来危害，特别是苯、四氢呋喃、氯苯等有机溶剂，对人的皮肤、肝、肺及视觉器官均产生有害的影响。这就要求从事 GPC 工作的人员应特别注意。

第五节 凝胶色谱净化技术的应用

凝胶渗透色谱技术的应用范围较广，除了用于测定高聚物的分子量及分布情况，在色谱分析之前用于净化除去样品中的高分子量物质。这里仅介绍 GPC 在样品前处理中的应用。

为了去除干扰，防止堵塞色谱柱、进样器和检测器，GPC 净化技术能够在 LC、GC 或 GC-MS 等分析之前使样品中目标分析物与产生干扰的大分子进行分离，从有机物样品中除去高分子化合物（如油脂、糖、聚合物和蛋白质等），早在 20 世纪 70 年代末就已有报道用自动 GPC 技术对样品进行前处理用光度法分析蔬菜、水果和农作物样品中有机磷农药。经过四十多年的应用和发展，GPC 已被证明是一种应用广泛、使用方便的样品净化技术[8,9]。已成为美国环保署以及欧盟委员会法定的净化方法[8,9]。图 6-11 为美国环保局 3640A 方法分离标样的 GPC 图。

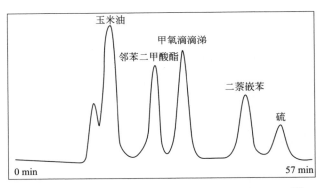

图 6-11　美国环保局 3640A 方法分离标样的 GPC 图[8]

一、凝胶色谱净化技术在环境分析中的应用

在环境分析中，凝胶色谱净化技术被广泛应用于生物、土壤和沉积物样品中色素、脂类和蜡质的去除，其原理相当于分子筛的尺寸排阻功能。环境污染源归纳起来大致有以下几方面：农业、电厂、化学及电子工业、废弃物排放等（表 6-5）。土壤和水是环境中有机污染物的重要归属地之一，土壤样品基质复杂，含有天然有机物（如脂肪、蛋白质、天然树脂、纤维素）以及其他分散的高分子化合物，可能影响微量污染物的检测。而且未经净化的样品可能导致色谱柱堵塞，污染整个分析系统，因此必须对环境样品进行净化处理[12]，凝胶色谱净化技术可满足这些来源环境样品的净化处理需求。

表6-5　主要的有机污染物及其污染源

污染源	介质	污染物
农业	水	农药、碳氢化合物（烟气排放）
	土壤	农药、永久性有机污染物：DDT、林丹；碳氢化合物（烟气排放）
	空气	农药悬浮物、碳氢化合物（烟气排放）
电厂	水	烟灰中多环芳烃（PAHs）
	土壤	烟灰、煤渣
	空气	煤气中多环芳烃（PAHs）
冶炼工业	水	矿石清洗溶剂（VOCs）
	土壤	溶剂
	空气	VOCs
化学和电子工业	水	排放废物、化工废水、电子工业使用的溶剂、塑料中邻苯二甲酸酯类
	土壤	烟气中颗粒、废弃电子元件产生的PAHs、塑料中邻苯二甲酸酯类
	空气	VOCs
城市及工业排放	水	烟气中PAHs、废油、二噁英、呋喃类
	土壤	VOCs、悬浮物（PAHs、多氯联苯、二噁英）
	空气	PAHs、多氯联苯、呋喃类

凝胶色谱净化技术在环境有机污染物的检测领域得到广泛的应用[4]。如PAHs是自然界中最早发现且数量最多的致癌物质，在现已发现的100多种PAHs中，虽然某些PAHs母体本身并不具有致癌性，但当这些母体与—NO、—OH、—NH等发生作用时，其所衍变成的PAHs衍生物便具有非常强烈的致癌作用[13]。16种PAHs的结构式如图6-12所示。车金水等[14]使用加速溶剂萃取-在线凝胶色谱净化-气质联用法分析检测土壤中16种PAHs。PAHs的检出限范围为$0.001 \sim 0.030 \mu g \cdot kg^{-1}$，回收率在$62.5\% \sim 113.7\%$之间，符合日常分析检测的要求。

废水中的重金属造成了严重的环境污染和公共卫生问题，从而破坏全球的可持续发展。Cu（Ⅱ）被认为是印刷电路、油漆、铜抛光、电镀、采矿、冶炼、石油精炼、金属清洗、化肥和电池等许多行业废水中最常见的重金属污染物之一。含Cu（Ⅱ）废水的排放除了对水环境造成严重污染外，还会对人的肝脏和心脏造成损害，甚至致癌。Li等[8]发现在简单的交联共聚体系中能形成一种新型高度膨胀的聚羧酸酯凝胶（EPCG）。EPCG在水中可快速膨胀29.44倍，内部具有高渗透性，对水中Cu（Ⅱ）可以高效吸附，其吸附容量为$261.70mg \cdot g^{-1}$，比以前的聚阴离子凝胶高3.61倍。同样，由于EPCG的高膨胀性和高渗透性，EPCG骨架可以进一步包覆碱性NaOH，形成新型NaOH包覆EPCG材料，与纯EPCG吸附剂相比，其对Cu（Ⅱ）的吸附能力进一步提高至$333.21mg \cdot g^{-1}$。此外，吸附了Cu（Ⅱ）的EPCG可以通过解吸再生重复使用。

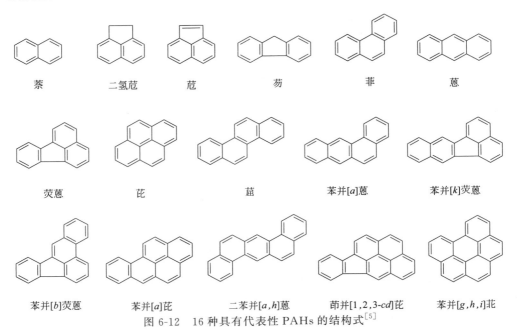

萘　　　二氢苊　　　苊　　　　芴　　　　菲　　　　蒽

荧蒽　　　　　芘　　　　　䓛　　　　苯并[a]蒽　　　苯并[k]荧蒽

苯并[b]荧蒽　　苯并[a]芘　　二苯并[a,h]蒽　　茚并[1,2,3-cd]芘　苯并[g,h,i]苝

图 6-12　16 种具有代表性 PAHs 的结构式[5]

　　近年来，多氯联苯（PCBs）等持久性有机污染物引发的环境问题日益突出，妥善处理 PCBs 已成为全球亟待解决的问题。Sawatsubashi 等[9]在液相色谱净化系统的基础上，结合大体积进样气相色谱低分辨质谱，开发了一种新型的 PCBs 快速分析技术。在聚合物凝胶、正相硅胶、反相硅胶、碳材料和离子交换材料等 18 种材料中，发现聚乙烯醇（PVA）凝胶和聚（羟基甲基丙烯酸酯）凝胶具有较好的分离性能。由于 PVA 凝胶所需的馏分液量最少，而且分辨率最高，PCBs 分析方法的检出限为 0.05mg·kg^{-1}，可以应用于实际水样中 PCBs 的快速分析。

　　Song 等[15]通过绿色合成工艺构建了交联同源-异质聚阳离子凝胶（HPCG）作为净化印染废水的超高效吸附材料。HPCG 通过一种交联阳离子单体（三烯丙基甲基氯化铵）和另一种含有长链烷基的阳离子单体（十四烷基烯丙基二甲基氯化铵）交联共聚反应合成。HPCG 的吸附能力比广泛使用的活性炭高 532.55～605.45 倍，从而改进了吸附剂的吸附能力。此外，通过研究吸附模型进一步发现 HPCG 吸附遵循两个阶段的吸附过程，即包括速度控制段和加速段，同时也证实了 HPCG 吸附具有智能吸附效应。

　　塑料废物降解产生的微塑料在海洋和淡水流域中无处不在，造成了严重的环境问题。拉曼光谱和傅立叶变换红外吸收光谱以及热解 GC-MS 等技术通常用于鉴定微塑料，而 Biver 等[13]提出了一种基于 GPC 结合荧光检测的方法，在 260/280nm 或 370/420nm 激发/发射波长下，通过 GPC 分离，可以将聚苯乙烯与部分降解聚烯烃区分开来。该方法用于半定量选择性测定海洋海岸线沉积物中最常见的微塑料、聚（苯乙烯）和部分降解的聚烯烃。

二、凝胶色谱净化技术在食品分析中的应用

食品中非法添加的化学物质严重影响人类健康，从而引起了人们对食品检测与监管的广泛关注。食品样品种类多、来源广、基质复杂，样品前处理步骤繁琐，从样品制备（切割、研磨）、提取、净化到浓缩，前处理步骤占整个分析时间60%以上，却对分析结果造成了高达30%以上的误差。而GPC技术作为一种可靠的样品净化手段，大大减少基质干扰，降低检出限，显著提高了农残分析前处理的效率[16,17]。

根据农药的极性不同，选择不同的提取溶剂。极性小的有机氯农药，选择极性相对较弱的溶剂，如正己烷等。极性较强的有机磷农药一般采用二氯甲烷、丙酮等提取。净化方法一般采用液-液萃取法和柱色谱法。液-液萃取法消耗溶剂量大，易形成乳状液，手工操作较为繁琐。柱色谱法常用Florisil柱吸附脂类等杂质，用低极性溶剂淋洗能定量回收脂溶性农药，是分析有机氯、菊酯类农药常用的方法。但是对于油脂含量较高的复杂基质，采用常规的液液萃取、柱色谱净化等方法不能将油脂除去，且操作步骤复杂。GPC技术较好地弥补了这些缺点，已经广泛应用在各种食品基质中，包括粮食、蔬菜、水果、茶叶等植物源性食品和一些动物源性食品[18,19]。对蔬菜、水果、茶叶等颜色较深的样品进行提取时，提取液中含有大量的色素，通过GPC净化能有效地将这些色素大分子与目标农药分离，获得较高的回收率，保证分析结果的准确性，并且有利于保护分析色谱柱，提高其使用寿命。

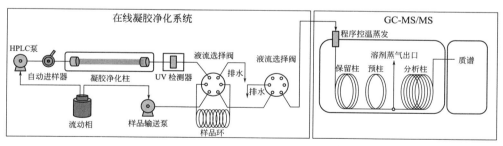

图6-13　在线凝胶净化系统示意图[9]

Zhu等[20]采用在线GPC净化技术分离检测茶叶中131种农药（包括有机氯、有机磷、有机氮、氨基甲酸酯、拟除虫菊酯、酰胺类化合物、脲类化合物、醚类化合物、酚类化合物、苯氧羧酸类、肼类、三唑类、杂环类、苯甲酸类）残留（图6-13）。该方法通过减少农药组分中的干扰化合物，实现了样品净化。研究表明，经GPC系统纯化后，脂肪含量降低到2.5%以下，方法检出限为$0.5\sim5.0g\cdot kg^{-1}$。该方法简单、快速、灵敏度较高，能满足农药分析的要求。

宋鑫等[21]建立了一种全自动凝胶渗透色谱-固相萃取净化-超高效液相色谱-串

联质谱法（GPC-SPE-UPLC-MS/MS），用于定量测定蔬菜中 3-羟基克百威、涕灭威、克百威、丁硫克百威、涕灭威砜、涕灭威亚砜、灭多威等 7 种氨基甲酸酯农药残留。蔬菜样品经乙腈提取，再经 GPC 和氨基固相萃取柱净化后，以乙腈-0.1％甲酸水溶液为流动相，经 Agilent Poroshell 120ec-C$_{18}$ 色谱柱分离，电喷雾串联质谱多反应监测模式（MRM）测定。结果 7 种氨基甲酸酯类农药在测定的范围内线性关系良好，方法检出限为 $0.12\sim0.31\mu\mathrm{g\cdot kg^{-1}}$。段建发等[22]建立了气相色谱测定鳗鱼中 11 种有机磷农药残留量的方法，样品用乙酸乙酯/环己烷溶液（1∶1，体积比）超声波辅助提取，采用 GPC 净化（图 6-14），采集所需馏分，浓缩干后用乙酸乙酯溶解定容，采用气相色谱检测分析，方法检出限为 $0.01\sim0.02\mathrm{mg\cdot kg^{-1}}$，方法回收率为 76.3％～106.8％。

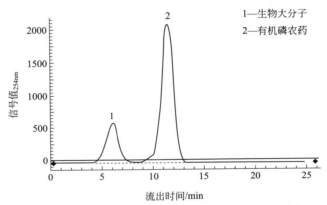

图 6-14　有机磷农药混标的凝胶色谱流出色谱图[22]

　　刘国平等[23]建立了 GPC 净化系统与气相色谱-串联质谱法检测 5 种食品（菜、大白菜、辣椒、猪肉、鱼肉）中 14 种有机磷和 7 种拟除虫菊酯类农药残留的方法。利用 GPC 作为样品前处理方法，用气相色谱与三重四极杆串联质谱（GC-MS/MS）检测并进行定性、定量分析。GPC 法和 QuEChERS 法净化对比如图 6-15 所示，从图 6-15 可以看出 QuEChERS 法处理的大白菜样品加标样图谱中，有些杂质峰［图 6-15（a）中 A、B、C、D、E 为杂质峰］与农残中目标物的色谱峰无法分离，干扰分析，通过改变色谱条件仍无法分离。GPC 法净化处理后样品中杂质峰较少，对 7 种拟除虫菊酯处理效果相对较好。同时 GPC 净化技术条件简单，易于确定，尤其适用于于大批量样品检测。

　　克霉唑（CLT）是咪唑衍生物，具有广谱抗真菌活性，不仅用于人类，还是用于动物的兽药，动物源性食品中 CLT 含量的检测是评价其食品安全性的重要环节。Han 等[24]通过加速溶剂萃取和 GPC 用于提取和净化动物源性食品（猪肉、鸡肉、牛肉、鱼、牛肾和鸡肝）中克霉唑残留，以及气体色谱-串联质谱（GC-MS/MS）用于定性和定量分析。回收率为 75.4％～109.3％，RSD≤7.2％，检出

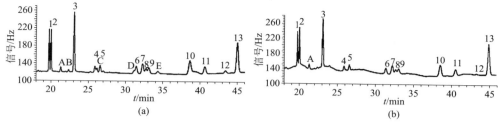

图 6-15　QuEChERS 法（a）和 GPC 法（b）处理白菜加标样图[23]

1—联苯菊酯；2—甲氰菊酯；3—功夫菊酯；4,5—氯菊酯；6,7,8,9—氯氰菊酯；

10,11—氰戊菊酯；12,13—溴氰菊酯；A～E—杂质峰

限为 $1.0\mu g\cdot kg^{-1}$。方法快速、准确、灵敏，可用于动物源性食品中克霉唑残留的测定。

Sun 等[25]开发了一种新的多残留分析方法，通过微波辅助萃取-凝胶渗透色谱-固相萃取-高分辨气相色谱串联质谱测定食用植物油中邻苯二甲酸酯。样品用甲醇在微波辅助下提取。使用 GPC 进行清洗，随后使用 C_{18} 固相萃取柱，在温度程序下用 HP-5MS 毛细管柱进行分离。采用串联质谱分析仪对洗脱液进行定性和定量分析。方法检出限为 $0.218\sim 1.367\mu g\cdot kg^{-1}$，检测限为 $0.72\sim 4.51\mu g\cdot kg^{-1}$，回收率为 $93.04\%\sim 104.6\%$，这种方法有可能克服大量脂质和色素的干扰，方法可灵敏、准确地测定高脂肪和复杂样品中的邻苯二甲酸酯残留。

香烟烟雾是一种含有极其复杂化学混合物的气溶胶流，已鉴定出 5,000 多种烟雾成分，其中大约 150 种已被发现是有毒物质。而 PAHs 是一种含有两个或多个稠合羧酸芳环的有机化合物，是一种高度稳定的污染物，通常存在于基质复杂的烟草烟雾的颗粒物中。Lian 等[26]使用 GPC 作为净化的新方法，通过 GC-MS/MS 联用来测量卷烟样品中 16 种 PAHs 的浓度。GPC 净化技术对我国卷烟主流烟气样品进行净化，能得到比传统固相萃取（SPE）更清洁的最终萃取物。Cotugno 等[27]使用 GPC 作为尺寸排阻净化技术，用于直接检测橄榄油样品中的 PAHs。该操作程序具有两个玻璃色谱柱和一个切换阀，可在不进行任何初步提取过程的情况下，去除橄榄油中的干扰分析物。与传统色谱系统相比，上样量增加了 7 倍，该方法检测橄榄油样品中 22 种 PAHs，检出限为 $0.15\sim 0.53ng\cdot g^{-1}$。

从含有相对较高脂肪化合物的复杂基质中提取疏水性农药并确保目标分析物的高回收率具有一定的挑战性，Wang 等[16]通过 GPC 净化技术结合高效液相色谱与三重四极杆串联质谱测定坚果中 8 种苯甲酰脲类杀虫剂，方法的检出限为 $0.6\sim 3.0\mu g\cdot kg^{-1}$，可以同时测定坚果和其他高脂肪含量食品样品中多种疏水性农药。

三、凝胶色谱净化技术在生物样品分析中的应用

生物样品基质复杂，被分析物组分的量很低，从复杂的生物样品中快速、准

确地提取、分离和富集目标分析物，并达到符合检测的要求，不仅需要高灵敏度的分析仪器，同时更离不开高效的样品前处理技术。通过样品前处理可去除大分子杂质的干扰、提高样品的浓度，使得分析结果更为准确。凝胶色谱净化技术在生物样品处理中具有很大应用前景。使用 GPC 净化不仅可有效去除生物样品中的脂类、色素和蛋白质等大分子干扰物，同时对目标化合物没有破坏，达到较好的回收率及重现性[28-30]。李鹏等[28]利用 GPC 去除脂肪并结合固相萃取净化，使用气相色谱-质谱联用仪测定人血清中 7 种磷酸三酯类化合物［磷酸三丁酯、磷酸三(2-氯)乙酯、磷酸三苯酯、磷酸三丁氧基乙酯、磷酸三邻甲苯酯、磷酸三间甲苯酯、磷酸三对甲苯酯］。凝胶色谱净化方法不仅对磷酸三酯类化合物的结构无破坏，而且可有效去除血清样本中的蛋白质和脂肪等基质干扰。

张炳谦等[30]利用凝胶色谱净化技术，建立 GPC-GC-MS 同时分析血中巴比妥类、吩噻嗪类、苯并二氮杂䓬类、三环类和其他安眠精神类药物的方法。采用 GPC 净化可以去除血液中大分子对检测的干扰，提高检测的灵敏度。血中 20 种安眠镇静药物提取率在 80.2%～99.3%之间，检出限小于 21.6ng·mL^{-1}；在 0.1～10μg·mL^{-1}浓度范围内线性关系良好，方法成功用于安眠镇静类药物误服中毒者和刑事案件中毒者血样的分析。

Jia 等[31]采用 GPC 净化技术人血清中提取有机污染物和粗脂质杂质。用正己烷和甲基叔丁基醚的混合物从人血清中提取有机污染物和粗脂杂质。采用由丙基乙二胺（PSA）和 C$_{18}$ 组成的分散吸附剂（PSA/C$_{18}$）粗略去除共萃取杂质。然后使用中性硅胶和中性氧化铝组合柱进行深度清理。与传统 GPC 相比，方法快速、简单、经济、有效、坚固和安全，还允许高效批量处理血清样品，能应用于流行病学研究。从实验结果可知，GPC 可以明显地去除掉血清样品中生物大分子对检测的干扰（图 6-16），该方法提高了检测的灵敏度和准确度。

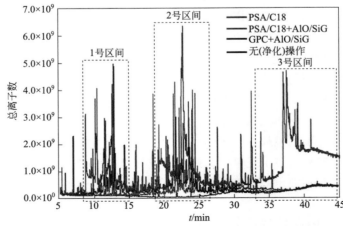

本图彩图

图 6-16　GC-MS/MS 获得的血清样品总离子色谱图（分别采用 PSA/C$_{18}$、
PSA/C$_{18}$＋AlO/Si 和 GPC ＋AlO/SiG 进行血清样品净化）[29]

Venkatesan 等[32]描述了一种 GPC 操作技术，用于从鱼肌肉组织中分离长链线性烷基苯（LAB）。鱼组织样品与十二烷基苯标准品在匀浆机混合，然后用 30mL 二氯甲烷提取 2min，上层清液倒入锥形瓶中重复提取两次。溶剂相通过无水硫酸钠柱（宽 3cm、长 10cm）的渗透，然后用溶剂冲洗两次，以确保从硫酸钠中完全去除有机化合物。溶剂在 40℃的旋转蒸发器中浓缩到 2mL，使用玻璃注射器将溶剂转移到 GPC 色谱柱净化。该方法可显著消除基质干扰，提高提取物中 LAB 的检测灵敏度。Ma 等[33]使用 GC-MS 开发了一种测定生物样品中 14 种有机磷阻燃剂（OPFR）的分析方法，包括卤化 OPFR、非卤化 OPFR 和氧化三苯膦。生物样品采用微波辅助萃取，己烷/丙酮（1:1，体积比）为溶剂，然后在 GC-MS 分析之前进行两步净化技术，即 GPC 结合 SPE。此外，使用相对狭窄的色谱柱（内径为 10mm）显著减少了洗脱体积，防止 OPFR 的挥发损失，特别是磷酸三甲酯（TMP）和磷酸三乙酯（TEP）。生物样品中 OPFRs 的方法检出限为 $0.006 \sim$ $0.021 \mathrm{ng \cdot g^{-1}}$。实验结果表明，所开发的方法能够有效去除脂质化合物并提取干扰物。肾素-血管紧张素系统是一个高度复杂的酶系统，由多种肽类激素、酶和受体组成。Shen 等[34]使用超高效液相色谱串联质谱同时检测人血清中 8 种血管紧张素肽和缓激肽。Sephadex LH-20 凝胶固相萃取的预浓缩方法应用于分析血清样品中的血管紧张素肽，通过三重四极杆质谱仪在正离子模式下运行，多反应监测用于药物定量。分析时间为 5min，大大提高了分析效率；检出限范围为 $0.9 \sim 1.3$ $\mathrm{pg \cdot mL^{-1}}$，与放射免疫分析相比显示出相同水平的灵敏度。这种基于凝胶固相萃取浓缩血管活性肽的新陈代谢组学研究不仅提供了准确的血清浓度定量分析，而且为评估各种肽的诊断价值提供了一种有前景的方法。转谷氨酰胺酶（TGase）是催化酰基转移和共价交联的酶，在许多工业上有应用，并且已经从各种来源中可获得纯化的 TGase。Razavian 等[35]在 Sephacryl S-200 HR 柱上通过凝胶过滤从牛肝提取物中纯化 TGase，在酶和 Ca^{2+} 存在下，n-羧苯氧基、L-谷氨酰基甘氨酸和羟胺作为底物结合 γ-谷氨酰基羟氨酸形成多肽。然后在三羧酸存在的情况下，与羟肟酸形成红色铁络合物。0.5mL 的柠檬酸、氯化铁和盐酸溶液被用来终止反应，随即在 525nm 处测定上层清液的吸光度。并根据其对不同温度、pH 值和盐浓度的响应来检测该酶，发现 TGase 的纯化产率为 36.7%，分子质量为 74kDa，具有高 pH（pH 8）和最佳的温度（45℃）。

总之，凝胶色谱净化技术作为一种高效的样品前处理技术，已经在复杂样品分析中得到应用和发展，能够有效去除大分子样品尤其是生物样品中的杂质，提高检测的灵敏度和准确性。该技术分离效率高，随着仪器技术的发展，自动化的凝胶色谱净化装置必将成为凝胶色谱净化技术的发展方向。同时，在面对日益复杂样品的分析，开发一些具有特异性净化效果的凝胶填料也将是凝胶色谱净化技术发展方向之一。凝胶色谱净化技术的发展将更紧密地交织在今后的生物样品研究之中。

参考文献

[1] 李洪波, 王绪卿. 国外医学(卫生学分册), 1991(1): 22.

[2] Pang G F, Cao Y Z, Zhang J J, et al. J Chromatogr A, 2006, 1125(1): 1.

[3] 朱观良, 王臻, 吴诗剑, 等. 环境监测管理与技术, 2012, 24: 47.

[4] 纪欣欣, 石志红, 曹彦忠, 等. 分析测试学报, 2012, 28: 1433.

[5] 施良和. 凝胶色谱法. 北京: 科学出版社, 1980.

[6] 李攻科, 胡玉玲, 阮贵华, 等. 样品前处理仪器与装置. 北京: 化学工业出版社, 2007.

[7] Porath J, Flodin P. Nature, 1959, 183(4676): 1657.

[8] Presta M A, Kolberg D I S, Wickert C, et al. Chromatographia, 2009, 69: 237.

[9] Luo Y B, Chen X J, Zhang H F, et al. J Chromatogr A, 2016, 1460: 16.

[10] Li H Y, Bai Y, Yang Q W, et al. ACS Omega, 2021, 6(8): 5318.

[11] Sawatsubashi T, Tsukahara C, Baba K, et al. J Chromatogr A, 2008, 1177(1): 138.

[12] Zhu H M, Zheng R H, Wang X F, et al. Anal Lett, 2015, 48: 2172.

[13] Biver T, Bianchi S, Carosi M R, et al. Mar Pollut Bull, 2018, 136: 269.

[14] 车金水, 赵紫珺, 余翀天. 环境化学, 2016, 35: 1543.

[15] Song C L, Li H Y, Yu Y K, et al. RSC Adv, 2019, 9(17): 9421.

[16] Wang J J, Zhang T T, Gong Z G, et al. Food Anal Method, 2017, 10(9): 3098.

[17] Cai H M, Shang G Z, Zhang J Z, et al. Anal Methods, 2015, 7: 9026.

[18] GB/T 5009. 146-2008.

[19] GB/T 5009. 19-2008.

[20] Zhu B Q, Xu X Y, Luo J W, et al. Food Chem, 2019, 276: 202.

[21] 宋鑫, 王芹, 杭学宇. 中国卫生检验杂志, 2015, 25: 3820.

[22] 段建发, 林隆强, 林文华, 等. 现代食品科技, 2012, 28: 1400.

[23] 刘国平, 黄诚, 薛荣旋, 等. 中国食品卫生杂志, 2014, 26: 366.

[24] Han C, Hu B Z, Jin N, et al. Lwt-Food Sci Technol, 2021, 144: 111248.

[25] Sun H W, Yang Y L, Li H, et al. J Agr Food Chem, 2012, 60(22): 5532.

[26] Lian W L, Ren F L, Tang L Y, et al. Microchem J, 2016, 129: 194.

[27] Cotugno P, Massari F, Aresta A, et al. J Chromatogr A, 2021, 1639: 461920.

[28] 李鹏, 李秋旭, 马玉龙, 等. 分析化学, 2015, 43: 1033.

[29] 田国刚, 应剑波, 李晓飞, 等. 刑事技术, 2008, 3: 23.

[30] 张炳谦, 王国强, 孙桂进, 等. 中国法医学杂志, 2013, 28: 327.

[31] Jia X Q, Yin S J, Xu J H, et al. Environ Pollut, 2019, 251: 400.

[32] Venkatesan M I, Northrup T, Phillips C R. J Chromatogr A, 2002, 942(1-2): 223.

[33] Ma Y Q, Cui K Y, Zeng F, et al. Anal Chim Acta, 2013, 786: 47.

[34] Shen Y, Liu M Y, Xu M Y, et al. J Sep Sci, 2019, 42(13): 2247.

[35] Razavian S M H, Kashfi A, Khoshraftar Z. Appl Biol Chem, 2020, 63(1): 6.

CHAPTER 7

样品衍生化技术

衍生化法是一种采用衍生反应把分析物转化成类似化学结构物质的化学转换样品前处理方法。化学衍生法是衍生化的一种重要方法，其借助化学反应将分析物接上某种特定基团，从而改善其分离效果和检测灵敏度。分析物参与衍生反应生成新的衍生物，其溶解度、沸点、熔点、聚集态等理化性质均会发生变化，使其更适合于特定分析过程，在仪器分析尤其是色谱分析中被广泛应用。化学衍生化法有多种分类方式，在色谱分析中根据衍生化反应发生的空间顺序不同可分为柱前衍生化（Pre-column derivatization）、柱上衍生化（On-column derivatization）和柱后衍生化（Post-column derivatization）三种。其中柱上和柱后衍生化这两种衍生方式都是分析物进入检测器前的分析动态过程中进行衍生化反应，不属于样品处理范畴。柱前衍生化实际上是在样品前处理过程中加入试剂进行衍生化反应，是最先发展起来的衍生化方法。它可方便控制衍生化条件、自由选择衍生化试剂，所需仪器设备简单，同时还可通过前处理有效地去除衍生化副产物对分析过程的干扰。但是，柱前衍生往往耗时较长、步骤烦琐，易引入杂质或干扰物质，一些不稳定的分析物可能在衍生化过程中损失。目前常见的柱前衍生化一般与萃取分离等前处理方法结合，故柱前衍生化又可以进一步分为萃取前衍生化（Pre-extraction derivatization）、萃取后衍生化（Post-extraction derivatization）和原位衍生化（In-situ derivatization）。萃取前衍生化是萃取前在样品或供体相中进行，有较高的分配系数，能提高后续分离的效率。如果衍生化反应可能对分析物造成不利影响导致无法进行预萃取，则需要萃取后再衍生化。原位衍生化可在样品基质中衍生化分析物，将萃取和衍生化同时进行，可以大幅度提高样品处理效率[1]。本章重点介绍柱前衍生化技术。

第一节 衍生化的目的与条件

一、衍生化的目的

① 将一些不适合某种色谱技术分析的化合物转换成可以用该种色谱技术分析的衍生物。如某些高沸点、不汽化或热不稳定的化合物不能用气相色谱分析，通过衍生化转化成可以汽化的或热稳定的衍生物，然后再用气相色谱分析。

② 提高灵敏度（降低方法检出限）。如液相色谱的紫外检测器灵敏度很高，但很多化合物没有紫外吸收或紫外吸收很弱，可以通过衍生化反应给这些化合物接上一个有强紫外吸收的基团，降低这些化合物的检出限。又如气相色谱的电子捕获检测器对含卤素的化合物有很高的灵敏度，可以通过衍生化反应将一些化合物接上卤素基团，降低这些化合物的检出限。

③ 改善化合物的色谱性能，改善分离度。如一些异构体在色谱上很难分离，通过衍生化反应，使两个异构体生成的衍生物色谱性能产生较大差异而得到分离。对一些难分离的物质也可以选用某些衍生物试剂，只使其中一个发生衍生化反应转换成衍生物，两者可得到分离。

④ 利用衍生化反应可以帮助鉴定化合物结构，这点在色谱-质谱、色谱-红外光谱和色谱-核磁共振波谱联用方法确定化合物结构时作用更加明显。

不同模式的色谱技术，其柱前衍生化的目的有不同的侧重，气相色谱中柱前衍生化主要是改善目标化合物的挥发性；而液相色谱和薄层色谱中柱前衍生化的主要目的是改善检测能力。所以不同模式的色谱柱前衍生化的方法和所用的衍生化试剂也略有不同。

二、衍生化条件

柱前衍生化使用的衍生化反应需满足以下几个条件：

① 反应能迅速、定量地进行，反应重复性好，反应条件不苛刻，容易操作。

② 反应的选择性高，最好只与目标化合物反应，即反应要有专一性。

③ 衍生化反应产物只有一种，反应的副产物和过量衍生化试剂应不干扰目标化合物的分离与检测。

④ 衍生化试剂应方便易得，通用性好。

总之，柱前衍生化可以扩大色谱分析的应用范围，使色谱分析的结果能更加令人满意，是色谱样品前处理的一个重要方法。

第二节 气相色谱中常用的柱前衍生化方法

气相色谱适用的分析目标物需要具有一定的挥发性和热稳定性，通过适当的衍生化方法可以改变分析物的挥发性和热稳定性，从而使原本不适合 GC 分析的物质可以使用 GC 分析，拓展了 GC 的分析检测范围。这些衍生化前处理方法主要有硅烷化、烷基化、酰基化、酯化等方法[2]。

一、硅烷衍生化方法

这是 GC 分析中应用最多的衍生化方法，利用质子性化合物（如醇、酚、酸、胺等）与硅烷化试剂反应，形成挥发性的硅烷衍生物，其反应式为：

$$R_3Si—X + H—R' \longrightarrow R_3Si—R' + H—X \tag{7-1}$$

含有活泼氢的目标物几乎都能与硅烷化试剂发生衍生化反应，许多挥发性弱或热稳定性差的羟基化合物经过硅烷化衍生反应后都能采用 GC 进行分析。常见的硅烷化试剂包括 N-三甲基硅乙酰胺、N-甲基-N-三甲基硅三氟乙酰胺、N-三甲基硅环丙二胺氮、N-三甲基硅二乙基胺、三甲基氯硅烷、二甲基氯硅烷、氯甲基二甲基氯硅烷、六甲基二硅胺、N,O-双三甲基硅三氟乙酰胺、三甲基硅咪唑等，其中最常用的是三甲基硅衍生化试剂。不同目标物的硅烷化衍生活性不尽相同，一般的硅烷化衍生活性如下：醇＞酚＞羧酸＞胺＞酰胺。反应活性还受空间位阻的影响，其中醇的反应活性为伯醇＞仲醇＞叔醇；胺的反应活性为伯胺＞仲胺。

硅烷衍生化试剂易于制备、色谱性能好。通过硅烷衍生化方法产生的衍生化产物热稳定好、挥发性强，可直接进行 GC 分析，最大限度节省样品制备时间。如以双（三甲基硅基）三氟乙酰胺（BSTFA）作为气相色谱-质谱法（GC-MS）柱前原位衍生化试剂分析水中 3-氯酚、2,6-二氯酚和 2,4,5-三氯酚等 5 种氯酚类化合物时，通过 BSTFA 的三甲基硅烷基与酚羟基上的活泼氢发生取代反应，提高了氯酚类化合物的检测灵敏度，检出限在 $14.8 \sim 22.9 ng \cdot L^{-1}$ 之间[3]。而采用 N-甲基-N-（三甲基硅烷）三氟乙酰胺（MSTFA）作为衍生化试剂[4]，利用三甲基硅基团（TMS）与极性化合物中不稳定的氢原子反应生成挥发性和热稳定的衍生化产物，用其检测高血压患者血浆中美托洛尔的检出限低至 $5.0 ng \cdot mL^{-1}$。虽然硅烷衍生反应可以提高待测物的灵敏度和稳定性，但硅烷衍生化反应条件苛刻，衍生化试剂及产物在水和酸环境下不稳定、易分解，因此衍生化过程需要在无水条件下进行，衍生化试剂也需要真空防水保存。此外，衍生化产物采用火焰离子化检测器（FID）检测时由于氧化硅的沉积，容易污染 FID 检测器。

二、烷基衍生化方法

这是一种采用带有卤素或易离去基团的烷基化试剂与目标物中的酸性氢反应，形成相应的醚、酯、硫醚等挥发性衍生物，以适用于后续 GC 分析的前处理方法，基本反应式为：

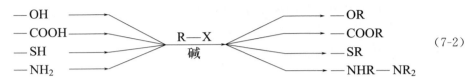

$$(7\text{-}2)$$

目前常用的烷基衍生化前处理方法包括重氮烷烃烷化、烷基卤化物烷化、季铵盐-热解烷基化等。重氮烷烃烷化方法主要采用重氮甲烷、三甲硅基重氮甲烷、五氟苯基重氮甲烷等烷基化试剂与羧酸、磺酸、酚、烯醇等目标物反应，以提高待测物的热稳定性和挥发性。其中重氮甲烷应用最为广泛，衍生条件温和、反应迅速、无副产物。如用重氮甲烷对除草剂甲磺隆在乙酸乙酯介质中进行甲基化衍生[5]，然后用 GC 法测定土壤中甲基甲磺隆残留量，甲基甲磺隆的检出限为 $0.1\mu g\cdot mL^{-1}$，回收率高于 70%。但是，这种衍生化反应要在非水介质中进行，毒性较大且不易储存，制备时有发生爆炸的危险，制备和使用时要特别小心。三甲硅基重氮甲烷安全性较高，但其衍生反应速率及产率低于重氮甲烷，且易形成三甲基硅的副产物，易对后续分离分析过程产生干扰。五氟苯基重氮甲烷一般用于前列腺素类化合物的衍生反应，其衍生化产物可采用气相色谱-电子捕获检测（GC-ECD）及 GC-MS 进行分析。烷基卤化物烷化方法主要采用低分子量脂肪卤化物（如 CH_3I 等）、苄基和取代苄基溴化物等为代表的衍生化试剂，通过在有机介质中反应、相转移反应及固相萃取衍生等途径与待测物进行衍生化反应。其中，五氟苄基溴常用于固相萃取衍生过程，CH_3I 是相转移反应中常用的衍生化试剂。季铵盐-热解烷基化方法采用衍生化试剂的甲醇溶液与含有待测物的样品溶液直接混合后注入 GC 的进样口，通过热解过程产生烷基化衍生物。该方法衍生效率高，但腐蚀性强，存在损坏色谱柱的风险。

在 GC-MS 分析测定血浆和组织中多氯联苯时，将碘丙烷作为衍生试剂与目标物生成羟基多氯联苯丙基衍生物，可有效避免因高活性羟基基团对血浆和组织样品中多氯联苯的干扰，检出限分别为 $0.1\sim0.5ng\cdot mL^{-1}$ 和 $0.1\sim0.5ng\cdot g^{-1}$[6]。非甾体类抗炎药一般难挥发、热稳定性差，需要通过衍生化方法转化为易挥发、热稳定性好的衍生物才可利用 GC 分析。如以三甲硅基重氮甲烷（TMSD）作为衍生剂，采用 GC 法检测环境介质中布洛芬、酮洛芬和萘普生酸性药物非甾体抗炎药，方法简单快速、高效灵敏，检出限分别为 $2.0ng\cdot g^{-1}$、$4.0ng\cdot g^{-1}$ 和 $4.0ng\cdot g^{-1}$[7]。

三、酰基衍生化方法

酰基衍生化前处理方法是采用衍生试剂的酰基取代极性化合物中的活性氢，通过羧酸或共衍生物的作用将含有活泼氢的化合物转化为酯、硫酯或酰胺，其基本的酰基化衍生反应式为：

$$\left. \begin{array}{l} RNH_2 \\ ROH \\ RSH \end{array} \right\} + (R'CO)_2O(或R'COX) \longrightarrow \begin{array}{l} RNHCOR' \\ ROCOR' + H_2O(或HX) \\ RNHCOR' \end{array} \qquad (7-3)$$

酰基化能降低含羟基、氨基、巯基目标物的极性，提高这些目标物的挥发性，同时增加某些易氧化化合物（如儿茶酚胺等）的稳定性，最终减少分析物色谱分离过程中的拖尾现象，改善其色谱性能。若酰化时引入含有卤离子的酰基时，还可提高使用电化学检测器（ECD）的检测灵敏度。其中乙酰化和多氟酰化是两类常用的 GC 衍生化前处理方法。

标准的乙酰化法是将样品溶于氯仿中，与乙酸酐和乙酸在一定的温度下反应后，真空除去剩余试剂。乙酸钠常用作以乙酸酐为衍生化试剂的乙酰化反应催化剂，用于糖类分析。吡啶、三乙胺、甲基咪唑等也可作为碱性催化剂。乙酰化衍生反应通常在非水介质中进行，但胺类和酚类化合物乙酰化时可在水溶液中进行。以乙酸酐作为乙酰化衍生试剂，以四氯乙烯为萃取剂，Cunha 等[8]建立了一种结合分散液-液微萃取（DLLME）和 GC-MS 法测定人体尿液中双酚 A（BPA）和双酚 B（BPB）游离量和总含量的快速检测新方法，BPA 和 BPB 的检出限均为 $0.1\mu g\cdot L^{-1}$。

多氟酰化法常采用三氟乙酰（TFA）、五氟丙酰（PFP）和七氟丁酰（HFB）为衍生化试剂，其反应活性从大到小依次为 TFA＞PFP＞HFB。TFA 和 PFP 的衍生物挥发性强，而 HFB 衍生物的 ECD 检测灵敏度高。多氟酰化反应的时间既取决于多氟酰化试剂的活性，也取决于分析物的反应活性。同时，大部分多氟酰化反应不需要溶剂，但也有些需要在溶剂中进行，有时还需要加入催化剂。如胺和酸的多氟酰化反应常以苯为溶剂，三乙胺为催化剂；糖类的三氟乙酰化是在三氯甲烷溶剂中，以吡啶为催化剂进行的。Peláez 等[9]通过比较硒代氨基酸的两种不同衍生化方法，发现先使用异丙醇酯化硒代氨基酸的羧基，再用 TFA 与氨基进行酰化的方法相对于另一种同时进行酯化和酰化步骤的方法具有更高的灵敏度和选择性，用气相色谱-电感耦合等离子体质谱（GC-ICP-MS）进行检测时可提供更稳定的衍生化产物和本底更干净的色谱图。

四、酯化衍生化方法

酯化衍生化方法也是 GC 分析过程中常用的衍生化方法，其主要分析物为有机酸。大多数有机酸极性较强、挥发性差、热稳定性亦不高，采用 GC 分析时容易产生严重的拖尾现象。因此，许多有机酸（特别是长碳链的有机酸）在进行 GC 分析之前需要采用酯化试剂衍生为相应的酯，常用的酯化衍生前处理方法包括甲醇法、重氮甲烷法等。

甲醇法采用甲醇与有机酸在催化剂的存在下加热发生酯化反应，生成有机酸甲酯，其反应式为：

$$RCOOH + CH_3OH \xrightarrow[\triangle]{\text{催化剂}} RCOOCH_3 + H_2O \tag{7-4}$$

可采用硫酸、盐酸或三氟化硼作为酯化反应的催化剂。当使用硫酸或盐酸作催化剂时，反应需要回流，耗时较久；若采用三氟化硼作催化剂，反应可在室温下完成。通常是将三氟化硼通入甲醇中配制酯化剂，然后再进行酯化反应。

重氮甲烷法采用重氮甲烷与有机酸反应，生成有机酸甲酯，同时释放出氮气。

$$RCOOH + CH_2N_2 \longrightarrow RCOOCH_3 + N_2 \uparrow \tag{7-5}$$

此法简便有效，反应速率快，转化率高，副反应少，不引入杂质，但反应要在非水介质中进行。Clark 等[10] 以重氮甲烷作为甲酯化衍生化试剂，用 GC 分析了烟草中乙酸、异戊酸、戊酸、3-甲基戊酸、苯甲酸和苹果酸等 40 种有机酸。除了甲酯化衍生化方法，为了提高分析方法的灵敏度和选择性，也可采用重氮乙烷、重氮丙烷等代替重氮甲烷制备其他的酯类，这些试剂稳定性好、爆炸性小，是重氮类酯化反应的优选衍生化试剂。

五、卤化衍生化方法

该法采用卤化试剂与分析物衍生反应，在分析物中引入卤原子，改善分析物的挥发性和稳定性，同时使含卤分析物可以采用 GC-ECD 法进行分析，提高了检测的灵敏度和选择性。常见的卤化衍生化方法包括卤素法、卤化氢法及 N-溴代丁二酰亚胺法（NBS）等。

卤素法采用卤素直接作为衍生化试剂与分析物反应，通过加成或取代反应，在目标物中引入卤原子［如式（7-6）～式（7-9）］。

$$RCH = CH_2 + Cl_2 \longrightarrow RCHClCH_2Cl \tag{7-6}$$

$$RCH = CHR \xrightarrow{Br_2} BrCR = CBrR \xrightarrow{Br_2} RBr_2C\text{—}CBr_2R \tag{7-7}$$

$$\bighexagon \xrightarrow[Fe]{Cl_2} \bighexagon\text{—}Cl + Cl\text{—}\bighexagon\text{—}Cl \tag{7-8}$$

$$CH_3COOH \xrightarrow[Hr]{Cl_2, P} ClCH_2COOH \tag{7-9}$$

卤化氢法常用氯化氢和溴化氢为衍生化试剂，与含有不饱和碳链的分析物发生加成或羟基置换反应，从而在目标分析物中引入卤原子［如式（7-10）～式（7-12）］。

$$RCH{=}CH_2 \xrightarrow{HX} RCHXCH_3 \qquad (7\text{-}10)$$

$$RCH_2OH \xrightarrow[ZnCl_2]{HX} RCH_2X + H_2O \qquad (7\text{-}11)$$

$$RCH\underset{O}{-}CHR' \xrightarrow{HX} RCHOHCHXR' \quad (X{=}Cl,Br) \qquad (7\text{-}12)$$

N-溴代丁二酰亚胺法采用选择性很高的 NBS 为衍生化试剂，使分析物中烯丙位的氢原子发生溴代反应，从而在分析物中引入卤原子［如式（7-13）和式（7-14）］。

$$\diagdown C{=}C{-}C{-}\underset{H}{|} \xrightarrow{NBS} \diagdown C{=}C{-}C{-}\underset{Br}{|} \qquad (7\text{-}13)$$

$$\bigcirc{-}CH_3 \xrightarrow{NBS} \bigcirc{-}CH_2Br \qquad (7\text{-}14)$$

Yamini 等[11]采用 DLLME-GC-ECD 联用法测定水样中微量丙烯酰胺。该方法是基于在 KBr、HBr 和饱和溴溶液存在下丙烯酰胺发生衍生反应生成 2,3-二溴丙酰胺，经过 DLLME 萃取后进行分析检测，丙烯酰胺的检出限达 $1.0ng \cdot L^{-1}$。与其他检测方法相比，该方法具有简单、快速、成本低和精密度高的优点。

第三节　液相色谱中常用的柱前衍生化方法

高效液相色谱法（HPLC）是当代分离分析领域的重要仪器方法，HPLC 可与多种检测器联用，适用面广，但若分析目标物与检测仪器不匹配，将无法获得检测信号及分析结果。如液相色谱中荧光检测器（Fluorescence detector，FLD）的灵敏度比紫外检测器（Ultraviolet detector，UV）的高几个数量级，但是多数分析物不具有荧光特征，无法用 FLD 检测而损失灵敏度。若采用荧光衍生试剂对样品进行前处理，在分析物上标记上荧光基团，则可以获得更高的检测灵敏度。在 HPLC 分析中，采用特殊的化学试剂对分析物中某个原子、原子团或官能团进行标记，使其具有某一特点的分析化学响应，以适应后续的分离分析过程，这种化学标记就是最常见的 HPLC 衍生化样品前处理方法。它根据不同的衍生化反应类别，主要分为紫外衍生化、荧光衍生化、电化学衍生化、手性衍生化等[2]。

一、紫外衍生化方法

UV 检测器是最常见的一种 HPLC 检测器，但很多化合物因无紫外吸收而无法检测。将它们与带有紫外吸收基团的衍生试剂在一定条件下发生反应，使衍生化产物带有发色基团而能被紫外检测的方法称为紫外衍生化方法。衍生化试剂中需含有强的紫外生色团，如 C≡C、C≡O、N≡N、NO_2、C≡S 等，见表 7-1。若衍生化试剂分子结构中含有与生色团相连的—OH、—NH_2、—OR、—SH、—SR、—Cl、—Br、—I 等助色基团时，能使该生色团的吸收峰向长波方向移动，并使吸收强度增加。

表 7-1　常用的紫外衍生基团

基团名称	结构式	最大吸收波长 (λ_{max}/nm)	摩尔吸收系数 (ε_{254})
2,4-二硝基苯基		—	$>10^4$
苯甲基		254	200
对硝基苯甲基		265	6200
3,5-二硝基苯甲基		—	$>10^4$
苯甲酸酯基		230	<1000
对甲基苯甲酰基		236	5400
对氯苯甲酸酯基		236	6300
对硝基苯甲酸酯基		254	$>10^4$

续表

基团名称	结构式	最大吸收波长 (λ_{max}/nm)	摩尔吸收系数 (ε_{254})
对甲氧基苯甲酸酯基		262	1.6×10^4
苯甲酰甲基		250	约 10^4
对溴苯甲酰甲基		260	1.8×10^4
α-萘甲酰甲基		248	1.2×10^4

　　大多数紫外衍生反应来自经典的光度分析和有机定量分析，新的衍生化反应和衍生化试剂是随液相色谱发展而发展的，这些反应的原理都来自有机合成，所以要求操作者对有机合成有所了解。但是，由于液相色谱所需样品量小（通常为毫克级别），因此需采用小型或微型反应容器进行衍生化反应，其过程类似微量有机合成反应。紫外衍生化反应要选择反应产率高、重复性好的反应。过量试剂和试剂中的杂质如果干扰下一步的色谱分离和分析过程，则需要在 HPLC 分析前进行纯化分离，同时需要注意反应溶剂及其他介质对紫外吸收的影响和干扰。下面介绍几种常见的紫外衍生化反应。

　　① 苯甲酰化法　苯甲酰氯及其衍生物，如对硝基苯甲酰氯、3,5-二硝基苯甲酰氯和对甲氧基苯甲酰氯等，都可以与胺、醇及酚类化合物反应，生成强紫外吸收的苯甲酸酯类衍生物 [如式（7-15）]。

$$\text{(7-15)}$$

　　过量的试剂可通过水解除去，衍生化产物采用有机试剂提取后直接进样，该法的衍生化试剂消耗少，样品制备过程简单、效率高。如以苯甲酰氯为衍生化试剂，软啤酒样品中生物胺的检出限为 $0.02\sim0.09\mu g\cdot mL^{-1}$。

② 2,4-二硝基氟代苯法　2,4-二硝基氟代苯（DNFB）与醇的反应产率很低，但可与大多数伯胺、仲胺和氨基酸反应，生成具有强紫外吸收的苯胺类衍生产物〔如式（7-6）〕。

$$\text{（2,4-二硝基氟苯）} + RNH_2 \longrightarrow \text{（苯胺类衍生物）} + HF \tag{7-16}$$

Zhang 等[12]以 DNFB 为衍生化试剂，结合快速液相色谱法分析大鼠血浆中 23 种氨基酸，10min 内即可得到很好的分离。与传统的 HPLC 法相比，该法简单、高效、成本低。

③ 苯基磺酰氯法　苯基磺酰氯亦可与大多数伯胺、仲胺反应，甲苯基磺酰氯更可与多氨基化合物反应，生成具有强紫外吸收的苯磺酰胺类衍生产物，不仅能提高检测灵敏度，还可以改善 HPLC 的分离度〔如式（7-17）〕。

$$\text{（苯基硫酰氯）} + RNH_2 \longrightarrow \text{（苯基硫酰胺）} + HCl \tag{7-17}$$

④ 酯化法　有机酸容易与酰溴反应生成酯，因此可采用酰溴衍生化试剂对有机酸进行酯化反应，生成具有紫外吸收的酯类衍生物〔如式（7-18）〕。

$$\text{（萘甲酰溴）} + HOOCR \longrightarrow \text{（萘甲酸酯）} + HBr \tag{7-18}$$

常用的酰溴基试剂有苯甲酰溴、萘甲酰溴、甲氧基苯甲酰溴、对溴基苯甲酰溴和对硝基苯甲酰溴等。酯化反应一般在乙腈、丙酮或四氢呋喃等极性溶剂中进行，有时需要添加催化剂，如冠醚加钾离子、三乙胺或 N-二异丙基胺等。

腐胺、尸胺、亚精胺和精胺是一类低分子有机胺和脂肪族结构，它们与植物的生长发育等生物过程息息相关，同时多胺含量与人体健康也有重要联系。Pinto 等[13]结合超声波辅助方法用 3,5-二硝基苯甲酰氯对腐胺、尸胺、亚精胺和精胺目标物进行衍生化处理，使其生成强紫外吸收的苯甲酸酯类衍生物，然后经动态液-液微萃取后用 HPLC 进行测定，方法用于 6 种不同类型的食品定量分析结果表明，线性范围介于 $0.5\sim10mg\cdot L^{-1}$，回收率在 $81.7\%\sim114.2\%$ 之间。该方法具有广泛的适用性，且操作简单、高效、灵敏度高。

⑤ 苯基异硫氰酸酯法　苯基异硫氰酸酯（PITC）法一般用于氨基酸的紫外衍生化前处理过程，采用 PITC 与氨基酸反应，生成苯基己内酰硫脲衍生物〔如式（7-19）〕，PITC 也可与醇类反应生成苯基甲酸酯，反应如式（7-20）。

$$H_2N-\overset{\overset{\displaystyle R}{|}}{\underset{\underset{\displaystyle H}{|}}{C}}-COOH \xrightarrow{\text{PITC}} C_6H_5-N-\overset{\overset{\displaystyle S}{\|}}{C}-N-\overset{\overset{\displaystyle R}{|}}{C}HCOOH$$

$$\text{(7-19)}$$

$$\underset{\text{C}_6\text{H}_5}{} + \text{ROH} \longrightarrow \text{(7-20)}$$

以 PITC 为衍生化试剂，采用 HPLC 法分析海菜中氨基酸的衍生化产物苯胺硫甲酰基氨基酸，方法精度好、灵敏度高，能同时分析海藻中 16 种氨基酸，可实际应用于食用海藻或其他植物产品的氨基酸分析[14]。

⑥ 羰基化合物衍生法　采用 2,4-二硝基苯肼（DNPA）为衍生化试剂，在弱酸性条件下与醛、酮类分析物中的羰基进行衍生化反应，生成苯腙衍生物反应如式（7-21）；也可以采用对硝基苄基羟胺（PNBA）为衍生化试剂，在碱性催化剂条件下，与羰基化合物反应，生成具有强紫外吸收的肟，反应如式（7-22）。

$$\text{(7-21)}$$

$$\text{(7-22)}$$

二、荧光衍生化方法

在 HPLC 法中，荧光检测器是一种高灵敏度、高选择性的检测器，其灵敏度要比紫外检测器高 10～1000 倍。能产生荧光的物质分子结构需具有长共轭结构，如含有芳香环或杂环，同时分子需有刚性和共平面，因此许多化合物不具有荧光特性而无法采用荧光检测。荧光衍生化方法通常是采用荧光衍生化试剂与目标化合物在一定条件下发生反应，使衍生化产物带有荧光基团的样品前处理方法。荧光衍生化试剂的分子结构通常包括取代基、发色团或荧光团、反应基团三个部分，不同的分析物需要采用特定的荧光衍生化试剂。这些衍生物的荧光激发波长范围

350～370nm，发射波长范围为 490～540nm，具体取决于目标分析物和测定时使用的溶剂。由于荧光衍生物的激发波长和发射波长与荧光衍生试剂一般不同，即使有过量的试剂或有反应副产物存在，也不会干扰荧光衍生物的检测，因此荧光衍生反应不需要纯化衍生物，可以直接进样分析。

常见的胺类荧光衍生化试剂包括芳香邻二醛类、异硫氰酸酯类、酰氯类、磺酰氯类、羰酰氯类、活性卤类化合物等。邻二醛类是最常用的一类胺类荧光衍生剂，通过相邻两个醛基与胺基的缩合成环反应，最终形成有强荧光特性的衍生物，用于后续荧光检测，反应如式（7-23）。

$$\text{(7-23)}$$

伏马菌素（FB）是串珠镰刀菌产生的水溶性代谢产物，这一类由不同多氢醇和丙三羧酸组成的结构类似的双酯化合物，可导致动物和人类致命的疾病。由于 FB 缺少荧光发光基团，采用荧光检测前需对其进行衍生化处理。Kong 等[15]基于 HPLC-FLD 法，以邻苯二甲醛（OPA）和 2-巯基乙醇（2-ME）为衍生试剂建立了一种测定 FB1 和 FB2 毒素的方法。方法重现性好、可靠性强，能广泛测定食用香料和芳香草药中 FB1 和 FB2 毒素检测，检出限为 $40\mu g \cdot kg^{-1}$。

常见的醇、酚类荧光衍生试剂主要有羰基氯类、磺酰氯类及卤代三嗪类试剂（图7-1）。

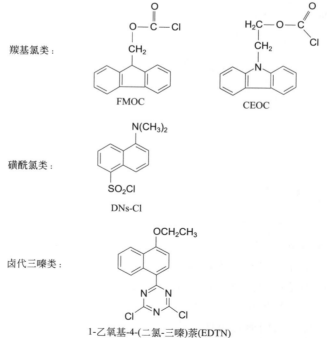

图 7-1 常见的醇、酚类荧光衍生试剂及其结构

常见的羰基化合物荧光衍生试剂主要有肼类、氨基类衍生化试剂（图 7-2）。以丹磺酰肼（DNSH）为衍生剂，在三氟乙酸催化下，α-酮戊二酸（KG）和羟甲基糠醛（HMF）与 DNSH 的羰基发生衍生化反应，结合 HPLC 同时测定人血浆中 KG 和 HMF，方法灵敏度高、分离效果好、选择性好，检出限在 pmol 范围[16]。

肼类：

DNs-H

CEOC-H

氨基类：

氨基甲基芘

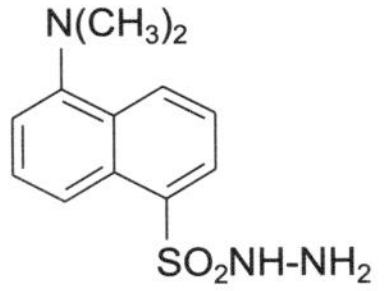

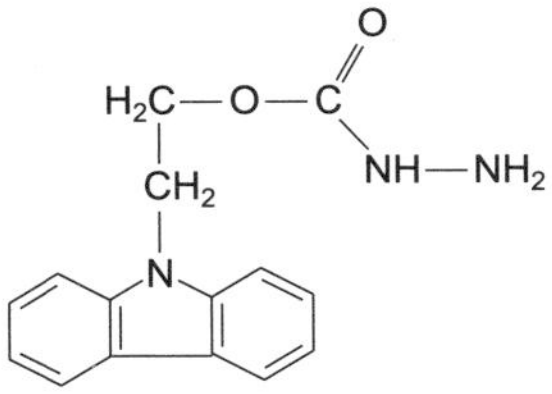

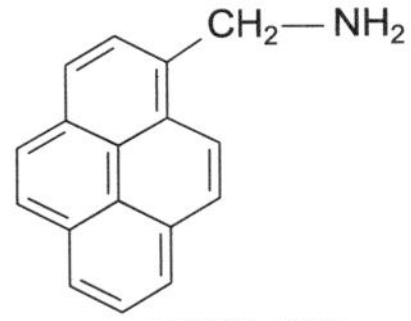

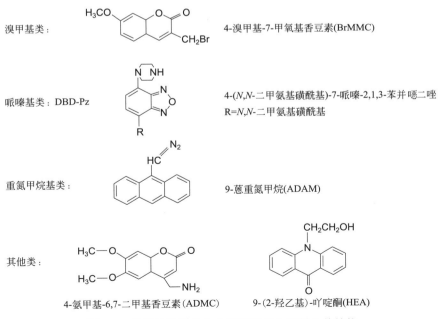

图 7-2 常见的羰基化合物荧光衍生试剂及其结构

常见的羧酸类化合物荧光衍生试剂主要有溴甲基类、哌嗪基类、重氮甲烷基类衍生化试剂（图 7-3）。将 9-蒽基重氮甲烷（ADAM）作为衍生试剂，ADAM 和

溴甲基类：

4-溴甲基-7-甲氧基香豆素(BrMMC)

哌嗪基类：DBD-Pz

4-(*N*,*N*-二甲氨基磺酰基)-7-哌嗪-2,1,3-苯并噁二唑
R=*N*,*N*-二甲氨基磺酰基

重氮甲烷基类：

9-蒽重氮甲烷(ADAM)

其他类：

4-氨甲基-6,7-二甲基香豆素(ADMC)

9-(2-羟乙基)-吖啶酮(HEA)

图 7-3 常见的羧酸类化合物荧光衍生试剂及其结构

羧基的结合提高了脂肪酸的疏水性，从而可以利用 HPLC-FLD 法定量测定希腊贻贝中海洋毒素冈田酸（OA）的含量[17]。

三、电化学衍生化法

HPLC 中电化学检测器灵敏度高、选择性好，为临床、生化、食品等复杂样品中痕量分析物的分析提供了新的途径。但电化学检测器能分析检测的对象需要具有电化学活性，如果分析物没有电化学活性就不能被检测，此时只能采用电化学衍生试剂与目标分析物反应，生成具有电化学活性的衍生物。环境介质对电化学反应有很大影响，如离子强度、pH 值和溶剂组成等。由于硝基具有电化学活性，硝基衍生化试剂是最常用的电化学衍生化试剂，可与目标分析物中的羟基、氨基、羧基和羰基化合物反应，生成具有电化学活性的衍生物。目前常见的硝基电化学衍生试剂及其衍生化对象如表 7-2 所示。

表 7-2　常见的硝基电化学衍生试剂及其衍生化对象

试剂结构	简称	可反应的产物
3,5-二硝基苯甲酰氯（O_2N 取代苯环，$-COCl$）	DNBC	ROH，$R{-}NH{-}R'$
对硝基苯乙酰氧基琥珀酰亚胺酯（O_2N 取代苯环，$-CH_2C(O)O{-}$N-琥珀酰亚胺）	SNPA	$R{-}NH{-}R'$
2,4-二硝基氟苯（NO_2，O_2N，$-F$）	DNFB	$HOOC{-}\underset{H}{\overset{R}{C}}{-}NH_2$，$R{-}NH{-}R'$
2,4-二硝基苯硫酸酯（NO_2，O_2N，$-O{-}S{-}OH$）	DNBS	$HOOC{-}\underset{H}{\overset{R}{C}}{-}NH_2$，$R{-}NH{-}R'$
2,4-二硝基苯氧基-N,N-二甲基乙脒（NO_2，O_2N，$-O{-}$C($=NCH(CH_3)_2$)($NCH_2(CH_3)_2$)）	PNDBI	$RCOOH$
对硝基苄基溴（O_2N，$-CH_2Br$）	PNBB	$RCOOH$
2,4-二硝基苯肼（NO_2，O_2N，$-NHNH_2$）	DNPH	$\underset{R}{\overset{O}{\underset{}{C}}}{}R'$，$RCHO$

四、手性衍生化法

有些外消旋体分析物的理化性质很相近，不易直接拆分，可以通过引入特殊基团，添加某些手性中心，增加色谱系统的对映异构选择性，改善外消旋目标物的 HPLC 分离效果。如卡维地洛是一种抗高血压药物和肾上腺素受体阻滞剂，它含有一个不对称碳并有 S 和 R 两种对映体构型。通过用含外消旋$[^2H_5]$-卡维地洛作为内标物的乙腈沉淀蛋白质，从人血浆中提取卡维地洛。然后将提取物与手性衍生试剂 2,3,4,6-四乙酰基-β-D-吡喃葡萄糖基异硫氰酸酯（GITC）反应，再进行 HPLC-MS/MS 分析，可以检测出实际样品中 S-卡维地洛（4.3ng·mL^{-1}）和 R-卡维地洛（9.5ng·mL^{-1}），结果与传统的 HPLC-FLD 法一致，但 HPLC-MS/MS 法灵敏度高、样品用量少，且前处理过程简单[18]。

第四节 衍生化样品前处理改进方法

前面讨论的化学衍生反应都是样品与试剂在均匀体系中混合进行的液液反应，操作比较繁琐费时，而且需要一些进行微量有机合成的小型装置。同时，因为过量衍生化试剂的存在，容易对下一步色谱分析造成干扰，有时需要进行进一步的分离，这些都增加了色谱分析的成本和时间。

为了改进衍生化方法，使之更加方便快捷，可对衍生化技术进行改进或完善，其中，原位萃取衍生化法、非均匀体系衍生化反应体系即液固化学衍生化方法是两类主要的改进方法。

一、原位萃取衍生化

原位衍生化将萃取和衍生化过程在样品基质中同步进行，耗时短、效率高，可有效降低分析方法的检出限，提高方法选择性[19]。同时，原位衍生化还可与固相微萃取、液相微萃取等技术联用，减少操作和有机溶剂的消耗，并进一步与微波辅助萃取技术等场辅助前处理方法结合，使样品前处理技术向更高效、更环保的方向发展。

原位萃取衍生化技术主要可分为三类：液相微萃取衍生化技术、固相（微）萃取衍生化技术和场辅助萃取衍生化技术。

1. 液相微萃取衍生化技术

原位液相微萃取衍生化技术主要可分为 3 类：单液滴微萃取衍生化技术、中空纤维微萃取衍生化技术和分散液-液微萃取衍生化技术。

① 单液滴微萃取衍生化技术　单液滴微萃取（SDME）是将萃取液滴悬挂于

针头上，浸入或悬空于样品溶液中完成萃取，成本低、速度快、溶剂用量少。在样品液中加入衍生化试剂，同时采用悬挂液滴富集萃取目标物，使 SDME 与衍生化结合，提高了萃取效果，使分析更灵敏，在气相色谱中应用广泛。例如，采用 MTBSFA 衍生挥发性脂肪酸（VFAs），并用 CCl_4 液滴萃取，13min 完成萃取和衍生过程，水样中 VFAs 的检出限低至 $0.008mg·L^{-1}$[20]。而采用 SDME 顶空萃取甲醇衍生化的短链脂肪酸，全过程在 20min 内完成[21]，$C_2 \sim C_5$ 短链脂肪酸的检出限分别为 $0.11\mu g·mL^{-1}$、$0.017\mu g·mL^{-1}$、$0.0060\mu g·mL^{-1}$ 和 $0.0024\mu g·mL^{-1}$，与其他方法相比显著降低，适用于复杂基质短链脂肪酸的定量分析。

② 中空纤维液相微萃取衍生化技术　中空纤维液相微萃取技术（HF-LPME）使用中空纤维，集采样、萃取和浓缩于一体，消除了 SDME 溶剂易损失的缺点，净化效果好，避免了交叉污染问题。在中空纤维里面加入接受相和衍生化试剂的混合溶液，可完成原位中空纤维液相微萃取衍生化过程。在测定人血浆中盐酸美金刚时，当中空纤维中以环己烷和衍生化试剂丹酰氯混合溶液为接受相，在碱性样品溶液中浸没一定时间即可同步完成萃取和衍生化两个过程[22]，既保证了精密度，又提高了传质效率。

③ 分散液-液微萃取衍生化技术　原位分散液-液微萃取衍生化技术是在涡旋辅助或者超声辅助下混合萃取剂、衍生化试剂和样品溶液，实现原位萃取衍生化。Lv 等[23]建立了基于超声波辅助分散液-液微萃取（UA-DLLME）-柱前衍生化的 HPLC 检测方法，用于同时测定饮料和乳制品中双酚 A、4-辛基酚和 4-壬基酚。3 种分析物富集因子分别为 170.5、240.3 和 283.2，检出限为 $0.5 \sim 1.2ng·kg^{-1}$，方法灵敏度比其他常用方法至少高 10 倍。采用超声波振荡混合萃取剂、衍生化试剂与样品溶液，可建立大鼠脑微透析液中血清素、多巴胺等物质的原位分散液-液微萃取衍生方法[24]。结合 UHPLC-MS/MS 分析，方法的检出限和定量限分别为 $0.002 \sim 0.008nmol·L^{-1}$ 和 $0.015 \sim 0.040nmol·L^{-1}$。

2. 原位固相（微）萃取衍生化技术

原位固相（微）萃取衍生化技术主要可分为 3 类：管内固相微萃取衍生化技术、磁固相萃取衍生化技术和膜保护微固相萃取衍生化技术。

① 管内固相微萃取衍生化技术　管内固相微萃取（In-tube solid phase microextraction，IT-SPME）可提高萃取纤维在有机溶剂中的稳定性，同时管内表面可涂覆量比普通萃取纤维高几个数量级，从而提高了样品容量和检测灵敏度。将衍生化试剂吸附在管内材料上，然后在管内加入样品溶液，在一定温度下即可完成原位萃取衍生。Wu 等[25]将聚多巴胺/双醛淀粉/壳聚糖（PD/DAS/CHI）材料固定在 PTFE 管的内壁上，并将 DNPH 吸附在管内材料上，同步进行管内固相微萃取和 DNPH 衍生化，开发了检测人体血液中 2 种肝癌生物标志物己醛和 2-丁酮的 HPLC 方法。方法在 11min 内即可完成整个过程，具有简易、快速和灵敏的

优点，有望应用于肝癌筛查。

② 磁固相萃取衍生化技术 磁固相萃取（Magnetic solid phase extraction，MSPE）包括衍生化试剂的吸附、目标分析物的萃取衍生和解吸洗脱 3 个过程，在生物样品分析上有广泛应用。Ding 等[26]制备了聚集合物 p(4-VPBAco-EGDMA) 的 Fe_3O_4@SiO_2 材料并将其作为磁性 QuEChERS 吸附剂，用于选择性萃取油菜素内酯（BRs）；然后用衍生化试剂 4-DMAPBA 溶液作为解吸液，结合 LC-MS/MS 用于痕量植物激素的高灵敏分析。方法全过程可在 1h 完成，检出限为 $0.27 \sim 1.29 pg \cdot mL^{-1}$。新鲜油菜花中 BRs 含量为 $22.5 \sim 542.7 pg \cdot g^{-1}$，其他新鲜植物组织中 BRs 含量为 $13.7 \sim 289.8 pg \cdot g^{-1}$。

③ 膜保护微固相萃取衍生化技术 膜保护微固相萃取技术（Membrane protected micro-solid-phase extraction，μ-SPE）一般是在多孔膜内填充少量吸附剂，然后将膜边缘热封，制成一个 μ-SPE 装置。μ-SPE 将净化、萃取、富集在一步完成，操作容易，携带方便。

膜保护固相微萃取衍生化技术主要包括 μ-SPE 装置制备、衍生化试剂在 μ-SPE 上吸附、目标分析物萃取衍生和 μ-SPE 解吸洗脱等过程。Xia 等[27]将制备的氨基环糊精修饰聚合物微球作为吸附剂，与衍生化试剂 2,4-二硝基苯肼一起装入自制的聚四氟乙烯膜袋中，实现了脂肪醛的原位萃取衍生。固相微萃取和衍生化反应的协同作用提高了脂肪醛的萃取衍生效果，同时，β-CD 空腔大小和空腔与衍生物之间的协同相互作用，使该材料具有选择性萃取衍生甲醛和乙醛的性能。结合 HPLC 分析，方法的检出限为 $0.024 \sim 2.5 \mu g \cdot L^{-1}$，定量限为 $0.081 \sim 7.6 \mu g \cdot L^{-1}$。该方法可成功用于化妆品和煎炸食品中脂肪醛的含量分析，其中爽肤水和保湿乳等化妆品中脂肪醛的含量为 $(9.0 \pm 3.3) \sim (750.2 \pm 36.8) \mu g \cdot kg^{-1}$，而炸油条和葱油煎饼等煎炸食品中脂肪醛含量为 $(1.3 \pm 0.1) \sim (31.3 \pm 1.7) \mu g \cdot kg^{-1}$，RSD 均小于 10%。与国标方法相比，甲醛的检测灵敏度提高了 2 个数量级，而所需时间大大缩短。

3. 场辅助原位萃取衍生化技术

在现有的场辅助样品前处理技术中，超声波辅助萃取衍生化技术和微波辅助萃取衍生化技术应用较为广泛。

① 超声波辅助萃取衍生化技术 超声波具有加快衍生化反应的效果，结合超声波辅助萃取和超声波辅助衍生化反应，容易实现超声波辅助萃取衍生化。与传统方法相比，该方法不仅快速高效、条件温和，而且可以降低试剂用量，是一种低成本的绿色方法。如将超声波辅助同步萃取衍生与 HPLC 结合，可以建立化妆品中的 6 种氨基酸和氨基己酸含量快速测定的方法。该法仅需 10min 即可处理固状、乳状、液状等不同类型的化妆品，氨基酸和氨基己酸的检出限比常规方法降低两个数量级[28]。

在超声波辅助萃取与 DLLME 结合使用过程中也可同步完成衍生化过程。Zhao 等[29]用对溴苯甲醚为萃取剂、乙腈为分散剂，同时用自制的 4-羧基氯罗丹明作为衍生化试剂，实现了水相样品溶液中神经递质类化合物的超声波辅助分散液-液微萃取衍生化过程，并结合 UHPLC-MS/MS 发展了大鼠尿液中氨基酸类神经递质和单胺类神经递质的分析方法。该方法在 1min 内即可实现目标物的同时萃取和衍生化，方法检出限为 0.1～10 pmol，不仅分析时间比常规方法大幅减少，同时方法的检出限降低了 1～4 个数量级。

② 微波场辅助萃取衍生化技术　与超声波一样，微波场同样可以加速衍生化反应。研究表明[30]，在分析聚烯烃塑料中的山梨醇类成核澄清剂时，将微波辅助硅烷衍生化和微波辅助萃取两个过程的一步法，要比将两个过程连续进行的两步法具有更好的重复性，灵敏度更高。当以氯甲酸芴甲酯（FMOC-Cl）为衍生试剂，1-辛基-3-甲基咪唑六氟磷酸盐（[Omim][PF$_6$]）为萃取剂，甲醇为分散剂，可以实现微波辅助衍生和离子液体分散液-液微萃取相结合，使氨基糖苷类抗生素被衍生的同时被萃取和富集到离子液体中，进而通过高效液相色谱荧光检测器进行定量检测[31]。牛奶中 7 种氨基糖苷类抗生素的检出限为 0.11～0.57μg·L^{-1}，类似的方法还可用于饮料中甲醛等的分析检测[32]。

原位萃取衍生化反应一般在水介质中进行，非常适合分析极性小分子或其他难以检测的极性物质。水介质下的衍生化不仅有助于减少或消除有机溶剂使用，衍生化产物一般不需要预提取，减少了操作步骤，而且与色谱等分析检测技术联用易实现自动和在线化[33]。

二、固相化学衍生化

以固体微粒（如硅胶或高分子微球）为基体，将反应基团以共价键或离子键形式预先接到基体表面，成为固相反应剂。当样品通过这类固相反应剂的填充柱时能发生各种化学衍生反应，包括还原、氧化、基团转移和催化等，称为固相化学衍生反应。

固相化学衍生化法有以下优点：

① 不需要附加仪器设备，如输液泵、混合管和反应室等。

② 不增加管线、接头等柱外死体积，不会过多增加色谱峰展宽。

③ 不会在色谱系统中引入过量的试剂和催化剂，减少了本底，提高了检测灵敏度。

④ 与液-液反应相比，固相衍生反应更具有专一性，并能广泛适应各种流动相的条件。

柱前固相衍生色谱系统如图 7-4 所示，固相反应柱也可以放在色谱柱后，称作柱后固相衍生色谱系统。下面分别介绍还原型固相反应剂、氧化型固相反应剂、基团转移型固相反应剂、固相催化剂及固定酶衍生化试剂等。

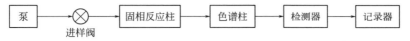

图 7-4　柱前固相衍生色谱系统基本流程图

1. 还原型固相反应剂

还原型固相反应剂如式（7-24）所示，式中，P 是高分子微球或硅球。例如，将甲醛与固相反应剂邻(2,3,4,5,6-全氟苯基)羟基胺盐酸盐（PFBHA）进行还原反应生成肟，并利用固相微萃取-气相色谱联用装置测定甲醛。结果在色谱图中只显示一个衍生试剂的峰和一个衍生化产物的峰。方法快速准确、重现性好、样品消耗量小，且不需要改变传统的 GC 设备即可使用火焰离子化检测器。

$$\text{P}—\text{N}^+(\text{CH}_3)_3\text{Cl}^- + \text{NaBH}_4 \longrightarrow \text{P}—\text{N}^+(\text{CH}_3)_3\text{BH}_4^- + \text{NaCl} \qquad (7\text{-}24)$$

2. 氧化型固相反应剂

氧化型固相反应剂如式（7-25）所示，式中，P 是高分子微球或硅球。

$$\text{P}—\text{N}^+(\text{CH}_3)_3\text{Cl}^- + \text{KMnO}_4 \longrightarrow \text{P}—\text{N}^+(\text{CH}_3)_3\text{MnO}_4^- + \text{KCl} \qquad (7\text{-}25)$$

3. 基团转移型固相反应剂

基团转移型固相反应剂如式（7-26）所示，式中，a 是反应剂表面的活性中心，A、B 为反应基团。

$$\text{P} \overset{\text{a} \sim \text{A}}{\underset{\text{a} \sim \text{A}}{\diagdown\!\!\!\diagup}} + \text{B} \longrightarrow \text{P} \overset{\text{a} \sim \text{A}}{\underset{\text{a}}{\diagdown\!\!\!\diagup}} + \text{A}—\text{B} \qquad (7\text{-}26)$$

4. 固相催化剂

固相催化剂如式（7-27）所示，式中，A 是催化活性基团。

$$\text{P}—\text{A} + \text{样品} \longrightarrow \text{P}—\text{A} + \text{产物} \qquad (7\text{-}27)$$

固相化学衍生反应可以避免液相衍生化反应给色谱分析带来的不足，可以将衍生化小柱直接与色谱仪器的进样器连接，经过小柱的样品直接进入色谱仪器进行分析。这实际上是将固相有机合成反应移植到色谱分析中来。

5. 固定酶衍生化试剂

除上述介绍的衍生剂外还有一类固相化学衍生试剂，即是固定酶反应器。酶是一种具有特殊三度空间构象的蛋白质，能够催化某一底物进行特异性强的化学反应，生成特定的反应产物。将酶固定化可大大提高其稳定性，且使得一次性应用的酶试剂变得不但可重复使用且性能不减，将其称作固定化酶。酶的固定化可分为物理和化学的两种方式。化学法是指酶与载体之间生成共价键并保留其生物活性；物理方法是仅吸附在固体表面，选择载体时应要求其对酶有较高的亲和力和较大的容量。一般来说，大孔径、大表面积的载体容量大，而容量越大，固定化酶的活性越高，寿命越长。硅胶、玻璃微球、氧化铝、葡聚糖凝胶、聚丙烯酰胺、琼脂糖凝胶和纤维素都可以作为载体。酶一旦被固定，其稳定性增加。利用酶反应的专一性完成的衍生化反应，可以改变底物的化学特性，提高色谱分析的灵敏度和选择性。

第五节　衍生化样品前处理技术注意事项

一般使用衍生化技术是为了改善样品混合物的分离度，提高样品检测的灵敏度等。进行化学衍生的反应条件应该不苛刻、反应迅速；样品中的某个组分只生成一种衍生物，反应副产物及过量的衍生试剂不干扰被测样品的分离和检测；化学衍生试剂方便易得，通用性好等要求。因此，在选择衍生化试剂和衍生化过程中需要注意以下事项。

① 衍生化过程中会加入过量的衍生化试剂，要求衍生化产物的保留时间不与其他的峰重合；但有时为避免对下一步的色谱分析形成干扰，需要进行进一步的分离。

② 衍生化试剂应选择性高，最好只适于目标分析物反应。

③ 衍生化试剂应优选无毒与对光、热和氧不敏感的，对于某些对水敏感的试剂，使用过程中要避免水的干扰，如对溶剂进行脱水处理、用氮气吹干衍生化试剂等。

④ 相同作用下，优先选择价廉易得的衍生化试剂。

⑤ 要注意衍生化产物的特性以防止流失或失活，如挥发性等。

⑥ 衍生化产物应该是稳定的，满足常规色谱仪和检测器对分析物的要求；若产物不是一直稳定，要测定出其稳定时间。

⑦ 对试剂和溶剂应纯化，使其不含有目标分析物或其他影响衍生化结果的物质。

⑧ 衍生化产物最好只有一种，反应的副产物和过量的衍生化试剂应不干扰目标分析物的分离和检测。

⑨ 注意衍生物的质谱特性：质量碎片特征性强、分子量适中、适合质量型检测器检测并有利于与基质干扰物的分离。

第六节　衍生化样品前处理技术应用

通过衍生化将待分析物转化为更适合的物质形式进行分析，具有高效、灵敏和选择性好的优点。尤其是衍生化结合其他前处理技术已广泛用于胺类、醛酮类、醇类、酚类、羧酸和巯基化合物分析中，是生物、药物、食品、环境、化妆品和手性分析等领域重要的样品前处理手段之一。柱前原位衍生化技术在生物、食物、药物、环境和化妆品等领域有广泛应用[34]。根据样品基体、待分析物的特点和检测需要，可以选择合适的衍生化试剂进行反应，将待分析物转化成易于分析检测的化合物。

一、生物样品分析

生物样品包括各种体液和组织，血浆和血清是最常见的生物样品。使用离线或在线原位衍生复杂基质中胺类、醇类、酚类、羧酸类、醛酮类和巯基化合物，不仅减少了样品制备步骤，提高了萃取富集效率；同时增强了 LC-MS 稳定性，具有更好的色谱分离效果和选择性。

1. 胺类化合物

对于无紫外和荧光响应的胺类物质，采用液-液微萃取或固相微萃取的原位衍生化是分析胺类药物和氨基酸类化合物的有效手段，尤其样品是人血浆、尿液等生物样品时。例如，盐酸美金刚是治疗中度到重度的帕金森病及阿尔茨海默病的常用药物，将丹磺酰氯（Dsn-Cl）原位衍生化法与中空纤维液相微萃取联用，结合高效液相色谱-荧光检测（HPLC-FLD）分析人血浆中痕量盐酸美金刚含量，定量限可达 $0.3 \text{ng} \cdot \text{mL}^{-1}$ [22]。通过与浊点萃取法或分散液-液微萃取结合，可快速、灵敏地检测人血浆样品中胺类抗癫痫药物加巴喷丁或人尿液中包括肌氨酸、丙氨酸、亮氨酸和脯氨酸在内前列腺癌代谢标志物[35]。

2. 羟基化合物

羟基化合物的衍生化反应时间短，产量高且试剂成本低，可应用于生物样品中标志物或药物含量的监测或疗效追踪等方面。如采用 1,2-二甲基咪唑-4-磺酰氯（DMISC）衍生化并结合酶水解和固相萃取技术，利用 LC-MS/MS 可开展生物标志物 1-羟基芘的监测分析[36]。而通过吡啶甲酸衍生化改善质子亲和力，减少基质干扰并改善其电离效率后，结合 LC-MS/MS 方法可同时检测 9 个羟基雄激素及其在人血清中的缀合物，成功地应用于雄激素二醇在雄激素生物合成中的作用研究以及前列腺癌的诊断和治疗效果追踪等方面[37]。

3. 羧酸类化合物

酸类物质的衍生化检测应用相对较少，Santa 等[38]开发了 4-[2-(N,N-二乙基氨基)乙基氨基磺酰基]-7-(2-氨基乙基氨基)-2,1,3-苯并噁二唑（DAABD-AE）新型衍生化试剂，其衍生物具有高质子亲和力，可提供特征性离子质谱信息，成功应用于血浆中降植烷酸、植烷酸和二十六酸等长链脂肪酸分析[39]。

4. 醛酮类化合物

醛类和酮类的衍生化反应属于腙化反应，其检测常与固相萃取结合，应用于癌症标记物的检测，该反应一般较快，往往 15min 内即可完成衍生化和萃取的过程，如用于人尿中内源性己醛和庚醛[40]、人血中肝癌生物标志物己醛和 2-丁酮[25]等的检测。

5. 巯基化合物

巯基化合物不稳定且易氧化，紫外、荧光或质谱信号较差。衍生化可固定巯基，提高检测灵敏度，改善分析方法的选择性。在检测人血浆中氯吡格雷（一种血小板聚集抑制剂）代谢物时，固相萃取和衍生化的结合稳定了血液中巯基代谢产物，防止了样品基质对检测的干扰，从而有效提高其检测灵敏度和选择性[41]。

二、食品分析

食品基体复杂，待分析物的种类繁多，基质干扰严重。衍生化技术与前处理技术结合，能简化样品制备和分析步骤，增加萃取效果，增强物质检测信号，降低基质对分析的干扰。生物胺是一类具有生物活性、含氨基的低分子量化合物，大多数食品中都含有生物胺，过量摄入会使人体产生不良反应。Dsn-Cl 和苯甲酰氯等通常被用作生物胺的衍生化试剂，与液相微萃取等前处理技术结合，用于虾酱、番茄酱、鱼肉样品中色胺、腐胺、尸胺、组胺、酪胺和亚精胺等生物胺的分析[42]，也可用于白葡萄酒、红酒、米酒和啤酒等酒精饮品中生物胺的高灵敏分析检测[43]。

食品中氨基酸也常常采用衍生化结合液相色谱的方式进行分析，苯异硫氰酸酯（PITC）、4-氟-7-硝基-2，1，3-苯并噁二唑（NBDF）等通常作为其衍生化试剂，大豆、黄酒等食品中氨基酸和生物胺均可得到准确测定。

氨基酸含量高对其他胺类物质的检测造成一定干扰，原位衍生化技术与液-液微萃取的结合可解决此问题。Chang 等[44]将 OPA 原位衍生化和涡旋辅助液-液微萃取结合，有效减小了氨基酸的干扰，高氨基酸含量的牛奶、啤酒等样品中 $C_1 \sim C_8$ 直链脂肪族伯胺的检出限可低至 $0.09 \sim 0.31nmol$。

三、其他分析应用

除了在生物分析、食品分析等领域应用外，衍生化样品前处理技术也在药物分析（如盐酸美金刚、大麻素、甲氨蝶呤和吲哚美辛等[45]）、环境分析（如酚类内分泌干扰物、除草剂苯噻草胺及其三种代谢产物残留、含醇或氨基的生物代谢物等[46]）、化妆品分析（如二乙醇胺、苯乙醇、甲基丙二醇、苯丙醇、辛酰二醇和乙基己基甘油等[47]以及头发样品中甲基苯丙胺的对映体或氨基酸对映体分析等[48]）方面得到广泛应用，相关报道较多，在此不再一一列出。

参考文献

[1]　刘震. 现代分离科学. 北京: 化学工业出版社, 2017.

[2]　王立, 汪正范. 色谱分析样品处理(第二版). 北京: 化学工业出版社, 2006.

[3]　Alcudia-León M C, Lucena R, Cárdenas S, et al. J Chromatogr A, 2011, 1218: 869.

[4]　Yilmaz B, Arslan S, Akba V. Talanta, 2009, 80: 346.

[5]　Singh S B, Paul R. B Environ Contam Tox, 2011, 86: 149.

[6]　Hong J E, Pyo H, Park S, et al. J Chromatogr B, 2007, 856: 1.

[7]　Migowska N, Stepnowski P, Paszkiewicz M, et al. Anal Bioanal Chem, 2010, 397: 3029.

[8]　Cunha S C, Fernandes J O. Talanta, 2010, 83: 117.

[9]　Zquez Peláez M V, Montes Bay N M A, Garc A Alonso J I, et al. J Anal Atom Spectr, 2000, 15: 1217.

[10]　Clark T J, Bunch J E. J Chromatogr Sci, 1997, 35: 209.

[11]　Yamini Y, Ghambarian M, Esrafili A, et al. Int J Environ Anal Chem, 2012, 92: 1493.

[12]　Zhang X, Zhao T, Cheng T, et al. J Chromatogr B, 2012, 906: 91.

[13]　Pinto E, Melo A, Ferreira I M P L. J Agric Food Chem, 2014, 62: 4276.

[14]　Sánchez-Machado D I, López-Cervantes J, López-Hernández J, et al. Chromatographia, 2003, 58: 159.

[15]　Kong W, Xie T, Li J, et al. Analyst, 2012, 137: 3166.

[16]　Donnarumma F, Wintersteiger R, Schober M, et al. Anal Sci, 2013, 29: 1177.

[17]　Louppis A P, Badeka A V, Katikou P, et al. Toxicon, 2010, 55: 724.

[18]　Yang E, Wang S, Kratz J, et al. J Pharm Biomed Anal, 2004, 36: 609.

[19]　Qi B L, Liu P, Wang Q Y, et al. TrAC--Trends Anal Chem, 2014, 59: 121.

[20]　Wejnerowska G. Chromatographia, 2017, 80(7): 1115.

[21]　Chen Y, Li Y, Xiong Y Q, et al. J Chromatogr A, 2014, 1325: 49.

[22]　Jing S J, Li Q L, Jiang Y. J Chromatogr B, 2016, 1008: 26.

[23]　Lv T, Zhao X N, Zhu S Y, et al. J Sep Sci, 2014, 37(19): 2757.

[24]　Wei N, Zhao X E, Zhu S Y, et al. Talanta, 2016, 161: 253.

[25]　Wu S J, Cai C C, Cheng J, et al. Anal Chim Acta, 2016, 935: 113.

[26]　Ding J, Mao L J, Guo N, et al. J Chromatogr A, 2016, 1446: 103.

[27]　Xia L, Du Y Q, Xiao X H, et al. Talanta, 2019, 202: 580.

[28]　Du Y Q, Xia L, Xiao X H, et al. J Chromatogr A, 2018, 1554: 37.

[29]　Zhao X E, He Y R, Li M, et al. J Pharm Biomed Anal, 2017, 135: 186.

[30]　Sternbauer L, Dieplinger J, Buchberger W, et al. Talanta, 2014, 128: 63.

[31]　王志兵, 高杨, 刘洋, 等. 现代食品科技, 2014, 30(4): 260.

[32]　Xu X, Su R, Zhao X, et al. Talanta, 2011, 85(5): 2632.

[33]　Lin H Q, Wang J L, Zeng L J, et al. J Chromatogr A, 2013, 1296: 235.

[34]　杜苑琪, 肖小华, 李攻科. 色谱, 2018, 36: 579.

[35]　Shamsipur M, Naseri M T, Babri M. J Pharmaceut Biomed, 2013, 81-82: 65.

[36]　Maas A, Maier C, Michel-Lauter B, et al. Anal Bioanal Chem, 2017, 409: 1547.

[37]　Xu L, Spink D C. J Chromatogr B, 2007, 855: 159.

[38]　Tsukamoto Y, Santa T, Saimaru H, et al. Biomed Chromatogr, 2005, 19(10): 802.

[39]　Aldirbashi O Y, Santa T, Rashed M S, et al. J Lipid Res, 2008, 49(8): 1855.

[40]　Liu J, Yuan B, Feng Y. Talanta, 2015, 136: 54.

[41]   Takahashi M, Pang H, Kawabata K, et al. J Pharmaceut Biomed, 2008, 48(4): 1219.

[42]   Fu Y, Zhou Z, Li Y, et al. J Chromatogr A, 2016, 1465: 30.

[43]   Jia S, Ryu Y, Kwon S W, et al. J Chromatogr A, 2013, 1282: 1.

[44]   Chang WY, Wang C Y, Jan J L, et al. J Chromatogr A, 2012, 1248: 41.

[45]   Michail K, Moneeb M S. J Pharmaceut Biomed, 2011, 55: 317.

[46]   Widner B, Soule M C K, Ferrer-Gonzalez F X, et al. Anal Chem, 2021, 93: 4809.

[47]   Miralles P, Vrouvaki I, Chisvert A, et al. Talanta, 2016, 154: 1.

[48]   David V, Moldoveanu S C, Galaon T. Biomed Chromatogr, 2021, 35: e5008.

CHAPTER 8

气体及挥发性样品制备方法

在固、液、气态样品前处理中，固态和液态样品的前处理技术已经发展到一定程度，前处理方式多样。气体样品流动性强，极易扩散损失，复杂气相样品中微痕量组分的采集与处理技术一直是样品前处理领域的薄弱环节。气体样品前处理方法的关键在于挥发性目标分析物的采样技术，优秀的气体采样技术适用范围要宽、富集因子要高，且能与分析仪器联用，避免采样后样品污染，提高分析效率。目前，常用的气体采样方法主要有针对大体积气体样品的采样器采样法，以及适于特定体积气体样品的采样方法（如液-液萃取、水蒸气蒸馏、吸附-热解吸法和顶空萃取等[1]）。其中顶空萃取主要包括静态顶空萃取和吹扫-捕集法（Purge and trap，P&T）两种采样模式[2]。

第一节　水蒸气蒸馏和同时蒸馏萃取法

蒸馏利用液体混合物中各组分挥发性的差别，使液体混合物部分汽化并随之使蒸气部分冷凝，从而实现混合液体样品中挥发性和半挥发性组分的分离。它是一种属于传质分离的单元操作，实际包含将液体加热至沸腾，使液体变为蒸气，以及使蒸气冷却再凝结为液体这两个过程。一种材料在不同温度下的饱和蒸气压变化是蒸馏分离的基础。大体说来，如果液体混合物中两种组分的蒸气压具有较大差别，可以富集蒸气相中更多的挥发性和半挥发性的组分。两相—液相和蒸气相—可以分别被回收，挥发性和半挥发性的组分富集在气相中，而不挥发性组分被富集在液相中。

除了烃类混合物和少数其他例子之外，Raoult 定律和 Dalton 定律可用于理想混合物体系，混合物溶液常常不遵循理想的蒸气相液相行为。应用这两个定律可以得到一个二元体系中两种组分的比挥发性（α_{AB}）：

$$\alpha_{AB} = \frac{y_A/y_B}{x_A/x_B} = \frac{p_A^0}{P_B^0} \tag{8-1}$$

　　式中，y_A 和 y_B 分别是平衡时气相中组分 A 和 B 的摩尔分数；x_A 和 x_B 分别是平衡时液相中组分 A 和 B 的摩尔分数；p_A^0 和 p_B^0 分别是平衡时组分 A 和 B 的蒸气压，均服从 Raoult 定律。随着 α_{AB} 的增加，富集程度也增加。

　　实际样品常常是非理想的混合物，各组分之间由于其组成、温度和结构不同使它们的挥发性差别很大。在整体回流条件下，蒸馏烧瓶中某一组分的蒸气相与液相达到平衡，这一组分的富集参数或者相对挥发性可通过蒸馏测定。一步蒸馏的理论塔板数是 1，每一塔板代表一个汽液平衡。为了获得较好的分离和精制样品的结果，常常需要多于一个的理论塔板数。色谱（包括气相色谱、液相色谱、毛细管电泳等）是一种可以产生许多理论塔板数的分离方法，而通过宽范围地改变样品的挥发性可以应用蒸馏方法制备或者精制大量的不纯混合物。在必须要一个更有代表性的样品时，蒸馏也是非常有用的。

　　化学家常常喜欢在分批加工中进行分馏（逆流或者精制），但必要时他们可能使用连续过程的多步蒸馏用于分离挥发性混合物，蒸馏产物（易挥发性组分）由于蒸馏过程被分离，图 8-1 是简单蒸馏和蒸馏塔示意图。整个过程可以概念化，是许多相互连接的单一过程的重复蒸馏步骤。蒸气和液体通过不同的过程反向运动。蒸气向上运动到蒸馏柱中被冷凝下来，然后再被蒸馏。由于此过程连续进行，不挥发性组分保持在后边并且成为液相被富集。分流比（R_D）被用于表述提取蒸馏物质的蒸馏量与它回到液体中的量之比。如果 R_D 太高，效率会降低；如果 R_D 太低，分离时间会太长。实际上，如果具有足够的理论塔板数，富集效率可以非常高，而不管这些组分之间的沸点是否接近。

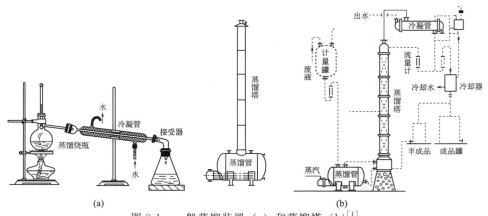

图 8-1　一般蒸馏装置（a）和蒸馏塔（b）[1]

　　水蒸气蒸馏是分离和纯化样品中有机物的常用方法，特别是在样品中存在大量的树脂状杂质时。被处理的样品组成应当具备以下条件：不溶或者几乎不溶于水、在沸腾期间与水长时间共存不会发生化学变化、在100℃左右条件下具有大于1.3kPa的蒸气压。

水蒸气蒸馏也是另一种用于对热不稳定样品的制备和纯化的技术。它也可以用于热传递不好的液体样品，这类样品局部过热会直接引起样品分解。水蒸气蒸馏是通过使水蒸气连续地流过容器中的样品混合物来进行蒸馏的，有时也可以直接加水到装有样品的烧瓶中进行同样目的的操作。水蒸气携带着挥发性大的组分馏出，在蒸气混合物中挥发性组分的浓缩与它们在蒸气混合物中的蒸气压相关。

这种技术非常温和，在蒸馏过程中被蒸馏的材料根本不会加热到比蒸气温度还高的温度。在过程结束时，蒸气和分离材料被冷凝。通常，它们是不混溶的，并且可形成两相而被分离。有时必须使用附加的样品制备技术，如液-液萃取等，以完全分离水层和有机层。

常用的水蒸气蒸馏的简单装置如图8-2所示。其中1是水蒸气发生器，玻璃管2为液面计，可以看出发生器内水面的高度。通常盛水量为容器容积的75%为宜，如果太满，沸腾时水将冲至烧瓶。安全玻璃管3几乎插到发生器的底部。当容器内气压太大时，水可以沿着玻璃管3上升，以调节内压。如果系统发生堵塞，水便会从管的上口喷出，此时应当检查圆底烧瓶内的蒸气导管下口是否已被堵塞。

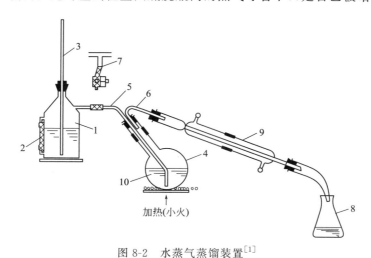

图8-2　水蒸气蒸馏装置[1]

1—水蒸气发生器；2—液面计；3—安全玻璃管；4—圆底烧瓶；5—水蒸气导入管；
6—蒸气导出管；7—弹簧夹；8—接收器；9—冷凝管；10—样品溶液

蒸馏部分通常使用500mL以上的长颈圆底烧瓶。为了防止瓶中液体因跳溅而冲入冷凝管内，故将烧瓶的位置向发生器的方向倾斜45°。瓶内液体样品不宜超过其容积的1/3。水蒸气导入管的末端应弯曲，使它垂直地正对瓶底中央并且伸到接近瓶底。蒸气导出管（弯角约30°）内径最好比水蒸气导入管大一些，一端插入双孔木塞，露出约5mm，另一端与冷凝管连接。馏出液通过接液管进入接收器。接收器外围可用冷水浴冷却。在水蒸气发生器与长颈圆底烧瓶之间应装上一个 T 形管，在 T 形管下端连一个弹簧夹，以便及时除去冷凝下来的堵塞水滴。

　　进行水蒸气蒸馏时，先将样品溶液置于圆底烧瓶中。加热水蒸气发生器直至接近沸腾后才将弹簧夹夹紧，使水蒸气均匀地进入圆底烧瓶。为了使蒸气不致在烧瓶中冷凝而积聚过多，必要时可在烧瓶下置一石棉网，使用小火加热。必须控制加热速度使蒸气能够全部在冷凝管中冷凝下来。如果随水蒸气挥发的物质具有较高的熔点，在冷凝后易于析出固体，应调小冷凝水的流速，使它冷凝后仍保持液态。假如已有固体析出，并且接近堵塞时，可暂时停止冷却水的流通，甚至需要将冷却水暂时放去，以使物质熔融后随水流入接受器中。必须注意，当冷凝管夹套中要重新通入冷却水时，需要小心并且缓慢地流进，以免冷凝管因骤冷而破裂。万一冷凝管已经被堵塞，应立即停止蒸馏，并且设法疏通，例如使用玻棒将堵塞的物质捅出来或在冷凝管夹套中灌以热水使之熔出。

　　在蒸馏需要中断或者蒸馏完毕时，一定要先打开弹簧夹向烧瓶中通入大流量气体，然后停止加热，否则烧瓶中的液体将会倒吸到水蒸气发生器中。在蒸馏过程中，如果发现安全玻管中的水位迅速升高，则表示系统中发生了堵塞，此时应当立刻打开弹簧夹，然后再移去热源。待排除堵塞后再继续进行水蒸气蒸馏。

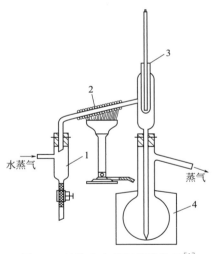

图 8-3　过热水水蒸气蒸馏装置[1]
1—除水管；2—硬质玻管；
3—温度计套管；4—油浴或空气浴

　　在 100℃左右蒸气压较低的化合物可利用过热蒸气来进行蒸馏。例如可在 T 形管与烧瓶之间串联一段铜管（最好是螺旋形的），铜管下用火燃烧加热，以提高蒸气的温度，烧瓶再用油浴保温。也可用如图 8-3 所示的装置来进行。其中的除水管 1 是为了除去蒸气中冷凝下来的液滴；2 是用几层石棉纸裹住的硬质玻管，下面使用鱼尾灯焰加热；3 是温度计套管，内插温度计。烧瓶外使用油浴或者空气浴保持与蒸气一样的温度。

　　较少量样品的水蒸气蒸馏可用克氏蒸馏瓶代替圆底烧瓶，装置如图 8-4 所示。有时也可直接利用三口瓶来代替圆底烧瓶。

　　常用于植物挥发油的水蒸气蒸馏装置如图 8-5 所示，在硬质圆底烧瓶上边，依次连接挥发油测定器和回流冷凝管。各部分之间均用玻璃磨口连接。挥发油测定器具有 0.1mL 的分辨刻度，在安装装置时，应当检查结合部分是否严密，防止油分逸出。此蒸馏装置适合于测定相对密度在 1.0 以上或者以下的挥发油。蒸馏前，取供试品适量（约相当于含挥发油 0.5～1.0mL）置烧瓶中，加水 300～500mL（或适量）与玻璃珠粒，振摇混合后，连接挥发油测定器与回流冷凝管。再自冷凝管上端加水使充满挥发油测定器的刻度部分，并溢流入烧瓶时为止。置电热套中或使用其他适宜方法缓缓加热至沸，并保持微沸数小时，至挥发油测定器中油量不再增加，停止加热，放置片刻，开启挥发油测定器下端活塞，将水缓缓放出，至油层上端到达刻度零线上面 5mm 为止。如果挥发油的密度大于 1.0，在烧瓶中另外加入二甲苯 1mL 进行水蒸气蒸馏。蒸馏出来的挥发油可进行色谱分析。

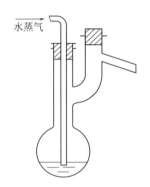

图 8-4 用克氏蒸馏瓶进行少量
物质的水蒸气蒸馏[1]

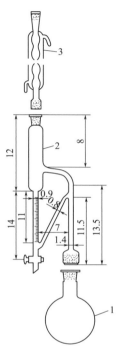

图 8-5 植物挥发油的水蒸气蒸馏装置[1]
1—圆底烧瓶；2—挥发油测定器；
3—球形冷凝管

第二节 吸附-热解吸技术

在分离和浓缩样品中痕量挥发性和半挥发性物质的气相色谱和气相色谱-质谱分析技术中，吸附-热解吸技术不使用有机溶剂，可节省分析费用，并提供非常高的测定灵敏度，它是替代传统样品处理方法的理想技术之一。这种无需溶剂的吸附-热解吸技术具有如下优点：

① 气相色谱样品组分的热解吸可进行 100% 的进样，而不是其中的一部分，这使样品测定的灵敏度迅速增加。热解吸技术很早就普遍地应用在环境样品分析中，可完成样品中 $\mu g \cdot kg^{-1}$ 或者 $ng \cdot kg^{-1}$ 浓度水平的有机物质的浓缩。

②　由于在色谱测定结果中没有溶剂峰，可进行宽范围的挥发性有机物质分析，较早保留时间出峰的物质不会被溶剂峰干扰。

③　由于在热解吸技术中不使用溶剂，也减少和消除了由于溶剂的汽化及其废弃物对室内和室外环境污染产生的影响。

吸附-热解吸技术包括两个过程：吸附过程和热解吸过程。吸附过程就是采集样品的过程，使用采样泵将气体样品吸入并通过一充填吸附材料的吸附剂采样管，被测定的某些挥发性物质被选择地吸附在管中的吸附剂床中，而其他的物质则穿过吸附剂管不被吸附，以达到分离和浓缩样品中目标物质的目的。然后是热解吸过程，通过加热吸附剂管的方法将被吸附的物质热解吸出来，经色谱的注入口直接由载气送入分析柱和色谱检测器或质谱进行分析测定。热解吸过程是将采集的（浓缩的）样品有效地引入到气相色谱分析仪器中的过程，热解吸过程实际上是一种进样技术，或者说是一种与气相色谱仪器连接的接口并通过此接口达到将样品引入到色谱仪器中的目的[3]。

此外，热解吸也是一种经常用于固体样品中挥发性和半挥发性物质的热提取技术，亦即是通过加热的方法，将固体样品中挥发性和半挥发性物质热脱附出来，然后再送入到气相色谱或气相色谱-质谱仪器中进行分析测定。例如，建筑用装饰材料中甲醛、苯和烷基苯等有害物质测定，食品包装材料中有害烃类物质测定，制药行业药物中残存有机溶剂测定等，均有采用热解吸技术直接处理样品的标准分析测定方法。

一、热解吸操作原理

热解吸技术常用有三种方式（如图8-6所示）。热解吸处理过程是应用惰性的气体流经已加热的一个样品或者一个吸附剂管，将此样品内或此吸附剂管内可被热解吸出来的挥发性和半挥发性有机物质载送到气相色谱注入口内进行分析测定过程。虽然被加热解吸出来的有机物质可以直接地被引进到色谱进行测定，但这种简单的一步热解吸的途径可能会限制其在实际中的应用。较大容量的吸附剂采样管经热解吸后可能会产生100～1000mg的流出样品，这么大量的样品会给后续的色谱分析测定带来许多难以解决的问题，致使分析的检出限升高和分辨率极差[如图8-6（a）所示]。

大部分商品热解吸仪器都应用两步以上的步骤完成吸附剂管或一个样品的热解吸过程，应用冷聚焦技术将热解吸的样品组分浓缩后，再加热冷聚焦阱将被二次浓缩的样品直接引进色谱中进行分析测定。经过二次冷聚焦后样品的组分组成进一步被纯化，样品的体积进一步减少，可以直接进样毛细管柱进行分离。冷聚焦的方式有两种：毛细管柱冷聚焦技术和微冷阱技术。如图8-6（b）和（c）所示，毛细管冷聚焦技术通常采用内径为0.25～0.53mm的空心毛细管柱，应用液氮制冷将毛细管柱冷却到−160℃以下，样品通过时被测定组分被冷凝并冻结在毛细管柱内，而载气（氮气或者氦气）不会被冷凝而通过毛细管柱，由此达到二次浓缩的目的。当处理干燥的样品时，毛细管冷聚焦技术可以获得很高的分析灵敏度和分辨率。但当样品中水分含量较高时，会在冷聚焦阱内的毛细管中结冰，堵塞毛细管柱致使分析中断或载气流量变小而影响样品的分析测定。毛细管内已结冰的水分经热解吸后，气化体积非常大（1,000倍），同样会严重地干扰后续的分析测定。此外，毛细管冷聚焦技术需要大量的液氮以保持冷阱的低温，消耗费用比较高。采用冷捕集阱技术可以改进上述出现的问题，冷捕集阱技术是通过半导体制冷板制冷，被二次冷浓缩的样品组分被冷凝在一内径小于 2mm 的管中，此管内可充填固体吸附材料以强化浓缩效率。通过快速地加热冷阱（大于 $800℃ \cdot min^{-1}$），在初始加热的数秒钟内即可解吸出 99％的被测定物质。此技术的明显的优点是采用电源制冷，不使用液氮，冷捕集管内径较大，减少了被堵塞引起的分析风险。

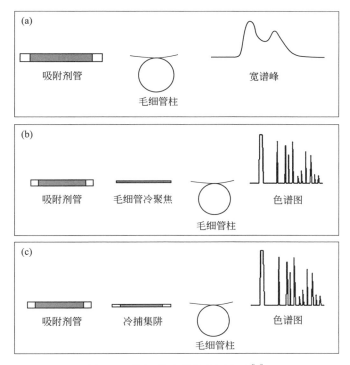

图 8-6 热解吸过程的主要方式[3]
（a）单一步骤热解吸；（b）两步热解吸（毛细管冷聚焦）；（c）两步热解吸（冷捕集阱）

二、热解吸装置

热解吸装置可以是一个独立的装置，直接应用于气相色谱的样品注入口。也可以是多种样品制备技术中的一个组成部分，例如在吹扫-捕集技术中的捕集部分实际上就是热解吸单元。热解吸装置也可以制造成专用于固体样品中热不稳定物质测定的热降解装置。

热解吸装置的主要结构如图 8-7 所示。主要由加热单元、吸附管或样品管、加热控制单元、载气（吹扫气体）、冷阱及其控制部分等组成。热解吸装置应具有与气相色谱进样口直接连接的接口装置，以便能够方便和有效地完成样品的热解吸测定工作。

热解吸的加热单元可以是管式炉的加热方式或者是加热固体块的方式。管式炉是将加热导线直接地缠绕在吸附剂管腔室器壁上，通过加电压的方式加热吸附剂管；而加热固体块是由热源先将固体块加热至设定温度，然后将吸附管装入固体块中的热解吸方式。管式炉具有加热速度快、易于控制和体积小等特点。加热固体块虽然温度恒定，但是升温和降温的速度较慢，体积也比较大。

吸附管热解吸后样品的冷聚焦是通过一个制冷源（冷阱）来实现的，常使用的制冷剂是液氮或者是液体二氧化碳，制冷温度最低可达到－180℃。也可以通过半导体制冷块制冷，最低温度可达到－30℃。使用制冷剂制冷的冷阱需要耗费大量的液氮或液体二氧化碳，设备比较笨重，测定费用相对较高；使用半导体制冷不需要任何制冷剂，操作也比较方便。

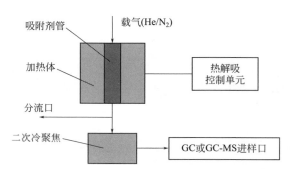

图 8-7　热解吸装置结构示意图

热解吸的载气可直接使用气相色谱仪器中的，这样既方便又稳定。但是不具备使用色谱仪器载气的条件时，就需要建立热解吸技术专用的载气控制和调节单元。在与气相色谱仪器联机使用时，为了与色谱仪器的载气条件匹配，需要仔细地调节和设定热解吸的载气压力和流量。

为了简化热解吸的操作，提高分析效率和减少分析测定费用，微捕集（Microtrap）是一种较新的吸附-热解吸技术，可以直接应用于不分流毛细管柱分析。微捕集技术由充填吸附材料的短细柱组成，约长 5cm、内径 0.30～0.60mm，特别适合毛细管 GC 分析。可以在 GC 的载气流速条件下进行在线分析，无需稀释（毛细柱前分流）、无需冷聚焦、允许浓缩后的样品全部引进 GC 毛细管柱，并可获得较尖锐的色谱峰形测定结果。

为了防止样品穿透吸附采样管，通常选择吸附能力最好的吸附材料。例如，选择活性炭采集 20mL 空气样品即可测定出 $0.05\sim3.0\text{ng}\cdot\text{L}^{-1}$ 的三氯乙烯、四氯乙烯、苯和甲苯。选择碳分子筛（Carboxen）可采集氢氟烃（Hydrofluorocarbons，HFCs）、氟氢烃（hydrochloro-florocarbons，HCFCs）。除此之外，使用两种或两种以上的吸附材料充填的微捕集管可以采集更宽范围的样品。如 Carboxen 1003（6mg）和 Carboxen 1000（5mg）微捕集管在 $-50\,^{\circ}\text{C}$ 条件下，可定量采集高挥发性的 HFCs 和 HCFCs。微捕集具有很短的加热-冷却周期，可以实现连续地和在线地监测有机污染物。研究表明，使用 6.5cm 长的弹性石英微捕集管，内部充填 Carbotrap C，在 $22\,^{\circ}\text{C}$ 吸附条件下可完成气流中 $\mu\text{g}\cdot\text{L}^{-1}$ 水平的苯及其取代苯类物的测定。

为了满足挥发性有机物分析的需要，化学分析学家已经对吹扫-捕集样品浓缩技术进行了许多改进，其中微捕集技术可以作为 GC-MS 的进样接口，实现了在气相色谱入口处无需进行样品的分流、富集或冷聚焦等处理过程。

自 1990 年以来，质谱分析技术日益增加，快速分析样品和缩短样品分离时间的需求，已经导致了实验室中广泛地使用窄孔毛细管分析柱。由于这些窄孔毛细管分析柱要求在非常低的载气流量条件下操作（与填充柱和 $\text{Megabore}^{\text{TM}}$ 柱相比），由此就引起了吹扫-捕集与 GC-MS 之间内部流量的不匹配性。吹扫-捕集技术要求较高的载气流量（大于 $5\text{mL}\cdot\text{min}^{-1}$）以获得有效的解吸效率（浓缩器中捕集的挥发性有机物质），而 GC-MS 的真空系统却不能忍受这样的运行条件。为了克服流量的不匹配性，解决方法是通过多种技术将吹扫-捕集技术与 GC-MS 连接，所有这些技术都要求样品预先进行富集（喷射分离器）、被测组分的冷聚焦、窄孔毛细管柱前的样品分流等。现在的微捕集技术已经解决了吹扫-捕集与 GC-MS 之间的不匹配性和不足等问题。

现在微捕集已经与毛细管流速真正地实现了匹配。新的微捕集装置简化了吹扫-捕集与 GC-MS 之间接口，提供了相当好的 GC-MS 测定挥发性有机物的灵敏度，增加了样品测定的效率和减少了样品分析费用。许多装置可以很方便地将新的微捕集换掉已有的标准捕集装置。这样，可在分析柱头引进样品，使用 $1\text{mL}\cdot\text{min}^{-1}$ 载气流量解吸捕集阱。因为无需样品分流，检出限明显改进，使用装备吹扫-捕集的微捕集挥发性有机物的平均检出限（$n=7$）约为 150pg/每个组分。

通过浓缩器捕集阱的流量大小对于解吸效率是重要的（同样地，也是阱的加热速率）。应用直接加热的方法，可以获得大于 $900\,^{\circ}\text{C}\cdot\text{min}^{-1}$（精度$\pm1\,^{\circ}\text{C}$）升温速率。因为电流直接应用到阱上，无需加热套，并且改善了吹扫-捕集的分析周期。与标准的捕集装置比较，微捕集具有较小的尺寸和较低的热质量，可以提供较干净的和较尖锐的解吸结果（控制阱加热速率为 $1500\,^{\circ}\text{C}\cdot\text{min}^{-1}$ 且阱冷却速率为 $1000\,^{\circ}\text{C}\cdot\text{min}^{-1}$）。

由于微捕集缩短了样品的分离和浓缩时间，减少了样品处理的程序，使色谱分析测定的全过程简化，由此明显改善了色谱测定的重复性。因此也可以应用到带有常规监测器和窄孔柱接口的系统中，在保持足够的分辨率条件下减少分析测定的运行时间。

最后，微捕集通过限制载气的流量（使用分离方式，大于80%）和通过提供毛细管直接接口与GC-MS连接而无需液氮，降低了分析测定费用。

三、使用热解吸技术时需要注意的问题

通过调节温度和样品气体的流量将其中的挥发性物质采集在固体吸附材料上，并且通过加热将这些被吸附的物质解吸出来，通过气相色谱分析测定这些物质。热解吸技术可广泛地应用于环境、燃料、食品、制药、聚合物等样品的分析。热可逆吸附-解吸的过程也是吹扫-捕集和动态顶空技术的基本组成单元，可以在分析之前选择并浓缩需要测定的挥发性和半挥发性有机物。

被测物质从基质（吸附剂）材料上被全部地解吸出来是热解吸技术应用的基础，即应用加热方式足以使样品中目标有机物挥发出来，而且目标物质不发生降解和不产生不想要的合成产物。因此，热解吸技术中的吸附剂特性、样品温度的控制、加热速率和采样时间都是非常重要的。因为目标有机物与特定的基质（吸附剂）材料具有很宽范围的挥发性和亲和性，控制采样参数有助于富集样品并传输到色谱仪器中。优化这些分析条件常常需要涉及采样体积、温度、载气流速、吸附剂基质、吸附-热解吸效率、仪器接口和色谱应注意的匹配条件等。

虽然热解吸技术的研究和应用时间并不长，但已越来越多地获得了有意义的和有实用价值的结果，使此技术日趋完善，成为目前测定挥发性和某些半挥发性物质的最有效、最成熟和最受欢迎的技术之一。如图8-8～图8-11所示，总结了各种类有机物质在碳分子筛（Carbosieve SⅢ和Carboxin 569）、石墨化炭黑（Carbotrap和Carbotrap C）、Tenax TA、Tenax GR和玻璃微珠等吸附材料上的吸附性能和热解吸性能，有机物质包括烃类、醇类、有机胺类、醛和酮类等有机物。在各图中，顶部的数字是以各种直链有机物的含碳个数；底部的数字是对应的各种直链有机物的沸点；图中的横棒是对应吸附材料的可应用测定物质的范围，棒上的数字是对应吸附物质所要求的解吸温度。

为了提高吸附采样管的吸附-热解吸的回收率，充填的吸附剂应当使用捕集效率高而且易于加热回收的物质。良好的吸附捕集管在常温以下的温度中，它的吸附容量要尽可能大，而在100～200℃加热时，能够简单地逐出各种化合物，也就是说在高温下它的残存容量尽可能小。但是，即使使用良好的吸附捕集管进行常温吸附-热解吸-气相色谱测定时，也可能发现气相色谱测定的色谱峰变形的现象。一些新型多孔材料如有机框架化合物等，有可能成为良好的吸附剂而得到应用。

现有研究表明，将有机框架化合物 MIL-101 与二氧化钛（TiO_2）形成复合纳米材料并用作吸附剂，不仅具有良好的吸附性能，还兼具 TiO_2 的催化性能，在甲醛等挥发性气体分析中有良好的应用前景[4]。

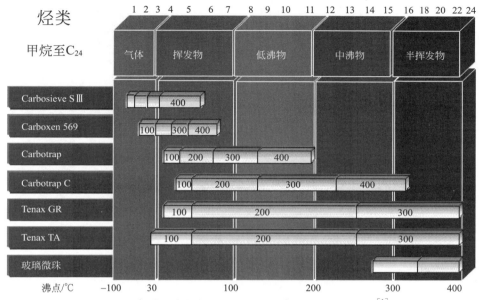

图 8-8 各种吸附材料对 $C_1 \sim C_{22}$ 烃类物质的应用范围[1]

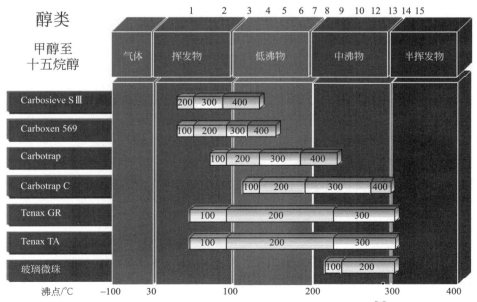

图 8-9 各种吸附材料对 $C_1 \sim C_{15}$ 醇类物质的应用范围[1]

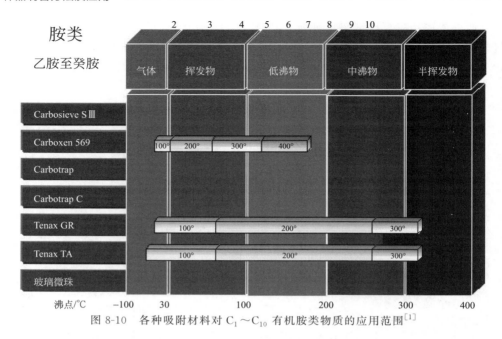

图 8-10 各种吸附材料对 $C_1 \sim C_{10}$ 有机胺类物质的应用范围[1]

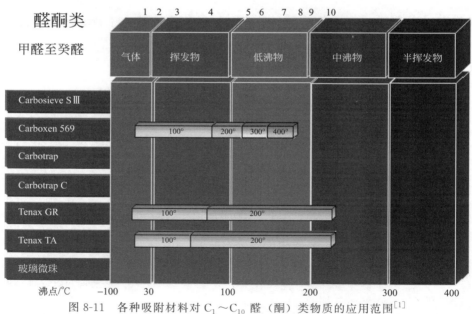

图 8-11 各种吸附材料对 $C_1 \sim C_{10}$ 醛(酮)类物质的应用范围[1]

热解吸温度应考虑被测物质的沸点、热稳定性和吸附剂的热稳定性。热解吸温度设定较低可能会使样品中组分热解吸不完全,回收率低,吸附管中残存量增大;热解吸温度设定太高可能会使某些组分对热的不稳定性而引起回收率变低。此外,某些吸附剂可能对样品中某些物质具有催化活性,致使它们的回收率降低。

在热解吸过程中吸附材料 Carbotrap（石墨化炭黑）和 Tenax GR 对 α-蒎烯和醛类化合物分别具有催化反应作用。

在热解吸过程中，加热到并控制在 $200\sim250℃$ 时，如果温度控制器的触点开关频繁启动，或者管式炉加热器由于加热丝的圈数少或吸附管外围被加热的温度不均匀，加热的温度虽然上升而捕集管的温度上升却不够充分，色谱测定单一物质的色谱峰可能会分成两个或者发生拖尾。还有，由于吸附采样管反复加热和冷却，吸附材料的颗粒可能会破碎而出现粒度变化，使得吹扫气体通过吸附管的速度发生改变，致使色谱峰变形。另外，由于吸附材料的粒度变化致使它们的表面积也变大，吸附能力也发生变化，有时会出现色谱峰峰宽加宽。这时，吸附管内的吸附材料需要更换新的吸附材料。

在高温下难以热解吸的物质可以使色谱峰变得更加宽广，即使是容易热解吸的物质，如果采样量过大而接近穿透体积时，整个吸附捕集管内部都有待测物质组分的分布，热解吸出来的组分进入色谱柱时会产生时间差，色谱峰可能会分成两个峰或色谱峰变宽。吸附材料充填量如果过多，待测组分通过吸附捕集管期间，在管内的分布范围变宽，热解吸的结果也会使色谱峰变宽。

为了防止上述情况发生，吸附管内吸附材料的充填体积应控制在最小量，热解吸时应当尽可能急剧地升温到高温，并且在尽可能短的时间内解吸出所有的样品组分，或者将一次热解吸出来的所有组分，在低温下进行二次浓缩（二次冷聚焦），然后再加热解吸并导入色谱仪器进行分析测定。

由于热解吸技术具有结构简单、操作方便和浓缩效率明显等特点，成为气相色谱或气相色谱-质谱分析仪器测定挥发性有机物的进样接口。为了提高色谱分析测定的分辨率和灵敏度，目前广泛地使用窄孔毛细管柱，其内径一般在 0.25mm 以下，这就给热解吸进样接口带来了一些需要注意的问题。诸如，如何有效地将热解吸出来的样品有效地和顺利地送入到窄孔毛细管柱中？为了解决这个问题，许多色谱分析的研究专家和色谱仪器的生产厂家采用了如下的方法和技术：

① 设计并计算出所采用的分析条件下毛细管分析柱的最适宜的进样容量，如果样品量过大，会产生色谱峰变形、峰宽加宽，被测定物质的保留值漂移。为了找到合适的进样容量，可通过调节分流比，以实现分析柱获得最佳的峰形和测定的灵敏度。

② 采用冷阱技术，将热解吸出来的气体样品在冷阱中实现进一步的分离和浓缩，通过较长的热解吸时间以保证样品热解吸的完整性，然后在热解吸后直接进入窄孔的毛细管分析柱中。对于湿度较大的样品，可采用干气吹扫除水，或采用吸附材料除水，或减少采样体积以减少吸附浓缩的水分。

③ 采用微型的吸附剂管并充填很少量的吸附材料，吸附剂管的尺寸、热解吸吹扫气体流量和吸附剂的充填量尽量与窄孔毛细管分析柱的尺寸和载气流量相匹配，这样可以实现不使用冷阱技术和柱前分流技术也能够使热解吸的样品全部引

入到窄孔毛细管柱中。已有的微型吸附剂管的尺寸是：内径小于 1.5mm，吸附剂充填量小于 20mg，热解吸载气吹扫流量小于 5mL·min^{-1}。

四、热解吸技术应用

热解吸技术是一种无溶剂样品处理技术，与传统技术相比具有如下优点：

① 热解吸效率大于 99％，测定的灵敏度可提高 1000 倍；

② 无需人工制备样品，易于自动化操作；

③ 没有来自溶剂和由于溶剂引入的分析干扰；

④ 可选用冷聚焦技术以提高分析测定精度；

⑤ 不使用有机溶剂，减少了实验室和室外的污染问题；

⑥ 吸附剂管可重复使用，可降低分析测定费用。

因此，热解吸技术广泛地应用于许多领域中。通常，如下四类样品基质中有可热解吸的挥发性组分时，可应用热解吸技术：

① 食品中香味和风味挥发性物质组分；

② 固体基质中可热降解的化合物组成，诸如聚合材料中增塑剂、添加剂、游离的单体等；

③ 样品基质中不想要的组分，诸如商品中残存溶剂等；

④ 有目的地采集样品基质中挥发性组分，诸如在吸附管上采集空气中挥发性有机污染物质。

第一类样品是食品。研究人员已经将热解吸技术用于食品分析多年，不但可测定天然食品中香味物质，而且可测定食品中残存物和污染物。诸如：在 50℃ 条件下，可采集红苹果香味物质。将苹果放进一个密闭的可控制温度的容器中（具有 95mm 直径的容器）。使用真空泵将容器内样品空气抽出并通过一个吸附剂管（管内充填 Tenax TA）捕集阱，吸附捕集管出口流量为 25mL·min^{-1}，捕集 10min。然后，加热吸附剂捕集管至 275℃ 并保持 2min，通过载气将热解吸的样品送入到气相色谱仪（FID）中分析测定。使用此方法的测定结果可比较不同食品的香味和风味物质组成状况，监测一种食品在测定的时间过程中，相关的挥发性风味有机物随时间可能发生的组成变化状况。

第二类是样品中的添加剂，诸如聚合物产品中的增塑剂、添加剂等。典型的应用包括：a. 热解吸技术有助于纵火案件中残存瓦砾的分析测定，土壤中挥发性有机污染物的测定，聚合物材料性能分析等。例如，应用 20mg 土壤样品直接放在石英玻璃管中并快速加热到 400℃，加热同时，应用气相色谱的载气吹扫石英玻璃管并直接进样气相色谱-质谱进行分析测定。如上述，热解吸-气相色谱-质谱方法可直接和快速测定出土壤样品中芘和荧蒽等多环芳烃污染物质，无需经过其他的样品制备程序。b. 应用热解吸技术可查看聚合物材料中的增塑剂。将 1mg 的聚氯乙烯塑料加热至 300℃时，可测定出一个非常强的色谱出峰——增塑剂邻苯二甲酸-2-乙基乙酯。

第三类样品是商品产品中残存的挥发性组分测定。诸如，制药业药品中残存溶剂、聚合物产品中残存单体和其他较小的低聚物测定。例如，将 10mg 硅胶样品加热到 275℃并保持 30min 后，经氦气吹扫（30mL·min^{-1}）出来的样品组分采集在一个装有 Tenax TA 材料的吸附剂捕集管中。然后，将吸附剂捕集管加热至 300℃并应用载气反吹捕集管直接进样气相色谱（FID）测定。色谱结果表明，至少有 15 个单体和低聚物被测定出来。

最后一类样品是环境和工业卫生中环境污染物和作业环境有毒有机物的测定。由吸附剂管现场采集环境气体样品，然后在实验室进行热解吸进样气相色谱或者气相色谱-质谱测定。或者通过 Canister 苏玛采样罐采集环境气体样品，然后在实验室通过热解吸技术进行样品的分离和浓缩并进样气相色谱或者气相色谱-质谱测定。研究表明，从 Canister 苏玛采样罐中采集 100mL 空气样品并浓缩至 Tenax TA 吸附剂管，然后热解吸进入气相色谱（PID）测定。可测定浓度低于 1mg·L^{-1} 的 2-氯乙烯、3-氯乙烯、甲苯、乙苯、二甲苯等挥发性环境污染物质。

综上所述，热解吸技术是一种简单有效的样品制备技术，但它不是十全十美的，主要的不足是完全的热解吸需要较长的时间，需要考察和计算采样量；为了获得较好的检出限和分辨率，需要对热解吸的样品进行二次冷聚焦处理，这会耗费较多的液氮或液体二氧化碳，使得样品制备的费用（材料消耗和设备）和所需的处理时间增加。同时，使用热解析技术时，应该做方法的回收率实验，并注意方法的回收率是否稳定，回收率不稳定时不能使用热解析技术。

第三节　静态顶空萃取技术

顶空采样技术是专门针对气相分析物的采样模式，气体采样介质（如大体积气体采样针、气体吸附剂、固相微萃取涂层等）不直接接触产生气体目标物的样品基体，而从气相中直接捕捉、富集目标气体。根据待测气相样品的体积是否固定不变，现代顶空采样技术可分为静态顶空法和动态顶空法。

静态顶空萃取法是在已达到平衡的密闭容器中液体或固体分析物的顶部空间采集气态样品的一种气体采样技术。它比气相色谱技术出世要早，在 20 世纪 30 年代时有学者提出了通过分析液体上方蒸气的方法来测定水溶液和尿液中乙醇含量。顶空采样技术与气相色谱联用方面的第 1 篇论文出现在 1958 年阿姆斯特丹的专题讨论会上，内容是关于连续监测高压发电站水中氢气。1960 年有学者使用顶空采样技术，气相色谱测定密封容器中弹性材料样品上方气体中氧气含量，这是第一次使用"顶空"一词发表在论文中，也是第一次使用 1mL 医用注射器并刺破密闭容器抽取顶空气体样品进行色谱测定[5]。自此之后，Beckman 仪器公司生产了专门用于采集样品容器内顶空样品中氧气含量的顶空采样器（Head space sampler）[6]，设计此系统与 Beckman 仪器公司的极谱法氧传感器联用，也可用于测定气体样品的气相色谱法或分光光度法。

食品中挥发性有机物的分析测定是顶空技术应用的重要方面，1959 年有学者使用气密性注射器直接抽取袋装炸土豆片中哈喇味气体进行气相色谱分析测定[7]。1962 年有学者发表了关于水果、蜂蜜等食品中某些有机物的静态顶空-气相色谱的分析测定方法[8]。

静态顶空萃取-气相色谱方法首先被用于血液中乙醇的测定[9]。1967 年，Perkin-Elmer 公司生产了第一台用于气相色谱分析的自动顶空进样系统 F-40 型，主要用于法庭分析实验室中血液乙醇含量测定[10]。此方法替代了传统的 Widmark 测定方法。此后，顶空萃取技术逐步应用于其他领域并成为气相色谱分析的重要样品处理技术之一。

一、顶空系统中组分的分布

在顶空分析条件下，可以根据常规的热动力学平衡（Henry 定律常数的相反数）或根据系统中溶质的质量平衡定义系统中溶质的分布系数。所以，分布系数 K_i 是浓缩相和气相中溶质平衡时的比值：

$$K_i = (W_{iL}/V_L)/(W_{iG}/V_G) \tag{8-2}$$

式中，W_{iL} 和 W_{iG} 是样品中组分 i 在浓缩相（L）和气相（G）中的质量；V_L 和 V_G 是两相的体积。结合热力学公式中的分布系数，忽略系统中由于液相的压缩和气相的非理想性引进的影响，可推导出：

$$K_i = RT \frac{d_L}{\gamma_i P_i^0 M_L} \tag{8-3}$$

式中，d_L 是液相的密度；γ_i 是组分 i 的活性系数；P_i^0 是组分 i 的饱和蒸气压；M_L 是液相的摩尔密度。

在定量顶空分析中，必须计算顶空系统中液相和气相之间欲测定物质的分布。系统中的质量平衡可通过此系统中组分 i 的总质量（W_i）表达：

$$W_i = c_{iG}(K_i V_L + V_G) \tag{8-4}$$

式中，c_{iG} 是气相中组分 i 的平衡浓度，可表达为比值 $W_{iG} : V_G$。

当分布系数的数值和体积为已知时，可通过气相色谱测定出气相中组分 i 的平衡浓度 c_{iG}，所以可以计算出系统中组分 i 的总量。

但是，在实际样品分析测定中这些数据是未知的和难以测定的，为了分析测定出顶空样品中欲测物质的浓度，通常使用两种模拟方法。第一种方法是使用一个参照系统，此参照系统中与样品系统相比较在分析条件和欲测定组分组成及其含量上应当保持一致。那么，在这两个系统中（$K_i V_L + V_G$）数值是一致的，并且具有式（8-5）的关系：

$$\frac{W_i}{W_i^*} = \frac{c_{iG}}{c_{iG}^*} \tag{8-5}$$

式中，带有星号标记的是参照系统中的变量。

此方法的缺点是必须保持参照系统和欲测定系统的分析测定条件恒定。因为参照系统中水相中组分组成是能准确制备的，但是它不可能模拟到与未知的欲测定水样品中所有组分及其浓度水平保持准确和一致。第二种方法是假设将少量的欲测定物质 i 添加到样品（样品系统中已经含有物质 i）中不会引起系统的热力学性质发生改变，那么，比值 $V_L : V_G$ 也不会改变，就可测定系统中物质组分 i 的总量（W_i），并测定出在添加物质 i 的前后气相中物质 i 的含量，这也叫作标准加入法。在整个计算中排除了系统中（$K_i V_L + V_G$）的数值。

$$W_i = \frac{W_s - \omega_i}{\dfrac{c_{iG}^*}{c_{iG}} - 1} \tag{8-6}$$

式中，W_s 是添加的标准物质 i 的质量；ω_i 是原始样品中物质 i 的质量，通常 ω_i 远远小于 W_s。此方法可用于相反的情况，通过降低 c_{iG} 数值测定 ω_i 的数值，结果重复可分析气相中已知的样品，使用类似的方式进行计算。

二、静态顶空中温度的影响

提高样品温度不是对体系中所有化合物都会产生灵敏度的提升[11]。当温度升高时，其中乙醇和甲乙酮的灵敏度增加的幅度较大，而甲苯、正己烷和四氯乙烯的灵敏度增加的幅度很小或者没有变化（如图 8-12 所示）。因此，在选择顶空萃取温度时应当注意以下问题：

① 升高顶空体系温度对某些样品可能是灵敏的。但是样品中某些组分也可能会发生热分解或者被顶空瓶中的空气氧化。

② 顶空瓶中的蒸气压是样品中所有物质的分压之和。如果样品是液体，那么溶剂的蒸气压决定了顶空瓶中的压力，而溶解的溶质的蒸气压（分压）是非常小，与溶剂的蒸气压相比可以忽略。特别是，如果溶剂的沸点比较低时，它在顶空瓶中的压力就更大。所以，在选择溶剂时应当优先考虑那些沸点较高的溶剂。

③ 如果顶空瓶中的蒸气压过大，会对分析仪器产生麻烦。例如，使用注射器抽取一个等份的样品时就会遇到困难，得不到较好的重复性并会产生很大的测定误差。除此之外，顶空瓶中的蒸气压过大，可能会引起样品泄漏或顶空瓶损坏。

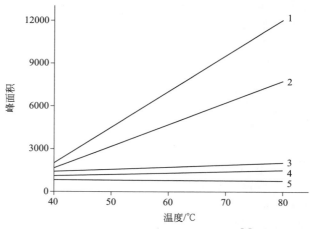

图 8-12　温度对顶空灵敏度的影响[1]
1—乙醇；2—甲乙酮；3—甲苯；4—正己烷；5—四氯乙烯

三、静态顶空中样品体积的影响

同一样品的体积增大，测定的灵敏度增加。但是，如果样品中的组成发生改变时，可能会对这一样品中的某些组分的灵敏度产生影响。如表 8-1 所示，5.0mL体积的同一样品的测定结果表明，加入 2g 氯化钠的样品中二氧杂环己烷的测定灵敏度增高，而环己烷的灵敏度基本没有改变。

表 8-1　样品体积对顶空测定灵敏度的影响[11]

样品	色谱测定的峰面积	
	环己烷	二氧杂环己烷
1.0mL 溶液	42882	71848
5.0mL 溶液	237137	72800
5.0mL 溶液＋2g NaCl	240287	234312

四、静态顶空分析的线性

在理论上，假设顶空气相色谱在测定的范围内欲测定物质的分布和活性是不变的，并且与这些物质的浓度无关。这样，顶空分析的线性与样品中欲测定物质的浓度和在顶空中所抽取等份样品中它们的浓度之间的线性有关。

在实际分析测定中，线性范围取决于欲测定物质在样品中的溶解性和活性。通常，使用顶空气相色谱分析的线性范围都在 0.1%～1% 的浓度以下。使用 GC-FID 方法测定氯仿、三氯乙烯和四氯化碳时，可测定的最低浓度是千万分之一至千万分之五，而使用 GC-ECD 方法测定时或者测定的样品体积增大时会获得较宽的线性范围，使测定下限的浓度更低。

　　在某些情况下，顶空气相色谱可测定的线性范围可扩展到较高的浓度。例如，分析乙醇溶液样品时可将乙醇的测定线性测定范围扩展到 25％～30％的浓度。这也说明可使用顶空气相色谱直接测定血液中或葡萄酒中乙醇含量。另一方面，在测定烈性酒（例如，白兰地、杜松子酒、伏特加酒和威士忌等）中乙醇时，需要先将样品进行稀释之后再进行测定。

　　使用顶空气相色谱方法测定已知的化合物样品，实际上是不能预测出它们的线性范围的，必须通过实际的测定之后得出。

五、静态顶空分析用的样品瓶

　　在手动操作中，可使用小的容器装填样品。早期的研究者曾使用实验室的锥形烧瓶作为样品瓶，使用血浆盖密封。如今，分析化学家都使用标准化的硼硅玻璃制成的样品瓶，容积一般为 5～22mL，都有商品出售。自动顶空进样器使用的顶空瓶都是专用的，一般不能用其他途径得到的样品瓶替换。

　　顶空分析要求顶空瓶的质量要足够好，瓶体积准确恒定，瓶口及其边缘平整并且没有刮痕和沟槽，密封垫及其铝帽有足够的密封性能。顶空分析使用的样品瓶体积尺寸比较多、商品仪器通常使用自己配套的专用尺寸。样品瓶体积的选择通常可依据分析样品的浓度范围、使用仪器的灵敏度和使用分离柱的柱容量来决定。例如，在测定印刷品中残存的有机溶剂时，一般要选择体积较大的顶空瓶，这样才能获得较多次的整份样品的分析结果，并保证测定结果的代表性和精密度。另一方面，液体样品的顶空分析通常使用的样品瓶体积较小，样品量比较小可缩短平衡时间。顶空分析的灵敏度主要取决于样品瓶气相中欲测定物质的浓度，而不是样品的体积或瓶体积。顶空瓶中样品与样品上方的气体体积的比值（相比）决定了顶空分析的灵敏度。例如，一个 10mL 的样品瓶内装填 2.5mL 液体样品的顶空体系与一个 20mL 的样品瓶内装填 5mL 液体样品的顶空体系具有同样的灵敏度。

　　一般地，使用填充柱气相色谱允许的进样量为 0.5～2mL，所以应使用较大的顶空瓶；使用毛细管气相色谱允许的进样量为 25～250μL，使用较小的顶空瓶就足够了。

　　市售的顶空样品瓶已经足够干净，通常不需要清洗。在某些实验中需要对顶空瓶清洗的话，通常先使用清洁剂溶液清洗，再使用蒸馏水冲洗，然后放入烘箱中烘干。应注意清洗过程可能会给顶空瓶引进杂质。实际上，空白顶空瓶分析结果表明，杂质污染一般不是瓶内表面引进的，而可能是密封垫流失或者瓶内空气引起的。研究表明，由于环境大气中含有卤代烃污染物充填了顶空瓶而导致了样品的污染。因此，在顶空瓶取样之前，应先使用高纯氮气吹扫样品瓶或将顶空瓶存放在空气干净的室内保存。

顶空玻璃瓶内壁可能会对样品中某些物质产生吸附作用，这可通过多次顶空萃取曲线的非线性实验测定出来。通常如果顶空瓶中样品没有损失时，多次顶空萃取曲线具有很好的线性。顶空瓶是通过密封垫和压紧或旋紧的瓶盖来完成密封的。如果密封不好，会引起样品泄漏而损失，顶空瓶内承受的压力是一个应当引起注意的重要问题。现代的自动顶空进样器可使顶空瓶加热超过100℃，所以必须防止顶空瓶内产生过压问题。因为这可能会引起玻璃瓶爆炸和泄漏、操作者受伤和造成仪器损坏。顶空瓶可以承受的压力通常在1MPa，在比较高的操作温度下应选择厚壁的顶空瓶。同时，操作者必须认真、仔细，不能失误。例如，在80℃条件下的顶空瓶内水样品的蒸气压只有47kPa，如果在180℃条件下，瓶内的水蒸气压将达到10^3kPa，这对于顶空瓶是非常危险的。

顶空瓶使用的弹性密封垫有多种，表8-2列出了其中的一部分。低价格的丁基橡胶密封垫的应用有限，因为它对非极性化合物具有吸附作用，使用的温度范围也较窄。此外，它对乙醇这样的极性化合物也有作用。加氟丁基橡胶密封垫和加氟硅橡胶垫使用得较为普遍，它们的使用温度范围也较宽。加铝的硅橡胶垫具有很好的惰性，但是使用的最高温度通常为120℃。

表8-2　顶空瓶密封垫的特性[11]

密封垫类型	最高使用温度/℃	化学惰性	价格
丁基橡胶垫	100	差	低
加氟丁基橡胶垫	100	良	中
加铝硅橡胶垫	120① (200)	良	中
加氟硅橡胶垫	210	良	中
维通(Viton)② 橡胶塞	200	良	高
丁基橡胶塞	80	差	低

① 此限制是内部含有一薄层聚乙烯的加铝硅橡胶垫。
② Viton 是偏二氟乙烯与六氟丙烯的共聚物。

在密封垫内部会残存某些低沸点化合物，它们可能来自生产过程，也可能来自贮存或使用期间的吸附作用。在使用高灵敏度检测器时，密封垫中的这些化合物会被测定出来，约为10^{-12}g的浓度水平。所以，应在顶空分析中同时测定密封垫的空白样品。为了避免和防止来自密封垫流失的污染，应选择热稳定性好的密封垫，或对这些密封垫进行预处理。预处理方法有：在一个玻璃容器中加热这些被污染的密封垫，同时使用惰性气体连续地进行吹扫，最好在最高温度下吹扫几天；将污染的密封垫放在沸水中，使用惰性气体进行吹扫；将密封垫分散摊开，存放在一个清洁环境中数周时间，直到其中的污染物自发地释放干净。

六、静态顶空分析的平衡时间

顶空分析中，样品瓶中的两相必须达到平衡时才能进入气相色谱测定。两相之间达到平衡所需的时间取决于挥发性组分在两相之间的扩散速率。虽然有些经验说明了某些样品达到平衡可能需要的时间，但是样品两相达到平衡的时间是不能事先预测的。所以，对于一个未知的样品，需要对平衡时间进行实验研究：首先将这个样品制备成一系列相同的顶空样品，在相同的条件下将它们恒温至不同的时间间隔，分别对不同时间间隔的顶空样品进行气相色谱测定可得到恒温时间-峰面积测定结果，通过恒温时间-峰面积测定数据可绘制出它们的曲线图（如图8-13所示）。在恒温条件下，色谱测定的峰面积基本不变时的最短时间间隔即是顶空分析这个样品的平衡时间。如果对顶空样品的恒温时间继续加长，超过了平衡时间，色谱划定的峰面积基本不变。顶空分析的平衡时间可能会非常长，常常会超过色谱分析测定的时间。

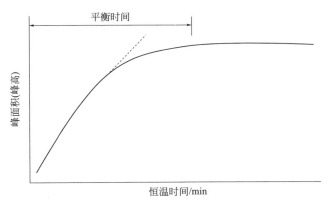

图 8-13　顶空分析中的恒温时间与峰面积的关系曲线[12]

第四节　吹扫-捕集技术

使用吹扫气体连续地萃取样品，将一些组分吹出，然后通过冷冻浓缩技术或使用吸附浓缩技术将这些组分浓缩，最后用加热的方法释放出这些组分，进行 GC 分析。动态顶空是一种"连续气体萃取"方法，不必等到样品瓶中两相达到平衡和抽取等份的顶空样品进行测定。使用惰性气体连续地吹扫样品并将顶空气体输送出去。由于样品上方的气体不断地被除去，所以样品瓶中的两相不会达到平衡，样品中挥发性物质会完全地被吹扫出去。连续气体萃取通常与吸附捕集技术联用，组成吹扫-捕集系统，常用于水样品中挥发性物质的分离和浓缩。

吹扫-捕集（Purge and trap，P&T）技术是 20 世纪 70 年代中期 Bellar 和 Lichtenberg 等开发的一种气体样品前处理方法[12]，具有快速灵敏、富集效率高、精密度好和不使用有机溶剂等优点，它可与 GC、GC-MS 以及 HPLC 等分析仪器联用，实现吹扫、捕集、色谱分离全过程的自动化而不损失精密度和准确度，受到普遍重视。

吹扫-捕集技术对于沸点在 200℃ 以下的疏水性挥发性有机物（Volatile organic compounds，VOCs）有较好的富集效率；而水溶性较大的 VOCs 可通过适当延长吹扫时间或加热样品提高吹扫效率，可富集绝大多数样品中 VOCs，提供免受复杂基体干扰的清洁样品，常用于水、泥沙及沉积物等环境样品中痕量 VOCs 的分离富集，在食品、饮料、蔬菜、药物、石油等领域也展示了广阔应用前景[3]。

四十多年来，吹扫-捕集技术在环境痕量 VOCs 分析方面取得了令人满意的结果。美国 EPA 方法 500、600 和 800 系列中有 10 种分析方法采用该技术辅助分析可吹脱性有机化合物[13]。EPA 方法 5030C、5035A、8015、8021、8260 等详细介绍了吹扫-捕集技术在环境有机污染分析中技术标准。我国也在吹扫-捕集技术的水体、土壤和空气等样品分析应用方面开展了大量工作。但在接轨国外标准化方法方面仍面临诸多制约因素，有待制定吹扫-捕集器和 GC、GC-MS、GC-ICP 等仪器联用的标准方法及统一的监测分析方法。

吹扫-捕集技术无需使用有机溶剂，对环境不造成二次污染，而且取样量少、富集效率高、受基体干扰小且容易实现在线检测。但它易形成泡沫，使仪器超载，并伴随有水蒸气的吹出，不利于下一步的吸附。

吹扫-捕集技术和静态顶空技术都属于气相萃取范畴，它们的共同特点是用氮气、氦气或其他惰性气体将被测物从样品中抽提出来。但吹扫-捕集技术与静态顶空技术不同，它使气体连续通过样品，将其中的挥发组分萃取后在吸附剂或冷阱中捕集，再进行分析测定，因而是一种非平衡态的连续萃取，因此吹扫-捕集技术又称动态顶空浓缩法。其过程为用氮气、氦气或其他惰性气体以一定的流量通过液体或固体进行吹扫，吹出待分析痕量挥发性组分后，被冷阱中吸附剂吸附，然后加热脱附进入气相色谱系统进行分析。由于气体的吹扫，破坏了密闭容器中气、液两相的平衡，使挥发组分不断地从液相进入气相而被吹扫出来，即在液相顶部的任何组分的分压为零，从而使更多的挥发性组分逸出到气相，所以它比静态顶空法能测量更低的痕量组分。表 8-3 列出了吹扫-捕集法与静态顶空法的比较。

表 8-3　吹扫-捕集法与静态顶空法的比较 [14]

比较项目	吹扫-捕集法	静态顶空法	比较项目	吹扫-捕集法	静态顶空法
高挥发性化合物	能	能	重复样品	不需要	需要
低挥发性化合物	能	不能	方法的线性范围	宽	有限
方法检出限	$1\mu g \cdot L^{-1}$	$10\sim100\mu g \cdot L^{-1}$	目标化合物数目	<80	$40\sim50$

常见挥发性及半挥发性有机化合物的前处理技术包括吹扫-捕集、顶空法、固相微萃取、固相萃取、超临界流体萃取、微波辅助萃取、液-液萃取、超声振荡、索氏萃取和凝胶渗透色谱技术等。表 8-4 比较了常用挥发性及半挥发性有机化合物的样品前处理技术，其中液-液萃取、顶空法技术比较耗时，固相微萃取技术富集因子低，很难用于痕量挥发性有机化合物的富集。吹扫-捕集技术由于灵敏度高、检出限低，得到了广泛应用。

以下分别介绍吹扫-捕集的基本原理和装置、吹扫-捕集法的改进技术及吹扫-捕集法的应用。

表 8-4 常用挥发性及半挥发性有机化合物的前处理技术比较[14]

项目		吹扫-捕集	顶空萃取	固相微萃取	固相萃取	超临界流体萃取	微波辅助萃取	液-液萃取	超声振荡	索氏萃取	凝胶渗透色谱
分析物	挥发性有机化合物	√	√	√							
	半挥发性有机化合物			√	√	√	√	√	√	√	√
	非挥发性有机化合物				√	√	√	√	√	√	√
样品基体	固体	√	√			√	√		√		
	准固体	√	√		√		√		√		
	液体	√	√	√				√			√
	气体			√							
萃取完全与否		√	√			√	√	√	√	√	√

一、吹扫-捕集的基本原理和装置

1. 基本原理及其操作步骤

吹扫-捕集气相色谱法联用装置如图 8-14 所示。吸附和脱附通过六通阀来完成，为减少吸附效应，阀体应固定在插有加热体的厚金属板上并保持温度在200℃，用管式电炉加热吸附剂管进行加热脱附，若需要在低温下吸附时，可把吸附管置于冷阱中，冷柱头与六通阀连接，在吸附管加热脱附时，该毛细管柱放入装有液氮的杜瓦瓶中将组分集中在分析柱的柱头，对提高分析柱的分析能力很有利。解吸出的待测组分经 GC 分析柱进行测定。

吹扫-捕集过程一般分为吹扫、吸附和解吸 3 个步骤。基于 VOCs 在水相及其上方空间存在分配平衡，吹扫阶段用惰性气体对溶液连续鼓泡，将 VOCs 从溶液

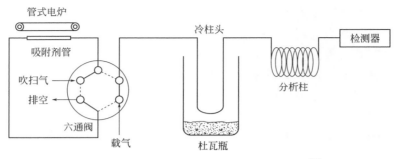

图 8-14　吹扫-捕集气相色谱分析装置示意图[3]

中吹扫出来；顶空气相中有机物在惰性气体推动下进入捕集器并富集在吸附剂上，理论上要求分析物在吸附剂上的量不超过泄漏体积（Break through volume，BTV）；当解吸器迅速加热捕集管至预定高温时，表面吸附的有机物脱附并随载气全部反吹入色谱柱，与此同时 GC 运转起来开始色谱分析。吹扫-捕集与热解吸结合简化了样品处理过程，对 GC 而言未经稀释的热吹脱产物有利于尖锐对称色谱峰的形成，所以吹扫-捕集法的灵敏度比溶剂萃取法高，检出限达到 $1\mu g \cdot kg^{-1}$ 数量级，是一种高效的样品前处理技术。

吹扫-捕集气相色谱法分析步骤如下：①取一定量的样品加入到吹扫瓶中；②将经过硅胶、分子筛和活性炭干燥净化的吹扫气，以一定流量通入吹扫瓶，吹脱出挥发性组分；③吹脱出的组分被保留在吸附剂或冷阱中；④打开六通阀，将吸附管置于气相色谱的分析流路；⑤加热吸附管进行脱附，挥发性组分被吹出并进入分析柱；⑥进行色谱分析。

泄漏体积是与吸附剂吸附能力有关的参量，指特定温度下某化合物被吹扫而完全通过捕集管内 1.0g 吸附剂时所需的载气体积，简言之，即分析物的保留体积。分析物在捕集管中转移过程如图 8-15 所示，捕集管长 5～30cm，直径约 0.6cm，吸附剂重在 1.0g 左右。

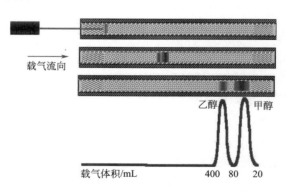

本图彩图

图 8-15　分析物在捕集管内的转移模型[15]

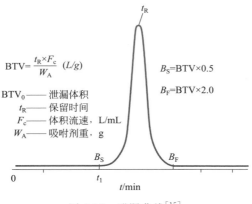

图 8-16　泄漏曲线[15]

分析物在吸附剂内的运动过程受动力学和热力学因素影响，为表征载气量与分析物运动状态的关系，引入泄漏曲线（图 8-16）。理论上，1g 吸附剂的泄漏体积 BTV_0 为[16]：

$$BTV_0 = V_g - (t_R - t_1) F_c \frac{273.2}{T_c} \tag{8-7}$$

式中，V_g 为比保留体积，t_R 为泄漏曲线[11,13]中点对应的保留时间，t_1 为泄漏曲线起点时间，F_c 为体积流速，T_c 为柱温，公式右边第二项是 1/2 峰底宽。

高斯峰的 BTV_0 与理论塔板数 N 的关系为

$$BTV_0 = V_s (1 - \sqrt{\frac{4}{N}}) \tag{8-8}$$

将 BTV_0 换算为采样温度 T_e(K)、压力 P_e(kPa) 条件下的体积，则吸附剂填充量为 W (g) 时采样管的最大采样体积

$$V_{max} = BTV_0 \frac{T_e}{273.2} \times \frac{101.32}{P_e} W \tag{8-9}$$

同理，组分 100% 流出时的泄漏体积

$$BTV = V_g (1 + \sqrt{\frac{4}{N}}) \tag{8-10}$$

BTV 是一个重要的参数，常用于确保分析物的流程在吸附剂床的范围之内。吹扫时，为避免分析物的损失，一般吹扫气体积不能超过泄漏体积的一半；解吸时，BTV 用于指导载气流量确保解吸气全量反吹入色谱柱，以提高分析灵敏度并节约载气用量。

2. 影响吹扫-捕集效率的因素

吹扫效率是在吹扫-捕集过程中，被分析组分能被吹出回收的百分数。影响吹扫效率的因素主要有吹扫温度、样品溶解度、吹扫气的流速及吹扫体积、捕集效率、解吸温度及时间等。不同的化合物，其吹扫效率也稍有不同[14]。

① 吹扫温度　提高吹扫温度，相当于提高蒸气压，因此吹扫效率也会提高。蒸气压是吹扫时加到固体或液体上的压力，它依赖于吹扫温度和蒸气相与液相之比。在吹扫含有高水溶性的组分时，吹扫温度对吹扫效率影响更大。但是温度过高带出的水蒸气量增加，不利于下一步的吸附，给非极性的气相色谱分离柱的分离也会带来困难，水对火焰类检测器有淬灭作用，所以一般选取 50℃ 为常用温度。对于高沸点强极性组分，可以采用更高的吹扫温度。

② 样品溶解度　溶解度越高的组分，其吹扫效率越低。对于高水溶性组分，只有提高吹扫温度才能提高吹扫效率。盐效应能够改变样品的溶解度，通常盐的含量大约可加到 15%～30%，不同的盐对吹扫效率的影响也不同。

③ 吹扫气的流速及吹扫体积　吹扫气的体积等于吹扫气的流速与吹扫时间的乘积。通常用控制气体体积来选择合适的吹出效率。气体总体积越大，吹出效率越高。但是总体积太大，对后面的捕集效率不利，会将捕集在吸附剂或冷阱中的被分析物吹落。因此，一般控制在 400～500mL 之间。

④ 捕集效率　吹出物在吸附剂或冷阱中被捕集，捕集效率对吹扫效率影响较大，捕集效率越高，吹扫效率越高。冷阱温度直接影响捕集效率，选择合适的捕集温度可以得到最大的捕集效率。

⑤ 解吸温度及时间　一个快速升温和重复性好的解吸温度是吹扫-捕集-气相色谱分析的关键，它影响整个分析方法的准确度和精密度。较高的解吸温度能够更好地将挥发物送入气相色谱柱，得到窄的色谱峰。因此，一般选择较高的解吸温度，对于水中的有机物（主要是芳烃和卤化物），解吸温度通常采用 200℃。在解吸温度确定后，解吸时间越短越好，从而得到好的对称的色谱峰。

3. 吹扫-捕集装置

吹扫装置、捕集管及解吸系统是组成吹扫-捕集装置的 3 部分，由不锈钢管、六通阀、接头套管和阀门等配件将各部分连接。捕集管的设计围绕高效吸附、快速解吸和窄带富集开展，通常装填多层各异的吸附剂床，以有效富集分子量范围宽、极性差异大的化合物。

因为每种吸附剂对 VOCs 有不同的保留能力和选择性，所以吸附剂的正确选用非常重要。高效吸附剂应兼有良好的吸附和脱附性能，也即应有高选择性、高吸附效率、大的吸附容量和高的解吸回收率。常用的吸附剂有 Tenax GC、Tenax TA、Tenax GR、Carbotrap、Carboxen 569、Carbosieve SⅢ、活性炭、碳分子筛和玻璃微珠等。表 8-5 列出了各种吸附剂的特点。

表 8-5 常用吸附剂类型及性质[3]

吸附剂	化学名	温度上限/℃	亲水性	目数	应用范围
Tenax GC	聚 2,6-苯基对苯醚	350	低	60/80	挥发和半挥发性有机物
Tenax TA	2,6-二苯基氧化聚合树脂	350	低	60/80 35/60	挥发和半挥发性有机物
Tenax GR	Tenax TA+30%的石墨	350	低	60/80	空气、水和固体中挥发性有机物
Carbotrap	石墨化炭黑	400	较低	60/80	空气中的 C_4/C_5 烷烃
Carbotrap C	石墨化炭黑	400	较低	60/80	空气中的 C_4/C_5 烷烃
Carboxen 569	碳分子筛	400	较低	20/45	C_2/C_5 挥发性有机物,常与 Tenax TA 混用
CarbosieveS III	碳分子筛	400	中等	60/80	低分子量有机物
玻璃微珠		350	低	50/325	大分子量化合物,与其他吸附剂混合

以下简要介绍 4 种类型吸附剂的主要特性:

① Tenax TA 树脂 与各种活化石墨炭性能相当,是应用最广的吸附剂之一。主要用于富集潮湿样品中的 VOCs。

② 活化石墨炭 吸附剂的颗粒尺寸常会对分析物的泄漏体积产生影响,颗粒小且孔径小的吸附剂能更有效地捕集挥发性高、分子量低的化合物。

③ 玻璃微珠吸附剂 多用于研究聚合物高温条件下释放出来的气态低聚物。

④ 硅胶吸附剂 在捕集低分子量极性化合物时性能优越,缺点是亲水性较强,难免在吸附分析物的同时捕捉水分。

单一吸附剂难以有效富集挥发性差异大、沸点范围宽的挥发性分析物。就 Tenax GC 而言,要富集沸点低的卤代烃相当困难,而与其他吸附剂混合则能明显提高吸附效率。通常理想的吸附剂是多种吸附剂按比例混合而成的复合体,利用混合吸附剂富集水中 VOCs,回收率常高于单一吸附剂。实际分析工作中,混合吸附剂应用广泛,国外研究中混合吸附剂多用于富集大气中的有机物[17]。

二、吹扫-捕集法的改进技术

1. 吹扫气流速和时间的选择

吹扫气流速度取决于待分析物挥发性的大小。流速偏低时,不利于对含量低的样品进行定量分析;而太高的流速又会增加水蒸气对检测的干扰。

吹扫时间是影响方法回收率和灵敏度的一个重要因素。吹扫时间偏短时,溶液中分析物挥发不充分,太长的吹扫时间又会吹脱吸附剂表面的分析物[18]。

2. 甲醇和水的干扰

捕集管含有过量的甲醇和水是吹扫-捕集法最常见的问题,两种物质的过量存在会导致信号变形。水的干扰致使峰形异常、前期吹扫出来的化合物回收率不高，还会缩短检测器的寿命；甲醇也会干扰质谱及色谱检测器的信号。因此，能否降低水蒸气和甲醇对分析检测的影响是选择捕集管需考虑的问题。为减少水和甲醇的影响，首先要保证吸附剂是疏水的且不能保留甲醇（如 VOCARB 和 BTEXTRAP 两种捕集管），此外还可采取增加干吹时间、减少甲醇在样品处理中的用量等措施。干吹效果的好坏决定于捕集管内的填料类型。通常碳质及疏水型吸附剂有利于减少水蒸气对气相色谱分离效率的影响；对于疏水性稍弱或亲水的填料（如硅胶），干吹反而引起更多的问题，如灵敏度下降，色谱分离效率下降以及填料寿命缩短等，这是因为分析过程的交替为更多的水蒸气进入 GC 提供了机会。只有正确选择载气流速、水蒸气控制装置、捕集管填料和温度，才能得到优化的结果。

3. 交叉污染

样品在捕集管的冷点浓缩或解吸不充分导致少部分样品残留而引起交叉污染，这种情况常源于系统超载运行。通过延长捕集管的烘烤时间可以达到彻底清洁的目的。交叉污染发生时，常有无关背景峰出现，且峰形与前次样品化合物指纹吻合。当然载气不纯，实验室空气中 VOCs 超标等客观因素也会引起额外峰，所以安装捕集管时必须使用尺寸适宜的金属锤，避免漏气对实验结果的影响。

4. 样品起泡

当样品中含有表面活性剂或清洁剂时，吹扫-捕集法常发生起泡现象。样品起泡不仅容易损坏捕集管，致使传输线不可逆污染，极端情况下还会影响色谱柱及检测器的分离分析效率。当前，消除泡沫干扰的办法通常是在吹扫瓶的颈部装上泡沫捕集器，消泡原理是将泡沫拉长直至破裂，但这种方法仅对少量气泡起作用。经验丰富的分析人员常会在样品置于吹扫瓶之前充分振荡，检查是否有大量气泡出现，如若泡沫丰富则作稀释处理或添加防沫剂[19]。硅粉和硅树脂型防沫剂是控制聚乙二醇二甲醚及碱性清洁剂型泡沫的最常用试剂。以上方法一定程度上缓解了问题，但往往不能彻底去除气泡。Tekmar 公司研发了一种配置有光敏二极管泡沫传感器的内置型 Guardian 仪，它是一种高效除泡设备，能够解决样品大量起泡的问题。

5. 含氧含溴化合物回收率低

含氧化合物如醇类、酮类等的水溶性极强，测定过程中往往存在回收率低的问题。为提高回收率，需要增加 25% 的吹扫气流量，吹扫时间增加 2～4min，必要时还可以在吹扫的同时对样品溶液进行加热（大约 40～50℃）。

含溴化合物的回收率往往较低，这是由于太高解吸温度下在碳基捕集管内这类化合物容易分解。若以 $5℃·min^{-1}$ 的温度增量降低解吸温度，同时调节吹扫气流量至 35～40mL·min^{-1}，则可以解决此问题。

三、吹扫-捕集法的应用

几乎所有水溶液及固体样品中挥发和半挥发性有机化合物的分析均可应用吹扫-捕集法，但由于吹扫效率波动较大、水蒸气的干扰和吸附剂效能的差异，吹扫-捕集法存在回收率波动较大的缺点，为解决这些问题，扩大吹扫-捕集法应用范围，研究者开展了很多探索研究。

1. 吹扫-捕集法在环境样品分析中的应用

工业长期发展的结果，导致大量有毒化合物进入水体循环体系，成为危害人、牲口健康的潜在威胁。因此很多学者对地表水、地下水、饮用水、海水、废水等与生存环境息息相关的水资源开展了深入研究，并制定了标准的分析方法[20]。

VOCs因成分复杂、含量低、检测难度大而成为人们研究的热点[21]，结合针尖萃取与吹扫-捕集技术，可以有效提高甲醇、乙醇、丙酮、乙腈、二氯甲烷等高挥发性VOCs的检测灵敏度[22]。Andrews等[23]研制了一种全自动吹扫-捕集-GC-MS装置，不仅可以准确定量25种沸点在34～180℃、亨利定律系数大于0.018的VOCs，也可以用于有机硫化物、碳水化合物、卤代烃和萜烯类化合物的高灵敏分析检测。

2. 吹扫-捕集法在食品分析中的应用

吹扫-捕集法常被用来研究各种食品（如奶酪、人乳汁、原生态橄榄油、石榴汁、草莓、西瓜、法国菜豆、谷类和槟榔等）中的芳香化合物[24]。李攻科等[25]利用待测物与基体的沸点差异，发展了一种微热助吹捕采样技术，与表面增强拉曼光谱法结合成功地用于水样中苯硫酚和硫离子、面粉中甲醛或工业酒精中甲醇含量分析。

3. 吹扫-捕集法在生物样品分析中的应用

吹扫-捕集技术作为无需有机溶剂的样品前处理方式，对环境不造成二次污染，而且具有取样量少、富集效率高、受基体干扰小及容易实现在线检测等优点，在生物样品分析中已得到了广泛的应用。如Zhao等[26]结合吹扫-捕集和GC-MS建立了人全血中苯、甲苯、乙苯以及二甲苯的高灵敏分析方法，检出限低至$1ng \cdot L^{-1}$。结合自制的简单气体采样器和固相微萃取技术，Zhang等[27]建立了人体口气中含硫挥发物的GC分析方法，H_2S、CH_3SH和CH_3SCH_3的检出限低至$0.186～2.03ng \cdot L^{-1}$。

但这种方法也存在一些不足，例如，测定水样或湿样会伴有水蒸气的吹出，影响吸附剂的吸附效率，给气相色谱的分离带来了困难，并且水对火焰检测器也有淬灭效果。Canac Arteaga等[28]通过用吹扫-捕集技术测定奶酪和牛肉中挥发性化合物，研究表明增加湿度会引起峰面积的变化，在79个峰中发现21个消失。他们还证实干吹扫技术可解决以上的问题，干吹扫3min足以减少水的峰面积和提高色谱信号质量。Gawlowski等[29]研究了除去吸附剂中水的干吹扫技术，通过对吸附剂Tenax、Chromosorb106、Carbotraps B和Carbotraps C的研究发现，用

300mL 干气体吹扫能除去上述吸附剂中的水，并且干气体的用量取决于样品量、相对湿度和解吸温度。但不足的是某些挥发性大且吸附性弱的物质迁移速度快，干吹扫会导致它们被吹落，吹扫气中污染物可能留在吸附剂中，而且分析时间会延长。Wartelle 等[30]对比了由坚果壳制得的活性炭和商业吸附剂的性能，发现自制活性炭对 C_3、$C_6 \sim C_{10}$ 的极性和非极性化合物有良好的吸附能力。因而，开发新型吸附剂和不断改进除水技术将会更好地提高利用吹扫-捕集技术测定 VOCs 的准确度和精密度。

参考文献

[1] 王立, 汪正范. 色谱分析样品处理(第二版). 北京: 化学工业出版社, 2006.

[2] 刘震. 现代分离科学. 北京: 化学工业出版社, 2017.

[3] 李攻科, 胡玉玲, 阮贵华, 等. 样品前处理仪器与装置. 北京: 化学工业出版社, 2007.

[4] Hu Y L, Huang Z L, Zhou L J, et al. J Sep Sci, 2014, 37: 1482.

[5] Heitkemper D T, Jackson D S, Kaine L A, et al. J Chromatogr A, 1994, 671: 323.

[6] Siu D C, Henshall A. J Chromatogr A, 1998, 804: 157.

[7] Anderson R, Sorensen A. J Chromatogr A, 2000, 897: 195.

[8] 屈锋, 牟世芬. 环境化学, 1994, 13(4): 363.

[9] 徐福正, 江桂斌, 阎海. 干旱环境监测, 1994, 8(2): 84.

[10] 牟世芬, 王汇彤. 环境化学, 1992, 11(6): 70.

[11] 陈联光, 刘旺, 唐锦萍. 环境科学研究, 1993, 6(2): 45.

[12] Bellar T, Lichtenberg J J. Am Water Works Assoc, 1974, 66(12): 739.

[13] 气相/液相色谱柱在环境分析中的应用. 安捷伦科技有限公司, 2000.

[14] 江桂斌. 环境样品前处理技术. 北京: 化学工业出版社, 2004.

[15] John J Manura. Calculation and Use of Breakthrough Volume Data. Scientific Instrument Services, Inc, 1027Old York Rd, Ringoes, NJ 08551.

[16] Krost K J, Ellizzari E D, Walburn S G, et al. Anal Chem, 1982, 54: 810.

[17] Zhan D J, Saenz D H, Chiu L H, et al. J Chromatogr A, 1995, 710(1): 139.

[18] 董毛毛, 钱晓荣, 韩香云. 盐城工学院学报, 2002, 15(2): 58.

[19] 汪秋安, 罗俊霞. 中国调味品, 2004, 8: 13.

[20] EPA method 5030C. Urge and Trafor Aqueous Samples. Revision 3. May 2003.

[21] Prakash B, Chambers L, Lipps W. LC & GC, 2015: 18.

[22] Ueta I, Mitsumori T, Suzuki Y, et al. J Chromatogr A, 2015, 1397: 27.

[23] Andrews S J, Hackenberg S C, Carpenter L J. Ocean Sci, 2015, 11(2): 313.

[24] Fredes A, Sales C, Barreda M, et al. Food Chem, 2016, 190: 689.

[25] Chen Z Y, Li G K, Zhang Z M. Anal Chem, 2017, 89: 9593.

[26] Zhao L Y, Qin X J, Hou X M, et al. Microchem J, 2019, 145: 308.

[27] Xu Y, Yu Z N, Chen X B, et al. J Sep Sci, 2020, 43, 1830.

[28] Canac-Arteaga D, Viallon C, Berdague J L. Analysis, 2000, 28: 550.

[29] Gawlowski J, Gierczak T, Ietruszynska E, et al. Analust, 2000, 125: 2112.

[30] Wartelle L H, Marshall W E, Toles C A, et al. J Chromatogr A, 2000, 879: 169.

第九章

生物样品制备方法

　　生物样品组成极其复杂、干扰组分多、分子量范围分布广、含量差异大，有些生物分子还需要考虑生物活性等问题，在分析之前必须经过样品制备步骤。与其他样品的制备方法相比较，生物样品的前处理方法具有以下主要特点：

　　① 样品制备步骤多、时间长；

　　② 许多目标物含量极低，需要增加适当的富集步骤；

　　③ 一些生物分子离开生理环境后极易变性失活；

　　④ 在生物分子的分离纯化过程中，温度、pH 值、离子强度等各种因素会对样品制备产生综合影响。

　　生物分子的分离方法多种多样，主要是利用它们之间特异性的差异，如分子的大小、形状、酸碱性、溶解性、极性、电荷及与其他分子的亲和性等。各种方法的基本原理可以归纳为两个方面：

　　① 利用混合物中几个组分分配系数的差异，将它们分配到两个或几个相中，如盐析、有机溶剂沉淀、层析和结晶等；

　　② 将混合物置于某一物相（大多数是液相）中，通过物理力场的作用，使各组分分配于不同的区域，从而达到分离的目的，如电泳、离心、超滤等。通常的分离纯化可按照除杂、粗分离和细分离 3 个步骤进行。

　　具体来说，首先确定目标生物分子的分离目的和纯度要求，再通过文献调研和预备性实验初步掌握目标生物分子的物理化学性质并建立可靠的分析测定方法，之后选取合适的生物样品进行破碎和生物分子的粗提，在此基础上选择和探索合适的粗分离方案，再采用电泳法或色谱法对生物分子进行细分离，最后对经过前处理后的样品进行分析检测。

第一节 生物样品采集和细胞破碎

生物样品来自动物、植物和微生物，根据不同测定对象选用不同的样品采集方法。由于生物样品通常量少且具有生物活性，其样品采集与分解的方法又与其他样品不同。

一、液体生物样品采集

液体类生物样品通常包括植物的浆汁和动物的体液，是成分较均匀的一类生物样品。

1. 植物浆汁

测定水果、蔬菜湿样中特定成分如硝酸根和氨根等时，通常取 $10\sim50g$ 样品捣碎后置于压榨器中挤出浆汁，用双层滤纸过滤。一般可用滤液直接做后续处理，如用离子色谱法，则将此滤液用淋洗液稀释，通过 $0.2\mu m$ 膜过滤，所得溶液即可直接分析。有时为了脱色或除去挤出的浆汁中的悬浮物，可加入活性炭、纸浆或中性的氢氧化铝胶状物再过滤。必要时，过滤在煮沸腾后进行。

2. 血液

血样通常包括血清和血球（红细胞及白细胞）两部分，采样时应特别注意防止血溶现象，即应避免血球破裂使血红蛋白进入血清，从而两者混杂，以致每部分的分析结果都失真。为此，专用针筒抽出血样以后，应拔出钢针头，轻轻推动活塞，使样品缓缓流入倾斜的集样用的离心管壁上。过重的推力、水、表面活性剂及乙醇都会使细胞壁破裂，从而引起血溶现象，使样品失效，因此离心管应事先洗净、干燥，并且不得留有表面活性剂及其他可引起渗透压改变的任何杂质及盐类。将上述血样于 $2500r/min$ 下离心 $20min$，血清和血球将很好分层。用干净的吸管移出上层血清于塑料具塞试管中。两者均可在 $-20℃$ 下冷冻，贮存 6 个月后，无降解作用。但血样的稳定性仍是一大问题，当不立即进行分析时，由于血清的缓冲能力有限，暴露于空气中后，二氧化碳很快逸损，pH 值也发生变化，同时血液也会凝固。这时有必要加抗凝剂以延长红细胞的活性期。主要的保存液（抗凝用）为柠檬酸盐-葡萄糖混合液，每 $100mL$ 含柠檬酸钠 $1.33g$、柠檬酸 $0.47g$ 及葡萄糖 $3g$。血中各种成分的提取方法各不相同。用离子交换色谱法测定其中的硝酸根和亚硝酸根时，只要用乙腈使蛋白质沉淀即可；此时取 $0.1mL$ 血清加 $0.1mL$ 乙腈在 $1.5mL$ 的具盖离心管中混合，于 $15,000r/min$ 下离心 $2min$，取悬浮液（即上清液）进样。如欲测血浆中的有机物如脂肪酸，则需要有机萃取剂提取。即取 $0.2mL$ 血样加 $1mL$ $0.03mol\cdot L^{-1}$ pH 6.4 的磷酸盐缓冲液及 $6mL$ 三氯甲烷，在离心管中剧烈摇动 $5min$，使其充分混合。然后离心 $5min$，待分层清晰后，取出一定体积的有机相。在氮气流中蒸发此含脂肪酸的三氯甲烷提取液，蒸干后用淋洗液稀释适当体积后，以 HPLC 法测定。

3. 尿液

尿的成分随时而异，对一般动物如狗、鼠宜每小时采集一次，用导尿管导出；对人则要采集 24h 排出的全部样品。然后加入亚硫酸盐（$25g \cdot L^{-1}$）、EDTA（$5g \cdot L^{-1}$）和 $6mol \cdot L^{-1}$ 盐酸（$40mL \cdot L^{-1}$）作防腐剂，pH 为 2.3。取出几份在 $-20℃$ 冰冻贮存。分析前在水浴中融化，用 $0.45\mu m$ 膜过滤，取滤液作后续处理。有的组分可直接取尿样分析，不必预处理。例如测定尿中放射性元素含量。测尿中某些有机物时，则需要有机溶液萃取。此时直接取一定量的尿样，加适量缓冲溶液（如乙酸缓冲液），再加一定量合适的有机溶剂，在萃取器上振荡 10min，如有必要（在分层不清时），再离心 5min，分出有机相。有时处理步骤稍复杂些，例如用 HPLC 法测定尿中甲酚时，用下述方法处理样品：取 5mL 尿液加 2mL 浓盐酸，在具塞玻璃管中加热到 100℃，保持 1h，以使样品充分水解。冷至室温后，加 4mL 异丙醚剧烈摇动 1min。准确移取 3mL 有机相入另一管，加等体积的 $0.05mol \cdot L^{-1}$ 氢氧化钠的甲醇溶液，充分混合。此混合液在氮气流中蒸干，残渣溶于 0.5mL 蒸馏水，然后取适量注射入柱。

4. 其他体液

动、植物的其他体液种类很多，如胃液、眼泪、胆汁及牛奶及经提取后的各种中草药汁、茶汤等，其处理方法随着待测成分而异。一般的植物干样用水或乙醇提取，过滤取滤液即可分析其中的无机成分。许多体液可直接取出，离心除去颗粒物后即可进行后续处理。牛奶或其他奶类常呈乳浊液，不能用离心法得到清液，可加入氢氧化铝悬浮液使蛋白质和其他胶粒聚沉，然后分离得到清液以测定其中的无机组分。某些有机物则可用键合相提取柱吸附富集而后洗脱以测定。例如牛奶样品可用预先用乙腈继而用水淋洗的 C_{18} 键合相柱处理。办法是将牛奶通过此柱，流速为 $5L \cdot min^{-1}$，然后依次用水、10％碱性乙腈（乙酸-乙腈-水按体积比为 1∶10∶90 混合）各 10mL 洗涤，最后用 15mL 水洗涤，弃去洗液。将空气抽过此柱 1min，然后用 10mL 乙腈洗脱。取此洗脱液测定有关成分或作进一步处理。

二、组织样品采集

所谓生物材料组织通常指动物的各种器官，如脑、心、胃、肝、肾、肺等。肌肉样品的处理亦与组织的处理相同。样品采集后，立即用蒸馏水冲洗，然后用滤纸吸干，包于一片已知重量的铝箔中称好，贮存于液氮中，临用前取大约 1g 粉碎，用合适的试剂提取。用的试剂随待测组分而异。例如测定老鼠组织中 TcO_4^- 时，宜用 EDTA 与三聚磷酸钠的混合液提取，用水、乙腈、甲醇皆不合适；测定猪肉中氯霉素，则用乙酸乙酯及己烷的混合液超声提取，离心后移取提取液通过硅胶柱使待测成分富集。通常乙酸乙酯是肌肉及各种组织中有机成分的良好提取剂。这类提取的一般操作是将粉碎的样品用 5～6mL 试剂在离心管中搅拌 1min 使之充分混合，离心分离 5min，将提取液采集于另一管中，并重复提取一次，汇集提取液作后续处理。如要移去脂肪，则需将乙酸乙酯提取液在室温下通氮气流蒸发，残渣用乙腈溶解；然后用乙烷（约 2mL）摇动混合 1min，离心 5min，移去乙烷，如此重复该萃取操作 1～2 次，使脂肪除去，在氮气流下蒸干乙腈。残渣溶于大约 1mL 甲醇-水（25∶75，体积比）混合液中即得下一步处理的溶液。如果对组织中痕量金属总量或其他非金属（如所含的硝酸根、氯离子、氟离子）总量进行估测，则需要将组织样品的整体用适当方法处理；要测定游离的阴离子，将样品研碎后，用水于一定温度下（必要时煮沸）保持适当时间，取浆状物加中性氢氧化铝悬浮液凝聚过滤后，用离子色谱法或离子选择性电极测定；测金属总量，则可将样品用硝酸、硫酸混合液消解，也可用于灰化法分解之。分析这类样品的一个困难之处在于采样时的刀具可能引起玷污，因此测金属成分时，宜用陶瓷刀具切割；而测硅、铝等成分时，则用于纯钛制刀处理。

三、细胞破碎[1,2]

当待测组分存在于生物体细胞中时，测定前需要将细胞破碎，使待测组分释放到溶液中去。选择破碎方法时，应既能有足够的破坏性达到裂解细胞的目的，又不至于破坏目标待测物的完整性。不同的生物体，或同一生物体的不同组织，其细胞破碎的难易程度不同，使用的方法也不完全相同。必须根据具体情况进行适当选择，以达到预期效果。

细胞破碎有多种方法，可以分为机械破碎法、物理破碎法、化学破碎法和酶促磨碎法等（见图 9-1）。在实际应用时应根据具体情况选用适宜的细胞破碎方法，有时也可以将 2 种或 2 种以上的方法联合使用。如动物内脏、脑组织一般比较柔软，用普通的匀浆器研磨即可，肌肉及心脏组织较韧，需预先绞碎再进行匀浆。植物肉组织可用一般研磨方法，含纤维较多的组织则必须在捣碎器内破碎或加砂研磨。许多微生物均具有坚韧的细胞壁，常用自溶、冷热交替、加砂研磨、超声波和加压处理等方法进行破碎。

1. 机械破碎法

机械破碎法是通过机械运动产生剪切力的作用，使细胞破碎的方法。常用的破碎机械有组织捣碎机、细胞研磨机和匀浆机等。按照所使用机械的不同又可以分为捣碎法、研磨法和匀浆法 3 种。

① 捣碎法　该方法是利用捣碎机的高速旋转（转速可高达 10,000r/min）的叶片所产生的剪切力将细胞破碎。使用时先将组织、细胞悬浮于水或其他介质中，

图 9-1 常用的细胞破碎方法分类

再置于捣碎机中进行破碎。此法常用于动物内脏、植物叶芽等比较脆嫩的组织或细胞的破碎，也可以用于微生物，特别是细菌细胞的破碎。

② 研磨法 该方法是利用研钵、石磨、细菌磨、球磨等研磨器所产生的剪切力将组织细胞破碎。必要时加入精制石英砂、小玻璃球、玻璃粉、氧化铝等作为助磨剂，以提高研磨效果。常用于微生物和植物细胞的破碎。

③ 匀浆法 该方法是利用匀浆器（一般由硬质磨砂玻璃制成，也可由硬质塑料或不锈钢等制成）产生的剪切力将细胞破碎。通常用于破碎那些易于分散、比较柔软、颗粒细小的组织细胞。大块的组织或细胞团需要先用组织捣碎机或研磨器械捣碎分散后才能进行匀浆。

2. 物理破碎法

通过温度、压力、声波等各种物理因素的作用，使组织细胞破碎的方法，称为物理破碎法。常用的物理破碎方法：反复冻融法、冷热交替法、超声波破碎法和加压破碎法。

① 反复冻融法 将待破碎样品冷冻至 $-15\sim-20℃$ 使之凝固，然后缓慢融化，如此反复操作，大部分动物细胞可被破碎。

② 冷热交替法 将待破碎样品置于 90℃ 左右热水中维持数分钟，然后立即置于水浴中使之迅速冷却，绝大部分细胞会被破碎。适用于在细菌或病毒细胞中提取蛋白质和核酸。

③ 超声波破碎法 将待破碎细胞置于超声破碎装置中，利用超声波所发出的 $10\sim25kHz$ 的声波或超声波的作用，使细胞膜产生空穴作用而使细胞破碎。超声波破碎的效果与输出功率、破碎时间有密切关系，同时受细胞浓度、溶液黏度、

pH 值、温度、离子强度等条件的影响。必须根据细胞的种类和待测物的特性来选择。超声波破碎的一般操作条件：频率 10～20kHz；输出功率 100～150W；温度 0～10℃；pH 4～7；处理时间 3～15min。为减少发热对待测组分的不利影响，可在冷库或置于冰浴中，并采用间歇操作，如破碎 30～60s，间歇 1min，如此反复进行。超声波破碎具有简便、快捷、效果好等优点，特别适用于微生物细胞的破碎。但应用超声波破碎细胞时应注意避免溶液中沉淀的存在，一些对超声波敏感的核酸及酶宜慎重使用。

④ 加压破碎法　加气压或水压至 20～35MPa 时，可使 90% 以上细胞被压碎。

3. 化学破碎法

通过各种化学试剂对细胞膜的作用，而使细胞破碎的方法称为化学破碎法。常用化学试剂有甲苯、丙酮、丁醇、氯仿等有机溶剂以及 Triton、Tween、SDS 等表面活性剂。有机溶剂可以使细胞膜的磷脂结构破坏，从而改变细胞膜的透性，使细胞内物质释放到细胞外。表面活性剂可与细胞膜中磷脂及脂蛋白相互作用，使细胞膜结构破坏，从而增加细胞的透过性，释放细胞内物质。

4. 酶促破碎法

通过细胞本身的酶系（自溶法）或外加酶制剂的催化作用，使细胞外层结构受到破坏而使细胞破碎的方法称为酶促破碎法，或酶学破碎法。可分为自溶法和外加酶法。

① 自溶法　将待破碎的新鲜生物样品存放在一定 pH 值和适当的温度下，利用组织细胞中自身的酶系将细胞破坏，使细胞内含物释放出来的方法称为自溶法。使用自溶法时，为防止外界微生物的污染需加入适量甲苯、氯仿、叠氮钠等防腐剂。

② 外加酶法　该方法是利用外加酶，控制适当的酶解反应条件破坏细胞壁，并在低渗压的溶液中使细胞破碎的方法。溶菌酶具有转移破坏细菌细胞壁的功能，适用于多种微生物，人们较喜欢使用；β-葡聚糖酶和几丁质酶分别适用于酵母细胞和霉菌细胞的破碎；纤维素酶、半纤维素酶和果胶酶混合使用，可使各种植物细胞的细胞壁受到破坏，对植物细胞具有良好的破碎效果。

四、生物样品部分及完全分解

生物样品完全分解可用硝酸、硫酸缓和液消解，或用氧瓶、氧弹、过氧弹、干灰法等方法处理。究竟用哪种方法，则视分析要求及测定组分的性质而定。其中氮的测定在生物样品的分析中常用作评估蛋白质含量的必要项目，占重要地位。其样品处理方法的特点是必须使生物物料完全分解，有一定的代表性。

第二节　蛋白质的分离纯化与转移性裂解

一、蛋白质的提取[3]

蛋白质提取，一般是指细胞破碎后，大量的细胞内含物被释放出来，立即将其置于一定条件下和溶剂中，让待测物充分溶解，使其尽可能保持原来的天然状态，避免因长久放置造成待测物的分解破坏的样品处理过程。

大多数蛋白质均能溶于水、稀盐、稀碱或稀酸溶液中，故蛋白质提取以水溶液为主，通常采用类似生理的缓冲液，以保证蛋白质的稳定性和溶解度。对于一些溶于水、稀盐、稀碱或稀酸溶液的蛋白质，常在提取液中加入适量的有机溶剂。按照提取时所采用的溶剂或溶液的不同，蛋白质提取方法主要有盐溶液提取、酸溶液提取、碱溶液提取和有机溶剂提取等。

① 盐溶液提取法　大多数蛋白质都溶于水，而且在低浓度盐存在条件下，蛋白质的溶解度随盐浓度升高而升高，称为盐溶现象。而盐浓度达到某一界限后，蛋白质的溶解度随盐浓度的升高而降低，称为盐析现象。所以，一般采用稀盐浓液进行蛋白质的提取，盐浓度一般控制在 $0.02 \sim 0.5 \text{mol} \cdot \text{L}^{-1}$。

② 酸溶液提取法　有些蛋白质（如胰蛋白酶）在酸性条件下溶解度较大，且稳定性好，宜采用酸溶液提取。要注意的是提取时 pH 不能太低，一般选用 pH 为 $3 \sim 6$，否则可能发生蛋白质变性失活的现象。

③ 碱溶液提取法　有些在碱性条件下溶解度大且稳定性好的蛋白质（如细菌 L-天冬酰胺酶），宜采用碱溶液提取。操作时要注意 pH 不能过高，以免影响蛋白质的活性。同时，在加碱液的过程中要边搅拌边缓慢加入，以免出现局部碱度过高，使蛋白质变性失活。

④ 有机溶剂提取法　有些与脂质结合牢固或含有较多非极性基团的蛋白质，可采用与水混溶的乙醇、丙酮、丁醇等有机溶剂提取。例如：琥珀酸脱氢酶、胆碱酯酶、细胞色素氧化酶等采用丁醇提取；植物种子中的醇溶谷蛋白采用 $70\% \sim 80\%$ 的乙醇提取；胰岛素可采用 $60\% \sim 70\%$ 的酸性乙醇提取等。

二、蛋白质的纯化

经过除杂和粗提的蛋白质样品可以通过多种样品前处理技术进一步分离纯化。这里主要介绍蛋白质的沉淀分离技术、吸附分离技术、膜分离技术、色谱分离技术和电泳分离技术。

1. 蛋白质的沉淀分离技术

沉淀法是比较传统的分离纯化蛋白质的方法，也是分离蛋白质的主要方法之一，目前仍然在实验室内广泛使用。该法所需设备简单、操作方便，在蛋白质纯化的初期，可以迅速减少样品体积，起到浓缩的作用，便于后续的纯化，降低纯化成本；还可以尽快将目标蛋白质与杂质分开，提高目标蛋白质的稳定性。现在该法只用于蛋白质的初步分离或蛋白质浓缩。蛋白质分子在水溶液中的溶解性受到蛋白质分子表面亲水性和疏水性带电基团分布的影响，这些基团与水溶液中离子基团互相作用，通过改变 pH 值或离子强度，加入有机溶剂或多聚物，可以促进蛋白质分子凝聚，形成蛋白质沉淀；通过离心或过滤可以获得沉淀物，然后利用合适的缓冲液清洗、溶解沉淀物，再经过透析或凝胶过滤，除去残留的溶剂成分。选择沉淀方法时，需要考虑沉淀剂对目标蛋白质稳定性的影响、沉淀剂的成本以及操作难易程度、沉淀剂的去除及残留、目标蛋白质的纯度要求及收率要求等。

① 盐析法　加入中性盐到蛋白质溶液中，蛋白质的溶解度开始增大，但随着继续加入盐，蛋白质的溶解度却逐渐减小，并形成沉淀，这就是盐析法。不同蛋白质在不同的中性盐浓度下析出，利用此原理，可对溶液中的杂蛋白及目标蛋白进行分级沉淀。通常蛋白质受到中性盐的保护作用，不会因为盐析而变性失活。盐析受到蛋白质表面疏水性的影响。疏水基团主要存在于蛋白质内部，也有一些分布在蛋白质的表面，水分子与这些基团接触，加盐到溶液中后，随着盐浓度的提高，水分子被从蛋白质分子周围移开，蛋白质分子表面的疏水基团互相作用，导致了蛋白质的凝聚、沉淀。蛋白质样品的组成、浓度、pH 值、操作温度、添加硫酸铵的速度、搅拌速度等都影响到沉淀效果。盐析操作最好在 4℃进行，操作时一边搅拌一边缓慢加入沉淀剂，以免造成局部沉淀剂浓度过高。通过离心或过滤可得到沉淀物。对于目标蛋白质的沉淀物，可用 1～2 倍体积的缓冲液溶解，不溶解的部分可离心除去。采用盐析法沉淀目标蛋白质，起到了浓缩及初步分离纯化蛋白质的作用，盐析条件的确定必须综合考虑原材料的来源、纯化目的、盐析后目标蛋白质的收率及纯化倍数等因素。硫酸铵是最常用的，因为它便宜、溶解度高、对温度的敏感性低，在纯水中的饱和浓度接近 $4mol \cdot L^{-1}$，饱和溶液的密度为 $1.235g \cdot mL^{-1}$。由于蛋白质沉淀的密度与硫酸铵饱和溶液的密度比较接近，因此离心分离沉淀物时一般需要高速离心机。

② 有机溶剂沉淀法　该法的优点是有机溶剂一般不会残留在产品中，容易蒸发除去；密度低，与沉淀物质的密度差大，便于离心分离。有机溶剂沉淀蛋白质被认为是由于有机溶剂破坏了蛋白质分子之间的某些键，使蛋白质分子的空间结构发生了变化，一些原先存在于蛋白质分子内部的疏水基团被暴露于表面，并与有机溶剂的疏水基团结合，形成了疏水层，使得蛋白质沉淀。在操作过程中应保持低温、快速，选择低毒性、不与目标蛋白质发生作用的水溶性有机溶剂。常用的有机溶剂是丙酮和乙醇，有时也用到甲醇和丙醇。大多数蛋白质通过加入等体积的丙酮或 4 倍体积的乙醇就可以沉淀下来，但也造成了蛋白质溶液的稀释，所以

蛋白质的浓度一般要在 $1mg\cdot mL^{-1}$ 以上。有机溶剂沉淀蛋白质的效率除了受有机溶剂种类影响外，还受到操作温度、pH 值、蛋白质分子大小等因素的影响。温度低，沉淀比较完全，在整个沉淀蛋白质及分离沉淀的过程中，可在盐水冰浴中进行，以保持低温操作（4℃）。将预先冷却过的有机溶剂缓慢加入到冷却的蛋白质溶液中，同时不断搅拌，以避免局部有机溶剂浓度过高或升温过高而造成蛋白质失活。蛋白质溶液的 pH 值应选择使目标蛋白质性质稳定的区域，并尽可能接近其等电点。

③ 等电点沉淀法　该方法是最早使用的沉淀蛋白质的方法之一。蛋白质分子表面存在带正电荷和负电荷的基团，在等电点时，蛋白质分子的正、负电荷相等，净电荷为零，分子间不再发生静电排斥，而是产生静电引力，蛋白质的溶解度最低，可以被沉淀出来。利用此原理，将蛋白质样品溶液的 pH 值调节至其等电点，大大降低其溶解度，从而沉淀得到目标蛋白质，再将沉淀溶解于适当的缓冲液中，用于随后的纯化。利用不同蛋白质具有不同的等电点，也可以采用该法，依次改变溶液的 pH 值，分别沉淀、除去杂蛋白质，从而获得目标蛋白质，这比较适合于沉淀过程中易发生变性失活的目标蛋白质。

④ 聚乙二醇沉淀法　许多分子量高的非离子聚合物，比如聚乙二醇、葡聚糖等，都可以沉淀蛋白质，常用的是聚乙二醇（Polyethylene glycol，PEG）。一般使用分子量 4,000 以上的 PEG，常用分子量 6,000 和 20,000 的。PEG 无毒，不可燃，操作条件温和、简便，沉淀比较完全，而且对蛋白质有一定的保护作用。PEG 沉淀蛋白质的机理是：PEG 分子在溶液中，形成了网状结构，与溶液中的蛋白质分子发生空间排斥作用，使蛋白质分子凝聚、沉淀。该方法受到蛋白质的分子量、浓度、溶液的 pH 值、温度以及 PEG 的平均分子量等因素的影响。蛋白质的分子量越大，使蛋白质沉淀所需的 PEG 浓度越小；蛋白质浓度越高，越易于沉淀，但是蛋白质浓度也不能太高，一般要小于 $10mg\cdot mL^{-1}$；pH 值越接近蛋白质的等电点，所需 PEG 浓度也越低；在 30℃ 以下一般都可以使用此法，只是操作时需要考虑到目标蛋白质对温度的敏感性；PEG 的分子量越高，沉淀蛋白质所需的浓度越低，但是分子量过高，会造成溶液黏度大，不利于操作。

2. 蛋白质的吸附分离技术

① 吸附法　该方法是最简单、快速的浓缩蛋白质溶液的方法，所需仪器简单，适用于稳定性较差的蛋白质。将干的惰性多孔基质聚合物，如葡聚糖凝胶（Sephadex），加入到蛋白质溶液中吸收水和其他小分子，当凝胶完全膨胀后，用过滤或离心的方法除去凝胶，分离出蛋白质。常用的凝胶有 Sephadex G 系列及 Bio-Gel P 系列凝胶。但该方法选择性较差，不能连续操作，浓缩倍数和蛋白质回收率都比较低。

② 固相萃取法　相对于传统的液-液萃取法和蛋白沉淀法，固相萃取具有无可

比拟的优势：集样品富集及净化与一体，速度快、节省溶剂，可进行自动化批量处理，重现性好。常见的固相萃取柱分为 3 部分：柱管、多孔筛板和填料。此外还可以 96 孔板进行高通量的固相萃取仪，96 孔板的每个孔中含少量吸附剂（10～100mg），样品载量约每孔 2mL，主要用于生物、医药等行业小量的多样品的净化处理。

3. 蛋白质的膜分离技术

① 超滤法　超滤法是在离心力或较高的压力下，选择适当孔径的半透膜，使水和其他小分子物质通过半透膜，而目标蛋白质不能通过的蛋白质分离方法。截留分子量是指不能通过膜的最小分子量。理想状态下，截留分子量为 10,000 的膜可以完全截留分子量大于 10,000 的分子，而分子量小于 10,000 的分子可以完全通过该膜，但是膜的孔径分布是不均一的，在平均截留分子量附近具有一定的分布，分布范围与膜的生产方法与生产厂家有关，因此选择膜的截留分子量通常要比所需要的蛋白质分子量低 20％以上。如果选择的截留分子量过小，通过膜的速度将会减慢，造成操作时间延长，或者需要更高的操作压力。

② 透析法　用透析来进行浓缩较适用于体积在 50mL 以下的样品，但操作时间稍长。为了提高随后纯化环节的效率，通常透析技术用于在纯化过程中进行除盐或更换缓冲液。将蛋白质样品放入透析袋中，置于所需的缓冲液中，由于袋内小分子的渗透压高于袋外的缓冲液，根据渗透压和分子自由扩散的原理，小分子物质可以自由通过半透膜，大分子物质被保留在袋内，随时间的延长，小分子向袋外扩散的速度逐渐减慢，最后半透膜内外的分子进出速度达到平衡。透析袋用醋酸纤维制成，孔径为 1～20nm，它决定了膜的截留分子量。有些透析袋需先进行预处理以除去金属物质，并保证膜孔的一致性。为充分利用时间，透析操作在 4℃下过夜进行。常使用 20％的分子量大于 20,000 的 PEG 或干的葡聚糖凝胶对蛋白质溶液进行浓缩。具体操作过程如下：将商品化的透析袋适当处理后，封住一端（打结或使用透析夹），先用纯水检查透析袋的完整性，然后将需要浓缩的蛋白质溶液倒入透析袋中，赶出袋中的空气，封住袋子的另外一端，将透析袋放入 10 倍于蛋白质样品体积的装有 20％（200g·L^{-1}）PEG 溶液的容器中，用磁力搅拌器缓慢搅拌，至达到所需浓度为止。若使用干的葡聚糖凝胶 G-25，用量为每 100mL 含 25g 蛋白质样品，需注意不得浓缩到完全脱水。

4. 蛋白质的色谱分离技术

常用于蛋白质分离的色谱技术有反相色谱、离子交换色谱、体积排阻色谱、疏水作用色谱、亲和色谱等。其中亲和色谱技术是利用生物大分子和固定相表面的亲和配基之间可逆的特异性相互作用进行选择性分离的一种液相分离方法，故受到了广泛重视。近年来，在基因工程表达蛋白质的纯化过程中发展了一批亲和标记，能够通过一步亲和色谱对目标蛋白质进行有效分离。如可用镍离子亲和分离六聚组氨酸标记（His-tag）融合蛋白；用谷胱甘肽亲和分离谷胱甘肽转移酶标记融合蛋白；用链霉亲和素亲和分离链霉素Ⅱ标记融合蛋白等。其中 His-tag 只有 6 个组氨酸片段，对目标蛋白质的生物活性影响较小。

5. 蛋白质的电泳分离纯化技术

凝胶电泳是一种根据尺寸和电荷性质分离蛋白质的方法。粗分离的蛋白质可通过非变性聚丙烯酰胺凝胶电泳（Polyacrylamide gel electrophoresis，PAGE）或天然凝胶电泳进一步纯化，丙烯酰胺的孔径起着分子筛的作用来分开不同尺寸的蛋白质。较大的蛋白质在凝胶中迁移得较慢，而紧凑的球状蛋白质移动的速度比细长的纤维蛋白迁移得更快。1975 年发展起来的双向凝胶电泳是通过使用等电聚焦和凝胶电泳（SDS-PAGE）两种不同的技术实现分离蛋白质的复杂混合物。首先，蛋白质根据其等电点在管状凝胶中分离，之后将这种分离后的凝胶放置在 SDS-PAGE 的板坯顶部，蛋白质进入平板凝胶并根据它们的分子量进行分离。

6. 蛋白质的冷冻干燥技术

冷冻干燥技术对热不稳定的蛋白质、多肽等的浓缩、保存方面起着重要作用，利用低温、低压来去除可溶性水，它对于超滤膜不能够截留的低分子量多肽浓缩效果好。冷冻干燥系统由干燥箱、真空系统、制冷系统组成，近年来还发展了自动整理设备、自动装瓶和倒瓶设备。干燥箱通常由不锈钢制成，是压力容器，其内表面光洁性要好，以便于清洁，提高抗腐蚀性。冷冻干燥系统中最关键的是旋转式油泵。具体操作时，将需冻干的样品装入冷冻干燥烧瓶中，小玻璃瓶常用一个橡皮塞部分地塞住，在塞子上开一道槽使水蒸气逸出。小玻璃瓶放在金属托盘中，放入冻干机进行浓缩。对蛋白质，干燥后残余水的多少可能影响其活性的稳定性。将样品干燥到最低残余水的水平，再细分小瓶，在几个相对不同的湿度得到不同残余水含量的样品，进行稳定性研究，以确定合适的残余水分含量。

在分离操作后，蛋白质样品一般还需经过过滤、浓缩等操作步骤才可以进入分析检测阶段。

7. 蛋白质的双水相萃取分离纯化

利用两种聚合物之间或聚合物与盐在水相中的不相溶性，从细胞破碎后的细胞碎片中直接分离纯化蛋白质，同时起到浓缩蛋白质的作用。该方法比较温和，一般不造成蛋白质的变性失活，可在室温下进行，双水相中聚合物还可提高蛋白质的稳定性。最常用的聚合物是 PEG 和葡聚糖。葡聚糖的使用由于其成本较高及其造成溶液黏度较高而受到限制，可以使用价格较低、黏度也不高的变性淀粉替代葡聚糖。采用双水相系统浓缩目标蛋白，受到聚合物分子量及浓度、溶液 pH 值、离子强度、盐类型及浓度等因素的影响，各因素之间也相互影响。以 PEG/葡聚糖系统为例，通过降低 PEG 分子量、增加葡聚糖分子量或提高 pH 值，都可以提高目标蛋白质在 PEG 相中的分配系数。在实验室中，可采用 5～10mL 塑料离心管试验比较合适的条件。先配制较高浓度的溶液（40％ PEG 和 30％葡聚糖），使用时按照一定比例添加，以达到在双水相系统中的预期浓度。操作时先混合蛋白质样品、PEG 和葡聚糖溶液 1min，然后 3000r/min 离心 5min，富集在聚合物相中的目标蛋白质经过滤得到。分别测定两相的体积及目标蛋白质在两相中的浓度，最后确定 PEG 和葡聚糖各自合适的使用浓度。一般采用 Bradford 方法测定蛋白质，以避免 PEG 的影响。

三、蛋白质的专一性裂解[3,4]

蛋白质是由 20 种 α-氨基酸通过肽键连接而成的高分子化合物，若将大分子的蛋白质专一性裂解为一系列小分子肽类，再用 HPLC 或 CE 分析这些肽类，可以得到这一系列肽的指纹图谱，称为"肽谱"。"肽谱"对于每个蛋白质是专一的、特有的，可用于蛋白质的鉴定。"肽谱"的专一性取决于蛋白质裂解的专一性和完全性，蛋白质的专一性裂解的方法通常分为两大类：化学法和酶法。

1. 蛋白质的化学裂解

选择一些化学试剂，使某一特定氨基酸的肽键断裂，形成一系列肽，用于肽谱鉴定蛋白质。

① Met—X 键裂解　CNBr 可以专一裂解甲硫氨酸（Met）残基的 C 末端肽键，产率达 85％。

② X—Cys 键裂解　2-硝基-5-硫氰苯甲酸（NTCB）和（2-甲基)-N-4-(溴乙酰)醌二亚酰胺都可以使半胱氨酸的 N 末端侧发生裂解，裂解产率大于 90％。

③ Trp—X 键裂解　BNPS-Skatole 是一种温和的氧化剂和溴化剂，可裂解 Trp 残基 C 末端侧肽键，裂解率通常在 40％～70％。

④ Asn—Gly 键裂解　NH_2OH 在 pH 9.0 条件下能裂解 Asn—Gly 间的肽键，此法专一性不好，Asn—Leu 和 Asn—Ala 键也能部分裂解。由于各种蛋白质中出现 Asn—Gly 的概率很低，故此法所得到的肽段很大。

⑤ Asp—Pro 键裂解　蛋白质中 Asp—Pro 键对酸特别敏感，在稀酸条件下，Asp—Pro 键就能断裂。

2. 蛋白质的酶解

蛋白质水解酶种类繁多，在生物体内通过对蛋白样品的消化（如氨基酸肽键之间水解），实现蛋白质的降解、吸收及激活等复杂而重要的功能。但多数蛋白质水解酶的特异性比较低，只有少量酶切位点特异性的蛋白酶可以用于蛋白质组学研究。目前常用的主要有胰蛋白酶（Trypsin）、谷氨酰基内切酶（Glu-C）、赖氨酰基内切酶（Lys-C）和天冬氨酸酰胺基内切酶（Asp-N）等。

胰蛋白酶（EC 3.4.21.4）可特异地在蛋白质底物的赖氨酸和精氨酸的羧基端进行酶切水解，但当赖氨酸和精氨酸后的氨基酸是脯氨酸时，水解不会发生。胰蛋白酶酶解可产生含有一个碱性精氨酸或赖氨酸结尾的短肽，较适合肽段的碎裂，形成较强的 b 和 y 离子系列对，适于现有的鉴定算法。

赖氨酰基内切酶（Lys-C）是特异酶切蛋白 C 端赖氨酸残基的胞内蛋白酶，该酶具有很强的特异性，特异酶解蛋白质 C 端赖氨酸的肽键，其中也包括赖氨酸和脯氨酸形成的肽键，其反应的 pH 范围为 8.5～10.7。该酶蛋白酶解活性高于牛源的胰蛋白酶几个数量级，且在 $5mol \cdot L^{-1}$ 尿素（甚至更高）和 0.1％十二烷基磺酸钠（SDS）的溶液中也能表现出高效的活性，弥补了胰蛋白酶在上述溶液中酶切活性低的缺陷。

谷氨酰基内切酶（Glu-C）可以特异地酶切与蛋白 C 端谷氨酸或天冬氨酸残基结合的肽键，但对后者的酶切速率要慢约 300 多倍。该酶最佳活性的 pH 在 4.0～7.8 之间。Glu-C 单一酶切可很好地应用于分离和富集磷酸化肽段的鉴定。与单一酶切相比，Glu-C 与胰蛋白酶联用不仅有效地提高蛋白质鉴定的序列覆盖度，而且提升了基于质谱检测的可信度。

天冬氨酸酰胺基内切酶（Asp-N）是一种金属蛋白内切酶，酶解的蛋白 N 端天冬氨酸和半胱氨酸残基，平均分子质量为 24.5kDa，酶切的最佳 pH 为 6.0 和 8.5。

糜蛋白酶优先酶切的是酰胺键 C 端的疏水性氨基酸（例如酪氨酸、苯丙氨酸和色氨酸），肽键的水解位置含有其他氨基酸（亮氨酸和蛋氨酸）酶解速率将会降低。

胃蛋白酶酶切位点比较广泛，其中最有效的酶切序列是疏水性氨基酸之间的肽键，更适宜的是芳香族氨基酸，例如酪氨酸、苯丙氨酸和色氨酸。该酶在酸性环境中具有较高活性，其最适 pH 值约为 3。在中性或碱性 pH 值的溶液中，胃蛋白酶会发生解链而丧失活性，相对于蛋白质组学实验中的酶切条件，这种条件比较苛刻。

第三节　核酸的提取与 PCR 技术

核酸是以核苷酸为基本组成单位的生物大分子，携带和传递遗传信息。根据化学组成不同，核酸分为核糖核酸（RNA）和脱氧核糖核酸（DNA）。其中，RNA 由碱基（腺嘌呤、鸟嘌呤、胞嘧啶、尿嘧啶）、磷酸和核糖组成的核糖核苷酸聚合而成，而 DNA 则由碱基（腺嘌呤、鸟嘌呤、胞嘧啶、胸腺嘧啶）、磷酸和脱氧核糖组成的脱氧核糖核苷酸聚合而成。从复杂的生物样品中（如细胞裂解液）中提取高纯度的核酸需要通过合理的样品前处理。一般来说，成功提取核酸需要 4 个重要步骤：细胞或组织的有效裂解；核蛋白复合物的变性；核酸酶的失活；远离污染。目标核酸中应不含污染物，包括蛋白质、碳水化合物、脂类或其他的核酸，如 DNA 无 RNA 或 RNA 无 DNA。分离出的核酸的质量和完整性将直接影响科学研究的结果。

核酸都溶于水而不溶于有机溶剂，可利用此性质进行核酸的提取。在分离核酸中最困难的是将核酸与紧密结合的蛋白质分开，而且还要避免核酸的降解。在细胞内，DNA 与蛋白质结合成脱氧核糖核蛋白（DNP），RNA 与蛋白质结合成核糖核蛋白（RNP），在不同浓度的盐溶液中它们的溶解度差别很大，DNP 在纯水或 $1mol·L^{-1}$ NaCl 溶液中溶解度较大，但在 $0.14mol·L^{-1}$ NaCl 溶液中溶解度很低，相反，RNP 易溶解。因此，用 $0.14mol·L^{-1}$ NaCl 溶液可简单地初步分离 DNP 和 RNP。而常用于分离核酸和蛋白质的解离剂是阴离子去垢剂，如脱氧胆酸钠、十二烷基硫酸钠（SDS）、4-氨基水杨酸钠和萘-1,5-二磺酸钠等，它们具有溶解病毒、细菌的作用，可使核酸从蛋白质上游离出来，还具有抑制核糖核酸酶（RNase）的作用。十六烷基三甲基铵（CTAB）是一种非离子表面活性剂，可以从低离子强度的溶液中沉淀核酸和酸性多糖，在此条件下，蛋白质和中性多糖则留在溶液中。

一、RNA 的提取

RNA 是一种不稳定的分子，由于在血液及大多数细菌和真菌中无处不在的 RNase 酶，从细胞或组织中提取后其半衰期很短。RNase 具有很好的热稳定性，且在热变性处理后会发生重折叠，因此最常见的分离方法可分为两大类：苯酚提取法和胍盐提取法。

① 苯酚提取法　从复杂基质中提取 RNA 的首选方法。在细胞匀浆中加入表面活性剂 SDS 或二甲苯磺酸钠、含水苯酚混匀，弃去含有 DNA 和蛋白质的酚层，在水层中加入 75%（体积分数）的乙醇使 RNA 沉淀。

② 胍盐提取法　将盐酸胍或硫氰酸胍加入细胞匀浆中搅匀离心，取上清液加入氯化铯或三氟乙酸铯梯度离心。由于 RNA 在氯化铯或三氟乙酸铯中的浮力密度低于 DNA，RNA 将在离心过程中沉底于离心管底部。

二、DNA 的提取

DNA 的提取主要包括溶解、去除蛋白质、去除 RNA 和多糖等步骤。

碱裂解法已被用于分离出质粒和大肠杆菌中的 DNA。在 SDS 存在下，对体积在 1mL 至 500mL 的细菌培养液中所有大肠杆菌的菌株有效。该方法的原理是基于选择性地使高分子量染色体 DNA 碱变性，而共价闭合环状的 DNA 仍保持双链结构。细菌蛋白质，破裂的细胞壁和变性的染色体 DNA 被 SDS 缠绕形成大的复合物，再通过离心除去变性物质后，从上清液中即可回收质粒 DNA。

除去核酸中蛋白质的另一个有效办法是用酚-氯仿混合液，它们可使蛋白质变性，并对核糖核酸酶有抑制作用，另外氯仿比重大可使有机相和水相完全分开，减少残留在水相中的酚，这两种有机溶剂合用，比单独用酚抽提除蛋白效果更佳。继而用氯仿抽提则可除去核酸制品中的痕量酚。用酚-氯仿抽提的具体步骤如下：

① 核酸样品置有盖小离心管中，加入等体积的酚-氯仿；

② 旋涡混匀管内容物，使呈乳状；

③ 12,000g 室温离心 15s；

④ 水相移入另一离心管，弃去两相界面和有机相；

⑤ 重复步骤①～④，直至两相界面上无蛋白质为止；

⑥ 加入等体积的氯仿并重复②～④步操作；

⑦ 按下述核酸浓缩法沉淀回收核酸。在用酚-氯仿抽提核酸提取液时，还需要剧烈振摇，为防止起泡和促使水相与有机相的分离，可在酚-氯仿抽提液中再加上一定量的异戊醇。每当需要把 DNA 克隆操作的某一步所用的酶灭活或去除以便进行下一步时，可进行这种抽提。然而，如果从细胞裂解液等复杂的分子混合物中纯化核酸，则要先用某些蛋白水解酶消化大部分蛋白质后，再用有机溶剂抽提。这些广谱的蛋白酶包括链霉蛋白酶及蛋白酶 K 等，它们对多数天然蛋白质均有活性。

目前，市场上大多数的商品提取试剂盒多采用固相核酸纯化法，相比常规方法具有快速、高效的优点。可以避免液-液萃取中的某些问题，如不完全的相分离。固相材料吸附核酸的效率取决于缓冲液的 pH 值和盐含量。吸收过程基于氢键与亲水基质的相互作用、与阴离子交换剂的离子交换作用、亲和作用和尺寸排阻作用等机理。常用的分离介质主要包括硅基材料（包括玻璃微珠、硅胶颗粒、玻璃纤维、硅藻土等）和磁性微珠两大类。

三、PCR 技术[1]

聚合酶链式反应（PCR）是一种在分子生物学中被广泛使用的技术，它可以对特定的 DNA 片段进行指数级扩增。该技术在 20 世纪 80 年代发明，发明者凯瑞·穆利斯于 1993 年获得诺贝尔奖。该技术发明以来，已经历多次改良，并在临床和实验室研究中得到广泛应用。

PCR 技术将反应物暴露于反复加热和冷却的循环中，以允许不同的温度依赖性反应，特别是 DNA 解链和 DNA 的延伸。PCR 使用两种主要试剂——引物（引物是短单链 DNA 片段，称为寡核苷酸，是目标 DNA 的互补序列）和 DNA 聚合酶。

PCR 扩增 DNA 的原理：首先将 DNA 双螺旋的两条链在高温下物理分离，解链为单链 DNA，这一过程被称为 DNA 变性。一般 DNA 的解链温度为 85～95℃。然后将温度降低至 50～75℃，使单链与互补的引物结合，形成单链 DNA-引物复合物，这一过程称为退火。最后以单链 DAN 为模板，以结合在单链 DNA 两端的引物为固定起点，在 DNA 聚合酶的作用下，按照碱基互补原则将底物（脱氧核苷三磷酸）逐个聚合，完成 DNA 的一次循环扩增。再以新合成的 DNA 为模板，按照上述步骤不断循环扩增下去，一般经过 30 次循环，可使目标 DNA 扩增几百万倍。PCR 的扩增过程如图 9-2 所示。

　　PCR 技术的应用包括：DNA 克隆测序、基因克隆操作、基因诱变；以 DNA 为基础的系统发育或基因功能分析；遗传性疾病的诊断和检测；考古学 DNA 的扩增；用于 DNA 分析的遗传指纹分析等。

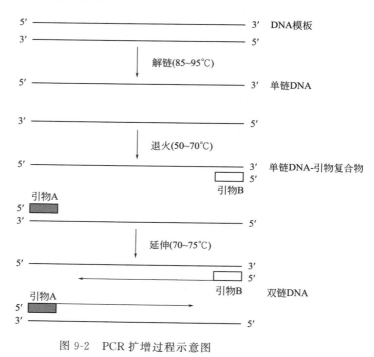

图 9-2　PCR 扩增过程示意图

第四节　生物样品处理中常用的一些分离技术

一、蛋白质去除

　　应用色谱分析生物样品中一些小分子化合物时，样品中的蛋白质等杂质往往严重干扰分析，在制备色谱样品时要对蛋白质进行去除。常用的蛋白质去除方法如下。

去除蛋白质最为简单的方法是加热法。当待测组分的稳定性较好时，可采用加热的方法将一些热变性蛋白质絮凝沉淀，进而通过离心或过滤的方法除去。虽然该方法操作简单，但只能去除热变性蛋白质。

其他用于去除蛋白质方法类似于蛋白质的提取与纯化方法，具体可参见本章第二节。例如通过盐析、有机溶剂沉淀、等电点沉淀后离心或过滤除去杂质蛋白，或通过膜分离、色谱分离和高速离心法直接将蛋白质和待测小分子分离，再对小分子化合物进行色谱分析。

在选择去除蛋白质的方法时要考虑待测小分子化合物的性质、所需除去蛋白质的性质以及色谱分析方法的选用。最好使用加热法、有机溶剂沉淀法、膜分离法和色谱法，它们不会对制备的待测小分子化合物样品引入新的干扰化合物。而盐析法将引入高浓度的盐，如影响下一步的色谱分离还需要进行除盐处理。

二、双水相萃取技术

双水相萃取是利用组分在两个互不相溶的水相中的溶解度不同而实现分离的萃取技术。两个互不相溶的水相是由两种互不相溶的高分子溶液或是互不相溶的盐溶液和高分子溶液所组成，例如：聚乙二醇-葡聚糖溶液，硫酸铵-聚乙二醇溶液等。

1. 双水相萃取原理

当两种水溶液都是聚合物溶液时，由于聚合物分子之间的不溶性，即聚合物分子的空间位阻的作用，无法互相渗透，不能形成均匀的单一相，因而具有相分离的倾向，在一定的条件下就可分为两相。而聚合物与盐溶液也能形成两相，主要是由于盐析作用引起的。当蛋白质、RNA等组分在双水相系统的两相中的溶解度不同时，分配系数也不同，可以通过双水相萃取达到分离的目的。

被分离组分在双水相体系两相中的分配系数的大小决定了萃取分离的效果。影响被分离组分在双水相体系两相中的分配系数大小的因素有：①两相的组成；②高分子化合物的分子量、浓度、极性等；③两相溶液的比；④被分离组分的分子量、电荷、极性等；⑤温度；⑥pH值等。如何确定最佳萃取条件，需通过实验进行优化。为了提高某些组分在双水相体系两相中的分配系数，可采用化学修饰方法在高分子化合物上引入亲和配基，如酶的底物、辅助因子、抗体或抗原、可逆性抑制剂和染料，进行双水相亲和萃取。

2. 双水相系统溶质的选择

首先要根据被分离组分和杂质的溶解特性来选择双水相系统的溶质，同时还要考虑与被分离组分是否会发生化学反应，系统的溶质是否会对被分离组分产生不利的影响等。组成双水相系统的一些溶质见表9-1。

表 9-1 组成双水相系统的一些溶质[1]

溶质 P	溶质 Q
聚丙二醇	甲基聚丙二醇、聚乙二醇、聚乙烯醇、聚乙烯吡咯烷酮、羟丙基葡聚糖、葡聚糖
聚乙二醇	聚乙烯醇、葡聚糖、聚蔗糖
甲基纤维素	羟甲基葡聚糖、葡聚糖
乙基羟乙基纤维素	葡聚糖
羟丙基葡聚糖	葡聚糖
聚蔗糖	葡聚糖
聚乙二醇	硫酸镁、硫酸铵、硫酸钠、甲酸钠、酒石酸钾钠、磷酸氢二钠、磷酸二氢钠

3. 双水相系统的制备

双水相萃取的关键是双水相系统的制备，而制备双水相系统的关键是选择适宜的溶质、配制适宜浓度的高分子溶液和盐溶液、选择两种水溶液的适宜比例。

双水相系统制备过程一般是将两种溶质分别配制成一定浓度的水溶液，按不同的比例混合，静置一段时间，当两种溶质的浓度超过某一浓度范围时，就会产生两相。两相中两种溶质的浓度各不相同，如用等量的 1.1% 的右旋糖酐溶液和 0.3% 的甲基纤维素溶液混合，静置后产生两相，上相中含右旋糖酐 0.39%，含甲基纤维素 0.65%；而下相中含右旋糖酐 1.58%，含甲基纤维素 0.15%。

双水相形成的条件和定量关系可用相图来表示，图 9-3 给出了由两种高分子化合物水溶液组成的双水相系统相图。图中曲线 TCB 称为双节线，直线 TMB 称为系线，在双节线下方的区域是均匀的单相区，在双节线上方的区域是双相区，点 T 和 B 分别表示达到平衡时的上相组成和下相组成。在同一直线上的各点分成的两相，具有相同的组成，但体积比不同。以 V_t 和 V_b 分别代表上相和下相的体积，BM 表示点 B 与点 M 之间的距离，MT 表示点 T 与点 M 之间的距离，则有 $V_t/V_b=$ BM/BT。当系线下移，系线的长度减小，说明两相之间的差别在逐渐减小，当系

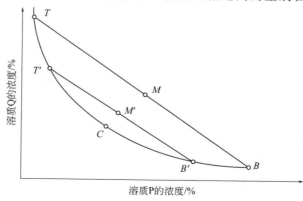

图 9-3 双水相系统相图[1]

线的长度减小到零时，即达到 C 点时，说明两相之间的差别没有了，成为均相，C 点称为临界点。双水相系统相图可按下述方法绘制：

① 将一定浓度的两种溶质混合（如图中 M 点），分成两相后，分别测定上相和下相中两种溶质的浓度，得到图中的 T 点和 B 点；

② 改变两种溶质的浓度（如图中 M' 点），分成两相后，再分别测定上相和下相中两种溶质的浓度，得到图中的 T' 点和 B' 点；

③ 重复上述方法，可以得到双节线上的若干点后，以绘制出完整的双节线，这就是该双水相系统相图。

4. 萃取分离

制备好双水相系统后可将欲分离混合物加进这一双水相系统中，充分搅拌使之混合均匀后，静置一段时间，混合物中的不同组分按其分配系数不同分配在两相之中，待达到平衡后可将两相分离，分别采集两相中的不同组分。

三、反胶束萃取技术[5,6]

传统的液-液萃取分离技术成本低，易于运作，已广泛用于多组分物质的分离。但是，由于缺乏相应的生化溶剂，采用该技术难以分离蛋白质、核酸等大分子生物活性物质；液相色谱技术，特别是制备型色谱技术的应用，使大多数生物分子的批量分离成为可能，然而由于该技术本身也存在某些局限性，例如一定的固定相，有时会引起目标物的不可逆吸附、甚至变性等现象，在一定程度上限制了其在生化工程中的应用。近年来，以反胶束溶液为溶剂系统的萃取分离技术，可选择性分离某些生物活性分子，逐渐引起了人们的重视。

反胶束，又称反胶团，是表面活性剂分散于连续有机相中形成的纳米尺度的一种聚集体。反胶束溶液是透明的、热力学稳定的系统。利用反胶束将组分分离的萃取技术，称为反胶束萃取。

1. 反胶束萃取的原理

表面活性剂溶于水中，当浓度超过临界胶束浓度时，就会聚集在一起而形成正常胶束 ［图 9-4(a)］。但若将表面活性剂溶于非极性的有机溶剂中，并使其浓度超过临界胶束浓度，便会在有机溶剂内形成反胶束 ［图 9-4(b)］。在反胶束中，表面活性剂的非极性基团在外与非极性的有机溶剂接触，而极性基团则排列在内形成一个极性核。此极性核具有溶解极性物质的能力，极性核溶解水后，就形成了"水池"。由于反胶束内存在"水池"，故可溶解氨基酸、肽和蛋白质等生物分子，为生物分子提供易于生存的亲水环境。因此，反胶束萃取可用于这些物质的分离纯化，特别是蛋白质类生物大分子。形成反胶束的方法有溶解法、相转移法和注入法等。

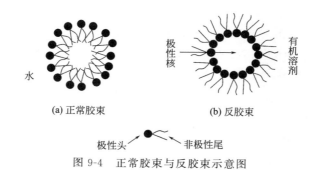

图 9-4　正常胶束与反胶束示意图

2. 反胶束萃取中表面活性剂与有机溶剂的选择

　　首先要根据被分离组分的性质，选择反胶束萃取所用的表面活性剂和有机溶剂。表面活性剂是由极性基团和非极性基团组成的两性分子，有阳离子、阴离子和非离子表面活性剂，在反胶束萃取系统中最常用的是阴离子表面活性剂，如AOT（Aerosol OT），其化学名为丁二酸乙基己基酯磺酸钠，它的特点是具有双链、极性基团小、所形成的反胶束直径大，有利于大分子物质进入反胶束中。在反胶束系统中，表面活性剂通常与某些有机溶剂配合使用，如表 9-2 所示。

表 9-2　反胶束萃取系统中常用的表面活性剂及其相应的有机溶剂[1]

表面活性剂	有机溶剂
AOT	正烷烃（$C_6 \sim C_{10}$）、异辛烷、环己烷、四氯化碳、苯
CTAB	乙醇/异辛烷、己醇/辛烷、三氯甲烷/辛烷
TOMAC	环己烷
Brij60	辛烷
Triton X	己醇/环己烷
磷脂酰胆碱	苯、庚烷
磷脂酰乙醇胺	苯、庚烷

　　注：TOMAC 为甲基三辛基氯化铵。

3. 反胶束的形成、萃取与反萃取

　　将一定量的表面活性剂加到有机溶剂中，充分搅拌后静置一段时间，表面活性剂形成反胶束。然后在适宜的条件下，将含有欲萃取化合物的水溶液与形成的反胶束体系混合，通过搅拌使其混合均匀，静置一段时间，欲萃取化合物将被萃取到反胶束中。

　　欲萃取化合物进入反胶束溶液是一种协同过程，即在宏观两相（有机相和水相）界面间的表面活性剂层，同邻近的欲萃取化合物发生静电作用而变形，接着在两相界面形成了包含有欲萃取化合物的反胶束，此反胶束扩散进入有机相中，从而实现了欲萃取化合物的萃取，其萃取过程和萃取后的情况见图 9-5。

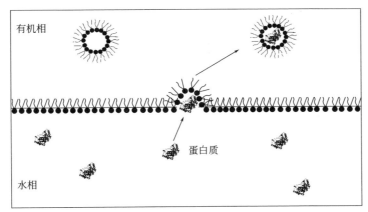

有机相

水相

蛋白质

图 9-5　反胶束萃取过程示意图

萃取过程中要控制好下列萃取条件：

① pH 值　在反胶束萃取系统中，水相的 pH 值决定了蛋白质等两性电解质的净电荷。当水相的 pH 值低于蛋白质等两性电解质等电点时，其净电荷为正，与阴离子表面活性剂头部所带电性相反，它们之间存在静电吸引力，有利于蛋白质等两性电解质进入反胶束中；反之，当水相的 pH 值高于其等电点时，与阳离子之间产生静电吸引力。所以，在反胶束萃取时，要针对所使用的表面活性剂和欲萃取化合物表面带电情况来选择水相的 pH 值，使得欲萃取化合物的净电荷与表面活性剂头部所带电荷相反。

② 离子强度　在反胶束萃取系统中，水相中的离子强度将降低欲萃取化合物表面基团所带电荷与反胶束带电界面之间的静电相互作用，也降低了表面活性剂头部基团之间的静电排斥力，这将导致在高离子强度下反胶束颗粒变小，从而使反胶束内部的水含量降低。因此，降低水相离子强度有利于极性物质进入反胶束中。

③ 温度　在反胶束萃取系统中，随着温度的升高，表面活性剂与水的亲和力减小，这会使反胶束颗粒变小，从而使反胶束内部的水含量降低。因此，温度升高不利于极性物质进入反胶束中。

欲萃取化合物进入反胶束后，将反胶束与水溶液分离，完成了反胶束萃取过程。要将欲萃取化合物从反胶束中分离出来，需进行反萃取。

将含有欲萃取化合物的反胶束与反萃取缓冲溶液混合，欲萃取化合物将从反胶束中转移到缓冲溶液中，然后将反胶束分离，得到欲萃取化合物。

用缓冲溶液反萃取时，pH 值、离子强度和温度对反萃取的影响与反胶束萃取时正好相反，如用阴离子表面活性剂形成的反胶束萃取蛋白质等两性电解质后，欲用缓冲溶液反萃取蛋白质等两性电解质时，应使缓冲溶液的 pH 值高于蛋白质等两性电解质的等电点。同样的道理，增加离子强度和升高萃取温度，都有利于将极性物质从反胶束中反萃取出来。

四、微透析技术[2,7-9]

微透析技术是 20 世纪 80 年代中期发展起来的一种生物化学样品采集技术，曾在神经化学、药物化学等领域的研究中发挥了重要的作用，逐步受到生物医学界和分析化学界的关注，从 20 世纪 90 年代起这项技术在生命科学研究中进入高潮。微透析技术是将灌流取样和透析技术结合起来并逐渐完善的新技术，在国外已成功用于测定细胞外液中的多种神经递质、氨基酸、葡萄糖、腺苷及其代谢产物、磷脂等小分子化合物。该技术的优点是活体取样、动态观察、定量分析、采样量小，组织损伤轻等。

1. 微透析技术的原理和操作步骤

微透析取样技术基本原理是以透析原理作为取样的基础，透析管内存在着浓度梯度，物质沿浓度梯度逆向扩散。通常情况下膜外样品基体浓度高于膜内浓度，可透过膜的小分子物质穿过膜扩散进入透析管内，并被透析管内连续流动的灌流液不断带出，从而达到活体组织取样的目的。

以小鼠脑内活体取样为例，其操作步骤如下：①用具有一定截留分子量的纤维半透膜制成透析管，按上进水与出水管即成为微透析探针（Microdialysis probe）。探针有不同类型，应用最普遍的是同心圆型。微透析探针通常由一管式透析膜装于由钢、石英或塑料等材料制成的双层套管构成；②实验时先将动物麻醉，头部固定于立体定位仪上，将微透析探针按动物立体定位图谱垂直或水平地插入动物特定脑区；③探针埋入后灌流液由微量注射泵以低流速（$1\sim5\,\mu L\cdot min^{-1}$）注入探针，到达探针的顶端透析管处与被取样的基体发生物质交换，进入膜的化学物质被连续流动的灌流液带出探针，最后进入检测系统，如毛细管电泳、微柱 HPLC 等进行分析。这种取样方式是一种动态连续的过程（见图 9-6）。控制取样条件恒定，灌注液的组成和流速恒定，则微透析的回收率保持一定。

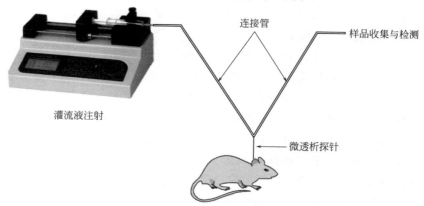

图 9-6　基本微透析原理示意图

2. 微透析取样技术优点

① 微透析探针具有对组织、器官和系统最小干扰的尺寸、因而能获得代表正常生理情况的样品；

② 透析过程不会改变插入点周围流体的体积，这将在连续取样时获得具有良好时间分辨率的样品，包括长期对某一清醒的动物进行试验；

③ 可连续跟踪多种化合物随时间的变化情况，获得化合物的浓度-时间曲线图，对阐明发生在体内的代谢和生物转化过程有积极意义；

④ 样品可较真实地代表取样点目标化合物的浓度，在活体不同部位分别插入探针，可研究生化物质的分布；

⑤ 由于微透析取样能被灌注方式控制，因而某些感兴趣的化合物能被加入灌流液，直接进入组织中，从而对局部化合物的代谢情况进行评价；

⑥ 可以直接获得不包括蛋白质等大分子的游离态药物、生物小分子或离子，因而在进行检测之前，不必对样品进行预处理，对药物研究更富有意义；

⑦ 提取的样品可直接被注射进入相联的高灵敏和高选择性检测系统，如色谱、毛细管电泳、电化学及生物传感器、质谱、发光检测系统等，克服了本身取样量少和体内生理因素的干扰，使得进行活体体内的某些组分实时、连续、在线的检测成为可能。

3. 微透析定量分析基础与回收率矫正

微透析技术在定量分析中最重要的工作是确定微透析的回收率，这也是利用微透析技术进行定量分析的理论基础。

微透析回收率（Recovery，R）被定义为：流出灌注液中欲测组分的浓度（c_d）与探针膜外细胞间液中欲测组分的浓度（c_0）之比，如式（9-1），知道了微透析的回收率，根据测定的 c_d 即可计算 c_0。

$$R = \frac{c_d}{c_0} \times 100\% \qquad\qquad (9\text{-}1)$$

从膜透析理论分析，微透析的回收率与膜的长度、膜的几何形状、灌注液流速、欲测组分的性质及取样时的温度有关。微透析的过程实质上是一个浓度扩散过程，当透析探针刚刚植入体内细胞间液中时，欲测组分对膜内外而言，是一非平衡状态。由于欲测组分不断透过膜，由膜外进入膜内，使得 c_d 在不断增加。当 c_d 增加到某一值时，即透析探针植入一定时间后，透析过程达到平衡，c_d 也不再继续增加，达到一恒定值。这时微透析的回收率保持一常数。

早期微透析的回收率校正是体外（in vitro）校正法，目前已很少使用。以下将介绍目前常用的几种体内校正回收率的方法。

① 内标法（Internal standard） 在灌注液中加入已知浓度且性质与欲测组分相似的另一物质作内标，测其渗出（即内标由膜内透析到膜外）率作为欲测组分

的回收率。这种方法要求内标物不仅在扩散性质上与欲测组分一致，而且还要在体内代谢过程也尽可能一致。

② 低灌注流速法（Low perfusion rate） 将灌注液流速控制在 $\leqslant 50 nL \cdot min^{-1}$ 水平，使得膜内外达到一种浓度平衡，此时回收率可达 90% 以上甚至 100%，这样就可以计算实验时的回收率。

③ 外推法（Extrapolation） 以灌注液流速为横坐标，以不同流速稳态下所对应的流出灌注液中被测物浓度的实验值为纵坐标，将得到的曲线外推至横坐标为零时所对应的浓度即是膜内外达到浓度平衡时体内欲测组分浓度，以此计算回收率。

④ 无净流出量变化点（Point of no net flux） 无净流出量变化点即零交换点（Zero flux），是将灌注液流速控制恒定，分别测定不同浓度灌注液达到稳态后流出液中欲测物质的浓度，以灌注液浓度为横坐标，灌注液流出与流入的浓度变化为纵坐标得一直线，纵坐标为零时（即无浓度变化）所对应的浓度就是体内欲测组分的浓度，直线斜率即为微透析的回收率。该法应用较多，是一种准确、简单的方法。

⑤ 渗出率法（Delivery test） 也称透出率法，基于体外实验中发现的回收率与渗出率相同这一现象。用已知欲测组分浓度的灌注液灌注探针，测定稳定后流出灌注液中欲测组分浓度，流入与流出浓度差与流入浓度之比即是渗出率。若实验前后渗出率没有变化，则渗出率可作为回收率。该法是一种最简单的使用方法。

4. 微透析技术应用及发展

微透析技术主要应用于生物活体取样。各种实验动物都有实验报道，有关人体的实验也有报道。透析探针埋植部位有脑神经核团、皮肤、血液、肝脏、胆、肾、心脏、肌肉、关节和肿瘤等。

微透析技术最早应用于神经学研究，许多实验是在实验动物处于自由活动状态下，用微透析技术对神经递质的分泌、代谢和神经药物动力学进行研究。我国学者陈义用微透析技术与毛细管电泳-激光诱导荧光检测技术相结合，研究了鼠脑纹状体暂时性脑缺血神经递质类氨基酸和谷胱甘肽的变化，取得了满意的结果。

微透析技术是最早且最多地在药物动力学研究中应用的技术，利用它的取样连续性及分析的瞬时性，可以提供活体内药物浓度的分布及动态变化，以及药物在活体内的代谢情况。

总之，微透析技术是一种新型的取样和制样方法，它可以连续活体取样，多部分多组分取样，且取出样品不含大分子杂质，可直接用于色谱分析。目前该技术仍存在许多不足之处，如回收率变化不好控制、取样部位的固定及重现难度较大、对于蛋白质结合的物质及细胞内物质无法取样、需高灵敏度的分析方法等。但它与传统的生物样品取样和制样有截然不同的构思，已经越来越引起生物分析工作者的注意，显示出良好的发展前景。

第五节 生物样品制备技术的应用

生物样品包括各种体液、组织以及分泌物,一般常用的有尿液、血液以及生物组织等。生物样品具有成分复杂、活性成分含量高、保存时间短以及干扰物质多等特点。在进行生物科学研究时,往往需要对各种生物样品进行处理,包括对血液、尿液中待测成分的提取与分离纯化,细胞样品的清洗、裂解及胞内物质的提取,组织器官中有效成分的分离等。对生物样品进行预处理,可以纯化待测组分,减少杂质对分析仪器的污染,达到提高测定灵敏度、准确度、精密度等要求[10]。生物样品的前处理除了要考虑生物样品的种类、被测物的性质,还与所采用的测定方法有关。

一、尿液分析

人类尿液的 pH 值一般在 5.5～6.5,但在个别情况下可达 4.6～8.0。尿液中的成分主要是极性低分子量代谢物,同时含有少量的各种细胞、微量的大分子物质及磷酸盐、硫酸盐等各种盐类物质,这些都有可能对样品分析产生一定的影响[11]。根据有关文献对尿液样品前处理方法的报道[12-23],对尿液样品制备方法介绍如下(流程见图 9-7)。

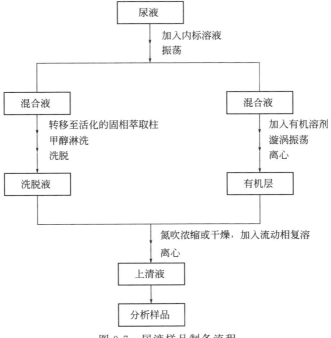

图 9-7 尿液样品制备流程

将预先采集的尿液样品解冻至室温，之后根据待测物的性质决定是否需要对尿液样品进行酸解或酶解。酸解可在尿液中加入 $12mol \cdot L^{-1}$ HCl，$70℃$水浴中温育3h，然后利用 NaOH 中和过剩的 HCl；酶解可利用 β-葡萄糖醛酸酯酶对尿液中葡萄糖醛酸苷进行分解，同时需在尿液样品中加入 pH 5.0 的缓冲溶液（乙酸铵水溶液或者醋酸钠缓冲溶液等），以将样品调节至酶催化反应的最佳 pH 条件。之后在尿液样品中加入内标溶液，振荡混匀后，利用两种方式对尿液中的待测物进行提取和净化。一种是将混合液转移至活化的固相萃取柱，利用甲醇和水对固相萃取柱进行活化与平衡，利用甲醇淋洗柱子，弃去淋洗液，再利用氨水甲醇或乙腈对柱子进行洗脱，采集洗脱液。另一种相对简单的方式是在混合液中加入如乙腈、甲醇或者二氯甲烷等有机溶剂，涡旋萃取，离心后保留有机层。当对分析样品的要求较高如利用超高效液相色谱-串联质谱（UPLC-MS/MS）联用技术分析时，可采用过柱的方式对样品进行萃取净化，否则可采用简单的有机溶剂涡旋萃取方式。完成尿液样品中待测物的萃取后，利用氮吹或干燥的方式将洗脱液或有机层浓缩干燥，再加入流动相复溶。最后离心，取上清液进样分析。

二、血液分析

血液作为人体的重要组成部分，主要由血浆和血细胞组成。由于血液组分的复杂性以及血液中各种蛋白质等有机物对分析测试的干扰，通常需要先对其进行样品前处理，以便达到测试的要求和标准。血液及血浆样品的前处理方法见图 9-8[24-34]。血液或血浆等样品解冻后，加入萃取溶剂（如甲苯、乙腈或乙酸乙酯等），振荡涡旋后，离心，取有机层；如有残渣，可加入 Na_2CO_3 或甲醇-水溶液将其溶解，再重复涡旋和离心的过程。合并有机层，通过氮吹、K-D 浓缩器浓缩、水浴中空气流挥干等方式干燥有机层，加入有机溶剂复溶后即可进样分析。当对分析样品的要求较高时，也可利用固相萃取小柱对有机层进行进一步的萃取，取洗脱液进样分析，处理方法同尿液样本。

三、生物组织分析

动物组织是构成动物各种器官的主要组成部分，其代谢产物包含着大量的生理病理信息，对其进行分析在疾病的快速诊断、各器官代谢过程研究及生物学领域研究中有着非常重要的现实意义。生物组织样品中存在大量的内源性杂质，因此在分析前要对样品进行前处理除去蛋白质等杂质，同时对组织样品中有效成分进行富集分离。对于组织样品的前处理可用匀浆器将样品粉碎成匀浆后，置于涡旋混匀器上混匀再做进一步处理。以大鼠的组织样品预处理为例，生物组织样品的前处理方法如图 9-9[35]所示。

精确称取大鼠的心、肝、脾、肺、肾、脑等组织样品，按照 1∶3（质量体积比）加入生理盐水，研磨制成匀浆；吸取匀浆液，置于离心管中，加入甲醇，涡旋振荡混匀，再加入三氯甲烷，重复涡旋振荡；样品离心，使有机相与下层分离；取有机层，空气吹干，加入甲醇溶解残渣，取上清液进样分析。

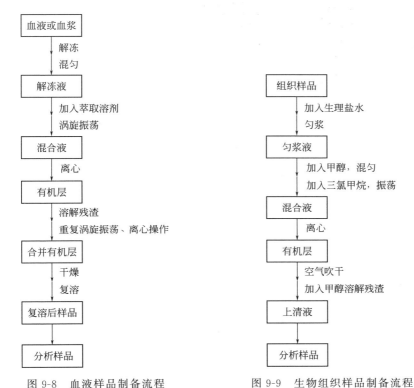

图 9-8　血液样品制备流程　　　　　图 9-9　生物组织样品制备流程

四、其他应用

　　常用于临床分析的组织液除了尿液和血液外，还有泪液和胆汁等。泪液葡萄糖浓度可以作为一种反映糖尿病患者血糖变化情况的指标，与血液样本相比，泪糖有助于实时了解血糖情况，降低交叉感染的风险和减轻患者的痛苦。泪液成分相对较少，其组成中绝大部分是水（98.2%），并含有少量无机盐、蛋白质、溶菌酶、免疫球蛋白 A、补体系统等其他物质。20μL 泪液样品中加入 70μL 乙腈混匀后再离心处理，可完全沉淀蛋白质以消除其对泪糖测定的干扰，同时亦可保证被乙腈稀释后的样品中 D-葡萄糖浓度仍在色谱测定的定量下限之上[36]。

　　胆汁酸是胆固醇在肝脏降解代谢的产物，其浓度水平的变化，对肝胆疾病的诊断、鉴别及发病机理的研究具有重要价值。胆汁酸主要存在于胆汁中，检测胆汁中胆汁酸需去除基质干扰。勾新磊等[37]采用蛋白沉淀法，经过乙腈处理后，利用超高效液相色谱-串联质谱分析同时测定胆汁中 15 种胆汁酸，得到较好的实验结果。相比血清样本中胆汁酸检测的液-液萃取和 SPE 固相萃取等前处理方法，简化了样品前处理过程，降低了检测成本，并提高了检测效率。

除了临床分析中的生物样品，要检测成分及污染物的动、植物性食品也是生物样品。植物性食品以茶叶为例，色谱检测茶叶中的儿茶素的前处理方法是将茶叶搅碎后，沸水浸提，冷却，离心取上清液，过滤后进样检测[38]，而检测茶饮料中的儿茶素则采用超声萃取，过滤后即可进样检测[39]。张爽等[40]将茶饮料直接上样 SPE 小柱，采用固相萃取法对茶饮料中儿茶素进行提取和净化，对 3 种茶饮料样品中 6 种儿茶素化合物进行定量分析。

动物性食品以牛奶为例，近年来牛奶中污染物的检测前处理方法多采用 QuEChERS 法。QuEChERS 萃取过程包括提取和净化两个步骤，通常加入无水 $MgSO_4$ 产生盐析效应，降低提取液中水分含量，方便后续的浓缩步骤；除此之外还会加入 C_{18} 和乙二胺-N-丙基甲硅烷（PSA）来吸附脂肪、糖及有机酸。邓小娟等[41]采用乙腈提取，QuEChERS 法净化，气相色谱-电子捕获检测器分析，测定了牛奶中 24 种有机氯及菊酯类农药残留。李玮等[42]用 1% 乙酸乙腈提取，QuEChERS 净化粉（800mg 无水 $MgSO_4$、100mg C_{18}）净化，利用超高效液相色谱-飞行时间质谱（UPLC-TOF MS）测定了牛奶中 9 种真菌毒素。另外，磁性固相萃取也常作为牛奶中磺胺类药物检测的前处理方法。王露等[43]以 $CoFe_2O_4$-G 作为磁性固相萃取的吸附剂富集牛奶中微量磺胺类药物，结合 HPLC 测定了牛奶中 4 种磺胺类药物的含量。王泽岚等[44]采用低温（0℃）-原位氧化聚合-共沉淀法制备多层核壳聚苯胺硅磁复合物，作为磁性固相吸附剂用于选择性萃取和富集牛奶样品中 4 种痕量磺胺类抗生素，结合高效液相色谱-质谱法进行测定。

参考文献

[1]   郭勇. 现代生化技术. 北京: 科学出版社, 2014.

[2]   王立, 汪正范. 色谱分析样品前处理(第二版). 北京: 化学工业出版社, 2006.

[3]   汪少芸. 蛋白质纯化与分析技术. 北京: 中国轻工业出版社, 2014.

[4]   吴飞林, 赵明治, 张瑶, 等. 生物工程学报, 2016, 32(3): 306.

[5]   段金友, 方积年. 分析化学, 2002, 30: 365.

[6]   王永涛, 赵国群, 张桂. 食品研究与开发, 2008, 29: 171.

[7]   李慧琴. 解放军预防医学杂志, 2000, 18: 229.

[8]   李日红. 微透析技术在植物活体取样中的应用研究[D]. 大连: 辽宁师范大学, 2010.

[9]   王建宁, 张新荣. 青海大学学报(自然科学版), 2001, 19: 70.

[10] 冯健男, 杜守颖, 白洁, 等. 中国中药杂志, 2014, 39: 4143.

[11] 邹忠杰, 梁生旺, 袁经权, 等. 广东药学院学报, 2010, 26: 434.

[12] Liu Y, Song L, Yao X, et al. Biomed Chromatogr, 2018, 32: e4324.

[13] Shishov A Y, Chislov M V, Nechaeva D V, et al. J Mol Liquids, 2018, 272: 738.

[14] Jang M, Yang W, Choi H, et al. Forensic Sci Int, 2013, 231(1-3): 13.

[15] Sundström M, Pelander A, Angerer V, et al. Anal Bioanal Chem, 2013, 405(26): 8463.

[16] Jang M, Yang W, Shin I, et al. Int J Legal Med, 2014, 128(2): 285.

[17] 史爱欣, 李可欣, 胡欣. 药物分析杂志, 2014, 34(12): 2139.

[18] 付瑜锋, 赵阁, 张婷婷, 等. 烟草科技, 2014, (3): 60.

[19] 郭斐斐, 王雨昕, 李敬光, 等. 色谱, 2011, 29(2): 126.

[20] Yan Z, Li H, Li H, et al. J Chromatogr B, 2018, 1092: 453.

[21] Naccarato A, Elliani R, Cavaliere B, et al. J Chromatogr A, 2018, 1549: 1.

[22] Ventura E, Gadaj A, Monteith G, et al. J Chromatogr A, 2019, 1600: 183.

[23] Gómez-Ríos G A, Liu C, Tascon M, et al. Anal Chem, 2017, 89(7): 3805.

[24] Liang K, Gao H, Gu Y, et al. Anal Chim Acta, 2018, 1035: 108.

[25] Soares S, Castro T, Rosado T, et al. Anal Bioanal Chem, 2018, 410(30): 7955.

[26] Shah P A, Shrivastav P S. Microchem J, 2018, 143: 181.

[27] Mirzajani R, Kardani F, Ramezani Z. Microchem J, 2019, 144: 270.

[28] 石银涛, 王绘军, 郭璟琦, 等. 色谱, 2016, 34(5): 538.

[29] 潘媛媛, 史亚利, 蔡亚岐. 分析化学, 2008, 10: 1321.

[30] 张蕾萍, 周红, 张榆梓, 等. 中国法医学杂志, 2012, 27(3): 228-230.

[31] Mercieca G, Odoardi S, Cassar M, et al. J Pharmaceut Biomed, 2018, 149: 494.

[32] Aresta A, Cotugno P, Zambonin C. Anal Lett, 2019, 52(5): 790.

[33] Yang Y, Wu J, Deng J, et al. Anal Chim Acta, 2018, 1032: 75.

[34] Huang S, Chen G, Ou R, et al. Anal Chem, 2018, 90(14): 8607.

[35] 耿魁魁, 段贤春, 刘圣, 等. 中药药理与临床, 2012, 28(2): 182.

[36] 汤佳莹, 栾洁. 东南大学学报(医学版), 2011, 30(5): 679.

[37] 勾新磊, 胡光辉, 朱志军, 等. 分析试验室, 2015, 34(3): 340.

[38] 彭静, 孙威江. 南方农业, 2017, 11(13): 1.

[39] 刘婷, 杨红梅, 郭启雷, 等. 分析试验室, 2008, 28: 277.

[40] 张爽, 黄梦甜, 焦妍津, 等. 食品科学, 2013, 34(22): 170.

[41] 邓小娟, 李文斌, 晋立川, 等. 食品科学, 2016, 37(18): 141.

[42] 李玮, 艾连峰, 马育松, 等. 分析科学学报, 2019, 35(5): 675.

[43] 王露, 汪怡, 杭学宇, 等. 理化检验-化学分册, 2017, 53(5): 562.

[44] 王泽岚, 周艳芬, 孟哲, 等. 分析化学, 2019, 47(1): 119.

CHAPTER 1

样品制备-分析检测在线联用技术

传统分析方法中样品前处理与分离分析是各自独立的，容易造成误差和目标物损失[1]。在实际的分析工作中，脱机、非在线的手工操作是将样品前处理作为一种样品分离富集的手段和方法，操作非常繁琐，在采集进入分离分析前的待测组分及采集后的再处理容易发生样品的玷污和损失，影响了分析结果的准确性和精密度。随着交叉学科间的相互促进和机械制造业、电子技术的发展，现代分析仪器的商品化、自动化程度得以提高，因此实现联机、在线的前处理-分离分析联用成为分析化学工作者努力的目标[2,3]。

联用是将两个或两个以上原理不同的技术通过合适的方法组合、集成起来，以达到优于不同技术独立运用时的效果，在线联用是指组合的技术是以自动化的方式进行[4]。离线操作费时费力，且操作过程易被污染或造成样品损失，目标物往往需要进一步蒸发浓缩或转溶剂才能进行分析。在线联用方法则可以克服以上缺点，整个分析过程更加方便、快捷和高效[5]。在线联用方法所包含的主要内容如图 10-1 所示：包括分析过程中针对目标样品的前处理技术和分离分析方法以及在线联用关键技术。

在线样品前处理-分离分析过程具有省时省力、省溶剂，重现性好，误差小等优点。常见的分析检测技术包括色谱技术、光谱技术及微流控技术，本章主要讨论不同样品前处理技术与分析检测技术的联用。样品前处理技术主要包括以固相微萃取（SPME）、液相微萃取（LPME）等为代表的相分离技术；以微波、超声波、加压等为代表的场辅助技术。当然不同样品前处理技术之间也可以实现联用，如场辅助技术与相分离技术的联用。而将样品前处理技术与色谱分离分析技术进行联用，进一步提高了方法的选择性和灵敏度。样品前处理和色谱分离分析所使用的装置、方法和条件都存在差异，目前没有普适性的联用技术能将二者结合，

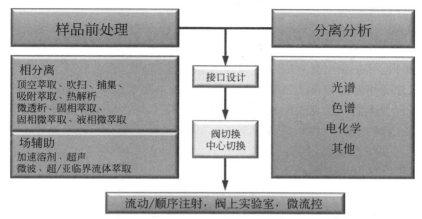

图 10-1 在线样品前处理-分离分析联用研究内容[5]

因此在线前处理-分离检测联用需要根据不同的要求进行设计。联用通常是通过一种称为"接口"（Interface）的装置实现的[6]，将通过前处理技术分离富集的待测组分通过接口送入分离分析仪器如色谱、光谱仪器进行分析。接口是样品前处理-分离分析联用技术中的关键装置，它必须能协调前后两种技术的矛盾，其存在既要满足前处理技术对待测组分进行分离富集的要求，又要满足后续分离分析技术对前处理后得到的样品进样的要求，而且不能影响分析仪器的工作条件。接口能将两种技术结合起来，协同作用，取长补短，获得两种技术单独使用时所不具备的功能。

第一节 样品制备-分析联用技术原则

针对气、液、固样品的特性以及目标物的理化性质，如极性、挥发性、溶解度等，需要选择最优的采样技术和样品前处理方法。同样，该采样技术和前处理方法与色谱技术进行联用，也应根据联用双方的结构特点选择最优的流路设计[3]。

对于一些特殊样品的采集，通常采样过程也包含一些特殊的前处理过程。典型的有原位（in situ）采样法或活体（in vivo）采样法。原位采样法多用在环境样品的采集中，是一种被动采集方式，即将吸附材料直接暴露在环境中，在样品采集的过程中同时完成了目标物的富集。活体采样法主要适用于生物样品的采集，是在不破坏生物体内环境的情况下，将萃取介质与体内组织接触，直接在生物体内富集目标物的采样方式。该法不会对生物体造成不可逆的损伤。相对于体外采样而言，活体采样法可以更真实地反映生物体内复杂的生化环境，从而准确评估分析物在体内的动态分布与含量。目前常见的活体采样/前处理技术有微透析[7]、超滤、SPME[8]、阵列传感器[9]、生物芯片[8,9]和纳米技术[10]等。

样品前处理方法可根据其原理分为介质萃取技术和场辅助萃取技术。前者如固/液相萃取、固/液相微萃取、膜萃取和基质分散萃取等：目标物在无外场作用下在萃取介质和样品基质之间进行动态分配；这类介质萃取技术具有富集能力高、选择性好、少溶剂等优点，但通常萃取时间较长、不适合固体样品。场辅助萃取技术如微波辅助萃取、超声波辅助萃取、加压溶剂萃取等，适合固体、半固体样品的萃取：在外场的作用下，目标物在样品基质和萃取溶剂之间进行动态分配；在外场作用下萃取溶剂能深入到样品基质内部使萃取更完全，并加快物质交换从而缩短萃取时间，微波还具有提高选择性的作用；然而其缺点是富集能力较差，常需后续浓缩处理。通常这两类萃取技术可以结合使用，以实现对固体样品的最优处理。如在分析固体样品中低极性物质时，通常需要借助场辅助前处理技术如微波、超声波等使低极性目标物从固体基质进入到有机溶剂中，再通过液-液萃取、SPE 或 SPME 等方法进行除杂、转溶剂和富集，最后用分析仪器进行定性定量。

各种采样/样品前处理技术有各自的优势和固有缺点，在线联用设计需要考虑其实现的可行性和与分析仪器的匹配度。

由于需要联用的多种技术的工作原理、目标组分的存在状态、目标物载体的形态结构均存在差异，样品于在线系统中的有效传递尤为重要。而联用接口正是为了实现样品/试剂的有效传递，是在线联用技术的关键。对于各式各样的样品前处理技术和后续的分离分析仪器，其联用接口也是形式多样，常用的包括商用的高压切换阀、进样阀或选择阀，也可以是自制接口。

采样阀也称注样阀[11]、注入阀或注入口，其功能是采集一定体积的试样（或溶剂）溶液，并以高度重现的方式将其注入到连续流动的在线分离分析系统中。商用的高压切换阀具有较高的耐压性能，而转动频率不高，最为典型的代表就是 HPLC 中使用的六孔双层旋转阀，包括切换阀、进样阀和选择阀。切换阀和进样阀结构相似：共有六个接口（进样阀其中一口为进样针口位置），中间两个接口连接共用管路，其他四个接口分别为两套流路的出入口，通过阀切换可将共用部分的溶液切换到另一个流路中。例如 Valco 公司生产的切换阀主体材料是 Nitronic 60 不锈钢，为了防止样品的吸附，可采用 hastelloy C 型材料，阀旋转密封材料为 Valco H（填充石墨的聚四氟乙烯），在室温下不受任何溶剂、强酸、强碱的侵蚀，在高温下不受邻二氯苯、三氯苯的侵蚀，但不能完全阻止四氢呋喃的作用。该阀仅有很小的死体积，可耐 49MPa 的高压，有手动、气动和电动 3 种操作方式。选择阀为另一种连接组件，其可实现多于两个流路的切换，通常只有一个出口或入口，一次只能选择一条通路。中心切换（Heart-cut）是在阀切换技术的基础上发展起来的[12]。当目标物在流动注射系统的某条流路中具有较高的浓度和较小的体积时，则可以通过定量环进行捕集，并通过柱切换，将定量环中的目标物切换到平行的另外一条流路中进一步分离分析[13,14]。中心切换可以实现目标物在高低压流路之间的切换；另外，中心切换技术还是二维色谱的关键技术[6,15]。

选择阀又称多通道选向阀[11]，是顺序注射分析系统的核心部分，此阀可以与检测器、样品、试剂或清洗溶液相连接，依照一定顺序从不同通道吸入一定体积的溶液区带到储存管中，再反转流向将储存的溶液推至检测器。根据不同的需要，多通道的选向阀的通道数为6～10个，分别于样品、试剂、检测器、废液出口及其他功能型装置如稀释管、混合管、反应器等相连接。与注样阀不同，这类阀的操作较为繁琐，只有通过编程才能有效控制，当前在我国尚无商品化产品，国外有Valco、Reodyne 等公司的产品。

第二节　样品前处理-色谱-质谱在线联用技术

色谱技术是一种可以将复杂混合物的各个组分分离开的有效手段，在仪器分析发展初期，主要是给色谱分离后的某一纯组分进行定性鉴别和结构鉴定，这种联用具有脱机、非在线的特点。

脱机和非在线的色谱分离技术往往难以将复杂混合物中的所有组分很好分离，且操作较繁琐，待测组分的采集和再处理过程中也容易发生玷污和损失。采用样品前处理技术将待测组分从复杂实际样品中分离富集出来，并通过"接口"（Interface）送入色谱仪器进行分析[2]并发展在线联用方法，可以获得不同样品前处理或色谱分析等多种技术单独使用时所不具备的功能[3]。其中，接口技术是在线联用方法的关键，在线前处理-色谱联用中的接口应具有以下特点：

① 可进行有效的样品传递，通过接口尽可能将通过前处理的样品载入色谱仪器，传输过程具有高的传输效率、稳定性和重复性好，以保持整个联用方法的灵敏度和重现性；

② 接口应满足选用的前处理方法的操作模式和操作条件，亦方便与色谱仪器连接，具有操作方便，便于拆卸、更换和清洗的特点；

③ 样品在通过接口时一般不发生任何化学变化，如发生化学变化，也要遵循一定规律，通过色谱仪器的分析结果，可直接得到或间接推断发生化学反应前待测物的分析结果。通常接口本身具有一定的化学惰性，不产生基体干扰，不会削弱色谱信号，对分析物或基体无吸收，残留少；

④ 接口应保证经前处理的样品在色谱分析中产生完整的色谱峰，并不使色谱峰加宽；

⑤ 接口的操作应简单、方便、可靠，尽量使用标准尺寸配件，方便与各种品牌、型号仪器的联用；样品通过接口的速度既要实现前处理的功能，亦不能影响甚至制约色谱分析速度。

针对特殊形式的样品前处理技术，通常需要设计特别的联用接口。其中 SPME 探针就是典型例子[16]，如图 10-2 所示。当微萃取探针与气相色谱进行联用时可直接将其插入到气相色谱的进样口中进行热解吸；而与液相色谱进行联用时，就要使用到如图 10-2 的接口：三个接入口呈 T 字结构，分别是溶剂接入口、流出口以及微萃取探针插入接口；插入接口通常用石墨锥进行密封；溶剂流动没有固有的顺序，溶液可从旁侧流入[17]，亦可从底部流入[18]。将该接口接入到切换阀定量环位置，即可实现微萃取探针在液相色谱上的在线溶剂解吸。

在线分析系统可以实现在线采样萃取、解吸及后续分离分析等多种功能。以下以不同的联用实例，介绍样品前处理-色谱在线联用技术。

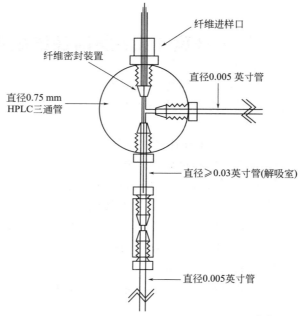

纤维进样口
纤维密封装置
直径0.005 英寸管
直径0.75 mm
HPLC三通管
直径≥0.03英寸管(解吸室)
直径0.005英寸管

图 10-2　微萃取探针与液相色谱联用的接口[16]
(1 英寸＝0.0254m)

一、在线萃取

固相萃取和固相微萃取与液相色谱和气相色谱的联用已有报道[19-22]。管状、柱状等具高流通性能的萃取材料，容易实现在线流动萃取。通常采用六通阀切换流路使样品和解吸液先后流经萃取介质即可完成在线萃取和解吸。在线萃取方式可分为单向流动和往复流动两种形式。单向流动萃取指样品只流经萃取涂层一次即完成萃取，它适合于样品量大、目标物能迅速吸附在萃取相上的情况（图 10-3A）。这是最简单的在线方式，但对吸附材料要求较高，要求目标物在材料上的萃取/解吸速率快[23]。

往复式流动萃取方式由 Eisert 和 Pawliszyn 于 1997 年报道[24]。他们设计了一种自动进样的中空管联用装置（图 10-3B）。在 HPLC 的自动进样阀和取样器之间放置一根涂有 SPME 涂层的 GC 石英毛细管。当处于进样位置时，进样针头多次反复抽取/推送样品溶液，使之重复多次流经石英管壁的涂层上，实现往复流动萃取。萃取完成后，通过进样针在解吸溶剂瓶中吸入解吸溶剂，使解吸溶剂流经石英毛细管，进入色谱柱，进行色谱分析[25]。

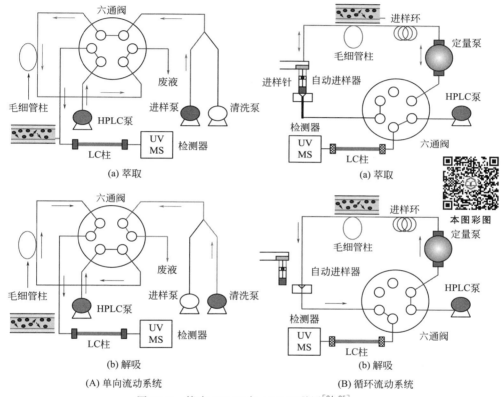

图 10-3　管内 SPME 与 HPLC 联用[24,25]

Daniel[26]等采用大气压光电离作为离子源，研制了固相萃取与高效液相色谱、质谱联用装置［SPE-HPLC-(APPI)-MS/MS］，而用大气压光电离代替电喷雾散射和大气压化学电离这类离子源也拓展了杀虫剂的检测方法。利用该联用装置，实现了地表水中微量杀虫剂的分析检测，其定量限为 $0.2 \sim 4.6 \mathrm{ng \cdot L^{-1}}$。Tong 等[27]设计了一个简单快速的在线萃取策略（Online extraction，OLE），并与高效液相色谱-二极管阵列检测器-四极杆飞行时间质谱（HPLC-DAD-QTOF-MS/MS）联用，对葡萄柚中多酚含量进行分析。其样品前处理过程包括：保护柱直接插入样品中实现萃取；与手动进样阀连接，保护柱中的分析成分直接能被流动相洗脱并转移到 HPLC-DAD-QTOF-MS/MS 系统中进行分析。因减少了萃取溶剂的使用及多余的操作，样品前处理过程简单快速。与线下的回流萃取相比，该前处理方法有更高的萃取效率，其装置如图 10-4 所示。

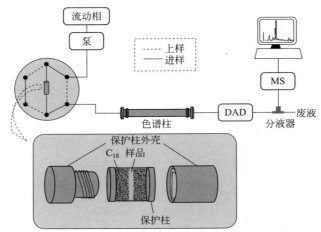

图 10-4　OLE-HPLC-DAD-QTOF-MS/MS 系统示意图[27]

Wang[28]通过连续液相萃取（LLE）与液相色谱-串联质谱（LC-MS/MS）联用，开发了蜂蜜中 49 种植物激素的综合分析方法。这项研究有助于阐述蜂蜜的植物激素谱，并阐明其营养和药用功能的机理。Huang 等[29]将磁性整体管固相微萃取（ME-MB/IT-SPME）和高效液相色谱（HPLC）进行在线联用（图 10-5），分析了环境水样中 5 种紫外防晒剂。该方法利用掺入磁性纳米颗粒的聚离子液体基整体毛细管柱（PIL-MCC/MNPs）作为提取相。当 MCC/MNP 放置在电磁线圈内，通过施加外部电压，可诱导 MNP 产生不同的磁场梯度。在这种情况下，反磁性的分析物倾向于在场梯度最小的区域被捕获，从而增加分析物在萃取介质内的保留。

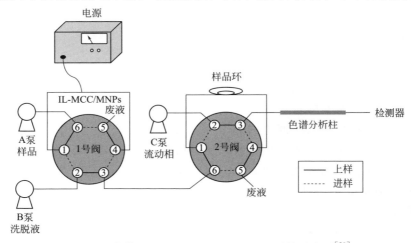

图 10-5　在线 ME-MB/IT-SPME-HPLC 系统示意图[29]

通过两个联通的六通阀，将萃取下来的分析物洗脱进入色谱分析柱，成功实现了环境水样中 5 种紫外防晒剂的在线萃取和分离分析。Li 等[30]则采用自制的单分散柱[5]芳烃聚合亚微球作为在线富集材料，并与高效液相色谱在线联用，用于模拟溶液中食品接触物迁移中微量抗氧化剂的测定。

在线萃取和分析过程一般都是通过六通阀的切换完成的。当六通阀端口设置为负载模式时，样品溶液流过萃取管，分析物被萃取。当六通阀切换到注射模式下，分析物从萃取管中解吸进入色谱柱 HPLC 流动相进行分离。Sun 等[31]制备了氯化 1-甲基-3-(3-三甲氧基甲硅烷基丙基)咪唑鎓离子液，并通过化学键合到玄武岩纤维上进行管内固相微萃取。通过将管内萃取装置与高效液相色谱相结合，建立了 8 种多环芳烃的在线富集和分离方法。Fuenzalida 等[32]将不同纳米材料和聚合物填充于内径小于 0.10mm 的毛细管中作为吸附相，发展了管内固相微萃取-微液相色谱在线分析法（IT-SPME-nano-LC-DAD）用来分析双氯芬酸。与传统的毛细管液相色谱相比，目标物的分析速度和灵敏度都得到了较大提高。Luo 等[33]采用有机改性的二氧化硅气凝胶对玄武岩纤维（BF）进行功能化，并将其填充到聚醚醚酮（PEEK）管中作为管内固相微萃取（IT-SPME）的材料，与高效液相色谱（HPLC）联用实现了目标物的在线萃取、分离与分析，如图 10-6 所示。样品溶液先以固定流速连续泵入萃取装置；随后六通阀切换到注入（Inject）模式，操作进入进样步骤。以乙腈-水为流动相，以 $1.0\text{mL}\cdot\text{min}^{-1}$ 的洗脱速率流经萃取装置，将分析物洗脱到 HPLC-UV-Vis 进行分析检测。双酚 A、炔雌醇、雌酮、己烯雌酚和己烷雌酚 5 种雌性激素的富集因子可达 2346-3132，检出限低至 $0.01\sim0.05\mu\text{g}\cdot\text{L}^{-1}$。

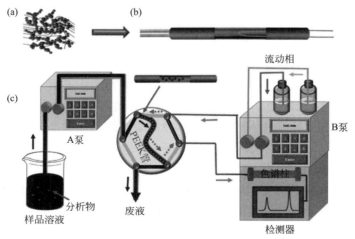

本图彩图

图 10-6　有机改性的二氧化硅气凝胶官能化 BFs IT-SPME 方法[33]

（a）有机改性的二氧化硅气凝胶功能化 BFs；（b）制备提取装置的过程；（c）自动化 IT-SPME-HPLC 系统

Hu 等[34]提出了 3D 打印微流动注射（3D-μFI）概念，将旋转微阀上的专用多功能 3D 打印定子与介观流体样品前处理平台结合起来（图 10-7）。将聚苯胺（PANI）修饰磁性纳米颗粒的 3D 打印介观流体芯片装置作为在线微萃取，在液相色谱的前端起峰聚焦作用。然后将 3D-μFI 装置用于人类唾液和尿液样品中有机污染物（4-羟基苯甲酸类似物和三氯生作为抗微生物模型分析物）的基质净化和自动可编程流动测定。实现了样品的在线富集与分析，目标分析物的富集因子达到 16～25，唾液和尿液样品中有机污染物的回收率在 84%～117% 之间。

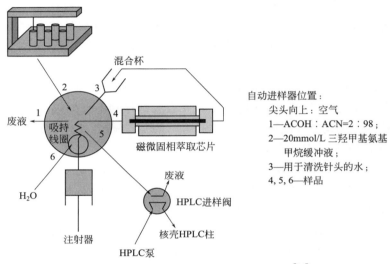

图 10-7 微流动注射-HPLC 体系示意图[34]

Li 等[35]以雌二醇分子印迹（MIP）纤维束为萃取介质研制了动态液-液-固微萃取装置，建立了动态液-液-固印迹微萃取-高效液相色谱在线分析方法，实现了尿样、牛奶和爽肤水样品中 5 种雌激素的在线分离、萃取、解吸和色谱分析。随后，该课题组将甲睾酮分子印迹纤维束作为微萃取介质，研制了在线萃取/衍生化装置[36]。基于该装置建立了雄激素甲睾酮分子印迹萃取-衍生化-气相色谱-质谱在线分析方法，实现了尿样和血清样品中 5 种雄激素的高灵敏度分析。在此基础上，该课题组将分子印迹纤维组成阵列，用于同时富集环境中的 3 类环境雌激素（EEs）。与单一 MIP 纤维相比，MIP 纤维阵列具有更高的吸附通量，分析物的检测灵敏度更高[37]。Li 等[38]制备 NH_2-MIL-53（Al）-聚合物整体柱作为管内固相微萃取的吸附材料，建立了在线固相微萃取-液相色谱分析人尿中雌激素，在线装置如图 10-8 所示，整个过程包括样品装载与预处理、萃取、净化、洗脱以及 HPLC分析。用此方法可高灵敏检测尿液样品中 4 种雌激素，回收率良好。

Yadollah 等[39]建立了邻苯二甲酸酯的中空纤维液相微萃取-高效液相色谱在线注射分析方法，如图 10-9 所示。

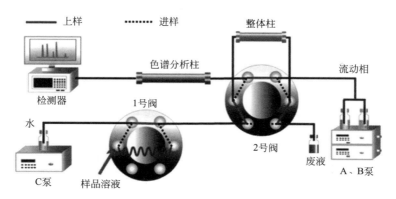

图 10-8　在线固相微萃取-液相色谱系统示意图[38]

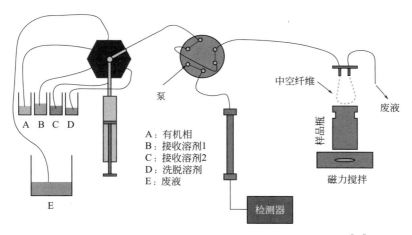

图 10-9　中空纤维液相微萃取-高效液相色谱在线注射系统[39]

　　样品处理流程包括：有机溶剂 A 先经注射管注入中空纤维；待纤维的管壁被溶液完全浸润之后，接收溶剂被转移到中空纤维中，多余的溶液被排到废液；接着移动升降台上装有样品的玻璃瓶直到中空纤维浸入样品中进行萃取。萃取完成后，洗脱溶剂经进样阀引入 HPLC 柱进行分析。

二、在线解吸

　　在线解吸是指样品以在线的方式从萃取材料/组件中洗脱下，是最为简单的联用模式。SPME 纤维探针、中空 SPME 和整体柱等均易于实现在线解吸。中空 SPME 和整体柱的在线解吸可用流动方式实现。对于针形的 SPME 探针，可采用溶剂离线解吸后进样、GC 在线加热解吸和 HPLC 在线溶剂解吸三种方法。对于易挥发目标物，可将纤维直接插入到 GC 进样口进行在线解吸，无需对 GC 进行任何改造。而 SPME-HPLC 的联用是通过使用微量溶剂冲洗或浸泡萃取纤维解吸萃取物并直接进入后续的 HPLC 分析，与 GC 快速加热解吸不同。1995 年 Pawliszyn 等[40]对商用色谱配件进行改造，得到适合探针在线解吸的 T 型解吸池，并通过阀切换技术实现了解吸和进样的转换。目前市面上已有纤维探针和 HPLC 的商品化接口。

Li 等[41]研制了分子印迹搅拌棒-液相色谱在线解吸接口，分别将特丁津分子印迹搅拌棒和三唑酮分子印迹搅拌棒作为微萃取介质，建立分子印迹搅拌棒-液相色谱在线分析方法。实现了大米中 9 种三嗪类除草剂和土壤中 8 种三唑类杀菌剂的在线分析。Zeng 等[42]在取向生长的 ZnO 纳米棒（ZNRs）上沉积一薄层石墨烯（G）作为 SPME 涂层，发展了顶空固相微萃取法（HS-SPME）结合 GC-FID 的在线分析方法。G/ZNRs 涂层可以有效地从各种油样中提取汽油馏分，顶空萃取 30min 后，将萃取纤维转移到 GC 进样口，在 260℃下解吸 4min，即可分析。该实验装置和分析方法简单，提取效率高、油耗少。

出于高通量分析的需求，Wielgomas 等[43]开发了一种小型化的提取方法，称为"填充吸附剂微萃取技术"（Microextraction by packed sorbent，MEPS），并将其与大体积进样-气相色谱-质谱结合（MEPS-LVI-GC-MS），用于测定尿液中 5 种拟除虫菊酯代谢物（图 10-10）。MEPS 是基于传统 SPE 的新的提取技术，具有快速、易于使用和试剂用量少的显著优势，并且可以与标准 GC 或 LC 系统联用而无需对仪器装置进行改进。注射器针管内的填充吸附剂只需 1~4mg，在经过一次萃取循环后，经强溶剂的高效洗涤后可多次重复使用。用 C_{18} 从酶水解的尿液样品中提取分析物，随后在 1,1,1,3,3,3-六氟异丙醇和二异丙基碳化二亚胺的正己烷混合溶液中同时完成衍生和洗脱，进入 GC-MS 中进行分离分析，拟除虫菊酯代谢物的检出限为 $0.06~0.08ng \cdot mL^{-1}$。Gandolfi 等[44]建立了环境水中痕量短链氯化烷烃的顶空固相微萃取与气相色谱-质谱联用分析方法（HS-SPME-GC-MS），操作简单快速、样品消耗少，且无溶剂解吸步骤，能够实现完全自动化。短链氯化烷烃的检出限和检测限分别为 $4pg \cdot mL^{-1}$ 及 $120pg \cdot mL^{-1}$。

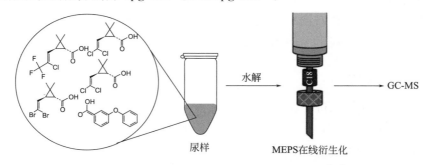

图 10-10　MEPS-LVI-GC-MS 方法流程示意图[43]

QuEChERS 是一种改良的分散固相萃取法，该方法简单快速、操作容易、精确度和准确度较高、溶剂使用量少，已广泛应用于兽药、农药检测领域，也可用于复杂食品样品的检测分析。Maha 等[45]利用 QuEChERS 作为前处理手段，结合 HPLC-MS/MS 方法同时测定了黄瓜和土壤中 8 种新烟碱类杀虫剂与 2 种主要代谢产物。他们在 QuEChERS 过程中，用乙腈提取并用 C_{18} 作为吸附剂材料富集黄瓜样品的分析物，而用乙腈/二氯甲烷的混合物处理土壤样品。QuEChERS 技术主要通过利用吸附剂填料与样品基质中的杂质相互作用来吸附杂质，进而达到除杂净化的目的，在食品中真菌毒素的样品前处理中亦有应用[46]。

三、色谱分离-光谱检测在线联用

1. 色谱分离-原子光谱联用

光谱分析是根据物质的光谱性质来鉴别或确定其化学组成和相对含量的方法。根据分析对象不同，光谱分析主要包括原子光谱与分子光谱。其中原子光谱主要包括原子发射光谱法、原子吸收光谱、原子荧光光谱、X 射线荧光光谱和电感耦合等离子体质谱法等。色谱法与原子光谱联用技术是较为理想的元素分析方法，色谱法的分离功能提高了原子光谱技术的元素形态分析能力。表 10-1 列出高效液相色谱（HPLC）、液相色谱（LC）和气相色谱（GC）与原子光谱联用技术进展。色谱法与原子光谱联用技术是有效的元素分析法，但仍需解决色谱与检测器接口的技术问题，使之成为集分离与检测一体化的在线技术。

表 10-1　色谱法与原子光谱联用举例

分离方法	样品	分析物	文献
LC	全血	As（Ⅲ）、As（Ⅴ）、MMA、DMA 和 AsB	[47]
	血液	氯	[48]
	食用菌	AsB、As（Ⅲ）、DMA、MMA、As（Ⅴ）和 AsC	[49]
	海鲜	MeHg	[50]
	鱼虾	AsB、As（Ⅲ）、DMA、MMA 和 As（Ⅴ）	[51]
	铜	Th 和 U	[52]
	肥料	As（Ⅲ）和 As（Ⅴ）	[53]
GC	血液	MeHg、EtHg 和 Ino-Hg	[54]
	血浆和血清	MeHg	[55]
	红酒	MeHg 和 Ino-Hg	[56]
HPLC	环境水样	MeHg	[57]
	尿液	靶甲状腺素	[58]
	RNA	磷	[59]
	铁补充剂	As（Ⅲ）、As（Ⅴ）、Cr（Ⅲ）和 Cr（Ⅳ）	[60]
	海产品	MeHg、EtHg 和 Ino-Hg	[61]
	海洋动物	AsB、As（Ⅲ）、DMA、MMA 和 As（Ⅴ）	[62]

续表

分离方法	样品	分析物	文献
HPLC	全血和关节积液	Cr(Ⅲ)和 Cr(Ⅵ)	[63]
	血清	Al-Cit 和 Al-Tf	[64]
	鱼	MeHg、EtHg 和 Ino-Hg	[65]
	血浆和血清	MeHg、EtHg 和 Ino-Hg	[66]
	头发	MeHg、EtHg 和 Ino-Hg	[67]
	熊猫和猪骨	As(Ⅴ)、As(Ⅲ)和有机 As	[68]
	水样和鱼	Hg^{2+}、$MeHg^+$ 和 $PhHg^+$	[69]

Rodrigue 等[54]采用气相色谱-电感耦合等离子体质谱（GC-ICP-MS）同时测定了血液样品中甲基汞（MeHg）、乙基汞（EtHg）和无机汞（Ino-Hg）含量，与 LC-ICP-MS 法测定血液样品中 Hg 元素形态比较，结果无显著性差异。而且，GC-ICP-MS 法可在样品中直接测量 MeHg，无需预富集步骤[55]；且无需繁琐的清理步骤，可大大缩短分析时间。

HPLC-ICP-MS 在线元素检测技术已应用于测定生物样品元素形态。Chen 等[64]用 3-[（3-胆酰胺基丙基)-二甲基铵]-1-丙磺酸盐动态涂覆 C_{18} 柱，结合紫外检测和 ICP-MS 建立了 HPLC-UV/ICP-MS 分析方法。在优化条件下，4min 即可分离人血清中小分子柠檬酸铝和大分子的蛋白质-铝复合物，检出限分别为 0.74ng·mL^{-1} 和 0.83ng·mL^{-1}。

基质干扰会影响复杂样品分析结果的准确性，稀释含基质样品是减少基质干扰的常用方法。确定最佳稀释因子需要繁琐而耗时的离线样品制备，因为稀释对发射谱线和基质干扰的影响不同。Cheung 等[70]利用这种差异，在 ICP-AES 的雾化器之前使用高效液相色谱高压输液泵进行样品溶液和稀释剂在线混合，对校准标准品和含基质样品进行线性梯度稀释。通过将两个发射线（来自相同或不同元素）的信号比例作为稀释因子的函数，不仅可以识别基质干扰，而且还可确定克服干扰所需的最佳稀释因子。

2. 色谱分离-分子光谱联用

分子光谱主要包括紫外光谱、荧光光谱、化学发光及拉曼光谱等，其中紫外光谱和荧光光谱是液相色谱的常用检测器。化学发光法（Chemiluminescence，CL）是依据化学检测体系中待测物浓度与体系的化学发光强度在一定条件下呈线性定量关系的原理，通过对体系化学发光强度的检测而确定待测物含量的一种痕量分析方法。化学发光法在痕量金属离子、各类无机化合物、有机化合物分析及生物检测领域有广泛的应用。化学发光法与高效液相色谱联用（HPLC-CL）技术因结合了高效分离手段与高灵敏检测的优势，具有选择性高、灵敏度高、线性范围宽等优点而备受青睐，已在临床、环境、食品和药物分析等领域得到了广泛应用[71]。Zhang 等[72]基于金纳米粒子催化鲁米诺-过氧化氢的化学发光体系，结合高效液相色谱（HPLC），建立了一种在线联用 HPLC-CL 分析系统（图 10-11）。没食子酸、原儿茶酸、原儿茶醛、2,5-二羟基苯甲酸、咖啡酸、2,3-二羟基苯甲酸、（＋）-儿茶素和（－）-表儿茶素等 8 种酚类模型分析物的检出限达 $0.53 \sim 0.97 \mathrm{ng \cdot mL}^{-1}$（$10.6 \sim 19.4 \mathrm{pg}$）。

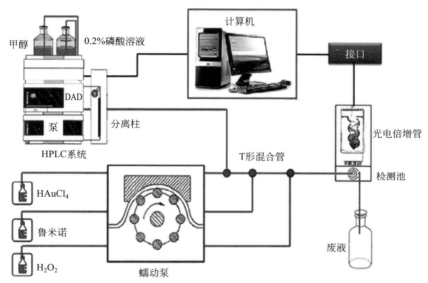

图 10-11　用于 HPLC 在线金纳米颗粒催化鲁米诺-过氧化氢化学发光检测器示意图[72]

Edyta 等[73]基于多酚对磷酸介质中锰（Ⅳ）-六偏磷酸盐-甲醛 CL 体系的增强作用，将高效液相色谱结合流动注射化学发光检测（HPLC-FI-CL），用于测定大蓟提取物中多酚类抗氧化剂，其装置图如图 10-12 所示。在优化的色谱分离和 CL 检测条件下，多酚在 $0.5 \sim 40 \mu \mathrm{g \cdot mL}^{-1}$ 的浓度范围内显示出良好的线性，成功应用于大蓟叶中 4 种多酚类化合物的测定。与 HPLC-PDA 方法相比，HPLC-FI-CL 方法

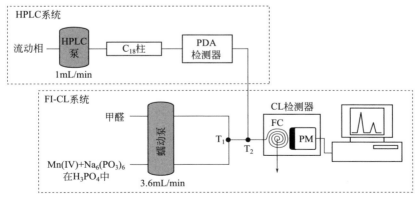

图 10-12　HPLC-FI-CL 系统示意图[73]

的灵敏度可提高 40～65 倍。Wołyniec 等[74]基于 KMnO$_4$-甲醛 CL 反应体系设计了 HPLC-FI-CL 联用系统，并将此系统应用于药品和食品等复杂样品中 α-硫辛酸的分析。同样是基于 KMnO$_4$-甲醛 CL 反应体系，Brendan 发展了二维 HPLC-CL 联用系统，并将其应用于大鼠脑及人尿中神经递质以及代谢物的分析[75]。该系统为生物样品中神经递质及其代谢物的测定提供了新方法。

气溶胶催化发光检测器是 HPLC 及 CE 检测器的重要补充。Lv 等[76]发展了高效液相色谱与气溶胶催化化学发光（CTL）检测在线联用方法，他们采用多孔 Al$_2$O$_3$ 作为催化剂，通过雾化装置将 HPLC 流出液雾化成气溶胶并引到催化剂表面进行反应，产生 CTL 信号后进行检测。与紫外可见检测器相比，气溶胶催化化学发光检测器对弱紫外吸收化合物具有更高的灵敏度。与蒸发光散射检测器相比，这种检测器检测对象更为广泛，无需激发光源，而且受无机流动相及样品溶剂的干扰小。该方法可用于没有紫外吸收或弱紫外吸收的化合物，如糖类、氨基酸、类固醇等的分离分析。Huang 等[77]将气溶胶 CTL 检测器与毛细管电泳（CE）联用，研究表明，该方法对糖类化合物的检测灵敏度比常规使用紫外检测器时高 70 倍。

与 HPLC 相比，毛细管电泳（CE）试剂用量少，对检测器的灵敏度要求更高，提高检测器的灵敏度以匹配毛细管电泳的高效分离是复杂样品中痕量物质在线联用分析的关键。Han[78]采用铁氰化钾-鲁米诺反应体系，发展了在线检测二羟蒽二酮的 CE-CL 分析方法，检出限为 1×10^{-8} mol·L^{-1}，将此方法应用于药物及人尿中二羟蒽二酮的含量测定，得到了满意结果。Xie 等[79]采用 CE-CL 分析测定了氧氟沙星异构体，左氧氟沙星和右氧氟沙星的检出限分别为 8.0nmol·L^{-1} 和 7.0nmol·L^{-1}。接口设计是 CE-CL 联用分析方法的关键，Cheng 设计了一种新型旋转式 CL 检测池，发展了一种柱后旋转检测池 CE-CL 分析系统（图 10-13）[80]。旋转式 CL 检测池可在 CE 后端更新试剂，克服了 CE 分析中气泡形成和液流堵塞的问题。近年来 CE-CL 联用技术发展很快，已经成功地应用于 Co^{2+} [81]、凝血酶[82]、碳水化合物[83]、癌坯抗原[84,85]、叶酸[86]等物质的检测。

拉曼光谱和红外光谱同属分子振动光谱，可以反映分子的特征结构。但拉曼散射光强仅约为入射光强的 10^{-10}。表面增强拉曼光谱（Surface enhanced Raman scattering，SERS）是一种具有高灵敏度的指纹光谱技术，但受样品基体干扰等原因，并不适合用于食品和生物样品等复杂样品中微痕量目标物的分析测定。为了消除样品基体干扰，提高 SERS 的检测灵敏度，将色谱技术与 SERS 结合是一种有效的拓展方法。

薄层色谱（TLC）和 SERS 结合，能完成分离和光谱检测，是一种快速、成本低、简单的复杂样品分析方法。TLC 板可由固定相和金属纳米粒子（NPs）[87]或其前体[88]组成，分离后 SERS 可直接测定。于薄层色谱完成分离后，将金属纳米粒子喷在分析物点上或整个薄层色谱板上，可获得增强拉曼信号，从而得到了分析物的 SERS，其分析过程如图 10-14 所示[89]。TLC-SERS 已成为一种快速分离分析方法，被广泛用于分析各种分析物，如鉴别真实样本中污染物或毒物[90,91]、药物和体液中生物标志物[92-95]。

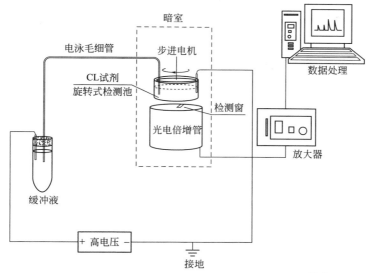

图 10-13　柱后旋转检测池 CE-CL 分析系统示意图[80]

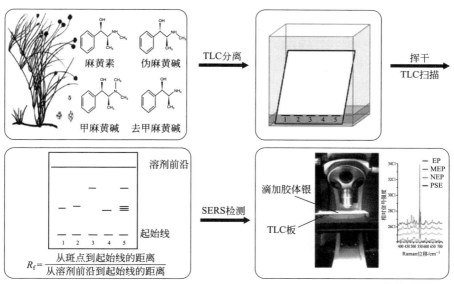

图 10-14　采用 TLC-SERS 法现场检测麻黄素及其类似物的设计[89]

虽然 TLC 可提高 SERS 检测的灵敏度，但 TLC 分离性能较差，难以完全分离结构或极性相似的化学物质，在采集敏感的定性和定量信息时，目标分析物的 SERS 信号仍然可能被模糊。HPLC 分离效率高，经分离后的产物在胶体或底物中

与金属纳米粒子相互作用，即可进行灵敏的 SERS 分析[91]。高效液相色谱-表面增
强拉曼光谱（HPLC-SERS）联用方法（图 10-15）已成功地应用于食品、环境等
不同领域微痕量分析物的分析检测中，如柑橘中农药（福美双）的检出限可低至
$10^{-7}\,mol\cdot L^{-1[95]}$，也可以用于人工和真实样本中药物识别[96,97]。但需要注意的是，
常见流动相如乙腈会产生背景光谱，影响甚至掩盖低浓度目标物的 SERS 信号，故
流动相宜选择甲醇，可以克服背景干扰，提高灵敏度。

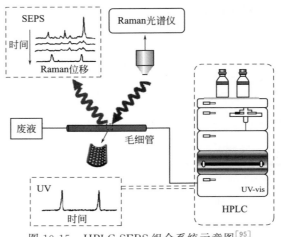

图 10-15　HPLC-SERS 组合系统示意图[95]

SERS 与反相液相色谱（RP-LC）的联用，能定量检测甲氨蝶呤（MTX）及其代
谢物糠酸甲氨蝶呤（7-OH MTX）和 2,4-氨基-N(10)-甲基蝶呤酸（DAMPA），或它
们的混合物[98]，如图 10-16 所示，该方法已应用于患者尿液样本的临床分析。在
线 LC-SERS 分析在实时高通量检测药物及其相关代谢产物方面的具有潜在应用
价值。

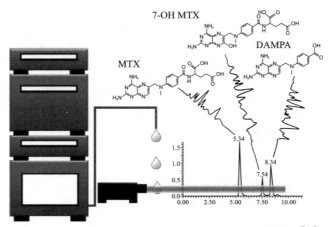

图 10-16　SERS 与反相液相色谱（RP-LC）联用示意图[98]

当连续电流到达 SERS 有源衬底时，激发光聚焦于吸收在纳米粒子上的分析物进行 SERS 检测，可实现多组分分析。然而在实验过程中，同一底物中的两个探针可能会引起记忆效应，后续分析信号会被之前的复合残留所干扰。为了克服这一问题，Carrillo-Carrión 等[99] 发展了一种毛细管液相色谱-SERS 在线分析方法（cap-LC-SERS），在 ZnS@CdSe 存在下还原得到的 Ag-NPs 比在羟胺中还原得到的 Ag-NPs 具有更好的 SERS 响应，这种 cap-LC-SERS 在线分析方法对 6 种嘧啶和嘌呤混合物的检出限在 $0.2 \sim 0.3 \text{mg} \cdot \text{L}^{-1}$ 之间。此外，将毛细管电泳用作在 SERS 检测之前的分离手段，也有较多应用[100]。

四、多功能在线分析系统

多功能在线分析将萃取、解吸、分离分析集于一体，是理想的联用模式。1999 年，CTC Analytics 公司将 SPME 纤维探针和他们研发的 CombiPAL 自动进样器结合在一起（图 10-17），该装置允许分析人员同时进行多个样品在线萃取、SPME-GC 热解吸及分离[101]。此自动化系统能加热或冷却样品（盘），结合其他辅助技术可实现搅拌、振动样品，并能对 SPME 纤维探针进行活化以及在进样完成后自动清洗纤维探针。2008 年，Pawliszyn 等设计了高通量 SPME-LC-MS/MS 自动分析系统。除了 LC-MS/MS 分析模块，该系统还包括 96 孔样品盘、多探针采样/萃取装置、两个机械摇床以及一个三叉机械臂。通过软件控制，可以针对不同的样品对涂层纤维种类、搅拌条件、萃取解吸平衡条件进行选择和优化。该系统可在 100min 内完成 96 个样品前处理。应用该系统准确测定了人血中 4 种镇静药的含量。

图 10-17 自动 SPME-GC 分析系统[101]
A—进样针与机械臂；B—样品盘；C—探针加热池；D—加热/搅拌台

Grote 等[102] 设计了一套 SPME-GC 顶空在线分析系统，用于检测工业废水中卤代烷烃、卤代烯烃和卤代酮类化合物等 24 种污染物。该系统如图 10-18 所示，可实现在线水样采样、温度控制、pH 调节、样品搅拌、样品输送、顶空萃取、GC 热解吸和分离检测。通过实例分析，该系统得到的 RSD≤5%，使用火焰离子化检测器得到 $\mu g \cdot kg^{-1}$ 级的检出限。

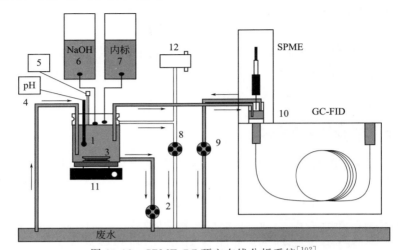

图 10-18　SPME-GC 顶空在线分析系统[102]

1—样品池；2，8，9—蠕动泵；3—搅拌子；4—pH 电极；5—液位开关；6—NaOH 滴管；
7—内标管；10—萃取池；11—磁力搅拌器；12—磁阀

Zhong 等[103]研制了动态液-液-固印迹微萃取-高效液相色谱多功能在线联用系统，实现了尿液、牛奶、化妆品等复杂样品中痕量雌激素的直接萃取、解吸、分离、分析。方法结合了液-液萃取的富集能力、分子印迹材料的选择性和液相色谱的分离分析能力，通过在线联用缩短了分析时间、提高了准确度和精密度，满足不同来源复杂样品中痕量有机物的分析。

Cerda 课题组[104-109]尝试将微球填充萃取与阀上实验室结合起来，实现编程可控的多功能分析系统。如图 10-19 所示，阀上实验室单元是该系统核心器件，包括八孔选择阀和编程可控的蠕动泵。首先用蠕动泵抽取连接于八孔阀上的微球存储瓶，将其装载进入萃取池（通道）里，接着先后抽取/推送乙醚、空气、样品、空气，分别实现微球活化、样品导入和流动萃取等功能；随后切换下游六通阀，使微球与六通切换阀中样品环相连；再使用蠕动泵抽取/推送醇类溶剂经过微球，完成解吸并把解吸液送至样品环；最后再次切换六通阀和连接 GC 的三通阀，实现GC 进样和分析。利用相似的流路，该课题组也尝试了微球填充与 HPLC 的在线联用，并同时填充两种不同的微球（普通 C_{18} 微球和 MIP 微球），用于同时分析废水和土壤中多种污染物。

Sabrina Clavijo 等[110]开发了一种注射器磁力搅拌辅助分散液-液微萃取/衍生化联用气相色谱-质谱法（In-syringe-MSA-DLLME-GC-MS）的在线分析方法，用于测定环境水、化妆品中 7 种紫外防晒剂。具体操作为：1 号注射管（S1）用丙酮

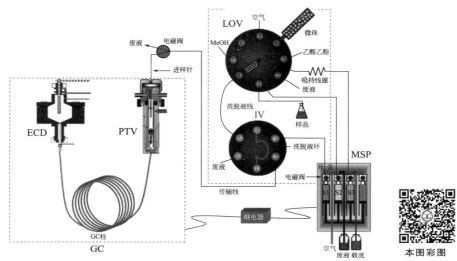

图 10-19　阀上实验室-大体积进样 GC 联用在线分析固体废物滤出物中痕量多氯联苯[106]
ECD—电子捕获检测器；PTV—程序升温蒸发器；
LOV—阀上实验室；IV—进样阀；MSP—多通道注射泵

（经过搅拌活化）和去离子水清洗，避免杂质的引入从而获得更好的再现性；接着，样品、提取剂和分散溶剂的混合物被装入 S1，磁力搅拌 160s 进行活化，以提高目标分析物的萃取和甲硅烷基化效率，在 S1 内形成混浊的悬浮液萃取剂小滴完全分散在水溶液中；搅拌 30s 后，富集目标物的有机液滴（约 $250\mu L$）积聚在注射器前端；含有经过甲基硅烷化紫外防晒剂的有机相以 $0.5mL\cdot min^{-1}$ 的速度向微量进样阀（MIV）推进。最后，$20\mu L$ 萃取溶液被推送到 MIV 的装载位置。注射阀切换到注射形式。$3\mu L$ 样品被 S2 提供的空气流轻轻地引入至 GC 进行分析检测。每个样品重复这一步骤五次。然后，S1 中的液体被排出，并用丙酮清洁 GC 的管线。In-syringe-MSA-DLLME 整个过程如图 10-20 所示，包括对分析物进行衍生化处理以及注射进入 GC-MS 的过程可在 6min 内完成。

Li 等[111]设计了基于场辅助萃取（FAE）、微固相萃取（μ-SPE）和高效液相色谱（HPLC）的全在线萃取装置。固体样品经超声波-微波协同处理后，采用整体柱在线清洗提取液，然后进行高效液相色谱分析。该工作还系统地研究了超声波与微波以及其他萃取参数之间的交互作用，可对食品中多环芳烃（PAHs）和化妆品样品中四环素类抗生素（TCA）进行在线检测。与离线方法相比，该方法不仅简化了操作流程，而且提高了精密度和准确度，该全在线分析方法除了可分析固体和半固体基质中的痕量分析物外，也可应用于场辅助萃取机理研究。

Luca 等[112]基于盐诱导液-液萃取（SI-LLE）发展了在线固相萃取与超高效液相色谱串联质谱（online SPE-UHPLC-MS/MS）联用方法。具体操作包括：第一步为加载样品，1mL 稀释的 SI-LLE 萃取物被装入六通切换阀装载位置的管上，左

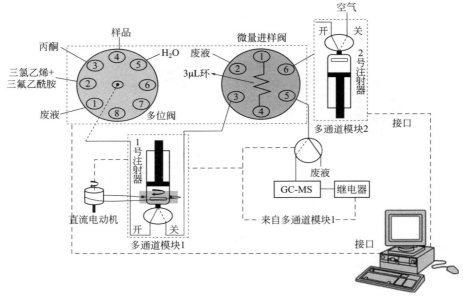

图 10-20　In-syringe-MSA-DLLME-GC-MS 系统
对紫外防晒剂萃取、预富集、衍生化、色谱分离的过程示意图[110]

泵用来高流速加载捕集柱上的萃取物。第二步是对样品进行洗涤除杂，SPE 柱用 5mL 缓冲溶液洗涤，样品基质干扰物被冲洗到废液中，而分析物保留在 SPE 管上；同时，将 UHPLC 色谱柱连接到右泵。第三步为注射，清洗步骤完成后，阀门切换到注射位置，分析物在反冲洗模式下通过梯度洗脱进入 UHPLC 柱（右泵）。待样品分析后，切换阀回到装载位置清洗并重新平衡 SPE 柱。Online SPE-UHPLC-MS/MS 系统的装置图如图 10-21 所示，它可实现牛奶中蛋白质和黄曲霉毒素的自动富集、净化以及分析检测。

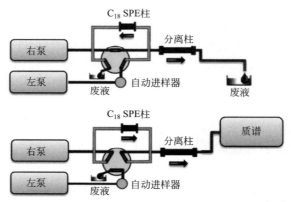

图 10-21　在线 SPE-UHPLC-MS/MS 系统示意图[112]

Chen 等[113]建立了一种全自动管内 SPME-LC-PCD-MS 方法，用于测定尿液中己醛和庚醛含量（图 10-22），其中聚（甲基丙烯酸-乙二醇-二甲基丙烯酸酯）（MAA-co-EDMA）整体柱用于在线管内固相微萃取以有效富集目标醛和消除生物干扰。在液相色谱分离之后，将来自 LC 柱的洗脱液简单地与盐酸羟胺通过三通混合并进行 PCD-MS 检测。在最佳条件下，己醛和庚醛等肿瘤标志物可通过此自动化系统成功地从肺癌患者的尿液中检测出来。

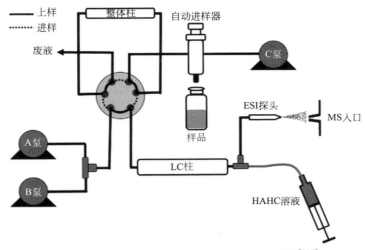

图 10-22 全自动管内 SPME-LC-PCD-MS 系统[113]

Hong 等[114]设计了自动化电场驱动膜萃取-液相色谱-质谱系统（图 10-23），他们将自动电吸附和预浓缩系统作为液相色谱-电喷雾质谱的前端。目标物的提取是基于向电池施加的 200V 电压，驱动阴离子分析物穿过聚合物膜。5mL 样品以 $0.2mL \cdot min^{-1}$ 的流速通过一个包含 $20\mu m$ 厚的膜流通池。在进行在线 LC-MS 分析之前，目标分析物被富集在 $20\mu L$ 受体溶液中。该系统被成功用于河水中氯化苯氧乙酸除草剂的在线分析，富集因子约为 200，检出限（LOD）为 $0.03 \sim 0.08ng \cdot mL^{-1}$。环境水样中氯化苯氧乙酸可达到 99% 的回收率和 5% 的精确度值。

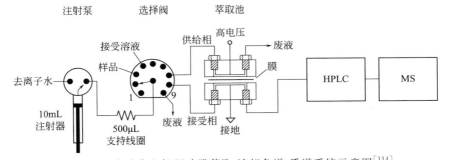

图 10-23 自动化电场驱动膜萃取-液相色谱-质谱系统示意图[114]

Ding 等[115]结合 HPLC 与 DAD、MS 和 luminol-H_2O_2 化学发光检测，建立了一种同时检测和鉴定植物提取物清除自由基能力的在线分析方法，如图 10-24 所示。HPLC-DAD-MS-CL 系统将经色谱柱和 DAD 检测后的流出物分成两部分，其中一部分注入 MS 检测器，另一部分与 CL 试剂混合由 CL 检测器进行检测。他们应用该系统分析和研究了 4 种淫羊藿（三枝九叶草）的质量特征，确定了包括酚酸、8-异戊烯基黄酮苷和含有邻羟基的黄酮苷在内的 32 种活性化合物。

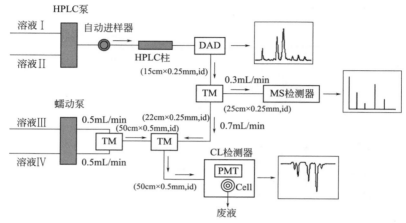

图 10-24　HPLC-DAD-MS-CL 系统[115]

TM—混合三通；Cell—检测池（80μL）；PMT—光电倍增管；溶液 I—甲酸水溶液（0.1%）；
溶液 II—乙腈；溶液 III—鲁米诺（$1.08×10^{-4}$ mol·L^{-1}），EDTA（$6.3×10^{-3}$ mol·L^{-1}），
Na_2CO_3（0.1mol·L^{-1}，pH=11.0）；溶液 IV—H_2O_2（$8.8×10^{-4}$ mol·L^{-1}）

第三节　样品前处理-光谱分析在线联用技术

一、样品前处理-原子光谱在线联用

原子发射光谱中通常先对待测样品进行前处理（消解和富集），然后输送至仪器中进行检测。原子吸收光谱主要适用样品中微量及痕量组分分析，结合样品前处理技术，原子吸收光谱法在地质、冶金、机械、化工、农业、食品、轻工、生物医药、环境保护、材料科学等各个领域有广泛的应用。原子荧光光谱具有灵敏度高的特点，但存在散射光干扰及荧光猝灭严重等固有缺陷，使得该方法对激发光源和原子化器有较高的要求。

样品前处理过程是原子光谱分析中耗时最长的一个环节，也是后续检测的关键，决定了检测的准确度。样品前处理主要作用包括：①消除基体或共存物质干扰。实际应用中，样品种类繁多、基质复杂。实际样品可能含有多个目标分析物

和复杂的基体干扰。②浓度调节，即对样品进行浓缩、富集、稀释使其达到最佳检测范围。③介质置换，如元素形态分析，不适合后续分离或检测的物质，不能进行完全消解等，需进行介质置换。④保护仪器，避免仪器系统污染，延长仪器使用寿命。原子光谱分析的仪器种类繁多，根据仪器所需样品状态（液体或固体）不同，采取不同的分析方法。⑤选择高效的方法节约前处理的时间和试剂消耗。样品前处理装置与光谱分析仪器在线联用可以结合分离与检测的优点，降低基体干扰、提高灵敏度和分析速度，具有良好的发展前景[116]。

　　样品制备与分析技术联用通过自动或半自动技术处理样品，显示出它们快速制样和分析检测的能力。色谱法和流动分析法与原子光谱的联用技术最为广泛，通常色谱法的分离功能可提高原子光谱技术的元素形态分析能力，这部分详见本章第二节内容；流动分析法能有效将样品引入分离分析系统，同时解决静态样品制备稳定性差、重现性不佳的问题。流动分析技术是在一个连续（在线）封闭系统中处理样品的流动样品制备技术。该法通常能提高样品通量，降低试剂和样品消耗以及废物产生量。流动分析主要包括：流动注射技术（FIA）和连续流动技术。当需要进行大量分析时，预浓缩和样品引入是重要的步骤。FIA具有装置易于小型化、操作简便、分析速率快、准确度和精密度高、试样和试剂消耗少、通用性强以及适用于过程分析等优点，它能自动化地引入样品，提供相对快速的提取和富集能力，又能提高分析法的稳定性和重复性，获得了广泛关注和应用。

　　Chantada-Vázquez等[117]采用FI-ICP-MS分析了人血清样品中多种无机元素。血清样品（200μL）用HNO_3（1％，质量浓度）稀释至2.0mL，再通过自动进样器加载到定量环，用蠕动泵将负载的样品注入检测器（图10-25）。该法对样品容量要求较低，所需样品少，有较高采样率（每次重复分析仅需要2.5min）。

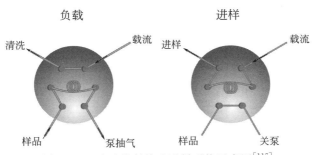

图 10-25　流动注射快速进样系统示意图[117]

　　流动注射技术常与固相萃取技术结合，通过萃取柱连续提取或富集分析物，通常包括聚四氟乙烯管连接的蠕动泵、固相萃取柱、样品导入系统和检测器等部分。蠕动泵用于输送试剂、洗脱液、还原剂和样品，固相萃取柱分离或富集目标物，样品导入系统将样品以气体或液体形式导入检测器。Parodi等[118]用氧化碳纳米管微柱富集水样中 Hg^{2+}，洗脱后的 Hg^{2+} 在系统中被还原为 Hg 蒸气，用气液分离器将 Hg 蒸气引入后续原子光谱进行分析。Puanngam 等[119]用 2-[3-(2-氨基乙基硫)-丙基硫]乙醇修饰的硅胶预富集 Hg^{2+}，洗脱后的 Hg^{2+} 被还原为 Hg 蒸气，Hg 蒸气被重新捕获在镀金钨丝上，在干燥 Ar 气流中直接电加热钨丝，Hg 释放进入检测器。Chen 等[120]用基质固相分散数萃取（MSPD）法将少量样品中 Hg 有效提取到 $100\mu L$ 洗脱液，再通过单液滴电极辉光放电诱导冷蒸气（SD-SEGD-CVG）发生转化为 Hg 蒸气，并进一步运输到 AFS 进行测定，如图 10-26 所示。在蠕动泵的作用下，提取液最初通过六通阀被注入到 $20\mu L$ 样品环。开启阀后通过载气推动溶液形成液滴，液滴挂在钢管一端。在 60V 电压下产生并维持微等离子体 10s，再将 Hg 转化为蒸气，再载入 AFS 进行检测。该法具有样品稀释量小、空白量低、样品导入效率高、灵敏度高、毒性化学物质和样品消耗小等优点。

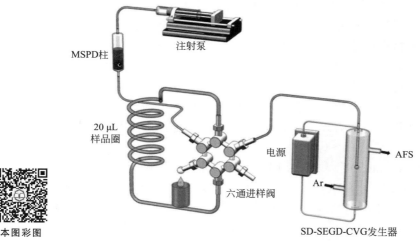

本图彩图

图 10-26　SD-SEGD-CVG 实验装置示意图[120]

　　FIA 系统也可以同时测定多种物质。Karunasagar 等[121]用聚苯胺微柱富集鱼组织中超痕量的无机汞（Ino-Hg）和甲基汞（MeHg）。在 pH＜3 时，只有 Ino-Hg 能被吸附，而 pH＝7 时，MeHg 和 Ino-Hg 均能被吸附。分别用 HCl（2%，体积分数）或 HCl（2%，体积分数）-硫脲（0.02%，体积分数）混合液选择性洗脱两种 Hg，即可进行后续高灵敏分析。Tarley 等[122]采用 $SiO_2/Al_2O_3/TiO_2$ 和 [3-(2-氨基乙基酰胺)丙基]三甲氧基硅烷功能化的硅胶（SiO_2/AAPTMS）双柱流动注射系统分别富集水样中的 Cr(Ⅲ) 和 Cr(Ⅵ)。采用相同洗脱液，按顺序将 Cr(Ⅲ) 和 Cr(Ⅵ) 分别洗脱，再用 FAAS 测定。与色谱法相比，流动注射结合原子光谱分析元素形态的仪器装置成本较低，操作较为简单灵活。

　　Zierhut 等[123]采用活性纳米金采集器富集天然水中不同形态的 Hg，发展了一种无试剂全自动 FIA-AFS 在线分析方法。采集器富集的 Hg 通过加热（700℃）释放出来，Ar 气流将 Hg 蒸气经气液分离器除水后送到内置金捕集器中，重新采集 Hg，并进一步采用 AFS 分析检测，方法的检出限可低至 0.2pg Hg。整个分析过程不需要额外试剂进行物质转换、浓缩或解吸，降低了样品污染风险，减少了试剂和时间消耗。

Cheng 等[124]采用亚微升微流控样品导入系统结合 ICP-MS 直接测定米酒中 Cd 和 Pb。该亚微升微流控样品导入系统由集成微流控芯片、流动注射分析的八路多功能阀、注射泵和蠕动泵组成。米酒中 Cd 和 Pb 的检出限分别为 19.8ng·L^{-1} 和 10.4ng·L^{-1}。AlSuhaimi 等[125]构建了一个微芯片 SPE 装置，用于 ICP-MS 联用分析海水等样品中痕量 Cd、Co 和 Ni。他们分别采用标准光刻法和湿化学蚀刻法制作玻璃材料的三通道微流控装置，在每个微通道填充材料构成微芯片 SPE 装置。该装置与 ICP-MS 仪器通过一个小流量同心喷雾管连接，同时与输送样品和试剂的分流阀连接，用于现场样品的远程处理与分析检测。FIA 与原子光谱仪器联用技术的装置成本低，操作方法灵活简便，能提高样品通量，减少试剂消耗。尤其是当 FIA 与 SPE 结合可提高选择性，与微流控芯片结合更适应现场分析。

常规离线样品制备需要多个步骤，费时费力且容易出错，连续流动技术能克服这些缺点，它的批处理系统操作简单，可通过原子光谱仪器在线测定分析物，方便应用于常规分析实验室。连续流动系统除了应用于样品制备，在样品引入部分同样发挥着重要作用。Yang 等[126]将在线同位素稀释技术与 LA-ICP-MS 相结合，用于测定 P 型硅晶片中硼含量。他们利用常规雾化系统将激光烧蚀样品气溶胶与连续提供富硼气溶胶在线混合，两气溶胶流混合后，硼同位素比值迅速变化，并由 ICP-MS 记录，即可根据同位素稀释原理进行定量检测。

Zhang 等[127]采用钨线圈捕集器、多孔碳蒸发器和镍铬线圈在线灰化炉组成的固体取样装置结合 ICP-MS 测定样品中 Cd。该法采用了由载气和辅助气路组成的、可单独控制气体流量的双气路系统。先将样品放到采样器中，在线灰化干燥和捣碎样品。取样器将捣碎的样品残渣引入蒸发器，密封载气管路并将 Cd 蒸汽清洗出来，在室温下捕获至钨线圈捕集器上。再通过加热（2000℃）将捕获的 Cd 从捕集器中释放，由载气引入 ICP-MS 分析测定。

二、样品前处理-分子光谱在线联用

结合样品前处理与紫外-可见分光光度法的在线联用方法亦有不少报道。Sujittra 等[128]研制了一种简单高效的在线管内微萃取器（ITME），用于检测水样中双酚 A（BPA），其分析过程如图 10-27 所示。他们通过在硅胶管内逐步电沉积聚苯胺、聚乙二醇和聚二甲基硅氧烷复合物（CPANI）制成 ITME。单个 ITME 对于 10.0μmol·L^{-1} 的 BPA 溶液具有 60 次以上连续进样的良好稳定性，RSD 小于 4%。ITME 一步即可实现水中 BPA 的萃取和浓缩，结合紫外-可见光度法，BPA

的检出限为 $20nmol \cdot L^{-1}$。6 个不同品牌婴儿奶瓶中双酚 A 检测结果与常规 GC-MS 方法获得的结果吻合。

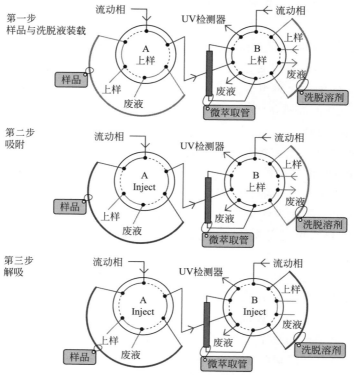

图 10-27 在线管内微萃取器-UV 检测双酚 A 示意图[128]

A—六端口阀，用于样品加载；B—十端口阀，带有 10cm 微萃取器

Michael 等[129]建立了一种毛细管电泳与紫外可见光谱联用分析方法，以均苯四酸根离子（PMA）作为发色探针离子，在 3min 内可同时分离和测定硫酸根、硫代硫酸根、三硫代酸根、四硫代酸根和五硫代酸根等 5 种硫代盐阴离子，检出限（LOD）为 $0.02 \sim 0.12 \mu g \cdot mL^{-1}$。Maciel 等[130]采用分散液-液微萃取-紫外-可见分光光度法测定白葡萄酒和红葡萄酒中铁的含量，方法适用于白葡萄酒和红葡萄酒中 $1.3 \sim 4.7mg \cdot L^{-1}$ 范围内铁的测定。

荧光光谱技术具有较高的灵敏度，常用于液相色谱的检测器，在线样品前处理-荧光光谱联用也常和色谱相关联。Castro 等[131]通过水解共轭衍生物、固相萃取（SPE）和衍生化等步骤制备样品，然后分析样品采用微液相色谱-激光诱导荧光（μ-LC-LIF）分析，测定了两种具有代表性的人体代谢唾液酸（SIAs），其分析系统如图 10-28 所示。超声加速水解释放出游离的 SIAs，阀上实验室（LOV）模块以动态方式高效浓缩这些 SIAs，实现 SPE 浓缩和清理的自动化。在线衍生步骤通过二甲苯（DMB）标记 SIAs 实现，从常规加热方法所需的 180min 缩短到超声波辅助下的 20min。μ-LC 可在 20min 内实现目标物的分离，而 LIF 检测具有较高的灵敏度。该方法的检出限和检测限分别为 $0.1\sim0.8ng\cdot mL^{-1}$ 和 $0.4\sim1.0ng\cdot mL^{-1}$。SPE 高效地去除干扰，成功应用于血清、尿液、唾液和母乳等 4 种生物液体中目标代谢物测定。

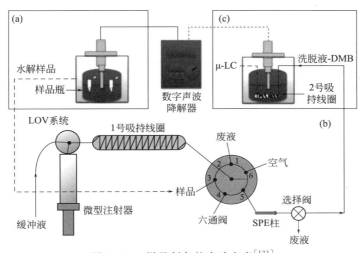

图 10-28　样品制备的实验方案[131]

（a）超声辅助水解；（b）SPE 的 LOV 系统；（c）衍生化

虚线表示非自动化过程；点线表示衍生化探针的可交换位置；实线表示自动化过程

　　化学发光法具有灵敏度高、分析方法快和检测成本低等优势，但其选择性差，需要结合高效的样品前处理技术才能实现复杂样品的分析。流动注射技术不仅应用于原子光谱中，在样品前处理-化学发光分子在线联用中也有应用。Lin[132] 将固相萃取与化学发光结合，基于腐殖酸（HA）对 $Ce(Ⅳ)/H_2SO_4$-罗丹明 6G 化学发光体系的增强作用，用于富集和测定水样中的 HA，其分析系统如图 10-29 所示。该方法线性范围在 $0.1\sim35mg\cdot L^{-1}$，HA 的检出限为 $3\mu g\cdot L^{-1}$。

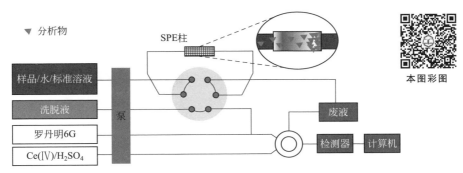

图 10-29　在线固相萃取-化学发光检测系统示意图[132]

在传统的流动注射-化学发光分析系统中加入 Amberlite IRA-900 固相反应器,用于亚硝酸盐的在线富集和分析,是将样品前处理与化学发光分析检测在线联用的典型实例。亚硝酸能抑制高锰酸钾和吖啶黄的化学发光信号,基此建立了在线富集-流动注射-化学发光分析系统(图 10-30),应用于残留水、工业制剂和土壤样品中亚硝酸盐的测定[133]。

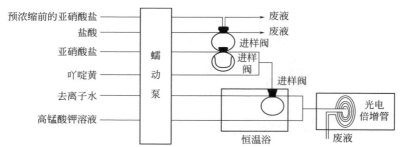

图 10-30　Amberlite IRA-900 交换反应器的在线预浓缩-流动注射-化学发光系统[133]

卢建忠等[134]将离子液体-顶空固相微萃取技术与催化化学发光检测联用(ILs-HS-SPME-CTL),可快速检测人体血清中丙酮的含量(图 10-31)。由于离子液体具有难挥发性和良好的热稳定性,被作为固相萃取介质吸收丙酮以消除样品基质干扰,然后再通过"吹扫"方法使丙酮解吸后直接进入催化化学发光检测室。该方法较直接检测法约灵敏 80 倍。通过更换离子液体的种类和配比,可以实现不同来源样品中特定目标物的快速分析。

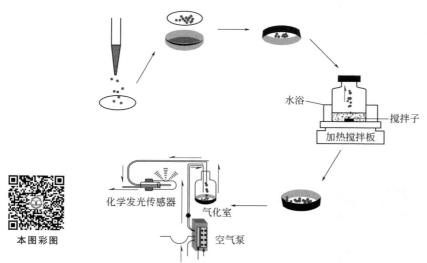

图 10-31　离子液体-顶空固相微萃取-催化化学发光联用系统及分析流程示意图[134]

当样品中目标分析物含量比较低时,选择合适的富集技术与催化发光联用才能达到低含量目标物的检测要求。将商品化的热解吸装置与催化发光分析在线联用即可测定不同样品中正己烷、甲苯、丁酮、三氯乙烯和甲醛的含量[135,136]。而利用纳米材料本身的吸附性能将分析物富集后再测定亦不失为一种新的思路。Wen 等[137]设计了富集-原位检测乙醇的微型催化发光分析系统。他们将纳米 ZrO_2 沉积在 10mm 长的加热丝上作为传感元件，乙醇样品通入反应室并富集 1min 后再快速升温进行检测。此微型 CTL 传感系统比以往报道的乙醇 CTL 传感器约灵敏 3000 倍，可直接用于人体呼出气中乙醇含量的分析。

Li 课题组[138]将样品前处理装置与化学发光反应室在线联用，构建了在线 CS_2 检测系统（CS_2-generating and online detection system，CS_2-GODS），其分析原理如图 10-32 所示。他们选择代森锰锌作为代表性分析物，考察了 CS_2-GODS 在食品等复杂样品中二硫代氨基甲酸酯类（Dithiocarbamates，DTCs）农药残留检测中的应用性能。代森锰锌在 CS_2-GODS 中经酸解定量产生 CS_2，产生的 CS_2 直接引入催化发光反应室中进行检测。该研究证实 CS_2-GODS 可在非气液平衡状态下实现在线大体积检测，缩短了分析时间，减小了 CS_2 挥发损失造成的误差。同时，CS_2-GODS 主要组成部件易于小型化，具有现场快速测定复杂样品中 DTCs 残留量的应用潜力。在最佳检测条件下，CS_2 和代森锰锌的检出限分别为 $0.24\text{mg} \cdot \text{L}^{-1}$ 和 $0.80\text{mg} \cdot \text{L}^{-1}$，可应用于绿豆和大麦等样品中代森锰锌的分析测定。

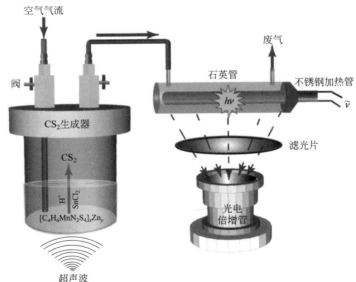

本图彩图

图 10-32　CS_2-GODS 示意图[138]

样品前处理-表面增强拉曼光谱（SERS）在线联用，常常通过制备具萃取功能的复合 SERS 基底而实现分离富集检测一体化。利用目标分析物与样品基质或杂质的物理化学性质不同，将待测组分从复杂样品相中转移到复合 SERS 基底上，将萃取功能层修饰在 SERS 活性材料的表面，并控制其厚度在 SERS 基底电磁增强有效的范围内，实现被分析物在 SERS 基底表面的高效分离富集，进而实现被分析物 SERS 定性和定量分析。Chen 等[139]利用晶种法在不锈钢丝表面原位生长垂直的氧化锌纳米棒阵列，然后室温下通过物理离子溅射法在氧化锌纳米棒表面溅射一层稠密的金纳米颗粒，制备了一种自清洁 SERS 活性 SPME 纤维。Zhan 等[140]通过溶剂热法制备了银纳米线溶胶，经过滤获得均匀的 SERS 活性萃取膜基底，该基底具有良好的稳定性和均匀性，SERS 活性萃取膜经特异性功能化修饰后可通过表面擦拭萃取被测物，实现多种多环芳烃、有机爆炸物、无机爆炸物的富集和检测。他们[141]还利用改进的置换反应在铜网上原位生长银纳米片，获得银纳米片修饰的铜萃取膜。银纳米片修饰的铜萃取膜兼具萃取功能和 SERS 活性，能快速富集分析物。与传统的滴滤法 SERS 检测相比，流动的 SPE-SERS 的信号强度是滴滤法的 28 倍。可实现甲拌磷的 SERS 检测，检出限（LOD）为 $1.4 nmol \cdot L^{-1}$。

分子印迹固相萃取较传统的固相萃取具有更高的选择性，与 SERS 联用能够对目标物进行选择性的分离富集和高灵敏检测。Lu 等[142]结合分子印迹固相萃取和 SERS 检测联用方法（MISPE-SERS），可快速准确、灵敏地从橙汁中识别和提取噻苯达唑，整个分析过程仅需 23min，噻苯达唑的检出限为 $4 mg \cdot L^{-1}$。

固相微萃取（SPME）-SERS 联用技术是以纤维材料作为基体，在其表面涂渍高分子薄层形成萃取固定相，与常规 SPE 不同的是，SPME 萃取过程是一个平衡吸附过程，被分析物在整个 SPME 纤维的活性区域内均匀分布。为保证萃取足够量的分析物，SPME 纤维中固定相的厚度通常需达到几十微米，而 SERS 需要分析物足够接近 SERS 基底表面，因此在 SPME-SERS 中，萃取相的厚度通常被限制在 2nm 以下[143]。He 等[144]采用顶空固相微萃取（HS-SPME）与 SERS 相结合，建立了一种简便、快速的气相有机磷杀虫剂和有机硫杀菌剂的检测方法。以不锈钢丝为基体，使用刻蚀法制备的 SPME-SERS 纤维具有更好的分析能力，其对甲拌磷、水胺硫磷和福美铁的检出限分别为 $0.02 mg \cdot L^{-1}$、$0.02 mg \cdot L^{-1}$ 和 $0.05 mg \cdot L^{-1}$。Wu 等[145]通过在硅纤维修饰单层石墨烯包覆的银纳米颗粒制备了一种 SERS 活性的 SPME 纤维，建立 SPME-SERS 联用方法检测水样中微量双酚 A（BPA），该 SPME-SERS 方法集分析物的分离、富集和检测于一体，具有高灵敏度和高稳定性，对 BPA 的检出限为 $1 \mu g \cdot L^{-1}$。Zhan 等[146]通过在银-铜合金纤维上同时沉积由还原氧化石墨烯和银组成的杂化物，制备了同时具有 SPME 和 SERS 功能的针状涂层合金纤维。该纤维可用于非破坏性采样和 SERS 检测组织模拟物中抗生素磺胺嘧啶和磺胺甲唑的含量，磺胺嘧啶和磺胺甲唑的检出限分别为 $1.9 ng \cdot mL^{-1}$ 和 $4.4 ng \cdot mL^{-1}$，该方法是一种非破坏性的分析方法，有效缩短组织样品提取和前处理时间（如图 10-33 所示）。

磁性固相萃取（MSPE）技术可简化前处理操作、提升 SERS 强度、降低基质干扰效应。Li 等[147]发展了基于 MSPE 的 SERS 基底，实现了快速分离、富集和

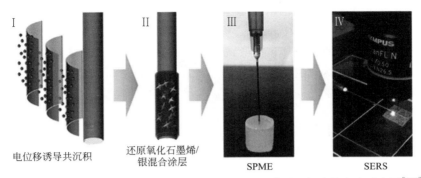

图 10-33　还原氧化石墨烯和银共沉积 SPME-SERS 检测组织中抗生素示意图[146]

SERS 检测的一体化，满足了现场检测要求。选择天然黏土埃洛石纳米管（HNTS）作为 SPE 材料，在其管腔中填充了磁性 $CoFe_2O_4$ 纳米材料，在其外壁修饰了金纳米粒子（Au NPs），制备了一种内充磁的 $CoFe_2O_4$@HNTs/Au NPs 基底。该 $CoFe_2O_4$@HNTs/Au NPs 基底稳定性好、灵敏度高，稳定重现，在 15min 内实现快速的 MSPE 和高效的 SERS 检测（图 10-34）。该基底还可以实现化妆品中 4,4′-硫代二苯胺、鱼饲料和水产品中呋喃妥因的快速检测。

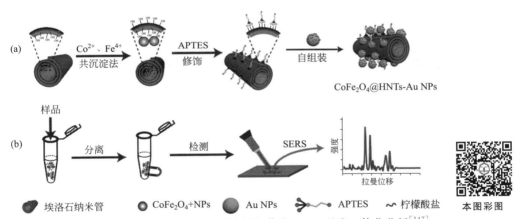

图 10-34　$CoFe_2O_4$@HNTs/Au NPs 磁性固相萃取-SERS 基底一体化分析[147]

（a）$CoFe_2O_4$@HNTs/Au NPs 基底制备；（b）该基底在复杂样品快速检测的应用

APTES—氨丙基三乙氧基硅烷

第四节　微纳流控样品制备技术

利用微机械加工技术对仪器装置进行微型化，并通过微纳流控技术对微量流体进行操控，不仅能实现微量样品制备，还能集成多个样品制备及分析检测功能单元，加快样品制备速度，减少转移损失[116]。常用的微流控样品制备芯片材料包括玻璃、聚二甲基硅氧烷（PDMS）、聚甲基丙烯酸甲酯（PMMA）、环烯烃共聚物（COC）、聚碳酸酯（PC）、聚苯乙烯（PS）和纸等[148]。尽管不同材料的芯片加工方式各异，但总的来说都包括微纳通道网络成型、外连接口构筑、通道封装、配件连接等步骤。微纳通道中流体操控一般采用压力驱动和电场驱动。近年来也有报道采用磁、声、激光等能量场辅助流体及目标物的操控。

一、微纳流控样品制备技术

采样、分离、富集和衍生化等繁琐耗时的样品制备过程都可在微流控芯片上实现。与常规样品前处理仪器装置相比，这些微流控芯片可迅速完成极少量样品的制备，且芯片加工、使用的成本较低。例如，Xiang 等[149] 利用流体高速通过螺旋形微通道产生的惯性力进行血细胞样品的浓缩和分选。如图 10-35 所示，该芯片与注射器连接，可通过注射泵或手动控制，作为微型化离心机使用，减少人为操作步骤、避免微量样品的转移损失。对螺旋形微通道内部微结构的优化可以进一步提升细胞分选的效果[150]。

图 10-35　惯性微流控进样器实物与结构分解图[149]

通过液滴微流控技术将样品分割成更小单元可有效缩短样品制备时间。基于此，He 等[151] 研制了一种微型化液-液萃取装置用于分离 Pr/Nd。如图 10-36 所示，样品水溶液被有机溶剂相分隔成微液滴，在两相界面进行液-液萃取，并由压力驱动通过微通道，液-滴微流控液-液萃取系统中 Pr/Nd 的萃取平衡仅需 10s，而传统的分液漏斗中则需要 360s 才能完成。微通道狭小的横截面极大地缩短了分子的扩散距离，为有效萃取提供了保障。另一方面，微流控技术将样品分割成微液滴从而增大了两相界面的面积，加速了萃取过程。此外，微液滴的定向流动对萃取平衡迅速达成的贡献也不可忽视。

基于电润湿（EWOD）的微流控技术可通过电压来精确改变液滴的形状与位置[152]，可实现多步骤样品制备的自动化，是有毒有害物质分析研究的重要工具。

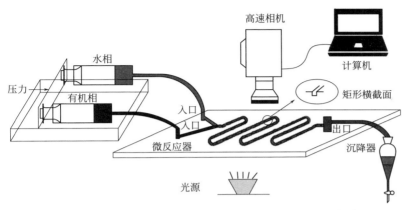

本图彩图

图 10-36　基于液滴微流控技术的微型化液-液萃取系统[151]

Lee 等[153]研制了一种基于电润湿原理的磁固相萃取数字微流控芯片，实现了包括磷酸二甲酯、二（丙二醇）甲醚、水杨酸甲酯、磷酸三乙酯和邻苯二甲酸二乙酯 5 种化学战剂的全自动样品制备。该全自动数字微流控磁固相萃取步骤包括磁珠溶液去除、样品溶剂预处理、萃取和洗脱分析物，如图 10-37 所示。其中，磁珠溶液去除（A）具体步骤为：①驱动功能化磁珠悬浊液滴到达磁铁下方；②磁珠富集于磁场；③驱动液滴与磁珠分离并到达废液池。样品溶剂预处理（B）步骤为：④驱动样品溶剂液滴到达磁铁下方；⑤样品溶剂液滴与功能化磁珠充分混合，⑥驱动液滴与磁珠分离并到达废液池。萃取（C）步骤为：⑦驱动样品液滴到达磁铁下方；⑧样品液滴与磁珠充分混合、孵育 10min；⑨驱动液滴与磁珠分离并到达废液池。洗脱分析物（D）步骤为：⑩驱动洗脱液滴到达磁铁下方；⑪洗脱液滴与功能化磁珠充分混合；⑫驱动液滴与磁珠分离并到达废液池。整个样品制备过程仅需 30min。

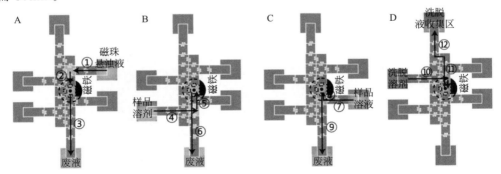

图 10-37　数字微流控芯片磁固相萃取步骤[153]
A—磁珠溶剂去除；B—样品溶剂预处理；C—萃取；D—洗脱分析物

二、微纳流控样品前处理-分析检测技术应用

由于微通道网络的可订制化特性，样品制备各功能单元之间的集成比常规仪器更易实现。例如，Agrawal 和 Dorfman[154]研制的 PDMS 芯片可用于从人类乳腺癌细胞中快速提取 DNA。他们的 DNA 样品制备步骤包括细胞裂解、DNA 纯化和 DNA 电泳分离。所有这些步骤都在一个芯片设备中完成，整体处理时间从传统方法的 1d 减少到 4h。此外，样品制备与检测的集成也能通过微纳流控技术实现，已在包括色谱、质谱、光谱等的复杂样品分析中显现出巨大的优势。

微通道中样品流量一般在纳升级，这与质谱检测器的通量匹配，芯片色谱/电泳与质谱检测联用也是近年来的研究热点。为解决芯片分离-质谱联用技术在实际样品应用受限的问题，Wei 等[155] 研制了微流控固相萃取-质谱联用芯片装置。如图 10-38 所示，该芯片装置由 1 个固相萃取单元、7 个气动微阀和 1 个集成式电喷雾喷嘴单元组成。在固相萃取单元中，利用磁场固定磁性吸附剂，通过气动微阀控制微通道中流体方向与速度实现上样、萃取、洗脱等步骤。之后，洗脱液被在线引入集成式电喷雾喷嘴进行后续的质谱分析。该方法进一步应用于高粱中除草剂喹酮的分析，整个分析过程可在 300s 内完成，并能有效减少随机误差。

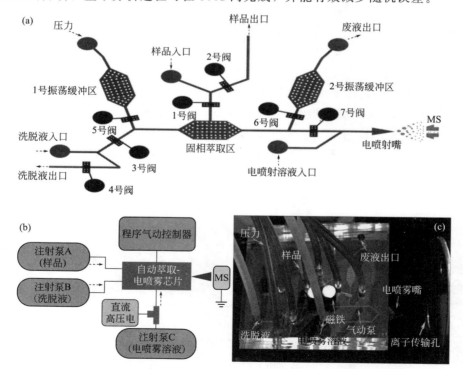

图 10-38　微流控固相萃取-质谱在线联用[155]的结构示意图（a、b）和实物图（c）

　　在样品制备芯片与质谱检测器之间增加色谱分离步骤可以进一步增强分离效果，拓展联用方法的应用范围。例如，Hu 等[156]制造了一种基于芯片的磁性固相微萃取（MSPME）系统，如图 10-39 所示，它集成了细胞裂解装置以及样品萃取单元，并通过六通阀在线联用微型高效液相色谱仪（microHPLC）-电感耦合等离子体质谱（ICPMS）分析汞在 HepG2 细胞中存在形态。磁性纳米粒子与巯基官能团合成并自组装在微通道中，在外部磁场下作用下对细胞中汞进行预富集。富集因子为 10，样品回收率在 98.3%～106.5% 之间。

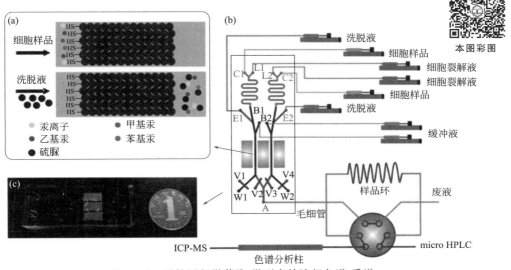

本图彩图

图 10-39　磁性固相微萃取-微型高效液相色谱-质谱
（MSPME-microHPLC-ICPMS）在线联用分析系统[156]：
(a) 磁性填料柱微萃取原理；(b) MSPME-microHPLC-ICPMS 在线联用；(c) 微流控芯片实物图
　[芯片系统示意图：芯片由细胞裂解单元（绿色线）、微萃取单元（黑色线）和微阀（红色线）组
成，蓝色线为洗脱通道；C1 和 C2 为细胞样本入口；L1 和 L2 为细胞裂解液入口；E1 和 E2 为洗脱
液的入口；B1 和 B2 的为功能化磁珠及洗脱液入口；A 为洗脱液出口，由毛细管与六通阀连接；
W1 和 W2 为废液出口，V1、V2、V3、V4 为微阀的气体入口。微萃取通道宽度为 $400\mu m$，微阀通
道宽度为 $500\mu m$，所有通道高度为 $50\mu m$]

　　激光诱导荧光（LIF）因其瞬时响应与高灵敏的优势是最常用于微流控芯片分析的检测技术。但是去除少量自带荧光的分析物，大多数样品需要预先衍生化才能通过 LIF 进行检测。Peng 等[157]制作了在线衍生化-芯片电泳-LIF 检测联用的 COC 微流控芯片装置，实现了 5 种醛的在线衍生化、电泳分离和 LIF 检测。如图 10-40 所示，衍生化单元为双螺旋形微通道，通过电场控制流体在衍生化单元中混合，再由压力驱动实现无歧视芯片电泳进样，完成电泳分离及 LIF 检测。该方法应用于实际样品中醛测定，回收率为 87.8%～102.8%。该微流控芯片装置具有良好的耐有机溶剂性能，可用于食品中过量添加醛类香精的快速筛选。

　　无标记的光谱检测在复杂样品分析中更具实用价值。例如，Li 等[158]在微流控

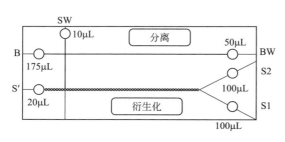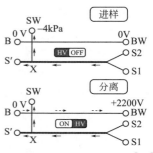

图 10-40　在线衍生化-芯片电泳-LIF 检测联用 COC 微流控芯片装置与流体操控示意图[157]

B—缓冲液；S′—衍生化的样品；SW—样品废液；BW—缓冲液废液；

S1—样品 1；S2—样品 2；X—通道连接处

芯片上实现了芯片电色谱（μCEC）与化学发光（CL）检测的在线联用，并应用于检测氨基酸。在微芯片的分离通道中通过原位光聚合制备的整体材料用作 μCEC 分离的固定相，在分离通道下游设计两条 CL 检测辅助通道，用于引入 CL 反应试剂，如图 10-41 所示。该 μCEC-CL 系统中样品溶液和 CL 试剂的输运是通过泵系统和电场驱动的。通过氨基酸对鲁米诺-过氧化氢-Cu^{2+} CL 体系的催化活性的影响直接测定氨基酸。他们以甘氨酸、谷氨酸、精氨酸和天冬氨酸为模型物评估 μCEC-CL 系统的性能。研究表明该系统具有分析装置微型化的诸多优势，极大地简化装置及其操作，实现氨基酸无标记直接分析检测。

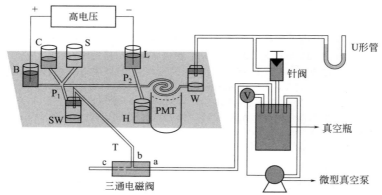

图 10-41　集成式芯片电色谱-化学发光在线联用系统示意图[158]

V—真空计；T—计时器；B—缓冲溶液储液池；C—铜溶液；S—样品溶液储液池；SW—样品废液池；

H—H_2O_2 溶液储液池；L—鲁米诺溶液储液池；W—废液池；PMT-光电倍增管

微流控样品制备与表面增强拉曼光谱（SERS）技术的联用为微量复杂样品的无标记分析提供了新的思路。Han 等[159]设计制作了具有电磁感应单元的实时 SERS 检测芯片，通过在拉曼光谱检测区富集镀银磁球 SERS 探针，提高目标分析物检测灵敏度。实验装置设备与流程如图 10-42 所示，结果表明该微流控 SERS 分析芯片装置可应用于微量环境样品高灵敏分析。

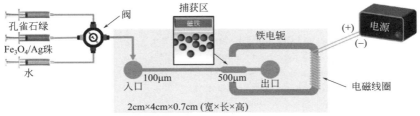

(b) 实验装置实物图

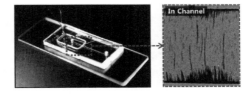

(c) 微流控芯片与磁珠电磁富集照片

图 10-42　微流控 SERS 分析系统示意图[159]

参考文献

[1]　Pawliszyn J. Anal Chem, 2003, 75(11): 2543.

[2]　王立, 汪正范. 色谱分析样品前处理(第二版). 北京: 化学工业出版社, 2006.

[3]　刘震. 现代分离科学, 北京: 化学工业出版社, 2017.

[4]　Hyotylainen T. J Chromatogr A, 2008, 1186(1-2): 39.

[5]　李攻科, 胡玉玲, 阮贵华, 等.样品前处理仪器与装置. 北京: 化学工业出版社, 2007.

[6]　汪正范, 杨树民, 吴侔天, 等.色谱联用技术.北京: 化学工业出版社, 2007.

[7]　Huff J K, Heppert K E, Davies M I. Curr Sep, 1999, 18(3): 85.

[8]　Pawliszyn J. Handbook of Solid Phase Microextraction. USA: Elsevier, 2012.

[9]　Vuckovic D, Zhang X, Cudioe E, et al. J Chromatogr A, 2010, 1217: 4041.

[10]　Musteata F M, Lannoy I, Gien B, et al. J Pharmaceut Biomed, 2008, 47(4-5): 907.

[11]　方肇伦.流动注射分析法.北京: 科学出版社, 1999.

[12]　Sheldon E M. J Pharmaceut Biomed, 2003, 31(6): 1153.

[13]　Stroink T, Ortiz M O, Bult A, et al. J Chromatogr B, 2005, 817(1): 49.

[14]　Kahle V, Košt'ál V, Zeisbergerová M. J Chromatogr A, 2004, 1044(1): 259.

[15]　Sweeney A P, Shalliker R A. J Chromatogr A, 2002, 968(1): 41.

[16]　Lord H L. J Chromatogr A, 2007, 1152(1): 2.

[17]　Koster E H M, Hofman N S K, de Jong G J. Chromatographia, 1998, 47(11-12): 678.

[18]　Boyd-Boland A A, Pawliszyn J B. Anal Chem, 1996, 68(9): 1521.

[19]　Rodriguez E, Navarro-Villoslada R, Benito-Peña E, et al. Anal Chem, 2011, 83(6): 2046.

[20]　Brossa L, Marcé R M, Borrull F, et al. J Chromatogr A, 2003, 998(1): 41.

[21]　He J, Liu Z, Ren L, et al. Talanta, 2010, 82(1): 270.

[22]　Mieth M, Schubert J K, Gröger T, et al. Anal Chem, 2010, 82(6): 2541.

[23]　Segro S S, Triplett J, Malik A. Anal Chem, 2010, 82(10): 4107.

[24]　Eisert R, Pawliszyn J. Anal Chem, 1997, 69(16): 3140.

[25] Kataoka H, Saito K. J Pharmaceut Biomed, 2011, 54(5): 926.

[26] Molins-Delgado D, García-Sillero D, Díaz-Cruz M S, et al. J Chromatogr A, 2018, 1544: 33.

[27] Tong R, Peng M, Tong C, et al. J Chromatogr B, 2018, 1077-1078: 1.

[28] Wang Q, Cai W J, Yu L, et al. J Agric Food Chem, 2017, 65(3): 575.

[29] Mei M, Huang X. J Chromatogr A, 2017, 1525(1): 1.

[30] Liang R, Hu Y, Li G. J Chromatogr A, 2020, 1625: 461276.

[31] Feng J, Mao H, Wang X, et al. J Sep Sci, 2018. 41(8): 1839

[32] González-Fuenzalida R A, López-García E, Moliner-Martínez Y, et al. J Chromatogr A, 2016, 1432: 17.

[33] Bu Y, Feng J, Tian Y, et al. J Chromatogr A, 2017, 1517: 203.

[34] Wang H, Cocovi-Solberg D J, Hu B, et al. Anal Chem, 2017, 89(10): 12541.

[35] Zhong Q, Hu Y, Hu Y, et al. J Chromatogr A, 2012, 1241: 13.

[36] Zhong Q, Hu Y, Li G. J Sep Sci, 2013, 36: 3903.

[37] Wang D, Xu Z, Liu Y, et al. Microchem J, 2020, 159: 105376

[38] Luo X, Li G, Hu Y. Talanta, 2017, 165: 377.

[39] Yamini Y, Esrafili A, Ghambarian M. Food Anal Method, 2016, 9(3): 729.

[40] Chen J, Pawliszyn J B. Anal Chem, 1995, 67: 2530.

[41] Zhong Q, Hu Y, Hu Y, et al. J Sep Sci, 2012, 35: 3396.

[42] Wen C, Li M, Li W, et al. J Chromatogr A, 2017, 1530: 45.

[43] Klimowska A, Wielgomas B. Talanta, 2018, 176: 165.

[44] Gandolfi F, Malleret L, Sergent M, et al. J Chromatogr A, 2015, 1406: 59.

[45] Abdel-Ghany M F, Hussein L A, El Azab N F, et al. J Chromatogr B, 2016, 1031: 15.

[46] 胡文尧, 龙美名, 胡玉斐, 等. 色谱, 2019, 38(3): 307.

[47] Ito K, Palmer C D, Steuerwald A J, et al. J Anal At Spectrom, 2010, 25(8): 1334.

[48] Schwan A M, Martin R, Goessler W. Anal Methods, 2015, 7(21): 9198.

[49] Chen S, Guo Q, Liu L. Food Anal Methods, 2017, 10(3): 740.

[50] Zmozinski A V, Carneado S, Ibáñez-Palomino C, et al. Food Control, 2014, 46: 351.

[51] Schmidt L, Landero J A, Santos R F, et al. J Anal At Spectrom, 2017, 32(8): 1490.

[52] Arnquist I J, di Vacri M L, Hoppe E W. Nucl Instrum Meth A, 2020, 965: 163761.

[53] 黄均明, 柴刚, 韩岩松, 等. 中国土壤与肥料, 2020, 2020(4): 252.

[54] Rodrigues J L, Alvarez C R, Fariñas N R, et al. J Anal At Spectrom, 2011, 26(2): 436.

[55] Baxter D C, Faarinen M, Österlund H, et al. Anal Chim Acta, 2011, 701(2): 134.

[56] Dressler V L, Moreira Santos C M, Antes F G, et al. Food Anal Methods, 2012, 5(3): 505.

[57] Brombach C C, Chen B, Corns W T, et al. Spectrochim Acta B, 2015, 105: 103.

[58] Fan W, Mao X, He M, et al. J Chromatogr A, 2013, 1318: 49.

[59] Tu Q, Guidry E N, Meng F, et al. Microchem J, 2016, 124: 668.

[60] Araujo-Barbosa U, Peña-Vazquez E, Barciela-Alonso M C, et al. Talanta, 2017, 170: 523.

[61] Batista B L, Rodrigues J L, de Souza S S, et al. Food Chem, 2011, 126(4): 2000.

[62] Schmidt L, Landero J A, Novo D L R, et al. Food Chem, 2018, 255: 340.

[63] Pechancova R, Pluháček T, Gallo J, et al. Talanta, 2018, 185: 370.

[64] Chen H, Du P, Chen J, et al. Talanta, 2010, 81(1-2): 180.

[65] Döker S, Boşgelmez I I. Food Chem, 2015, 184: 147.

[66] de Souza S S, Campiglia A D, Barbosa F Jr. Anal Chim Acta, 2013, 761: 11.

[67] de Souza S S, Rodrigues J L, de Oliveira Souza V C, et al. J Anal At Spectrom, 2010, 25(1): 79.

[68] Yu H, Du H, Wu L, et al. Microchem J, 2018, 141: 176.

[69] Zhu S, Chen B, He M, et al. Talanta, 2017, 171: 213.

[70] Cheung Y, Schwartz A J, Hieftje G M. Spectrochim Acta B, 2014, 100: 38.

[71] Huertas-Pérez J F, Moreno-González D, Airado-Rodríguez D, et al. TrAC Trends Anal Chem, 2016, 75: 35.

[72] Zhang Q L, Wu L, Lv C, et al. J Chromatogr A, 2012, 1242: 84.

[73] Nalewajko-Sieliwoniuk E, Malejko J, Mozolewska M, et al. Talanta, 2015, 133: 38.

[74] Wołyniec E, Karpińska J, Łosiewska S, et al. Talanta, 2012, 96: 223.

[75] Holland B J, Conlan X A, Stevenson P G, et al. Anal Bioanal Chem, 2014, 406(23): 5669.

[76] Lv Y, Zhang S, Liu G, et al. Anal Chem, 2005, 77(5): 1518.

[77] Huang G, Lv Y, Zhang S, et al. Anal Chem, 2005, 77(22): 7356.

[78] Han S Q, Wang H L. J Chromatogr B, 2010, 878(28): 2901.

[79] Li T, Wang Z, Xie H, et al. J Chromatog B, 2012, 911: 1.

[80] Wang J, Li L, Huang W, et al. Anal Chem, 2010, 82(12): 5380.

[81] Zhang X, Zhou Q, Lv Y, et al. Microchem J, 2010, 95(1): 80.

[82] Liu Y, Liu Y, Zhou M, et al. J Chromatogr A, 2014, 1340: 128.

[83] Zhu J K, Shu L, Wu M, et al. Talanta, 2012, 93: 428.

[84] Zhou Z M, Feng Z, Zhou J, et al. Sens Actuat B-Chem, 2015, 210: 158.

[85] Zhou Z M, Feng Z, Zhou J, et al. Biosens Bioelectron, 2015, 64: 493.

[86] Zhao S, Yuan H, Xie C, et al. J Chromatogr A, 2006, 1107(1): 290.

[87] Chen J, Abell J, Huang Y W, et al. Lab Chip, 2012, 12(17): 3096.

[88] Herman K, Mircescu N E, Szabo L, et al. J Appl Spectr, 2013, 80(2): 311.

[89] Lv D, Cao Y, Lou Z, et al. Anal Bioanal Chem, 2015, 407(5): 1313.

[90] Yao C, Cheng F, Wang C, et al. Anal Methods, 2013, 5(20): 5560-5564.

[91] Li D, Qu L, Zhai W, et al. Environ Sci Technol, 2011, 45(9): 4046.

[92] Lucotti A, Tommasini M, Casella M, et al. Vib Spectrosc, 2012, 62: 286.

[93] Huang R, Han S, Li X, et al. Anal Bioanal Chem, 2013, 405(21): 6815.

[94] Zhang Y, Zhao S, Zheng J, et al. TrAC Trends Anal Chem, 2017, 90(1): 1.

[95] Wang W, Xu M, Guo Q, et al. RSC Adv, 2015, 5(59): 47640.

[96] Sägmüller B, Schwarze B, Brehm G, et al. J Mol Struct, 2003, 661-662: 279.

[97] Trachta G, Schwarze B, Sägmüller B, et al. J Mol Struct, 2004, 693: 175.

[98] Subaihi A, Trivedi D K, Hollywood K A, et al. Anal Chem, 2017, 89(12): 6702.

[99] Carrillo-Carrión C, Armenta S, Simonet B M, et al. Anal Chem, 2011, 83(24), 9391.

[100] Přikryl J, Klepárnik K, Foret F, J. Chromatogr A, 2012, 1226: 43.

[101] O'Reilly J, Wang Q, Setkova L, et al. J Sep Sci, 2010, 28: 2010.

[102] Vuckovic D, Cudjoe E, Hein D, et al. Anal Chem, 2008, 80(18): 6870.

[103] Belau E, Grote C, Spiekermann M, et al. Field Anal Chem Tech, 2001, 5(1-2): 37.

[104] Zhong Q, Hu Y, Hu Y, et al. J Chromatogr A, 2012, 1241: 13.

[105] Quintana J B, Miró M, Estela J M, et al. Anal Chem, 2006, 78(8): 28320.

[106] Quintana J B, Boonjob W, Miró M, et al. Anal Chem, 2009, 81(12): 4822.

[107] Boonjob W, Yu Y, Miró M, et al. Anal Chem, 2010, 82(7): 3052.

[108] Oliveira H M, Segundo A A, Lima J L F C, et al. Talanta, 2009, 77(4): 1466.

[109] Oliveira H M, Segundo M A, Lima J L F C, et al. Anal Bioanal Chem, 2010, 397(1): 77.

[110] Clavijo S, Avivar J, Suárez R, et al. J Chromatogr A, 2016, 1443: 26.

[111] Xia L, He Y, Xiao X, et al. Anal Bioanal Chem, 2019, 411: 4073.

[112] Campone L, Piccinelli A L, Celano R, et al. J Chromatogr A, 2016, 1428: 212.

[113] Chen D, Ding J, Wu M K, et al. J Chromatogr A, 2017, 1493: 57.

[114] See H H, Hauser P C. Anal Chem, 2014, 86(17): 8665.

[115]　Ding X P, Wang X T, Chen L L, et al. J Chromatogr A, 2011, 1218(9): 1227.

[116]　Xia L, Yang J, Su R, et al. Anal Chem, 2020, 92(1): 34.

[117]　Chantada-Vázquez M P, Herbello-Hermelo P, Bermejo-Barrera P, et al. Talanta, 2019, 199: 220.

[118]　Parodi B, Londonio A, Polla G, et al. J Anal At Spectrom, 2014, 29(5): 880.

[119]　Puanngam M, Dasgupta P K, Unob F. Talanta, 2012, 99: 1040.

[120]　Chen Q, Lin Y, Tian Y, et al. Anal Chem, 2017, 89(3): 2093.

[121]　Krishna M V B, Chandrasekaran K, Karunasagar D. Talanta, 2010, 81(1-2): 462.

[122]　Tarley C R T, Lima G F, Nascimento D R, et al. Talanta, 2012, 100: 71.

[123]　Zierhut A, Leopold K, Harwardt L, et al. Talanta, 2010, 81(4-5): 1529.

[124]　Cheng H, Liu J, Xu Z, et al. Spectrochim Acta B, 2012, 73: 55.

[125]　AlSuhaimi A O, Mccreedy T. Arab J Chem, 2011, 4(2): 195.

[126]　Yang C K, Chi P H, Lin Y C, et al. Talanta, 2010, 80(3): 1222.

[127]　Zhang Y, Mao X, Liu J, et al. Spectrochim Acta B, 2016, 118: 119.

[128]　Sujittra P, Chongdee T, Panote T, et al. J Environ Sci Health A, 2013, 48(3): 242.

[129]　Michael P, Christina S. Anal Methods, 2014, 6: 9305.

[130]　Maciel V, Soares M, Mandlate S, et al. J Agr Food Chem, 2014, 62(33): 8340.

[131]　Orozco-Solano M I, Priego-Capote F, Luque de Castro M D. Anal Chim Acta, 2013, 766: 69.

[132]　Qu J, Chen H, Lu C, et al. Analyst, 2012, 137(8): 1824.

[133]　Catalá Icardo M, García Mateo J V, Martínez Calatayud J. Analyst, 2001, 126(8): 1423.

[134]　Yang P, Lau C, Liu X, et al. Anal Chem, 2007, 79(22): 8476.

[135]　Zheng J, Zhang W, Cao J, et al. RSC Adv, 2014, 4(41): 21644.

[136]　Zheng J, Xue Z, Li S, et al. Anal Methods, 2012, 4(9): 2791.

[137]　Wen F, Zhang S, Na N, et al. Sens Actuat B-Chem, 2009, 141(1): 168.

[138]　Zhang R, Li G, Hu Y. Anal Chem, 2015, 87(11): 5649.

[139]　Li B, Shi Y, Cui J, et al. Anal Chim Acta, 2016, 923: 66.

[140]　Shi Y, Wang W, Zhan J. Nano Res, 2016, 9: 2487.

[141]　Yu X, Chang Y, Natarajan V, et al. Anal Methods, 2018, 10: 1353.

[142]　Feng J, Hu Y, Grant E, et al. Food Chem, 2018, 239: 816.

[143]　Lai Y, Cui J, Jiang X, et al. Analyst, 2013, 138: 2598.

[144]　Wang C, Zhang Z, He L. J Raman Spectrosc, 2019, 50: 6.

[145]　Qiu L, Liu Q, Zeng X, et al. Talanta, 2018, 187: 13.

[146]　Cui J, Chen S, Ma X, er al. Microchim Acta, 2019, 186: 19.

[147]　Zhang H, Lai H, Wu X, et al. Anal Chem, 2020, 92(6): 4607.

[148]　Xia L, Li G. J Sep Sci, 2021, 44: 1752.

[149]　Xiang N, Shi X, Han Y, et al. Anal Chem, 2018, 90: 9515.

[150]　Shen S, Zhang F, Wang S, et al. Sens Actuat B-Chem, 2019, 287: 320.

[151]　He Y, Chen K, Srinivasakannan C, et al. Chem Eng J, 2018, 354: 1068.

[152]　Nelson W C, Kim CJ. J Adhesion Sci Technol, 2012, 26: 1747.

[153]　Lee H, Lee S, Jang I, et al. Microfluid Nanofluid, 2017, 21: 141.

[154]　Agrawal P, Dorfman K D. Lab Chip, 2019, 115: 281.

[155]　Wei X, Hao Y, Huang X, et al. Talanta, 2019, 198: 404.

[156]　Wang H, Chen B B, Zhu S, et al. Anal Chem, 2016, 88(1): 796.

[157]　Peng X, Zhao L, Guo J, et al. Biosens Bioelectron, 2015, 72: 376.

[158]　Wang X, Dong S, Li F. Sens Actuat B-Chem, 2016, 225: 529.

[159]　Han B, Choi N, Kim K H, et al. J Phys Chem C, 2011, 115: 6290.